W0100491

Heike Will
Feodor Lynen

Beachten Sie bitte auch weitere interessante Titel zu diesem Thema ...

Schatz, Gottfried
Feuersucher
Die Jagd nach den Rätseln der Zellatmung
2011
ISBN: 978-3-527-33084-3

Krause, Michael
Wie Nikola Tesla das 20. Jahrhundert erfand
2009
ISBN-13: 978-3-527-50431-2

Wieland, Sibylle / Hertkorn, Anne-Barb / Dunkel, Franziska (Hrgs)
Heinrich Wieland
Naturforscher, Nobelpreisträger und Willstätters Uhr
2008
ISBN-13: 978-3-527-32333-3

Schwedt, Georg
**Chemie und Literatur –
ein ungewöhnlicher Flirt**
2009
ISBN-13: 978-3-527-32481-1

Nicolaou, K. C. / Montagnon, T.
Molecules that Changed the World
2008
ISBN: 978-3-527-30983-2

Hoffmann, Dieter
Einsteins Berlin
Auf den Spuren eines Genies
2006
ISBN-13: 978-3-527-40596-1

Quadbeck-Seeger, Hans-Jürgen
»Der Wechsel allein ist das Beständige«
Zitate und Gedanken für innovative Führungskräfte
2007
ISBN-13: 978-3-527-50343-8

Voet, Donald J. / Voet, Judith G. / Pratt, Charlotte W.
Lehrbuch der Biochemie
2010
ISBN-13: 978-3-527-32667-9

Heike Will

»Sei naiv und mach' ein Experiment«

Feodor Lynen
Biographie des Münchner Biochemikers
und Nobelpreisträgers

WILEY-VCH Verlag GmbH & Co. KGaA

Autor

Dr. Heike Will
Franz-Liszt-Str. 9
97074 Würzburg

Titelbild

Feodor Lynen am Schreibtisch, ohne Datum
Quelle: Archiv der Max-Planck-Gesellschaft,
Berlin-Dahlem

1. Auflage 2011

**Bibliografische Information
der Deutschen Nationalbibliothek**
Die Deutsche Nationalbibliothek verzeichnet
diese Publikation in der Deutschen National-
bibliografie; detaillierte bibliografische Daten
sind im Internet über http://dnb.d-nb.de
abrufbar.

© 2011 Wiley-VCH Verlag & Co. KGaA,
Boschstr. 12, 69469 Weinheim, Germany

Printed in the Federal Republic of Germany

Gedruckt auf säurefreiem Papier

Satz Mitterweger & Partner, Plankstadt

Druck und Bindung CPI – Ebner & Spiegel, Ulm

Umschlaggestaltung Bluesea Design,
Vancouver Island BC

ISBN: 978-3-527-32893-2

Inhalt

Feodor Lynen. Heike Will
Copyright © 2011 WILEY-VCH Verlag GmbH & Co. KGaA, Weinheim
ISBN 978-3-527-32893-2

V

Vorwort

Aus Anlaß des 95. Geburtstages Feodor Lynens trafen sich am 16. und 17. September 2006 in Feldafing und im Kloster Andechs bei München annähernd 120 ehemalige Mitarbeiterinnen und Mitarbeiter sowie Angehörige der Familie des Biochemikers und Nobelpreisträgers zu einem Wiedersehen. Die Organisatoren des Treffens, zwei an der Universität Tübingen arbeitende ehemalige Doktoranden Lynens, Bernd Hamprecht und Joachim Schultz, wollten mit dem Wiedersehen nicht bis zum100. Geburtstag ihres 1979 gestorbenen Lehrers warten, da dann keiner der Schüler mehr im aktiven Berufsleben stehen und über ein für die Organisation des Treffens nötiges Sekretariat verfügen würde. Zudem würde die Zahl der lebenden oder wenigstens reisefähigen ehemaligen Mitarbeiter Lynens möglicherweise gesunken sein. Die Teilnehmer des Treffens waren vorwiegend ehemalige Diplomanden, Doktoranden, *postdoctoral fellows, sabbatical professors*, Technische Assistentinnen und Assistenten, Sekretärinnen sowie Laborarbeiter. Die Gegenwart eines Großteils der Lynenschule legte die Idee nahe, auf dem Treffen die Sammlung von Informationen für eine Biographie Feodor Lynens zu initiieren. Gundolf Keil, emeritierter Professor für Geschichte der Medizin und ehemaliger Kollege Bernd Hamprechts aus dessen Würzburger Zeit, war von der Idee begeistert, sagte die wissenschaftshistorische Betreuung der ursprünglich als Dissertation konzipierten Arbeit zu und gewann Heike Will für das Biographieprojekt. Dieter Oesterhelt, Direktor an Feodor Lynens Wirkungsstätte, dem Max-Planck-Institut für Biochemie in Martinsried, ein weiterer Schüler Feodor Lynens und Kollege und Freund aus der Doktorandenzeit der beiden Initiatoren des Treffens, überzeugte die Max-Planck-Gesellschaft, die Anfertigung der Biographie finanziell zu unterstützen.

Feodor Lynen (1911-1979), ein Pionier der Biochemie, war Professor für Biochemie an der Universität München und Direktor des

Feodor Lynen. Heike Will
Copyright © 2011 WILEY-VCH Verlag GmbH & Co. KGaA, Weinheim
ISBN 978-3-527-32893-2

Max-Planck-Instituts für Zellchemie (München) und später am Max-Planck-Institut für Biochemie (Martinsried). Im Jahre 1964 erhielt er den Nobelpreis für Medizin oder Physiologie für seine bahnbrechenden Arbeiten in der Biochemie, insbesondere seine Forschungen über Mechanismus und Regulation des Cholesterin- und Fettsäure-Stoffwechsels. Lynen verdanken wir zudem Aufklärung der chemischen Natur und der Funktion der Aktivierten Essigsäure sowie des Wirkungsmechanismus des Vitamins Biotin. Durch die Vielzahl der in seinem Labor geprägten Wissenschaftler hat er die Entwicklung der Biochemie nicht nur in Deutschland sondern auch weit darüber hinaus viele Jahrzehnte lang geprägt.

Während Feodor Lynens Leben, das auch von den beiden Weltkriegen geprägt wurde, fand die allmähliche Wiederaufnahme Deutschlands in die Weltgemeinschaft nach dem Zweiten Weltkrieg statt. Als einer der führenden deutschen Wissenschaftler, der nicht durch Engagement für das nationalsozialistische System belastet war, war er maßgeblich beteiligt insbesondere an der Reintegration der deutschen Wissenschaft in die internationale wissenschaftliche Gemeinschaft und am Aufbau wissenschaftlicher und politischer Kontakte mit dem jungen Staat Israel. Die Bedeutung dieser – seiner beeindruckenden Persönlichkeit und seinem wissenschaftlichen Status zu verdankenden – Leistungen kann nach den entsetzlichen, von Deutschland zu verantwortenden Geschehnissen während der Nazizeit nicht überschätzt werden. Zwei wissenschaftliche Organisationen würdigen diese Leistungen und die Bedeutung Lynens für die Wissenschaft in besonderer Weise: Die Alexander von Humboldt-Stiftung, indem sie die jährlich an 120 hochqualifizierte Postdoktoranden vergebenen Forschungsstipendien nach ihrem früheren Präsidenten Feodor Lynen benannt hat; die Gesellschaft für Biochemie und Molekularbiologie (GBM), indem Sie jedes Jahr eine Forscherpersönlichkeit durch die Einladung ehrt, eine Feodor Lynen Lecture auf einem ihrer beiden internationalen Kongresse zu halten.

Heike Will ist es in ihrer Biographie des Biochemikers Feodor Lynen gelungen, dem Leser diese großartige Forscher- und Lehrer-Persönlichkeit samt der sie prägenden Einflüsse aus Familie und akademischer Umgebung nahe zu bringen. Dabei hat sie erfreulicherweise auch Lynens wichtige öffentliche Wirkung im Bereich des internationalen wissenschaftlichen Netzwerkes und bei der oben genannten Wiedereingliederung Deutschlands in die Staatengemeinschaft herausgearbeitet.

Dr. Eva Wille vom Verlag Wiley-VCh regte an, der Biographie ein Kapitel mit biographischen Skizzen der ehemaligen wissenschaftlichen Mitarbeiter Feodor Lynens sowie einige Stoffwechselschemata zur Verbesserung des Verständnisses von Lynens wissenschaftlichem Wirken anzufügen. Diesen Anregungen sind wir gerne gefolgt. Wir möchten allen ehemaligen Kollegen und Freunden, die uns bereitwillig mit Informationen über sich oder bereits verstorbene Kollegenversorgt haben, herzlich für ihre konstruktive Unterstützung danken. Besonderer Dank gilt hierbei Professor Karl Decker, dem wir viele wertvolle Hinweise und Informationen verdanken. Dr. Radovan Murin sei herzlich für seine tatkräftige Hilfe bei der Gestaltung der vier Stoffwechselschemata gedankt. Großer Dank gebührt auch Eva Wille und Waltraud Wüst vom Verlag für Geduld und Verständnis, mit denen sie den Verzögerungen bei der Entstehung des Kapitels über die Lynen-Mitarbeiter begegnet sind.

Wir sind überzeugt, dass auf der Suche nach Vorbildern junge Leute in dieser Biographie wertvolle Anregungen für die Gestaltung ihres Lebensweges finden werden – und diejenigen, die ihren Weg bereits gefunden haben, von dieser in der Geschichte der Biochemie und der gesamten Biowissenschaften so wichtigen Persönlichkeit fasziniert sein werden.

Bernd Hamprecht   *Gundolf Keil*   *Dieter Oesterhelt*

Danksagung

An erster Stelle möchte ich drei Förderern dieses Projektes sehr herzlich danken:
- dem Initiator des Vorhabens, Herrn Prof. Dr. Bernd Hamprecht, Interfakultäres Institut für Biochemie an der Universität Tübingen, für seine stete Unterstützung und ganz besonders für sein großes Engagement, mit dem er ergänzende Kapitel übernommen hat,
- Herrn Prof. Dr. Dieter Oesterhelt, Direktor am Max-Planck-Institut für Biochemie in Martinsried bei München, für die großzügige finanzielle Unterstützung seitens der Max-Planck-Gesellschaft, ohne die die Umsetzung eines solchen Projektes nicht denkbar gewesen wäre, und
- Herrn Prof. Dr. Dr. Dr.h. c. Gundolf Keil, emeritierter Vorstand des Instituts für Geschichte der Medizin an der Universität Würzburg, für seine immer liebenswürdige und unermüdliche kompetente Begleitung und Betreuung in allen Phasen des Entstehungsprozesses und für die zahlreichen anregenden Gespräche und konstruktiven Diskussionen.

Außerdem möchte ich mich sehr herzlich bedanken bei:
- den Töchtern Feodor Lynens, Frau Eva-Maria Lynen und Frau Dr. Anne Marie Lynen, sowie bei Herrn Dr. Heinrich Pfeiffer, ehemaliger Generalsekretär und Geschäftsführendes Vorstandsmitglied der Alexander von Humboldt-Stiftung, für ihre äußerst freundliche und hilfreiche Gesprächsbereitschaft, und darüber hinaus bei Frau Dr. Anne Marie Lynen für viele weitere wertvolle Hinweise und Anregungen und ihre tatkräftige Unterstützung bei der Beschaffung des Bildmaterials,
- Herrn Prof. em. Karl Decker, Institut für Biochemie und Molekularbiologie an der Universität Freiburg, für seine freundlichen und konstruktiven Anmerkungen,

– allen Lynen-Schülern der ersten und auch der nachfolgenden Generation für ihre Bereitschaft, persönliche Informationen zur Verfügung zu stellen,
– den Mitarbeitern des Archivs der Max-Planck-Gesellschaft in Berlin und den Mitarbeitern des Archivs der Ludwig-Maximilians-Universität und des Bayerischen Hauptstaatsarchivs in München und
– dem Wiley-Verlag Chemie Weinheim, insbesondere Frau Dr. Eva Wille, für die angenehme Zusammenarbeit.

Würzburg, Januar 2011   *Heike Will*

Herkunft

Väterliche und mütterliche Familie Kupfermeister im Aachener und Stolberger Gebiet · Heirat der Eltern Feodor Lynens · Feodor Lynens Vater erhält Professur für Maschinenbau in München

»Ich würde glauben, dass ein Wissenschaftler etwas Unternehmerisches haben muss. Ich meine, man muss ja, wenn man ein Arbeitsgebiet anfängt, ein Problem beginnt, sich darauf konzentrieren und muss das organisieren; man muss ein Durchhaltevermögen haben, um an dem Problem zu bleiben – also Eigenschaften, die auch ein Unternehmer besitzt.«[1]

Feodor Lynen strahlte bei allem, was er unternahm, eine Begeisterung aus, die ansteckend sein konnte. Dazu kamen ein überragender Leistungswille und der Ehrgeiz, immer der Beste sein zu wollen. Seine trotzdem humorvolle, barocke Lebensart machte es ihm leicht, mit den Menschen in seiner Umgebung Beziehungen aufzunehmen. »*Fitzi Lynen hat, wo immer er hinkam, zugeneigte Menschen gefunden: Viele von ihnen dürfen sich als Freunde fühlen. Er strahlte im weiten Umkreis Anziehungskraft aus, die sich aber nicht in quadratischer Funktion mit wachsender Annäherung vergrößerte. Bei seinem Charisma, das mit Scharfsinn gepaart war, wusste er wohl Distanz zu halten. Die Zahl derer, die diese überschreiten konnten, war sicher kleiner als man aus seiner Beliebtheit auf der ganzen Welt ableiten möchte.*«[2] Feodor Lynen war ganz gewiss keine einfach zu durchschauende Persönlichkeit. Sein lebhaftes Wesen hielt ihn im Mittelpunkt des Geschehens und der Aufmerksamkeit, und es konnte leicht über eine tiefe Zurückhaltung hinwegsehen lassen, die neben seiner Vitalität seinen Charakter ausmachte.[3]

Die näheren Umstände und persönlichen Bezüge seines familiären Herkommens scheinen für Feodor Lynen ein solcher zurückgehaltener Bereich gewesen zu sein. In seinen wenigen autobiographischen Mitteilungen finden wir nahezu nichts darüber, abgesehen von einigen sehr äußerlich gehaltenen allgemeinen Bemerkungen und einzelnen Episoden, die in ihrer Formelhaftigkeit eher den Eindruck einer über die Jahre verdichteten Legende hinterlassen.

Die Ursache dafür lässt sich nur vermuten – vielleicht ein aus Lynens großbürgerlicher Herkunft jahrhundertealter Tradition geborenes Understatement oder das Familienleben als intimer, von star-

Feodor Lynen. Heike Will
Copyright © 2011 WILEY-VCH Verlag GmbH & Co. KGaA, Weinheim
ISBN 978-3-527-32893-2

ken Emotionen geprägter Bereich, in Feodor Lynens früher Kindheit zusätzlich durch den Soldatentod eines älteren Bruders im Ersten Weltkrieg und nur zwei Jahre später durch den Tod des Vaters und die nachfolgenden finanziellen Schwierigkeiten der Familie während der Inflation beeinflusst.

Feodor Lynen gehörte in seinem Leben nie zu den Außenseitern. Seine Geburt und seine Heirat eröffneten ihm Möglichkeiten, die er zu nutzen verstand; das Glück, das sich dabei oftmals seinen Fähigkeiten und Begabungen zur Seite stellte, war für ihn eine »*Charaktereigenschaft*«.[4]

Die väterliche Linie Lynen wie auch die mütterliche Linie Prym seiner Vorfahren stammte aus der Aachener Gegend.[5] Der Familienstammbaum verzeichnet in 16 Generationen über 1100 Mitglieder und erlaubt den Blick zurück bis ins späte 14. Jahrhundert, auf den ersten namentlich bekannten Vorfahren der väterlichen Lynen-Linie, Johann Lynen, geboren zwischen 1390 und 1400, gestorben 1471. Die Familie lebte während der ersten fünf dieser übersehbaren 16 Generationen von der Landwirtschaft. Dann begann sich der soziale Aufstieg abzuzeichnen: schon ab der Mitte des 15. Jahrhunderts betrieb die Familie im Aachener Raum den Kohlenbergbau. Als Kaufleute und Besitzer von Manufakturen für Kupfer- und Messingwaren, sogenannten Kupferhöfen, sind sie ab dem Jahr 1595 in der Stadt Aachen nachzuweisen.

Die Entwicklung der mütterlichen Prym-Linie vollzog sich ähnlich. Auch sie lässt sich zurückführen bis ins 14. Jahrhundert, auf einen Ahnherrn namens Johann Prym, geboren zwischen 1340 und 1350 in Aachen, und auch ihre Mitglieder waren Metallverarbeiter.[6]

Die Betreiber der Kupferhöfe – Kupfermeister genannt – stellten aus Kupfer, das sie importierten, Messing her, indem sie es mit Zink legierten. Dazu verwendete man in Aachen seit 1450 Galmei, ein Zinkerz[7], von dem es dort reichliche und vor allem oberflächennahe und deshalb im Tagebau leicht zu gewinnende Vorkommen gab. Bis zur Entdeckung der Gewinnung reinen Zinkmetalls hielt man Galmei für einen Farbstoff und nannte – im Unterschied zum rötlichen Kupfer – das goldgelbe Messing ›Geelkopper‹.[8] Aus geschmolzenem Messing stellten die Kupfermeister dünne Platten her, die dann zu Draht weiterverarbeitet wurden.

Im katholischen Aachen wurde seit dem Augsburger Religionsfrieden von 1555 immer wieder um die Rechte der zum reformierten

Glauben Übergetretenen gestritten. Zu ihnen gehörten auch viele der hier ansässigen Kupfermeisterfamilien. Im Jahr 1571 beschloss der Rat der Stadt, dass jeder, der seine Kinder protestantisch taufen lasse, die Stadt zu verlassen habe. Als erster der Aachener Kupfermeister verließ Leonhard Schleicher deshalb seine bisherige Heimat, um ins benachbarte Stolberg zu ziehen und sich dort unter den Schutz des Unterherren Johann von Efferen zu begeben.

Die Religionsstreitigkeiten in Aachen kamen nicht zur Ruhe. Zweimal, 1598 und 1614, verhängte der Kaiser die Reichsacht über die Stadt. Deren Vollstreckung durch eine spanische Stadtbesetzung und die folgenden Repressalien zwangen in den nächsten Jahren viele protestantische Kupfermeisterfamilien, die Stadt zu verlassen. Dem Beispiel Leonhard Schleichers folgend, übersiedelten sie ebenfalls mit ihren Kupferhöfen nach Stolberg. Unter ihnen finden wir im Jahr 1615 den Calvinisten Simon Lynen, 1642 Christian Prym, den Stammvater der männlichen Prym-Linie in Stolberg, und 1652 Laurenz Lynen, Simon Lynens Bruder und Stammvater der männlichen Lynen-Linie in Stolberg.

Die neue Heimat Stolberg bot den Kupfermeisterfamilien viele Vorteile: neben der von ihren neuen Bewohnern erhofften Religionsfreiheit hatte die Gegend reiche Vorkommen an Galmei, Wäldern zur Holz- und Holzkohlegewinnung sowie Wasser für den mechanischen Antrieb der technischen Anlagen. Die enge Nachbarschaft der Familien auf ihren burgähnlich befestigten Kupferhöfen bot während der folgenden unsicheren Zeiten ausreichenden Schutz, um die ständig drohenden Gefahren durch Raub, Plünderungen und durchziehende Soldatenhorden zu überstehen. Erst ab 1714 herrschte in der Gegend ein dauerhafter Friede, der endlich eine Zeit der ungestörten wirtschaftlichen Entwicklung möglich machte.

Aber bereits um das Jahr 1800 kam die nächste große Herausforderung: die Galmeivorkommen waren erschöpft. Die erforderliche Umstellung in der Produktion, zunächst auf die Verwendung anderer Zinkerze, vor allem aber das noch schwierigere Hinüberretten der bisherigen Manufakturbetriebe ins 19. Jahrhundert mit dem Beginn der Industrialisierung, und später ins 20. Jahrhundert mit der überlebensnotwendigen Umgestaltung in Industriebetriebe heutiger Prägung, gelang nur einigen wenigen der alten Kupfermeisterfamilien, unter ihnen den Familien Lynen und Prym.[9]

Am 26.3.1897 wurde in Stolberg die Hochzeit von Carl Wilhelm Richard Lynen (1861 – 1920) und seiner Verlobten Frieda Ida Prym (1870 – 1944) gefeiert[10]. Im Lauf der Jahrhunderte waren immer wieder Ehen zwischen Mitgliedern dieser beiden alten Stolberger Unternehmerfamilien geschlossen worden. Wegen der konfessionell und gesellschaftlich herausgehobenen Stellung und Abgeschlossenheit der Kupfermeisterfamilien war es während der vergangenen Jahrhunderte wiederholt vorgekommen, dass Verwandte nicht nur aus diesen beiden Linien untereinander geheiratet hatten. So war auch der ›Ahnenschwund‹ des Brautpaares Carl Lynen und Frieda Prym, die innerhalb der letzten acht Familiengenerationen deshalb nur 88 statt 128 möglicher Ahnen besaßen, im Kreis der Kupfermeisterfamilien nichts Ungewöhnliches.[11]

Ungewöhnlich war es dort allerdings, dass der Bräutigam eine akademische Laufbahn eingeschlagen hatte[12]: nach dem Besuch eines Gymnasiums sowie eines Realgymnasiums und der Militärzeit wollte Carl Wilhelm Richard Lynen Maschineningenieur werden. *»Wegen der Kosten für das Studium hätten es seine Eltern lieber gehabt, wenn er Kaufmann geworden wäre«*, berichtet die Familienüberlieferung. Der Berufswunsch des Sohnes schien aber doch noch die Zustimmung der Eltern gefunden zu haben, denn nach dem Ende des 4jährigen Studiums an der Technischen Hochschule Aachen absolvierte er ab 1886 eine 3jährige Bauführerausbildung im maschinentechnischen Büro des Zentralbahnhofs in Frankfurt/Main, die unbezahlt war. Seinen Lebensunterhalt musste deshalb währenddessen die Mutter – der Vater war inzwischen verstorben – finanzieren. Der nach Abschluss der Ausbildung zum Regierungsbaumeister ernannte junge Ingenieur arbeitete zunächst drei Jahre in der Gasmotoren-Versuchsstation von Oechelhaeuser & Junkers in Dessau, nahm dann aber bald eine Assistentenstelle an der Technischen Hochschule in Charlottenburg an, wo er 1895 habilitiert wurde. Schon im folgenden Jahr 1896 konnte er eine Ordentliche Professur an der Technischen Hochschule in Aachen antreten. Die gesicherte Stellung schuf die Voraussetzung für seine Heirat mit der Tochter des Stolberger Nadel- und Knopffabrikanten Gustav Prym.[13]

1901 erhielt Professor Carl Wilhelm Richard Lynen einen Ruf an die Technische Hochschule in München, den er annahm, und die Familie verließ die alte Heimat.

Carl und Frieda Lynen.

Anmerkungen

1 Feodor Lynen im Interview mit Florian Furtwängler (1935–1992, Filmregisseur) [FURTWÄNGLER (1966)]
2 Erinnerungen von Theodor Wieland, Feodor Lynens Schwager [WIELAND, THEODOR (1980), S. 14]
3 mündliche Mitteilung von Maria Hopfer, Feodor Lynens Sekretärin ab 1960 bis zu seinem Tod 1979, vom 27.11.2007 [HOPFER (2007)]. Maria Hopfer verstarb im Februar 2009.
4 Feodor Lynen in FURTWÄNGLER (1966)
5 Quellen der folgenden Angaben zur Familiengeschichte sind, wenn nicht anders angegeben:MACCO (1901), S. 2, S. III; MACCO (1907), S. 279; MACCO (1908), S. 74; EULER (1964), S. 537; SCHLEICHER (1965), S. 12–22, Tafel 5 und 6; KREBS / DECKER (1982), S. 262 f

6 PRYM – FIRMENGESCHICHTE (2008)
7 ein gelblich-rötliches Verwitterungsprodukt aus Zinkcarbonat und Kieselzinkerz [MILDENBERGER (1997) II, S. 656]
8 Dies erklärt den Wortbestandteil ›Kupfer‹ in der Berufsbezeichnung der Messing produzierenden ›Kupfermeister‹.
9 So ist z. B. die William Prym GmbH & Co.KG, immer noch mit Sitz in Stolberg, heute das älteste Industrieunternehmen Deutschlands, und unter dem Namen Facab Lynen, Nachfolger des ehemaligen Lynenwerks, werden heute u. a. elektrische Kabel und Leitungen produziert.
10 UNIVERSITÄT MÜNCHEN (1938–1975), 10.2.1941
11 Beispielsweise ist der Urgroßvater der Braut in mütterlicher und väterlicher

Linie identisch (Gustav Prym), und dessen Ehefrau Emilie ist eine geborene Lynen.

12 Alle Angaben und Zitate zur Vita Carl Wilhelm Richard Lynens nach den Erinnerungen seines ältesten Sohnes Gerhard Lynen [LYNEN, GERHARD]

13 Ab 1903 hatte die Firma Prym großen Erfolg mit der Druckknopfproduktion. Hans Prym gelang es, das Druckknopf-Patent des Pforzheimer Erfinders Heribert Bauer von 1885 durch eine eingelegte Metallfeder erheblich zu verbessern; die Firma produzierte Druckknöpfe nun in Serie. Auch heute noch stellt das Unternehmen täglich 15 Millionen Druckknöpfe her. [PRYM – FIRMENGESCHICHTE (2008)]

Kindheit und Jugend (1911 – 1930)

Geburt in München/Schwabing · Großbürgerliche Kindheit in Nymphenburg ·
Erster Weltkrieg · Tod von Bruder und Vater · Inflation · Erstes Interesse an der
Chemie · Skitouren · Prägung durch das Umfeld

> »Die Tatsache, dass ich in München und in Bayern mit seinen nahen Bergen und sei-
> nem angenehmen gesellschaftlichen Leben aufgewachsen bin, ist für die Standhaftig-
> keit verantwortlich, mit der ich an diesem Ort geblieben bin.« [1]

Neue Heimat wurde für die nächsten 13 Jahre das Münchener
Bohème-Viertel Schwabing. Die Familie bezog eine Wohnung in
einem dreigeschossigen Stadthaus. Sechs Kinder – fünf Söhne und
eine Tochter – waren schon geboren, als am 6. April 1911 Feodor Felix
Konrad Lynen zur Welt kam.

Geburtshaus Feodor
Lynens (Viktor-Scheffel-
Straße).

Feodor Lynen. Heike Will
Copyright © 2011 WILEY-VCH Verlag GmbH & Co. KGaA, Weinheim
ISBN 978-3-527-32893-2

Feodor Lynens Elternhaus seit 1914 (Sophie-Stehle-Straße).

Über seine frühe Kindheit ist nur wenig überliefert. Eine kleine Begebenheit schildert seine spätere Ehefrau Eva: »*Mein Mann erwähnte als eine seiner ersten Erinnerungen die Aufregung, die er verursachte, als er dreijährig auf dem Balkongitter des 3. Stockes sitzend*« – er wollte einen besseren Blick auf eine unten arbeitende Teermaschine haben – »*im letzten Moment von einem Mädchen heruntergeholt wurde*«.[2]

In der Schwabinger Wohnung wurde es für die Eltern, die sechs Kinder[3] und das Dienstpersonal zu eng. Mit einem großmütterlichen Erbe finanziell sehr gut ausgestattet, ließ die Familie nun standesbewusst im vom Adel und reichen Bürgertum geprägten Münchener Stadtteil Nymphenburg eine große Villa errichten und mit den modernsten technischen Anlagen der damaligen Zeit ausstatten. 1914 wurde der prächtige Neubau bezogen.[4]

Ab 1917 besuchte Feodor Lynen die Winthirvolksschule. Der Erste Weltkrieg, mittlerweile im vierten Jahr, ließ auch das Leben des kleinen Erstklässlers nicht unberührt. Feodors ungewöhnlicher, russisch anmutender Vorname, den seine Eltern in Erinnerung an den Stolberger Großvater Feodor Lynen (1828–1885) für ihn gewählt hatten[5],

Feodor Lynen (zwischen den Knien des Vaters)
mit Familie, 1917.

gab einigen seiner Schulkollegen Anlass, ihm »*Feodor, das Russen-schwein*« nachzurufen. Die pragmatische Mutter änderte daraufhin kurzerhand den Rufnamen ihres Sohnes: »›*Dann nennen wir dich ein-fach Fitzi.*‹ *Und dabei blieb es.* (…) *Die Mutter sprach es immer in ihrem rheinischen Dialekt etwas gedehnt wie Fietzi aus.*«[6]

Die Volksschule bereitete dem fleißigen Schüler offensichtlich keine Probleme. Sein Austrittszeugnis nach der vierten Klasse bescheinigt ihm in den Fächern Religion, Lesen, Sprachlehre, Recht-schreiben, Aufsatz, Rechnen, Erdkunde und Turnen jeweils die Note 1[7], in Schönschreiben und Singen die Note 1¹/₂, ein »*sehr lobenswürdi-ges Betragen*« und einen »*auszeichnenden Fleiß*«.[8] Die guten Ergeb-nisse blieben sogar konstant, als die Familie innerhalb zweier Jahre zwei schwere Verluste aushalten musste. Feodor Lynens zwölf Jahre älterer Bruder Walter hatte sich als Freiwilliger zum Kriegseinsatz an der Front gemeldet. Im letzten Kriegsjahr 1918 erreichte die Familie die Nachricht, dass der 19jährige in Belgien gefallen sei. Walter, des-sen Plan es gewesen war, später Chemie zu studieren, hatte sich auf dem Dachboden der elterlichen Villa ein Chemielabor eingerichtet. Bei seinen Experimenten hatte Feodor dem großen Bruder oft assis-tiert und so einen ersten Eindruck von der Chemie gewonnen.[9] Dass sein Tod den Siebenjährigen schwer getroffen haben muss, ist nicht ganz unwahrscheinlich.

Schon im Jahr darauf wurde beim Vater ein schweres Herzleiden festgestellt. Im Februar 1920 erlitt er einen Herzinfarkt. Ein zweiter, den er nicht überlebte, folgte im Juli 1920.

Professor Carl Wilhelm Richard Lynen war ein beruflich sehr aktiver, in Fachverbänden engagierter und weit gereister Mann gewesen – er hatte u. a. mit seinen Studenten Exkursionen nach Paris und London unternommen, in den USA die Weltausstellung in St. Louis 1904 besucht und die Gelegenheit zu einer Rundreise durch die Vereinigten Staaten genutzt.[10] »*Er muß ein sehr kinderlieber, freundlicher Mann gewesen sein. Auf der Platte des großen Eßzimmertisches sind noch heute Zeichnungen zu sehen, die er, auf jedem Knie ein Kind haltend, geduldig ausgeführt hat.*«[11]

Der Tod des Vaters, kaum zwei Jahre nach dem Tod des Bruders, war für den inzwischen neunjährigen Feodor sicherlich ein weiterer schwerer Verlust, und er verarbeitete ihn auf seine Weise – er sprach nicht mehr darüber.[12]

Im August, einen Monat nach dem Tod ihres Mannes, brachte Frieda Lynen, die 1916 noch einen Sohn geboren hatte, eine zweite Tochter zur Welt.[13]

Feodor Lynen mit seinem älterem Bruder Edmund.

Fitzi Lynen im Fasching, um 1915.

Die Weimarer Republik schlitterte in die Jahre der schlimmsten Inflation, in der auch große Vermögen in kürzester Zeit zu nichts zusammenschmelzen konnten. Große Teile der Bevölkerung verarmten, viele hatten kaum genug oder nichts zu essen. Die ›Professorswitwe‹[14] war nun oft in der peinlichen und für sie ungewohnten Lage, ihre Rechnungen bei den Lebensmittelhändlern, die regelmäßig ans Haus kamen, nicht bezahlen zu können. Die älteren ihrer acht Kinder empfanden die Situation als so »grauenvoll«[15], dass sie versuchten, dem durch äußerste Sparsamkeit zu begegnen. »Es zeugt von der Kraft und Energie der zierlichen, kleinen Frau, dass es ihr gelungen ist, mit Hilfe ihres ältesten Sohnes Gerhard nicht nur alle ihre Kinder zu tüchtigen Menschen zu erziehen, sondern auch noch das große Haus zu erhalten«, schrieb Feodor Lynens spätere Ehefrau Eva über ihre Schwiegermutter.[16]

Nach vier Volksschuljahren wechselte Feodor Lynen 1921 an die Luitpold-Oberrealschule in München. Die Knabenschule, 1891 gegründet, zeichnete sich gegenüber anderen durch ihre Schülerübungen im Physik-, Chemie- und Biologieunterricht aus; die Pflanzen für die Biologiestunden zog man im Schulgarten an der Isar.[17] Der Fremdsprachenunterricht der Oberrealschule fand – im Unterschied zu den humanistischen Gymnasien, die Latein und Altgriechisch lehrten – in den Fächern Englisch und Französisch statt.

Auch hier zeigte sich Feodor Lynen als begabter und interessierter Schüler, dem offenbar nur der Schulweg Probleme bereitete: die Strecke war weit – zwei Trambahnlinien mit Umsteigen –, und weil er sich gerne das Fahrgeld sparte und stattdessen zu Fuß in die Schule lief[18], kam er häufig zu spät in den Unterricht, was ihm schließlich eine schriftliche Rüge im Zeugnis der siebten Klasse eintrug.[19] Seine Leistungen waren während der ersten Oberrealschuljahre in den meisten Fächern »hervorragend«[20]; einzige Ausnahme bildete das Französische, das – mit der Note 3 bewertet – wohl nicht zu seinen Lieblingsfächern gehörte. Sein Betragen war »stets lobenswert«, sein »Fleiß meist groß«. In den höheren Jahrgängen sanken seine Noten in den meisten Fächern um ein bis zwei Stufen leicht ab – in den sprachlichen Fächern auf die Note 3, ausgenommen den Sportunterricht und die Naturwissenschaften, in denen er nach wie vor gute bis sehr gute Ergebnisse erzielte.[21]

In der sechsten Jahrgangsstufe hielt den Chemieunterricht ein Lehrer, Dr. Wolf[22], der es verstand, durch spannende Experimente die

Schüler für sein Fach zu begeistern: »*Eigentliches Interesse für Chemie wurde bei mir erst 1926, durch den Unterricht in der Luitpold-Oberrealschule, erzeugt*«, erinnerte sich Lynen später.[23] Nun wurde auch das seit Jahren auf dem häuslichen Dachboden verwaist liegende Chemielabor des gefallenen Bruders wieder ausgepackt: »*Die noch vorhandenen Überreste des Laboratoriums meines Bruders kamen dem häuslichen Experimentieren entgegen, das auch prompt zu den üblichen Löchern in der schönen Sonntagshose und einer Explosion mit leichteren Verletzungen im Gesicht und an den Händen führte.*«[24] Das Verständnis und die Geduld der Mutter fanden, ebenso wie die eigene Experimentierlust, nach diesem Zwischenfall vorerst ein Ende, wie er selber später immer wieder berichtete.[25]

Während der Wintermonate verbrachte Feodor Lynen seine freie Zeit am liebsten beim Skifahren. Die ersten Schwünge, die ›Kristianias‹[26], lernte er schon als kleiner Junge auf einem Hügel vor dem Küchengarten, und als er größer wurde, nahmen ihn seine älteren Brüder mit ins Gebirge zu längeren Skitouren.[27] Die finanzielle Lage der Familie war immer noch angespannt. Die Brüder mussten daher, wenn sie ihr Ziel – die Berge rund um den 70 km südlich von München auf 1085 Meter Höhe gelegenen Spitzingsee – erreichen wollten, mit dem Fahrrad fahren, die Ski auf dem Gepäckträger.[28]

»*Die Sommerferien verbrachten die Lynens im Leitnerbauernhof in Fischhausen bei Neuhaus am Schliersee. Dort boten die Berge ein reiches Betätigungsfeld, und der See wurde in allen Richtungen durchschwommen (…). Außerdem waren die Leitnerbauernsöhne die besten Lehrmeister für*

Feodor Lynen in jungen Jahren.

die Kunst des Schuhplattelns. Bei den bayerischen Abenden in Schliersee soll sich der mit die Dreckbazeln im G'sicht', wie der Fitzi wegen seiner Leberflecken genannt wurde, besonders hervorgetan haben.«[29]

Mit diesen wenigen kurzen Episoden stoßen wir bereits an die Grenzen des aus dem familialen Umfeld der Jugendzeit Feodor Lynens Überlieferten. Er selbst berichtet in seinen autobiographischen Skizzen nichts über sein Elternhaus[30], und aus den Aufzeichnungen seiner Ehefrau Eva erfahren wir lediglich, dass er sich an seinen Vater *»nur vage erinnern«* konnte und dass seine Mutter eine *»ausgezeichnete Köchin war«*, die *»es liebte, für ihre Kinder und deren Freunde die herrlichsten rheinischen Speisen zu bereiten.«*[31]

Der lebhafte und interessierte Junge machte sich bald außerhalb der Familie auf die Suche nach Inspiration und Vorbildern, die ihm der vaterlose Lynensche Haushalt offenbar nicht in ausreichendem Maße bieten konnte, und fand sie in der Nachbarschaft: *»Von ganz entscheidender Bedeutung für die Entwicklung meines Mannes war die Freundschaft mit den Kindern von Frau Margarete Krecke, der Frau des Chirurgen Albert Krecke. Dieser hatte in allernächster Nähe des Lynenschen Anwesens eine Privatklinik gegründet, die nach seinem Tode von seiner Witwe weitergeführt wurde. Frau Krecke war eine vielseitig gebildete, gescheite Dame, und ihr geschmackvoll eingerichtetes, gemütliches Haus war Treffpunkt von Künstlern, Wissenschaftlern und anderen interessanten Persönlichkeiten. (...) So war das Krecke-Haus bald für den Fitzi eine Art zweite Heimat geworden.«*[32]

Die häufigen Kontakte mit dem intellektuell anregenden Kreis waren für den Heranwachsenden sicher äußerst spannend und bildeten einen starken Kontrast zur eher *»ruhigen«*[33], aber wohl emotionalen Halt vermittelnden ›ersten‹ Heimat mit der von ihren Kindern sehr geschätzten Mutter, die aber *»keine Intellektuelle«* war – *»sie war halt eine ganz liebe Mutter, die ihren Haushalt gemacht und für alle gekocht hat.«*[34]

Seine spätere Ehefrau kommt im Rückblick auf die Zeit des intensiven Umgangs mit Familie Krecke zu dem Schluss, dass ihr Mann *»daraus eine gewisse gesellschaftliche Unabhängigkeit und die Freude an schönen Dingen«* bezogen habe.[35]

Im März 1930 legte Feodor Lynen nach der neunten Klasse der Oberrealschule die Reifeprüfung ab. Seine Leistungen hatte er auch während des letzten Schuljahres auf dem guten Niveau der Vorjahre halten können: Note 1 in den Fächern Mathematik, Physik, Chemie,

Geschichte, Turnen; Note 2 in Religionslehre, Englisch, Geographie; Note 3 in Deutsch, Französisch und Naturkunde. »*Sein deutscher Prüfungsaufsatz war inhaltlich und sprachlich nicht besonders gewandt durchgeführt. Die übrigen Prüfungsarbeiten gelangen recht gut.* (…) *Während seines Aufenthaltes an der Schule war sein Betragen lobenswert, sein Fleiss meist gross. Am Einführungskurs in die Philosophie hat er erfolgreich teilgenommen*«, lautete die Wortbemerkung auf seinem Reifezeugnis, mit dem er nun als »*befähigt zum Übertritt an die Hochschule*« galt.[36]

Anmerkungen

1 Feodor Lynen, in: LYNEN – LIFE, LUCK AND LOGIC (1969), S. 204 (deutsche Übersetzung von H.W.)
2 LYNEN, EVA, S. 19 und LYNEN, EVA (II), S. 1
3 Ein Sohn (Otto) war schon früh gestorben. [PERSÖNLICHE DATEN LYNEN]
4 FURTWÄNGLER (1966)
5 In der Ahnenreihe taucht der Name in weiblicher Form noch ein weiteres Mal auf: bei der mütterlichen Ururgroßmutter Helene Polyxena Cornelia Feodorowna Prym, verehelichte Gerdret, geb. 1784. [EULER (1964), S. 537 f]
6 LYNEN, EVA, S. 20 f
7 mögliche Notenstufen des Zeugnisses [Volksschulzeugnisse in ZEUGNISSE LYNEN (1918 – 1930)]: 1, 1¹ʼ², 2, 2¹ʼ², 3, 3¹ʼ², 4
8 ZEUGNISSE LYNEN (1918 – 1930)
9 LYNEN, EVA (II), S. 3 und LYNEN – LIFE, LUCK AND LOGIC (1969), S. 204 f
10 LYNEN, GERHARD
11 LYNEN, EVA (II), S. 2
12 Dr. Annemarie Lynen und Eva-Maria Lynen, Töchter Feodor Lynens, im persönlichen Gespräch mit der Autorin in München am 19.11.2007 [LYNEN, ANNEMARIE (2007)], und Dr. Heinrich Pfeiffer, Generalsekretär a. D. der Alexander von Humboldt-

Stiftung, Freund und langjähriger beruflicher Wegbegleiter Feodor Lynens, im persönlichen Gespräch mit der Autorin am 9.11.2007 in Bonn [PFEIFFER (2007)]
13 Diese zweite Tochter hieß wie ihre Mutter Frieda, wurde aber, nachdem ihr Bruder Feodor ihr den Rufnamen ›Muschi‹ gegeben hatte, fortan von Verwandten und Freunden so genannt.
14 Feodor Lynens Zeugnis der 4. Klasse von der Mutter so unterzeichnet [ZEUGNISSE LYNEN (1918 – 1930)]
15 LYNEN, ANNEMARIE (2007)
16 LYNEN, EVA (II), S. 2; Gerhard Lynen wurde Oberbaurat in München, Wilhelm arbeitete als Diplom-Ingenieur in Hannover, Mechtildis lebte mit ihrem Ehemann in München, Edmund arbeitete als Diplom-Ingenieur in Frankfurt / Main, Konrad als Diplom-Ingenieur in Scholkingen-Kreis Ehingen, Frieda war als chemisch-technische Assistentin in München beschäftigt. [AMTSGERICHT MÜNCHEN (1958)]
17 LUITPOLD-GYMNASIUM (2007)
18 LYNEN, ANNEMARIE (2007) und LYNEN, EVA-MARIA (2007)
19 ZEUGNISSE LYNEN (1918 – 1930)
20 mögliche Notenstufen des Zeugnisses [Oberrealschulzeugnisse in ZEUGNISSE LYNEN (1918 – 1930)]:

1 = hervorragend, 2 = lobenswert,
3 = entsprechend, 4 = mangelhaft,
5 = ungenügend

21 ZEUGNISSE LYNEN (1918 – 1930)

22 LYNEN – LIFE, LUCK AND LOGIC
(1969), S. 204 f

23 LYNEN – FORSCHER UND GELEHRTE
(1966), S. 149

24 a. a. O.
Das begeisterte Experimentieren im
Jugendalter ist eine Erfahrung, von
der viele später erfolgreiche Wissen-
schaftler berichten, so z. B. Adolf
Butenandt (Chemie-Nobelpreis 1939)
[BUTENANDT (1966), S. 175], Wolf-
gang Gentner (Physiker) [GENTNER
(1966), S. 141], Christiane Nüsslein-
Volhard (Medizin-Nobel-
preis 1995) und Gerhard Ertl (Che-
mie-Nobelpreis 2007) [SPIEGEL /
NOBELPREISTRÄGER JUGEND (2007),
S. 7]

25 LYNEN – LIFE, LUCK AND LOGIC
(1969), S. 204 f , LYNEN – FORSCHER
UND GELEHRTE (1966), S. 149 und
FURTWÄNGLER (1966)

26 Kristiania: Bogen auf der Außen-
kante des führenden inneren Skis
[HOEK (1921), S. 37], ähnlich wie
beim heutigen Carven. Benannt nach
der früheren Bezeichnung für die
norwegische Hauptstadt Oslo.

27 LYNEN, EVA (II), S. 5

28 LYNEN, ANNEMARIE (2007); hier
auch die Anmerkung Dr. A. Lynens:
»Da fahren nur die mit, die gern skifahren.«

29 LYNEN, EVA (II), S. 4

30 Auch unter Freunden machte er
seine Kindheit nie zum Thema.
[PFEIFFER (2007)]

31 LYNEN, EVA (II), S. 2

32 LYNEN, EVA (II), S. 3 f

33 LYNEN, EVA (II), S. 3

34 LYNEN, ANNEMARIE (2007)

35 LYNEN, EVA (II), S. 4

36 ZEUGNISSE LYNEN (1918 – 1930), Reifezeugnis vom 10.4.1930

Studienjahre (1930 – 1937)

Weltwirtschaftskrise · Chemiestudium in München · Beinbruch ·
Adolf Hitler Reichskanzler · Familie Wieland · Promotion über
Knollenblätterpilzgifte · Heirat mit Eva Wieland

»So komisch es klingen mag: ich betrachte diesen Unfall eigentlich als einen
glücklichen Umstand.« [1]

Im Oktober 1929 war die New Yorker Börse zusammengebrochen. Deutschland geriet in den Strudel der Weltwirtschaftskrise, als der Kapitalstrom ins Inland versiegte, der die von ausländischen Krediten abhängige deutsche Wirtschaft am Leben gehalten hatte. Zahlreiche Firmen brachen zusammen, Banken mussten schließen, und Hunderttausende verloren ihre Arbeit. Viele junge Menschen hofften, durch ein Studium an der Universität oder Hochschule der verzweifelten Lage auf dem Arbeitsmarkt entkommen zu können. Manche Studienfächer waren wegen des großen Andrangs bereits überfüllt.[2]

Feodor Lynen musste sich Gedanken darüber machen, welchen Berufsweg er nach dem Ende seiner Schulzeit einschlagen wollte. Es war klar, dass er, seinem Interesse entsprechend, ein Studienfach aus dem Bereich der Naturwissenschaften wählen würde, er »schwankte aber zwischen Chemie und Medizin als späterem Beruf«.[3] Weil auch am Chemischen Institut in München die Nachfrage sehr groß war, folgte er dem Rat eines Freundes, sich zunächst einmal, vor allen anderen Entscheidungen, für einen der begehrten Chemielaborplätze anzumelden.[4] Als er dafür eine Zusage bekam, entschloss er sich, das Studium der Chemie an dem berühmten Institut zum Sommersemester 1930 aufzunehmen.[5]

Das Chemie-Laboratorium war 1815 als Einrichtung der Bayerischen Akademie der Wissenschaften an der Arcis-/Sophienstraße in München gebaut worden. Ab dem Jahr 1826, als König Ludwig I. die bisher zunächst in Ingolstadt, später in Landshut angesiedelte Universität nach München verlegte, wurde das Akademische Laboratorium hauptsächlich dem Universitätsunterricht gewidmet. Die Beru-

Feodor Lynen. Heike Will
Copyright © 2011 WILEY-VCH Verlag GmbH & Co. KGaA, Weinheim
ISBN 978-3-527-32893-2

fung Justus Liebigs, des berühmtesten Chemikers seiner Zeit, nach München durch König Maximilian II. im Jahr 1852 begründete den hervorragenden Ruf der Einrichtung für die weitere Zukunft. Mit einem vom König finanzierten großzügigen Neubau an der Sophienstraße besaß München ab der Mitte des 19. Jahrhunderts das am besten eingerichtete Labor Deutschlands. Liebigs Nachfolger wurden u. a. Adolph von Baeyer (erster Chemie-Nobelpreis 1905), Richard Willstätter (Chemie-Nobelpreis 1915) und Heinrich Wieland (Chemie-Nobelpreis 1927).[6]

Ab dem Sommersemester 1930 war Feodor Lynen Student der Chemie. Dass er seine Wahl nicht »bereute«[7], zeigt der große Eifer, mit dem er sich in das neue Gebiet einarbeitete: sein erstes Laborhandbuch, ›Smith-Habers Praktische Übungen zur Einführung in die Chemie‹[8], ist voll von Bleistiftnotizen, Anstreichungen (»Beim Mischen von Schwefelsäure mit Wasser ist stets die Säure zum Wasser zu gießen, nie umgekehrt.«, S.14) und Chemikalienspritzern – Zeichen der Beschäftigung sowohl mit der Theorie als auch der Praxis. Wie sehr er sich mit seiner neuen Rolle identifizierte, kann man vielleicht aus seiner Namenskennzeichnung dieses ersten Studienbuches herauslesen: »Feodor Lynen. Stud.chem.«.[9] Die ersten Semesterferien nutzte er für ein zweimonatiges Praktikum im chemischen Labor der städtischen Gaswerke München[10], und bereits am Ende des darauffolgenden Jahres, im Dezember 1931, konnte er das erste Verbandsexamen ablegen.[11]

Feodor Lynen als Student beim Skifahren
Stolzenberg/Spitzingsee, ca. 1931.

Seine große Leidenschaft, das Skifahren, hatte Feodor Lynen auch als Student nicht aufgegeben, und so war er im Herbst 1930 dem Akademischen Skiclub München (ASCM) beigetreten.[12] Der Club, 1901 gegründet mit dem Ziel, Bergtouren zu allen Jahreszeiten zu unternehmen, hatte einige prominente Mitglieder, unter ihnen der bekannte Bergsteiger Uli Wieland[13], der 1934 bei einer Himalaja-Expedition am Nanga Parbat tödlich verunglückte[14], und Fritz Todt, Generalinspekteur für das deutsche Straßenwesen ab 1933 und ab 1940 Reichsminister für Bewaffnung und Munition.[15]

Am 30. Januar 1932 – genau ein Jahr, bevor Adolf Hitler deutscher Reichskanzler wurde – fuhr Feodor Lynen für den ASCM im österreichischen Kitzbühel ein Studenten-Skirennen um die ›Silberne Gams‹. Auf der Rennpiste geriet er mit einem Ski in den tiefen Schnee; er konnte die Wucht des plötzlichen Widerstandes nicht mehr ausgleichen, und das linke Kniegelenk gab unter der enormen Drehbelastung nach und brach.

Feodor Lynen
als Student während einer
Skitour.

Die Heilung der schwierigen Fraktur ging nicht gut voran: »*Alle möglichen Komplikationen zogen die Operation hinaus*«[16], die erst im folgenden Sommer, nach vielen Monaten in der Klinik, stattfinden konnte: Professor Erich Lexer[17], ein Experte auf dem Gebiet der Verletzungs- und Kriegschirurgie, baute dem Patienten ein Fettgelenk ein. Diese von ihm entwickelte Methode der Gelenkplastik stellte immerhin die Wiederherstellung einer Restbeweglichkeit des Knies in Aussicht. Bis dahin vergingen für Feodor Lynen noch lange Klinikmonate, die »*gemildert wurden durch zahlreiche, liebe Besuche von Mutter, Geschwistern und vielen Freunden*« und »*Rollstuhlrennfahrten in den Gängen, die vom Chef unterbunden werden mussten, weil sie Patienten und Personal sehr gefährdeten.*«[18] Erst nach insgesamt elf Monaten, im Dezember 1932, wurde er mit einem teilweise versteiften linken Knie nach Hause entlassen.

»*Dieser Unfall erwies sich im Nachhinein als ziemlich glücklich*«[19], stellte Feodor Lynen später immer wieder fest. Sein Talent zum »*Lebenskünstler*«[20], das dabei aber stets den sicheren Blick für die Realität mit einschloss, ließ ihn, statt über Unannehmlichkeiten und lebenslange Einschränkungen zu klagen – beispielsweise konnte er nur mit einer speziellen Vorrichtung am Pedal Fahrrad fahren[21] –, schon bald klar die Vorteile erkennen, die sich für ihn aus seiner Behinderung ergaben. Denn als er im Mai 1933, nach dem im Krankenzimmer von der Welt abgeschirmt verbrachten Jahr, wieder an die Universität zurückkehrte, hatte sich sehr viel verändert.[22]

Seit dem 30. Januar 1933 war Adolf Hitler deutscher Reichskanzler. Das am 24. März 1933 verkündete Ermächtigungsgesetz (›*Gesetz zur*

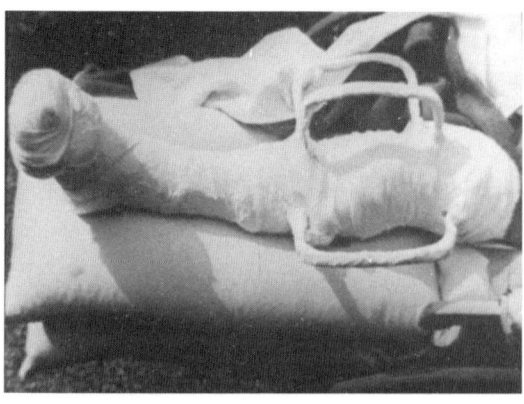

Gipsbein nach dem Beinbruch, 1932.

Behebung der Not von Volk und Reich‹) hatte die Gewaltenteilung aufgehoben, die gesamte Staatsgewalt der neuen nationalsozialistischen Regierung übertragen und ihr dadurch die Möglichkeit gegeben, ein totalitäres Regierungssystem zu errichten. Bereits am 7. April 1933 war das ›*Gesetz zur Wiederherstellung des Berufsbeamtentums*‹ erlassen worden, dem schnell erste Entlassungen politisch unbequemer oder jüdischer Beamter auch aus dem Hochschuldienst folgten. »*Mitgemacht wurde auf vielen Ebenen, oft nicht als Resultat politischen Drucks, sondern als Folge vorauseilenden Gehorsams.*«[23]

Von Haus aus zwar konservativ geprägt, war Feodor Lynen wohl eher unpolitisch.[24] Der neuen deutschen Politik gegenüber zeigte er sich sehr zurückhaltend, ein Eintritt in die NSDAP kam für ihn nicht in Frage. Die Behinderung durch das fast steife Bein bewahrte Feodor Lynen in der Folge »*vor jeglichem Dienst in den Nazi-Organisationen wie der SA, sonst zu dieser Zeit für einen Studenten kaum zu umgehen*«[25] und auch davor, zur Wehrmacht eingezogen zu werden, wie er später immer wieder dankbar feststellte.[26]

Nach der langen Unterbrechung konnte er endlich sein Studium an der Universität wieder aufnehmen. Hier schloss er bald eine herzliche Freundschaft mit seinem Kommilitonen Theodor Wieland, Sohn des Institutsvorstandes Professor Heinrich Wieland.

In den folgenden Semesterferien arbeitete Lynen noch einmal als Werkstudent, diesmal im chemischen Laboratorium der Firma Osram[27]. Ein halbes Jahr später, im Juli 1934, schloss er sein Studium mit dem zweiten Verbandsexamen erfolgreich ab.[28]

Inzwischen hatte er über seinen Studienfreund Theodor Wieland auch dessen Geschwister kennengelernt. Die vier Kinder Heinrich Wielands – Wolfgang (geb. 1911), Theodor (geb. 1913), Eva (geb. 1915) und Otto (geb. 1920) – waren in einem überraschend freien und unautoritären Elternhaus aufgewachsen, in dem ihnen, zusätzlich zu ihren persönlichen Kinderzimmern, ein großes Gemeinschaftszimmer im Dachgeschoss der Villa zur Verfügung stand als erwachsenenfreier Rückzugsraum, von den Kindern häufig genutzt zum ungestörten »*Philosophieren*«.[29] Heinrich Wieland war »*ein vom Rousseau'schen* ›*Émile oder die Erziehung*‹*-Ideal geprägter Vater, dem es darauf ankam, seine Kinder ernst zu nehmen und sie sich nach Möglichkeit nicht zu Feinden zu machen. Somit galt er bei ihnen bestimmt nicht als ausgeprägte Respektsperson; überliefert ist, daß ihm einmal* ›*bei einem Züchtigungsversuch*‹ *(eigene Aussage) die Brille von der Nase gefallen und*

Feodor Lynen im Chemischen Laboratorium der Universität München beim Titrieren, um 1940.

zerbrochen war (doch eher eine Slapstick-Szene).«[30] Seinen Grundsätzen entsprechend, waren die Kinder nicht getauft worden und hatten in der Schule nie am Religionsunterricht teilgenommen.[31]

Auf ganz ähnliche Weise wie in seinen Jugendjahren durch die benachbarte Chirurgenfamilie fühlte sich Feodor Lynen offenbar durch die unkonventionelle, intellektuelle Ausstrahlung der Familie des bewunderten Professors und Chemie-Nobelpreisträgers Heinrich Wieland in deren Bann gezogen. Es dauerte nicht lange, bis er sich in die 19jährige Eva verliebte und die beiden ein Paar wurden. »*Daraus entstanden große Komplikationen (...). Beide waren wir noch sehr jung, und weder die Lynen-Mutter noch die Wieland-Eltern waren besonders begeistert von unserer Beziehung*«, erinnerte sich Eva später[32], denn Feodor Lynen hatte im Anschluss an sein Studium, im Oktober 1934, bei Evas Vater eine Doktorandenstelle angetreten[33], und »*der angehende Chemiker hatte in absehbarer Zeit die Doktorprüfung beim ›Alten‹ zu bestehen*«. Wäre die Beziehung im Institut bekannt geworden, hätte er »*unmöglich von Wieland geprüft werden können, und das erschien doch sehr wichtig. Zwei Jahre lang haben wir uns also redlich bemüht, jegliches Aufsehen zu vermeiden. Zuletzt wurde die Prüfung dann doch von einem Professorenkollegium abgehalten (…)«*, berichtete Eva Lynen.[34]

Das Thema der Dissertationsarbeit Feodor Lynens – › *Über die Giftstoffe des Knollenblätterpilzes*‹ – führte ihn in die Naturstoffchemie. Im Münchner Chemischen Laboratorium beschäftigte man sich schon seit längerer Zeit mit der Isolierung, Identifizierung, Synthese und Strukturaufklärung von Naturstoffen – organischen Verbindungen, die aus Tieren, Pflanzen oder Mikroorganismen gewonnen werden können und Produkte dieser lebenden Organismen sind – und bewegte sich damit auf einem Grenzgebiet zwischen der Organischen Chemie und der Biologie. Feodor Lynen hatte die Aufgabe, an der Aufklärung des giftigen Prinzips des Grünen Knollenblätterpilzes (*Amanita phalloides* Fr.) mitzuarbeiten.

Zu diesem Thema lagen bereits zwei Arbeiten aus dem heimischen Arbeitskreis vor, die aber hinsichtlich der Reinheit der erhaltenen Präparate nicht zufriedenstellten.

Im Unterschied zu seinen Vorgängern, die verschiedene Fällungsmittel eingesetzt hatten, um das Rohgift aus den Pilzen zu isolieren, wandte Feodor Lynen eine in der Eiweißchemie häufig gebrauchte Methode an: das Aussalzen mit Ammoniumsulfat.

Wasserlösliche Substanzen wie z. B. Proteine können aus einer Lösung ausgefällt werden, indem man dieser ein Salz zugibt, das eine höhere Wasserlöslichkeit besitzt als derjenige Stoff, der ausgefällt werden soll. Die sich nun im Wasser lösenden Ionen des zugegebenen Salzes binden wegen ihrer höheren Wasserlöslichkeit sofort einen großen Teil derjenigen Wassermoleküle, die bis dahin das Protein in Lösung hielten. Für das bisher gelöste Protein bleibt nicht mehr genügend Lösungsmittel übrig; es fällt deshalb als Niederschlag aus und kann dann aus dem Ansatz abgetrennt werden.

Nach anschließender weiterer Reinigung durch Ausschütteln in Butylalkohol und mathematischer Berechnung der Verteilungsverhältnisse in den verschiedenen Lösungsmitteln wurde Lynen bald klar, dass es sich beim Gift des Knollenblätterpilzes nicht um einen einheitlichen Stoff handeln konnte, sondern dass es vielmehr aus mindestens zwei Komponenten bestehen müsse. Es gelang ihm, die beiden Hauptkomponenten des Giftes zu charakterisieren: 1.) einen im Tierversuch sehr rasch wirkenden Stoff, der nur in geringerer Menge im Pilz vorliegt, und 2.) das Hauptgift, einen langsamer wirkenden Bestandteil, dessen Peptidcharakter sich nach Säurezugabe durch seinen Zerfall in Aminosäuren nachweisen ließ.

Das Ergebnis der Arbeit Feodor Lynens war »die Feststellung, dass der hauptsächliche Giftstoff des Knollenblätterpilzes die Natur niederer Eiweißkörper (Molekulargewicht etwa 600) besitzt, an deren Aufbau eine Indolverbindung maßgebend beteiligt ist.«[35]

Allerdings war es ihm in den zwei Jahren der Doktorandenzeit trotz großer Bemühungen nicht gelungen, Kristalle dieser Giftstoffe zu züchten. Nur die kristalline Form wäre ein zwingender Beweis für deren absolute Reinheit gewesen, und nur dadurch hätte sich ganz zweifelsfrei darlegen lassen, dass die im Tierversuch erprobte Gift-wirkung auf diese Stoffe zurückzuführen sei und nicht etwa auf kleine Mengen an Verunreinigungen durch andere, unbekannte Stoffe.

Nach vielen vergeblichen Versuchen hatte Feodor Lynen »das Gefühl, dass es organische Moleküle gibt, die nicht kristallisieren kön-nen«[36], und bat deshalb seinen Doktorvater, den experimentellen Teil der Arbeit auf diesem Stand abschließen zu dürfen. Wieland willigte zwar ein, ließ aber seinen Neffen Ulrich Wieland weiter an der Kris-tallzüchtung arbeiten. Bereits nach vier Wochen gelang diesem, was vorher unmöglich erschien: die erste Kristallisation von Phalloidin, einem der Gifte des Knollenblätterpilzes. Die für Feodor Lynen über-raschende Nachricht veranlasste ihn, es mit seinen aufbewahrten Präparaten ebenfalls noch einmal zu versuchen – und nun gelang die Kristallisation auch ihm. Die Erkenntnis, dass er durch zu wenig Ausdauer und Hartnäckigkeit »eine gute Chance verpasst« hatte und »nur Zweiter«[37] geworden war, war für ihn offenbar schockierend, aber lehrreich, denn er berichtete später immer wieder darüber.

Im Januar 1937 konnte er die Arbeit ganz abschließen.[38] Im Februar fand die Doktorprüfung in den Nebenfächern Physik und Physiologie und im Hauptfach Chemie statt, die er jeweils mit der Note 1 und dem Gesamtergebnis ›summa cum laude‹ ablegte, und nach Zahlung einer Promotionsgebühr von 200 RM wurde ihm schließlich der Doktortitel verliehen.[39]

Drei Monate später, am 14. Mai 1937[40], heirateten Feodor Lynen und Eva Wieland: »und so wurde ich zum Schwiegersohn meines Leh-rers.«[41]

Hochzeit von Feodor Lynen und Eva Wieland, auf der Terrasse des Elternhauses in der Sophie-Stehle-Straße, 14. Mai 1937.

Anmerkungen

1 Feodor Lynen im Interview mit Florian Furtwängler [FURTWÄNGLER (1966)]
2 BEHRENS (1998), S. 3
3 Feodor Lynen in LYNEN – FORSCHER UND GELEHRTE (1966), S. 149
4 LYNEN, EVA (II), S. 5
5 Lebenslauf in Dissertation [HARTMANN (1983), S. 4846]
6 STAATSLABOR;
1924 erhielt Heinrich Wieland nach Richard Willstätters Rücktritt die Leitung des Chemischen Laboratoriums der Bayerischen Akademie der Wissenschaften und war damit dessen letzter Vorstand, denn 1938 übernahm die Universität die Verwaltung. [STAATSLABOR]

7 LYNEN, EVA (II), S. 5
8 KOHLSCHÜTTER (1928)
9 Feodor Lynen kennzeichnete seine Bücher mit seinem Namen und einem dahintergesetzten Punkt.
10 September bis Oktober 1930 [PRAKTIKANTENZEUGNISSE (1930 / 1933)]
11 Lebenslauf in Dissertation, in: HARTMANN (1983), S. 4846; vergleichbar mit dem heutigen Vordiplom
12 schriftliche Mitteilung von Dominik Baumüller, ASCM, an die Autorin vom 7.3.2007
13 Nach Auskunft von Dr. Annemarie Lynen besteht keine ihr bekannte nähere Verwandtschaft zwischen ihm und der Familie Heinrich Wielands,

des späteren Schwiegervaters Feodor
Lynens.

14 Nach dieser Expedition, in deren Verlauf noch weitere ihrer Teilnehmer
umkamen, wurde der Nanga Parbat
von der NS-Presse »*der Schicksalsberg
der Deutschen*« genannt, da zuvor
schon einige deutsche Bergsteiger an
ihm gescheitert waren.

15 ASCM (2001), S. 5, S. 14, S. 22
Nach dem tödlichen Flugzeugabsturz
Todts im Jahr 1942 folgte ihm Hitlers
Architekt Albert Speer in diesem
Amt nach.

16 LYNEN, EVA (II), S. 6

17 Erich Lexer: 1867–1937, Leiter der
Chirurgischen Klinik in München
von 1928 bis 1936, Wegbereiter der
Plastischen Chirurgie [LOCHER
(2005), S. 848]

18 LYNEN, EVA (II), S. 6

19 LYNEN – LIFE, LUCK AND LOGIC
(1969), S. 205 (deutsche Übersetzung von H. W.)

20 LYNEN, ANNEMARIE (2007)

21 LYNEN, ANNEMARIE (2007)

22 Lebenslauf in Dissertation, in: HART-
MANN (1983), S. 4846

23 DEICHMANN (2008), S. 83

24 PFEIFFER (2007)

25 LYNEN – LIFE, LUCK AND LOGIC
(1969), S. 205 (deutsche Übersetzung von H. W.)

26 u. a. FURTWÄNGLER (1966)

27 September bis November 1933
[PRAKTIKANTENZEUGNISSE (1930 /
1933)]

28 Lebenslauf in Dissertation [HART-
MANN (1983), S. 4846]; vergleichbar
mit dem heutigen Diplom

29 WIELAND, SIBYLLE (2008), S. 190

30 a. a. O., S. 187

31 a. a. O., S. 182 und NACHMANSOHN
(1988), S. 216

32 LYNEN, EVA (II), S. 6

33 Lebenslauf in Dissertation
[HARTMANN (1983), S. 4846]

34 LYNEN, EVA (II), S. 6 f

35 UAM OC-Np-WS 1936/37 [LMU-
ARCHIV]

36 Feodor Lynen in LYNEN – LIFE, LUCK
AND LOGIC (1969), S. 206 (deutsche
Übersetzung von H. W.)

37 a. a. O.

38 Lebenslauf in Dissertation [HART-
MANN (1983), S. 4846]

39 UAM OC-Np-WS 1936/37 [LMU-
ARCHIV]

40 Auszug aus dem Stammbuch Lynen-
Wieland [PERSÖNLICHE DOKUMENTE]

41 LYNEN – LIFE, LUCK AND LOGIC
(1969), S. 206 (deutsche Übersetzung von H. W.)

Schwiegervater Heinrich Wieland

Chemiestudium · Privatdozent · Beratervertrag bei Boehringer/Ingelheim ·
Professur für Chemie · Unterstützung halbjüdischer Studenten und Mitarbeiter

»Ein wirklich guter Lehrer wird immer einen außerordentlichen, oft den entscheidenden Einfluss auf den Schüler haben.«[1]

Heinrich Wieland wurde 1877 in Pforzheim geboren, besuchte dort
das humanistische Gymnasium und studierte anschließend Chemie
in München, Berlin und Stuttgart. 1901 wurde er promoviert und 3
Jahre später habilitiert. Ab 1914 leitete er als Professor für Chemie
zunächst die Organische Abteilung des Münchner Staatslaboratoriums und trat dann eine Professur an der Technischen Hochschule in
München an. 1921 wechselte er für vier Jahre an die Universität Freiburg im Breisgau. 1925 kehrte er wieder nach München zurück als
Nachfolger Richard Willstätters, der aus Protest gegen antisemitische
Tendenzen in der Professorenschaft von seiner Position als Direktor
des Chemischen Laboratoriums zurückgetreten war.[2]

Die lange Zeitspanne zwischen der Habilitation 1904 und der
Berufung auf die erste beamtete und damit auch ausreichend
bezahlte Professorenstelle 1914 – immerhin zehn Jahre – hätte Wieland, wie im 19. und frühen 20. Jahrhundert in Deutschland für
einen jungen Akademiker üblich, als Privatdozent in sehr unsicheren
finanziellen Verhältnissen zubringen müssen, denn die einzige Ein-
kommensquelle eines Privatdozenten an der Universität waren die
Hörergelder aus den gehaltenen Vorlesungen.

Viele junge Chemiedozenten schlossen daher zur Überbrückung
dieser mageren Jahre Berater- und Gutachterverträge mit der chemischen oder pharmazeutischen Industrie ab, die auch häufig zusätzlich die teuren Laborgerätschaften und Chemikalien – ansonsten aus
eigener Tasche zu finanzieren – für die universitäre Forschungsarbeit
zur Verfügung stellte.[3]

Heinrich Wieland tat deshalb nichts Ungewöhnliches, als er einen
Beratervertrag mit der Chemiefirma J. D. Riedel in Berlin und 1907

Heinrich Wieland.

einen zweiten mit der Firma C. H. Boehringer[4] in Ingelheim am Rhein abschloss.[5] Wieland nutzte hier verwandtschaftliche Beziehungen, denn deren Gründer, der Chemiker Albert Boehringer (1861–1939)[6], hatte eine Cousine zweiten Grades[7] Heinrich Wielands geheiratet. Der finanzielle Ertrag aus dieser Beratertätigkeit kam nicht nur seinem Privatleben zu Gute – 1908 konnte er seine Verlobte Josephine Bartmann (1881–1966) heiraten und eine Familie gründen[8] –, sondern half auch in Form von Finanzzuwendungen an seine Studenten dem Institut an der Universität.[9]

Die Firma Boehringer hatte lange, bis weit ins 20. Jahrhundert hinein, auf ein eigenes Forschungslaboratorium verzichtet. Für die Klärung chemisch-pharmazeutischer und pharmakologischer Probleme konsultierte man nun regelmäßig Heinrich Wieland und dessen Bruder, den Pharmakologen Hermann Wieland (1885–1929). 1917 wurde auf Anregung der beiden Brüder, parallel zur Aufnahme der ebenfalls von ihnen veranlassten Produktion von Gallensäurepräparaten, in der Firma eine wissenschaftliche Forschungsabteilung eingerichtet, Basis der heutigen pharmazeutischen Forschungs- und Entwicklungsabteilung. Der Aufbau der Abteilung, deren Leitung nacheinander in der Hand zweier Wieland-Schüler lag, war bis 1926 weitgehend abgeschlossen, so dass sich Heinrich Wieland aus seiner aktiven Position als externer Forschungsleiter zurückziehen konnte; er stand der Firma aber weiterhin als Berater zur Verfügung.[10]

Seine Forschungsarbeit auf dem Gebiet der Gallensäuren führte u.a. zur Entwicklung eines neuen Medikamentes zur Behandlung von Herz- und Kreislauferkrankungen, das ab 1920 bei Boehringer sehr erfolgreich produziert wurde: Cadechol, eine Verbindung aus Campher, dem eigentlichen Wirkstoff, und der Gallensäure Desoxycholsäure, die die Aufnahme des Wirkstoffs verbesserte.

Die Forschungsarbeit der Wielandbrüder brachte noch ein weiteres Arzneimittel hervor, das anschließend bei Boehringer ab 1921 im großen Maßstab hergestellt wurde: das aus Lobelienarten gewonnene Alkaloid Lobelin, das, intravenös oder intramuskulär verabreicht, durch seine anregende Wirkung auf das Atemzentrum einen drohenden Erstickungstod verhindern kann. Es wurde noch bis 1980 in Deutschland produziert, bis schließlich durch die Möglichkeiten der künstlichen Beatmung sein Einsatz nicht mehr nötig schien.[11]

»Überraschend ist (…), in welchem Ausmaß die Wahl des industriellen Partners Wielands Forschungsthematik prägte und beeinflusste.«[12] Vermutlich ausgelöst durch seinen ersten Vertragspartner Riedel, der im frühen 20. Jahrhundert marktführend für Gallensäurenpräparate war, hatte Wieland um 1910 erstmals die Gallensäuren zu seinem Forschungsthema gemacht[13] und sich auch nach Beendigung dieser Zusammenarbeit, dann weiterhin unterstützt durch Boehringer, über lange Zeit damit beschäftigt. *»Auffallend und in vielen Fällen durch die Verbindung zu Boehringer zu erklären ist sein großes Interesse an der Chemie pflanzlicher und tierischer Gifte, von denen viele potentielle Arzneimittel waren. Wieland betrieb in seinem Freiburger und ebenso in seinem Münchner Arbeitskreis Grundlagenforschung für Boehringer, die Firmenchemiker in dieser Form nicht hätten liefern können: Dazu hatten die Zielsetzungen von Wielands Arbeiten zu wenig unmittelbare Praxisrelevanz oder führten nicht schnell genug zu verwertbaren Resultaten.«*[14]

Die langjährige Kooperation erwies sich für alle Beteiligten als äußerst nützlich: *»Ohne die beiden Wieland-Brüder hätte sich die Firma nie zu dem entwickelt, was sie heute ist, dem nach Bayer-Schering größten Pharmakonzern Deutschlands«*[15], und ohne die Möglichkeiten, die sich Heinrich Wieland durch die Zusammenarbeit boten, wäre der große wissenschaftliche Erfolg seiner universitären Forschungsarbeit gewiss um einiges schwieriger zu erreichen gewesen – wie zum Beispiel die Konstitutionsaufklärung der Gallensäuren, wofür ihm 1927 schließlich der Chemie-Nobelpreis verliehen wurde.[16]

Heinrich Wieland hielt lebenslang an dieser Zusammenarbeit fest, auch nachdem 1920 der Firmenbesitz an die nächste Generation – Ernst Boehringer (1896–1965), der 1926 bei ihm promoviert hatte, dessen Bruder Albert (1891–1960) und deren Schwager Julius Liebrecht (1891–1974) – übergegangen war.[17] Unter der nationalsozialistischen Regierung verschaffte die langjährige intensive Zusammenarbeit mit dem stark expandierenden Chemieindustriebetrieb Heinrich Wieland außerordentliche Freiräume. Seine universitäre Forschungsarbeit, die tatsächlich reine Grundlagenforschung war, wurde wegen ihrer leicht deutlichzumachenden Bezogenheit auf Boehringers Produktion dringend benötigter Arzneimittel als »kriegswichtig« erklärt, und man ließ ihn ungestört weiterarbeiten.[18] »Die Bedeutung und Wertschätzung, die den in seinem Institut bearbeiteten (...) Forschungsprojekten zukam, wusste Wieland mit Bauernschläue, Dickschädligkeit und nüchternem Kalkül geschickt zu nutzen.«[19]

Mit dem ›Gesetz gegen die Überfüllung deutscher Schulen und Hochschulen‹ vom 25. April 1933 hatte die NS-Regierung die Gesamtzahl jüdischer Studenten auf maximal fünf Prozent aller Studierenden begrenzt, eine Quote, die aber ohnehin fast nirgends erreicht worden war. Ein Ministerialerlass vom 23. April 1934 dagegen verschärfte die Zugangsbeschränkungen an den Universitäten und Hochschulen, nun mit massiven Auswirkungen für ›nichtarische‹ Studenten: eine Neuimmatrikulation oder die Fortsetzung des Studiums waren daraufhin nur noch mit einem ›Ariernachweis‹ möglich; ab dem Wintersemester 1938 war für ›Volljuden‹ nicht einmal mehr der Status als Gasthörer erlaubt. »›Mischlinge ersten Grades‹ benötigten fortan eine Studiengenehmigung des Ministeriums, welches seine Einzelentscheidungen nicht zuletzt von einer Stellungnahme des jeweiligen Hochschulrektors über den ›rassischen Gesamteindruck‹ des Kandidaten abhängig machte. Das Recht zu studieren war somit für diese Gruppe durch eine Verordnung ausgehebelt und durch ein willkürliches Prozedere ersetzt.«[20]

Heinrich Wieland, der »aus einer entschieden pazifistischen Familie«[21] stammte und seinen politischen Standort »immer links«[22] sah, wollte die immer aggressiver zu Tage tretende rassistische Ausgrenzungspolitik der NS-Regierung nicht akzeptieren: »Wieland ging das Ganze nicht mit einem politischen Konzept an, aber mit seinem Widerstand als Person, wenn er sagte: ›Das geht nicht, das mache ich nicht mit‹«[23], erinnert sich seine ehemalige Doktorandin Gerda Freise. Er

Heinrich Wieland mit seiner Schwester und Feodor Lynens Mutter Frieda.

habe sich »*gleich am Anfang der Nazizeit entschlossen, irgend etwas dagegen zu unternehmen; etwas, das er auch die ganze Zeit durchhalten könnte. Da sei ihm eben dies eingefallen: den Antisemitismus und später die Nürnberger Gesetze nicht anzuerkennen und sie einfach zu ignorieren.*«[24]

Den vom Kultusministerium angeordneten ›Deutschen Gruß‹ versuchte Wieland in seinen Vorlesungen stets zu vermeiden: »*Ich sehe ihn noch heute mit einer etwas verlegenen, ungeschickten Handbewegung den Hörsaal betreten. Es sah immer so aus, als wolle er gerade eine Tafelrunde guter Freunde begrüßen*«, berichtete später seine Tochter Eva.[25]

Die politischen Spielräume ausnutzend[26], ermöglichte Wieland während der folgenden Jahre einer Reihe von ›Mischlingsstudenten‹, an seinem Institut ein Chemiestudium aufzunehmen, ein bereits begonnenes Studium fortzusetzen oder zu promovieren. Er half bei der Beantragung der dafür erforderlichen Studiengenehmigungen und verfasste Empfehlungsschreiben. Wenn die nötigen Zulassungen nicht erteilt wurden oder lange auf sich warten ließen, führte er die Betreffenden als »*Gäste des Geheimrates*«, denn er »*war der Meinung, daß die Immatrikulation nicht für das Ablegen des Examens nötig sei.*«[27] Nach einer Schätzung hielten sich am Chemischen Labor 1943 ungefähr 25 ›Halbjuden‹ als Studenten, Doktoranden, technische Assistenten, Laboranten oder ›Gäste‹ auf. »*Es scheint, daß Wieland ihre Beschäftigung im Labor nicht, verspätet oder nur teilweise dem Rektor bzw. den Geldgebern meldete. Möglicherweise gelang es ihm auch einige Zeit, Universität und Geldgeber gegeneinander ›auszuspielen‹, indem er erklärte, die jeweils andere Institution hätte ihr Einverständnis gegeben. (…) Am chemischen Labor fand er viel Unterstützung, und selbst die, die politisch anderer Ansicht waren, behinderten ihn üblicherweise nicht. Uni-*

versitätsintern verstieß Wieland vor allem gegen Meldebestimmungen, was Rektor Wüst jedoch offenbar bis zu einem gewissen Grad zu dulden bereit war. (…) Im Bayerischen Kultusministerium war man ihm offenbar ebenfalls nicht feindlich gesonnen. In diesem Milieu konnte er mit Geschick und ›Chuzpe‹ vieles erreichen, jedenfalls solange keine klaren Anweisungen auf höchster Ebene in Sachen ›Halbjuden‹ existierten.«[28] Die offensichtliche und gelegentlich von Denunzianten auch an höhere Stellen weitergemeldete[29] Unterstützung ›halbjüdischer‹ Studenten hatte für Wieland keine nachteiligen Konsequenzen; sein Status als international höchst angesehener Wissenschaftler und Nobelpreisträger, vor allem aber seine engen Beziehungen zur chemischen Industrie verliehen ihm einen gewissen Handlungsfreiraum. Immer wieder konnte er die ›kriegswichtige‹ Forschung als Begründung der Notwendigkeit für die Beschäftigung seiner ›halbjüdischen‹ Mitarbeiter anführen.[30]

Gefährlich wurde die Hilfestellung allerdings, als ›halbjüdische‹ Studenten des Chemischen Instituts nach der Hinrichtung der Mitglieder der Widerstandsgruppe ›Weiße Rose‹ deren Aktionen aufgriffen und fortsetzten. Die beteiligten Studenten und ihre Helfer – insgesamt über 40 Personen – wurden bald darauf verhaftet und wegen Hochverrats angeklagt. Wieland nahm es auf sich, im Prozess vor dem Volksgerichtshof in Donauwörth zu Gunsten der ihm bekannten Angeklagten auszusagen. Die Urteile wurden im Oktober 1944 verkündet: einige Freisprüche, mehrere langjährige Gefängnis- bzw. Zuchthausstrafen und das Todesurteil für den Münchner Chemiestudenten Hans Leipelt, das am 29. Januar 1945 vollstreckt wurde.[31]

1944 verengte sich als Folge dieser Ereignisse Wielands Handlungsraum zunehmend; er konnte deshalb nur noch sehr wenigen ›Halbjuden‹ Schutz an seinem Institut gewähren – im Sommersemester 1944 finden sich nur noch »*mindestens vier*«[32]. Das Kultusministerium machte Wieland deutlich, dass es künftig dessen bisheriges Verhalten nicht mehr dulden würde[33], und ab Herbst 1944 wurden ›halbjüdische‹ Studenten »*praktisch ausnahmslos*«[34] zur Organisation Todt[35] bzw. zum Arbeitsdienst eingezogen.

Am 17. Dezember 1944 wurde das Chemische Institut schließlich bei einem massiven Luftangriff der Royal Airforce komplett zerstört[36]; damit war an ein geordnetes wissenschaftliches Arbeiten ohnehin nicht mehr zu denken.

Hildegard Hamm-Brücher, die ebenfalls während der Kriegsjahre als ›Nichtarierin‹ unter Heinrich Wielands Schutz am Chemischen Institut promoviert hatte, erinnerte sich stets mit großer Dankbarkeit ihres Doktorvaters:»›Widerstanden‹ hat er nicht nur kraft privater Lauterkeit, sondern kraft seines öffentlichen Verhaltens – durch seine Haltung. (…) Er hat sein Leben weder mit konspirativen Aktivitäten noch durch todesmutiges Verhalten aufs Spiel gesetzt«. Er sei aber stets ein Mann »von beispielhafter Integrität und Zivilcourage« gewesen, der sich darum bemüht habe, die »Würde nicht zu verlieren«, die andere oft viel zu schnell preisgaben.[37] »Alles in allem liegt Wielands Verdienst wohl darin, eben diese ihm jeweils zur Verfügung stehenden Spielräume bis an ihre Grenzen – und zuweilen auch darüber hinaus – genutzt«[38] und dadurch das Chemische Institut als eine »Oase der Anständigkeit«[39] erhalten zu haben.

Anmerkungen

1 Feodor Lynen im Interview mit Alexander Dées de Sterio [DÉES DE STERIO (1975), S. 143]

2 Biographische Angaben aus WIELAND – DATEN; FRUTON (1990), S. 154; WIELAND, SIBYLLE (2008), S. 116 und S. 192

3 VAUPEL (2008), S. 115

4 1885 gegründet; bis 1939 Nieder-Ingelheim [VAUPEL (2008), S. 117, 119]

5 Der Vertrag mit der Firma Riedel wurde erst gelöst, als Boehringer davon erfuhr. Genauere Daten der Zusammenarbeit mit Riedel sind nicht bekannt. [VAUPEL (2008), S. 116 f]

6 Boehringers Großvater hatte 1817 bereits ein Werk in Stuttgart gegründet. [BOEHRINGER (2006)]

7 Helene Renz (1867–1946) [VAUPEL (2008), S. 118]

8 LYNEN – BRIEF ELSEVIER (1965) und VAUPEL (2008), S. 118

9 VAUPEL (2008), S. 119

10 VAUPEL (2008), S. 122, 124 und BOEHRINGER (2006)

11 VAUPEL (2008), S. 136–140 und LYNEN, EVA, S. 56
Eine Lobelingabe bewahrte auch 1938 Feodor Lynens erstes Kind Peter nach dessen schwieriger Geburt vor dem Erstickungstod. [LYNEN, EVA, S. 56)]

12 VAUPEL (2008), S. 116

13 VAUPEL (2008), S. 131
Die Firma Riedel belieferte, ohne vom Beratervertrag mit Boehringer zu wissen, Wieland über längere Zeit mit Cholsäure. [VAUPEL (2008), S. 131]

14 VAUPEL (2008), S. 125

15 VAUPEL (2008), S. 124 f
In Anerkennung der Bedeutung Heinrich Wielands für die Entwicklung der Firma benannte man 1938 ein neues Boehringer-Firmengebäude nach ihm. [BOEHRINGER (2006)]

16 Der Nobelpreis wurde ihm 1928 rückwirkend für 1927 verliehen.

17 VAUPEL (2008), S. 118
Seine Beraterhonorare und die Einnahmen aus der Produktion seiner

patentrechtlich geschützten Entwicklungen ermöglichten es ihm, bis zu seinem Tod seine Kinder »*monatlich mit großzügigen finanziellen Zuwendungen*« zu unterstützen. [WIELAND, SIBYLLE (2008), S. 229]

18 VAUPEL (2008), S. 142

19 VAUPEL (2008), S. 143

20 RITZ (2008), S. 146 und S. 150
Im Mai 1944 waren im gesamten Deutschen Reich nur noch 80 ›Mischlinge ersten Grades‹ immatrikuliert (weniger als 0,1 % aller Studierenden) [RITZ (2008), S. 151]

21 WIELAND, SIBYLLE (2008), S. 189
Dennoch hatte er in der Zeit des Ersten Weltkriegs in Fritz Habers (1868-1934; 1918 Chemie-Nobelpreis für die Ammoniaksynthese aus den Elementen Stickstoff und Wasserstoff als Ausgangsbasis für die Herstellung von Stickstoffdünger) Kaiser-Wilhelm-Institut für Physikalische Chemie und Elektrochemie als einer von neun Abteilungsleitern an der Entwicklung neuer chemischer Kampfstoffe, wie des hochwirksamen ›Adamsite‹, mitgearbeitet. Auch viele andere bekannte, schon vorher oder später mit dem Nobelpreis ausgezeichnete Wissenschaftler, u.a. Emil Fischer (1902), Otto Hahn (1944), Walther Nernst (1920), Richard Willstätter (1915) beteiligten sich an der Entwicklung chemischer Kampfstoffe für den Kriegseinsatz (Jahreszahlen in Klammern jeweils Jahr ihrer Nobelpreisverleihung). Es kam allerdings auch vor, dass eine Mitarbeit abgelehnt wurde, wie das Beispiel Adolf Windaus' (1876 – 1959; Nobelpreis für Chemie 1928) zeigt. [DEICHMANN (2001), S. 40 f, S. 65, S. 100])

22 Interview mit Gerda Freise, geb. 1919, Chemiestudium und Promotion bei Wieland, spätere Professorin der Erziehungswissenschaften, und mit Hildegard Hamm-Brücher, geb. 1921, Chemiestudium und Promotion bei Wieland, spätere Staatsministerin im Auswärtigen Amt; hier: Gerda Freise, in CHEMIKER IM GESPRÄCH (1977), S. 146

23 Gerda Freise in CHEMIKER IM GESPRÄCH (1977), S. 148

24 Gerda Freise in CHEMIKER IM GESPRÄCH (1977), S. 144

25 LYNEN, EVA (II), S. 8

26 Rückendeckung erfuhr Wieland dabei durch den Universitätsrektor Wüst, der zwar SS-Mitglied war, aber offenbar eine recht ambivalente Haltung einnahm. [RITZ (2008), S. 164]

27 LITTEN (1998), S. 90

28 LITTEN (1998), S. 90 – 92

29 RITZ (2008), S. 163

30 a.a.o., S. 164

31 a.a.O., S. 166 – 169

32 a.a.O., S. 170

33 a.a.O., S. 170

34 LITTEN (1998), S. 90

35 Von Fritz Todt 1938 geschaffene, militärisch organisierte Baueinheiten, die nach Ausbruch des Zweiten Weltkrieges zur Mitarbeit – neben den dienstverpflichteten Kräften – zunehmend Fremdarbeiter, Kriegsgefangene und KZ-Häftlinge heranzogen. Die Organisation Todt war in den besetzten Gebieten v.a. für die Instandsetzung der Verkehrswege hinter der Front zuständig; u.a. errichtete sie den Atlantikwall.

36 LYNEN, EVA (II), S. 12

37 HAMM-BRÜCHER (2004), S. 422

38 RITZ (2008), S. 171

39 HAMM-BRÜCHER (2004), S. 423

Beruflicher und familiärer Beginn (1937 bis 1945)

Prägung durch Heinrich Wieland · Entwicklung der Biochemie ·
Pasteureffekt · Oxidation der Essigsäure · Habilitation · Dozentur unter
Bedenken · Auslagerung an den Ammersee · Zerstörung des chemischen
Staatslaboratoriums · Kriegsende

»Unser einziger Antrieb war in jener Zeit, Wissenschaft zu treiben
und zu überleben.«[1]

Feodor Lynen fühlte sich Heinrich Wieland immer eng verbunden.
Während der Studienjahre war der Geheimrat für ihn, wie für viele
andere Studenten, der hochverehrte Lehrer gewesen, der es als »*Auto-
ritätsperson*«[2] aber immer verstanden hatte, eine gewisse Distanz zu
wahren, nur selten unterbrochen von »*Augenblicken einer väterlichen
Zuwendung und Fürsorge*«.[3]

Lynens Heirat mit Eva Wieland hob diese Distanz auf; die beiden
Männer verband bald eine herzliche Beziehung gegenseitiger Achtung und Zuneigung.[4] Feodor Lynen war sich immer bewusst, dass
er »*dem Einfluss Heinrich Wielands sehr viel verdankte*« und dass die
enge Verbindung mit ihm eine »*wichtige Determinante*«[5] seines
Lebens war.

Durch sein rechtschaffenes Verhalten unterstützte Heinrich Wieland in seinem Institut nicht nur viele ›nichtarische‹ Studenten, sondern bewahrte daneben durch sein Vorbild auch gewiss manchen seiner ›arischen‹ Studenten und Mitarbeiter vor politischen Abwegen.
Auch dies stellte Feodor Lynen rückblickend anerkennend fest.[6]

Sehr prägend war für Lynen, dass er »*das große Glück hatte, als junger Mensch im Hause des Schwiegervaters sehr viele bedeutende Naturwissenschaftler kennenzulernen*«, wie »*Windaus*[7], *Otto Hahn*[8], *viele andere
und Hans Fischer*[9], *und das waren Persönlichkeiten von einer großen Einfachheit (…), und so etwas färbt dann etwas ab.*«[10]

Auch der Geheimrat war von dieser »*Einfachheit*«, die – neben seinem Talent und seinem klaren, kritischen Geist – seine Mitarbeiter
beeindruckte. Er ging völlig in seiner Arbeit auf und forderte deshalb
auch von seinen Studenten größten Fleiß und Leistungswillen. Wer
dazu nicht bereit war, musste mit seiner Kritik rechnen, die durchaus

auch »*ungeduldig und bissig, beinahe verletzend*«[11] sein konnte. Gleichzeitig stand er aber immer mit sorgfältiger Betreuung und Hilfe zur Seite.[12] Heinrich Wielands Arbeitskreis zu verlassen und die hervorragenden Arbeitsbedingungen des Laboratoriums aufzugeben, kam deshalb, auch nach Promotion und Heirat, für Feodor Lynen nicht in Frage.

Von 1936 bis 1942 erhielt Heinrich Wieland vom Reichsforschungsrat und der Notgemeinschaft der deutschen Wissenschaft – der Vorläuferin der Deutschen Forschungsgemeinschaft (DFG) – Finanzmittel für biochemisch orientierte Arbeiten im Rahmen der Krebsforschung.[13] Er konnte deshalb 1937 seinen Schwiegersohn vor die Wahl einer Anstellung als Saal-Assistent im organisch-chemischen Praktikum oder aber eines Stipendiums der DFG stellen. Dass sich Feodor Lynen für Letzteres entschied, hatte, wie er später oft berichtete, seinen Grund in »*reiner Faulheit*«[14], denn obwohl ihn die Organische Chemie eigentlich stärker interessierte, wollte er die Belastung durch Unterricht und Kolloquien vermeiden, wie sie mit der Funktion eines Saal-Assistenten unweigerlich verbunden gewesen wäre. Er entschloss sich deshalb, das Krebsforschungs-Stipendium anzunehmen, das ihm zwar unattraktiver erschien, ihm aber erlaubte, ausschließlich und vom Universitäts-Lehrbetrieb unbehelligt zu forschen.

Unter Betreuung des Münchner Pathologen Professor Borst sollte der Oxidationsstoffwechsel von Tumorgewebe untersucht werden. Die Forschungsarbeit brachte aber keine verwertbaren Ergebnisse und wurde deshalb auch bald nicht mehr weiterverfolgt.[15]

Allerdings hatte das vorbereitende Studium der zu diesem Thema vorhandenen Fachliteratur Feodor Lynens Aufmerksamkeit auf grundlegende Aspekte des Stoffwechsels der am Wielandschen Institut häufig verwendeten Hefe gelenkt. Die veröffentlichte Literatur stammte häufig aus der Feder des Biochemie-Pioniers Otto Warburg[16], der sich als Direktor des Kaiser-Wilhelm-Instituts für Zellphysiologie in Berlin-Dahlem u. a. mit der Erforschung von Atmungsenzymen, Stoffwechselvorgängen in Körperzellen und der Photosynthese beschäftigte und für seine Arbeiten zur Zellatmung 1931 den Nobelpreis für Physiologie oder Medizin erhalten hatte. »*Ich erinnere mich noch daran, wie aufgeregt ich beim Lesen dieser Veröffentlichungen war, und dass ich mir wünschte, dass auch ich eines Tages ein Coenzym entdecken würde und seine Funktion aufklären könnte*«, berichtete Feodor

Lynen später[17], denn er hatte bald gesehen, »*dass die Vorgänge des Lebens für den Chemiker die faszinierendsten Probleme boten. Galt es doch die chemischen Prozesse aufzuklären, durch welche die Nahrungsstoffe in den Organismen verbrannt werden, und zu erforschen, wie die dabei freigesetzte Energie zur Bestreitung der vielfältigen energieverzehrenden Tätigkeit der Lebewesen verwandt werden kann, und auf welche Weise die Neubildung der organischen Substanz bei Wachstum und Zellvermehrung zustande kommt.*«[18]

Rückblickend stellte Lynen fest, dass diese späten 1930er Jahre für einen jungen Biochemiker »*ungeheuer aufregende Jahre*«[19] gewesen seien. Seine erste Berührung mit der dynamischen Biochemie, die sich mit den Stoffwechselvorgängen der lebenden Zelle beschäftigt, sei »*in einem überaus günstigen Moment*«[20] erfolgt – das bereits Bekannte in der noch jungen Forschungsrichtung war vielversprechend und ließ noch weiten Raum für künftige Entdeckungen.

In späteren Jahren verdeutlichte Feodor Lynen immer wieder die historische Entwicklung seines Fachgebiets, bis weit zurück ins 18. Jahrhundert[21], und äußerte seine Ansicht, dass dabei die Rolle einzelner Wissenschaftler und deren Beiträge häufig überschätzt würden, denn einzelne Fortschritte stünden nie alleine da, sondern könnten immer nur auf den Schultern der Vorgänger aufbauen.[22]

Eine der wichtigsten Grundlagen in der Entwicklung der Stoffwechsel-Biochemie war für Lynen die Erkenntnis Antoine Laurent de Lavoisiers[23], dass Kohlenstoff, Wasserstoff, Sauerstoff und Stickstoff einen Hauptanteil beim Aufbau pflanzlicher und tierischer Stoffe einnehmen. In dieser Beschränkung auf nur wenige chemische Elemente im lebendigen Organischen erkannte Jöns Jakob Berzelius[24] einen Unterschied zum nicht-lebendigen Anorganischen und benutzte erstmals den Begriff ›Organische Chemie‹. Allerdings glaubte Berzelius noch an eine ›Lebenskraft‹, der die organischen Kohlenstoffverbindungen ihre Entstehung zu verdanken hätten. 1824 gelang Friedrich Wöhler[25] erstmals die Reagenzglas-Synthese einer organischen Substanz, der Oxalsäure, und vier Jahre später konnte er im Labor eine weitere organische Verbindung, den Harnstoff, herstellen. Damit war der Beweis erbracht, dass organische Kohlenstoffverbindungen, ebenso wie anorganische Verbindungen, künstlich herstellbar sind, und zwar ohne die ›Lebenskraft‹, die bis dahin als unbedingt dafür erforderlich angesehen wurde, aber nicht fassbar war.

Feodor Lynen beim Literaturstudium.

Während des 19. Jahrhunderts bis zum Ersten Weltkrieg entwickelten sich die beiden Disziplinen Biologie und Chemie parallel weiter. Neben der ›Pflanzenchemie‹ wurde auch die ›Tierchemie‹ zum Forschungsfeld, deren Bezeichnung bald ersetzt wurde durch den Terminus ›Physiologische Chemie‹. Seit 1858 wurde in den deutschsprachigen Ländern zwar auch der Begriff ›Biochemie‹ bekannt, blieb aber zunächst noch ungebräuchlich.[26] Als Forscher in der wie auch immer genannten Biochemie betätigten sich in dieser frühen Phase Organische Chemiker, Physikalische Chemiker, Pharmazeuten, Physiologen, Pathologen, Bakteriologen, Kliniker, Zoologen oder Botaniker.[27]

Wegen der großen wissenschaftlichen und durch industrielle Verwertung auch wirtschaftlichen Erfolge der Organischen Chemie stand die junge biochemische Fachrichtung zunächst noch in deren Schatten. Aber spätestens seit Adolf v. Baeyers[28] 1905 mit dem Nobelpreis ausgezeichneten Münchner Arbeiten über Pflanzenfarbstoffe, u. a. über das blaue Indigo, und Emil Fischers[29] Berliner Beiträgen zur Zucker- und Purinforschung, 1902 ebenfalls mit einem Nobelpreis geehrt, wurde auch die Naturstoffchemie, die sich mit der chemischen Analyse und Strukturaufklärung von in der belebten Natur vorkommenden Stoffen wie Pflanzenfarbstoffen, Gerbstoffen, Alkaloiden, Kohlenhydraten oder Proteinen beschäftigte, bald zu einem bevorzugten Forschungsgebiet vieler Organischer Chemiker.[30]

Adolf v. Baeyer.

Dass auch die Enzyme zur Gruppe der Proteine gehören, wurde in den 1920er Jahren aufgeklärt, als dem Amerikaner James Sumner[31] der Nachweis gelang, dass ein von ihm isoliertes Enzym, die Urease[32], aus Eiweiß besteht.[33] Die besondere Eigenschaft der Enzyme, ihre katalytische Wirkung, und der Vorgang der Katalyse waren bereits seit der Mitte des 19. Jahrhunderts bekannt.[34] Aufbauend auf Berzelius' Erkenntnissen definierte 1895 Wilhelm Ostwald[35] einen Katalysator als eine Substanz, die die Geschwindigkeit einer chemischen Reaktion verändert, ohne selbst in den Produkten zu erscheinen.[36] Die in allen lebenden Organismen vorkommenden Enzyme beschleunigen also zum Leben notwendige chemische Reaktionen; dafür setzen sie die für den Start der Reaktion benötigte Aktivierungsenergie herab und ermöglichen so einen effizienten Reaktionsablauf unter Normalbedingungen – keine hohen Temperaturen, normaler Druck, wässriges Milieu – in einem lebenden Organismus.

Sumners Ergebnisse waren für Otto Warburg der Anlass, sich der Erforschung der Enzymfunktionen zuzuwenden. Seit den 1930er

Emil Fischer.

Jahren gelang es ihm und seinen Mitarbeitern, viele der für den Kohlenhydratstoffwechsel wichtigen Enzyme in reiner, d. h. kristalliner Form zu isolieren, ihre physikalischen Eigenschaften zu charakterisieren und auch die enge Beziehung zwischen Vitaminen und Coenzymen[37] zu erkennen.[38]

Im selben Jahrzehnt wurde die chemische Struktur vieler Vitamine aufgeklärt, so z.Bsp. 1933 von Vitamin C durch Tadeus Reichstein[39] und Walter Norman Haworth[40], im selben Jahr von Vitamin A durch Paul Karrer[41], 1938 von Vitamin E durch Erhard Fernholz; 1939 gelangen Richard Kuhn[42] die Strukturaufklärung von Vitamin B_6 und Adolf Windaus die der Vitamine D_2 und D_3.

Neben der strukturellen Untersuchung einer Vielzahl im Organismus vorkommender Stoffe begann sich die Biochemie mit der Erforschung der chemischen Umbauprozesse, denen diese Verbindungen im Stoffwechsel unterworfen sind, zu befassen. Einer der vielen großen Erfolge auf diesem Gebiet war beispielsweise im Jahr 1929 die Aufklärung des Glucoseabbaus im Zell-Cytoplasma[43] durch Gustav Embden[44], Otto Meyerhof[45] und Jakub Karol Parnas[46]. Einen zykli-

Otto Warburg.

schen Stoffwechselvorgang, in dessen Verlauf lebende Zellen die für Stoffaufbau und Energieerzeugung benötigten Stoffwechsel-Zwischenprodukte in kreisförmig ablaufenden Reaktionsfolgen gewinnen, wies erstmals Hans Adolf Krebs[47] 1932 mit dem Harnstoffzyklus[48] nach. 1937 gelang ihm die Aufklärung einer weiteren zyklischen Reaktionsfolge des Stoffwechsels, des Citratzyklus[49].

Auf »*dem Gebiet der dynamischen Biochemie (…) waren vor dem zweiten Weltkrieg die Fundamente* (für die Erforschung weiterer Stoffwechselwege) *zum grossen Teil in Deutschland (…) gelegt worden. Die meisterhafte Experimentierkunst Otto Warburgs hatte zu jenen eleganten manometrischen und optischen Methoden geführt, die für den weiteren Fortschritt von allergrößter Bedeutung werden sollten und in dieser Hinsicht wohl nur von der Isotopenmethode und der Methode der Papierchromatographie[50] erreicht wurden*«, fasste Lynen diese frühe Phase zusammen.[51]

Hans Adolf Krebs.

Die These des amerikanischen Physikers Robert Millikan[52], grundlegende Fortschritte der Wissenschaft würden häufiger als Nebenprodukte instrumenteller Verbesserungen erzielt als durch die direkte und bewusste Suche nach neuen Gesetzen[53], bestätigte sich zum Teil auch hier: die erwähnte Isotopenmethode, die auf Harold Clayton Ureys Entdeckung des Deuteriums[54] im Jahr 1931 beruhte, eröffnete völlig neue Wege durch das nun mögliche Markieren organischer Verbindungen, um so deren Weg durch den Stoffwechsel im lebenden Organismus zu verfolgen. Ein weiteres Beispiel ist die Entwicklung der Ultrazentrifuge durch The(odor) Svedberg[55] in den späten 1920er Jahren, die erst die intensive Beforschung von Eiweiß-Makromolekülen ermöglicht hatte.

Ein Mitarbeiter Feodor Lynens fasste später den Wissensstand, den man in den 1930er Jahren in der Biochemie erreicht hatte, so zusammen: »*Man kannte eine Reihe von Enzymen, wusste über den Ablauf der Gärung und die Bedeutung des ATP[56] Bescheid und hatte bemerkt, dass die Zelle sich eines außerordentlich sinnreichen Zusammenspiels ihrer*

Kräfte bedient, um einerseits mit möglichst hoher Energieausnutzung angebotene Substrate zu verwerten, andererseits die gewonnene Energie in möglichst sparsamer Weise zu gebrauchen.«[57]

Die Untersuchungen, die Feodor Lynen im Rahmen seines DFG-Stipendiums nach 1937 selbständig ausführte, galten der Aufklärung der Funktion von Stoffwechsel-Zwischenprodukten, die mit Phosphor verknüpft sind und bei der Energieübertragung im Zellgeschehen eine Rolle spielen. Er machte die Beobachtung, dass atmende Hefezellen anorganisches Phosphat schnell aufnehmen und in organische Phosphatverbindungen umbauen können, und berührte damit eines der größeren, damals noch ungelösten Probleme des Gewebestoffwechsels, den Pasteur-Effekt:

1861 hatte Louis Pasteur[58] entdeckt, dass die Gärungsleistung der Hefe durch Sauerstoff gemindert wird und unter Luftabschluss wieder ansteigt.[59] In den 1920er Jahren zeigte die Forschungsarbeit von Otto Warburg und Otto Meyerhof, dass in tierischem Gewebe – in Analogie zur Alkoholproduktion der Hefe – die Milchsäureproduktion als energieerzeugender Prozess in gleicher Weise durch Sauerstoffausschluss beeinflusst wird.

Als Feodor Lynen auf dieses Thema stieß, war die Frage, auf welche Weise Sauerstoff die Gärung hindert, noch ungeklärt. Allerdings war schon seit 1905 bekannt, dass unter bestimmten Bedingungen die Anwesenheit von anorganischem Phosphat für die Gärung unabdingbar ist. Feodor Lynen nahm deshalb an, dass dieses am Pasteureffekt direkt beteiligt sein könnte. Er verglich den einmal unter aeroben – mit Sauerstoff – und einmal unter anaeroben Bedingungen – ohne Sauerstoff – gemessenen Phosphatgehalt von Hefe und schlug daraufhin sein Modell eines Phosphatkreislaufs vor:

Anorganisches Phosphat wird mit Hilfe der entweder durch Gärung oder Atmung gewonnenen Energie in ATP eingebaut. Wenn ATP als Energiequelle verbraucht wird, kommt es wieder zur Rückbildung von Phosphat. Zwischen Atmung und Gärung als energiegewinnenden Prozessen herrscht in der Zelle ein Wettbewerb um die Synthese von ATP; in Gegenwart von Sauerstoff entsteht ATP durch oxidative Phosphorylierung[60], wobei die ATP-Synthese unter aeroben Verhältnissen pro Mol als Brennstoff verbrauchter Glucose wesentlich effizienter ist als unter anaeroben Bedingungen. Lynen konstatierte die Kontrolle der Gärungsrate durch die oxidative Phosphorylierung; diese hält die Fließgleichgewichtskonzentration an Phosphat stets auf einem niedrigen Niveau. Bei Sauerstoffmangel jedoch verursacht die höhere Konzentration an Phosphat schließlich einen Anstieg der Gärungsrate.[61]

Viele Jahre später meinte Feodor Lynen, dass er immer noch »*stolz*«[62] sei auf diese frühen, 1941 veröffentlichten Ergebnisse, wenngleich auch die vollständige Aufklärung des genauen Mechanismus des Pasteureffekts durch andere Arbeitskreise erst viel später, in den 1960er Jahren, gelang.[63]

Ein weiterer Aspekt des Hefestoffwechsels, die Oxidation der Essigsäure, wurde im Münchner Arbeitskreis bereits seit den 1930er Jahren beforscht.

Erste Hinweise auf eine besondere Rolle der Essigsäure bzw. ihrer Salze, der Acetate, im Stoffwechselgeschehen waren bereits zu Beginn des Jahrhunderts aufgetaucht: Franz Knoop[64] hatte 1904 den Abbau der Fettsäuren im Körper entdeckt – von ihm ß-Oxidation genannt –, bei dem Acetat als Zwischenprodukt auftrat. Auch Eduard Buchner[65] hatte in seinen Berliner Arbeiten über die zellfreie Gärung[66] Acetat als Stoffwechsel-Zwischenprodukt nachweisen können.

Heinrich Wieland und sein Schüler Robert Sonderhoff arbeiteten schon sehr frühzeitig, seit Beginn der 1930er Jahre, mit deuterierten Präparaten, um die Stoffwechselwege der Essigsäure in der Zelle verfolgen zu können. Anhand der entsprechend mit Deuterium beladenen bzw. nicht-beladenen Zwischen- und Endprodukte der Stoffwechselreaktionen konnten sie beweisen, dass Fettsäuren und Sterine, zu denen u.a. das Cholesterin und die Steroidhormone gehören, auf direktem Weg aus der Essigsäure entstanden sein mussten.[67]

1937 hatte Hans Adolf Krebs den von ihm so genannten Citrat-Zyklus formuliert, der die Reaktionsfolge des hier zusammenlaufenden, oxidativen Abbaus der Nahrungsstoffe – der Kohlenhydrate, Proteine und Lipide – in den Mitochondrien der Zellen darstellt. Ein in die Einzelheiten gehender, experimentell abgesicherter Nachweis des biochemischen Geschehens aller seiner Einzelreaktionen stand dabei allerdings noch aus.

Feodor Lynens Interesse wandte sich deshalb zunächst »*ganz der Umwandlung der Essigsäure in Citronensäure zu*«[68], die nach den Krebsschen Erkenntnissen Mittelpunkt des aeroben Abbaus der Kohlenhydrate war. Seine Versuche, Zitronensäure aus den von ihm vermuteten Zwischenprodukten zu synthetisieren, misslangen allerdings.

Eine 1938 von seinem Schwiegervater gemachte Beobachtung half ihm nun weiter: Wieland und einige seiner Mitarbeiter hatten Hefezellen über mehrere Stunden hinweg mit Sauerstoff geschüttelt. Dieser Prozess wurde ›Verarmen‹ genannt, denn durch die Behandlung wird der Vorrat der Hefezellen an verwertbaren – oxidierbaren – Stoffen aufgebraucht. Setzte man den verarmten Hefezellen nun Essigsäure zu, konnten sie diese erst nach einer gewissen Anlaufzeit oxidieren, um sie zur Energiegewinnung im Citratzyklus zu verwenden. Die Wissenschaftler stellten fest, dass sie diese Induktionszeit durch eine geringe Zugabe leicht oxidierbarer Substanzen, z. B. Ethanol, verringern konnten.

Lynen zog daraufhin aus weiteren Untersuchungen den Schluss, dass die Hefezellen zunächst zur Energiegewinnung das zugesetzte Ethanol oxidieren. Diese Energie kann die Hefe anschließend dafür nutzen, die dem Versuchsansatz zugegebene, ansonsten nur verzögert oxidierbare Essigsäure nun in eine reaktionsfreudigere ›aktivierte Essigsäure‹ umzubauen.[69]

Seine Vermutung, dass Acetylphosphat, eine Verbindung aus Essigsäure und anorganischem Phosphat, die gesuchte aktivierte Form der Essigsäure sein könnte, erwies sich allerdings in weiteren Versuchen als falsch, denn auch mit dieser Substanz im Reaktionsansatz ließ sich keine Zitronensäure synthetisieren. »*Auf dieser Stufe blieb dann meine Arbeit an diesem Problem für einige Jahre stehen, wofür nicht zuletzt die der freien Forschung abträglichen Zeitläufe verantwortlich waren.*«[70]

Im März 1941 konnte Feodor Lynen seine bisherigen Forschungsergebnisse zusammenfassen und als Habilitationsarbeit zur Begutachtung bei der Fakultät einreichen. Sowohl die schriftliche Arbeit – ›*Zum Abbau von Bernsteinsäure und Citronensäure durch Hefe. Über die Beteiligung von Phosphorsäure bei Atmungsvorgängen in der Hefe*‹ – als auch die ›wissenschaftliche Aussprache‹ fanden eine sehr gute Aufnahme: »*Die Aussprache war in hohem Masse befriedigend. Der Kandidat ist ausgezeichnet beschlagen und zeigte ein kritisches und selbständiges Urteil.*«[71]

Im Juni 1941 hielt Lynen seine öffentliche Lehrprobe zum Thema ›*Neuere Ergebnisse der chemischen Virusforschung*‹.[72] Auch der Bericht des Rektors der Universität, des Indologen Walther Wüst, an das Bayerische Staatsministerium für Unterricht und Kultus fiel überaus günstig aus: »*Der Vortrag verriet gründliche Kenntnis des behandelten*

Themas, war in der Form ausgezeichnet, leicht verständlich und entsprach den Anforderungen eines guten Unterrichts. Wissenschaftlich und charakterlich ist Dr. Lynen sehr gut beurteilt. Über seine weltanschauliche Haltung ist Nachteiliges nicht bekannt geworden.«[73] Der Weitergabe seines Antrages auf Erteilung der Lehrbefugnis schien also nichts entgegenzustehen. Selbst die fehlende Mitgliedschaft in der NSDAP war kein offizieller Grund, eine akademische Laufbahn zu behindern; allerdings wurden auch von Nichtparteimitgliedern Bekundungen ihrer Loyalität zum Staat erwartet[74]: Ernst Bergdolt[75] teilte nach einem Gutachten über den jungen Wissenschaftler dem Universitätsrektor im August 1941 mit, dass Feodor Lynen »*einer der befähigtsten Vertreter*« seiner Fakultät und auch ein »*frischer und beliebter Kamerad*« sei, dass er nicht der Partei oder einer ihrer Gliederungen angehöre und wegen seines steifen Beines für den aktiven Dienst oder die Wehrmacht ungeeignet sei, dass aber auch von ihm ein »*Mindestmaß an politischem Einsatz*« verlangt werden müsse und deshalb sein Antrag auf eine Dozentur »*nur unter Bedenken*« befürwortet werden könne.[76] Heinrich Gebhardt[77] vertrat als Leiter der Dozentenschaft die Meinung, dass man Lynen trotz dessen Behinderung die Mitarbeit in der Partei oder auch beispielsweise in der NSV[78] durchaus zumuten könne. Er befürwortete daher, Lynens Antrag auf Lehrbefugnis zurückzustellen und ihn aufzufordern, seine Einsatzbereitschaft zu zeigen.[79] Dieser Meinung schloss sich der Kultusminister in einer Mitteilung an den Rektor der Universität an.[80]

Die politische Situation an der Münchner Naturwissenschaftlichen Fakultät blieb im Unterschied zu manchen anderen Universitäten eher ruhig, denn es hatte sich dort »*ein Kern an Wissenschaftlern, großenteils bereits vor 1933 berufen, herausgebildet (…), der zum einen durchaus Prestige genoß, zum anderen aus seiner ablehnenden Einstellung zum Nationalsozialismus, wenigstens im wissenschaftlichen Bereich, kaum einen Hehl machte. (…) Dagegen waren unter den ›jüngeren‹ Mitgliedern einige Parteigenossen zu finden, die sich doch bemühten, die entsprechenden Vorstellungen der Partei durchzusetzen. (…) Sie hatten ebenfalls einen gewissen Anhang, der nicht unbedingt aktiv in Erscheinung trat, sie jedoch unterstützte.«*[81]

Dass »*Teilopposition, ihre Verbindung mit zeitweiliger oder partieller Regime-Bejahung, dass Neben- und Miteinander von Nonkonformität und Konformität die Regel darstellten*«[82], zeigte sich auch in München: 1933 bis 1935[83] war mit dem bekannten Forstentomologen Karl Escherich ein Rektor Leiter der Universität, der zwar *»sehr früh ein Anhänger Hitlers gewesen, jedoch inzwischen (1935) von der ›Bewegung‹ innerlich einigermaßen abgerückt«* war.[84] Sein Nachfolger bis 1938 wurde der Wiener Geologe Leopold Kölbl, der zwar ebenfalls schon 1932 in die NSDAP eingetreten war, dem aber andererseits Heinrich Wieland nach dem Krieg im Entnazifizierungsverfahren bestätigen konnte, dass er *»keinerlei nazistische Allüren«* gezeigt habe. *»In allen wichtigen Fragen, die zu Konflikten mit der sehr rabiaten Dozentenschaft führten, war Kölbl stets auf unserer Seite. (…) Ich war dann immer erstaunt über die Liberalität seiner Ansichten und über den Mangel an nationalsozialistischem Gedankengut.«*[85] Als Rektoren folgten dann 1938 *»der recht farblose Mediziner Philipp Broemser«*[86] und 1940 der Indologe Walther Wüst, *»einer derjenigen, die, begünstigt durch Partei- und in seinem Fall SS-Mitgliedschaft, eine sehr rasche Universitätskarriere im Dritten Reich erfahren hatten«.*[87]

Im Februar 1941, vor der Aufnahme seines Habilitationsverfahrens, hatte Lynen eine schriftliche Erklärung darüber abgeben müssen, dass er weder der Kommunistischen Partei, noch der Nationalkommunistischen Bewegung (Schwarze Front), der Sozialdemokratischen Partei oder deren Ersatzorganisationen angehöre und auch sonst keinerlei Beziehungen zu diesen Gruppen unterhalte. Für den Fall, dass sich Gegenteiliges herausstellen sollte, wurde ihm mit fristloser Entlassung gedroht.[88]

Wenn sein Antrag auf Erteilung der Lehrbefugnis bewilligt werden sollte, musste Feodor Lynen nun das Wenige, das er an *»politischem Einsatz«* vorzuweisen hatte, in die Waagschale werfen. Im März 1942 schrieb er deshalb an den Rektor der Universität München: *»Im Anschluss an die persönliche Unterredung zu Ende des vergangenen Monats möchte ich Sie davon in Kenntnis setzen, dass mich der zuständige Ortsgruppenleiter der NSDAP, dem ich mich als Mitarbeiter zur Verfügung gestellt habe, als Blockhelfer[89] in der Ortsgruppe München-Gern eingeteilt hat. Im Übrigen ist es in meiner Angelegenheit vielleicht von Interesse, dass ich seit 1938 Mitglied der NSV und des RLB[90] bin.«*[91]

Im April 1942 teilte das Bayerische Kultusministerium in einem Brief an den Reichsminister für Wissenschaft, Erziehung und Volksbildung mit, dass Lynen *»an einem Lehrgang im Reichslager für Beamte (…) noch nicht teilgenommen (habe …). Dabei wäre ihm aufzugeben, das Lager nachzuholen.«*[92]

Ob er dieser Empfehlung nachkam, und wie weit sein Engagement in den genannten Verbänden[93] zu diesem Zeitpunkt tatsächlich ging, lässt sich anhand der überlieferten Dokumente nicht nachvollziehen; jedenfalls gab er nach dem Ende des Kriegs im großen Entnazifizierungs-Fragebogen der US-Militärregierung an, dass er in NSV und RLB nur bis 1944 Mitglied gewesen sei.[94]

Die Hindernisse für die Erteilung seiner Lehrbefugnis schienen mit dieser Zusage des geforderten ›Mindestmaßes an politischem Einsatz‹ aus dem Weg geräumt. Aber schon tauchte die nächste Hürde auf: der Nachweis seiner deutschblütigen Abstammung. Im Mai 1942 teilte der Dekan Lynen mit, dass der Reichsminister für Wissenschaft, Erziehung und Volksbildung ihn erst dann zum Dozenten ernennen könne, wenn er diesen Nachweis erbracht habe. In seinem Antrag hatten noch die Dokumente für den Nachweis der Religionszugehörigkeit der Großmutter mütterlicherseits gefehlt. Diese war im italienischen Salerno geboren und getauft worden, allerdings existierte darüber keine amtliche Urkunde.[95] Seinem ausführlichen Antwortschreiben, dessen Tonfall seine Ungeduld und Verärgerung über das langwierige Verfahren erkennen lässt, legte Lynen die evangelischen Trauscheine der Eltern dieser Großmutter bei[96], was offenbar als Nachweis genügte. Im August 1942 wurde sein Antrag auf einen Abstammungsbescheid, den er im Juni beim Reichssippenamt in Berlin stellen konnte, positiv beschieden[97], und im September 1942 ernannte der Reichsminister Feodor Lynen schließlich zum Dozenten für Chemie im Beamtenverhältnis auf Widerruf.[98]

In der Zwischenzeit hatte er, nach Beendigung des DFG-Stipendiums als wissenschaftlicher Assistent an der Universität beschäftigt[99], die Leitung der Biochemischen Abteilung im Wielandschen Chemischen Staatslaboratorium übernommen.[100] Ab 1943 war eine solche Beschäftigung naher Verwandter von Behördenleitern gesetzlich nicht mehr erlaubt, so dass für ihn ab November eine von Geheimrat Wieland unabhängige ›Diätendozentur‹[101] eingerichtet wurde. Zusätzlich bot ihm die seinem Schwiegervater und dem Münchner Institut immer noch eng verbundene Chemiefirma C.H.Boehringer einen mit monatlich 500 RM dotierten Beratervertrag an.[102] Die wirtschaftliche Versorgung der jungen Familie Feodor Lynens – im November des letzten Vorkriegsjahres 1938 war er Vater eines Sohnes, Peter, geworden, und im Januar des dritten Kriegsjahres 1941

Feodor Lynen mit Ehefrau
Eva und Sohn Peter, um
1939.

Feodor Lynen mit seinen beiden ältesten Kindern,
Peter und AnneMarie, 1942.

war eine Tochter, Annemarie, zur Welt gekommen[103] – war damit sichergestellt.

München war bis dahin von schweren Fliegerangriffen der alliierten Kriegsmächte verschont geblieben; erst seit der Landung amerikanischer Truppen in Italien im Juli 1943 wurde die Stadt häufig zum Ziel der ›Fliegenden Festungen‹ der US-Luftwaffe. Die tags und nachts und oftmals mehrfach hintereinander geflogenen insgesamt 73 Luftangriffe auf das Stadtgebiet, denen bis zum Kriegsende mehr als 6600 Menschen zum Opfer fielen[104], machten eine geregelte Arbeit im Laboratorium immer schwieriger. Hinzu kam, dass das nötige Experimentiermaterial oft nur noch schwer oder gar nicht mehr zu bekommen war.[105] Auch die Zufuhr von Strom, Wasser und Gas war immer wieder unterbrochen. Morgens vor dem Arbeitsbeginn mussten die Labormitarbeiter häufig erst einmal die Scherben der Fensterscheiben und Laborgeräte beseitigen, die durch die nächtlichen Luftangriffe zu Bruch gegangen waren.

Zu Beginn des Jahres 1944 wurden die Fliegerangriffe auf die Stadt so heftig, dass sich Lynen entschloss, seine Arbeitsgruppe aufs Land zu verlegen, in das 30 km von München entfernte Landschulheim Schondorf am Ammersee, dessen Chemiesaal dafür »notdürftig in ein Labor umgewandelt«[106] wurde. Die Familie musste sich aufteilen »zwischen Ammersee und Starnberger See«[107], denn Eva kam mit den beiden Kindern bei ihren Eltern in deren Starnberger Haus unter; am Wochenende gesellte sich Feodor Lynen dazu, die Strecke mit dem Fahrrad zurücklegend.

Aber auch im weitgehend friedlichen Schondorf war nicht nur »wegen Mangel an Wasser und Strom (…) von ernster Arbeit nicht viel die Rede«[108]; die fehlenden modernen Laborgeräte; die weit entfernte Bibliothek und der Abbruch aller Kontakte zu anderen Arbeitskreisen machten die Arbeit unmöglich. Einige der Chemiker nahmen bei den Lehrern des Landschulheims Lateinunterricht, und ansonsten wartete man »das unausbleibliche Ende des Krieges ab.«[109]

Die Münchner Stadtbevölkerung hatte inzwischen immer mehr unter den alliierten Bombenangriffen zu leiden. Am 17.12.1944, nach einem besonders verheerenden Einsatz, und einem weiteren am 7.1.1945 wurden weite Stadtgebiete durch ausgedehnte Flächenbrände zerstört. Auch das Chemische Institut wurde getroffen und »in Schutt und Asche gelegt«.[110] Dass die Bestände der Institutsbibliothek diese Zeit weitgehend unbeschadet überstanden, war dem Einsatz des Institutsmitarbeiters Rudolf Hüttel zu verdanken.[111]

In dieser letzten Phase des Kriegs, im Januar 1945, wurde Feodor Lynens drittes Kind, Tochter Susanne[112], in Bad Wiessee geboren, wo Eva Lynen *»eine Klinik außerhalb Münchens gefunden* (hatte), *die für alle Zwischenfälle bei der Geburt eingerichtet war.«*[113]

Das Ende des Kriegs und der nationalsozialistischen Herrschaft, die *»Götterdämmerung, (…) ließ nicht mehr allzu lange auf sich warten und traf die Familie vollständig in Starnberg an«.*[114]

Anmerkungen

1 Feodor Lynen im Interview mit Florian Furtwängler [FURTWÄNGLER (1966)]
2 Hildegard Hamm-Brücher in CHEMIKER IM GESPRÄCH (1977), S. 147
3 a. a. O.
4 So schrieb Feodor Lynen 1953 in einem Brief aus den USA an seinen Schwiegervater: *»Es grüßt Euch sehr herzlich Euer F., der manchmal voller Wehmut an Doppelkopf und Wein im Hause Schiesstättstraße 12* (Anm.: Wohnhaus Heinrich Wielands in Starnberg) *denkt.«* [LYNEN – BRIEF VUTU (1953); ›Vutu‹ war der in der Familie Wieland gebräuchliche Name für Heinrich Wieland]; Heinrich Wieland bestimmte an seinem Lebensende seinen Schwiegersohn Feodor Lynen zu seinem Testamentsvollstrecker. [LYNEN, ANNEMARIE (2007)]
5 Feodor Lynen in LYNEN – LIFE, LUCK AND LOGIC (1969), S. 207 (deutsche Übersetzung von H. W.)
6 Nach 1945 durfte Lynen deshalb – im Gegensatz zu vielen anderen, NS-belasteten Kollegen – ohne Entnazifizierung an der Universität verbleiben. [LYNEN – LIFE, LUCK AND LOGIC (1969), S. 207]
7 Adolf Windaus: 1876 – 1959, 1928 Nobelpreis für Chemie für seine Arbeiten über die Sterolkonstitution
8 Otto Hahn: 1879 – 1968; 1944 Chemie-Nobelpreis für seine Entdeckung der Spaltung schwerer Atomkerne

9 Hans Fischer: 1881 – 1945; 1930 Chemie-Nobelpreis für seine Arbeiten über die Konstitution von Hämin und Chlorophyll sowie die Synthese von Hämin
10 Feodor Lynen in LYNEN – ANSPRACHE (1976), S. 5012
11 Hildegard Hamm-Brücher in CHEMIKER im GESPRÄCH (1977), S. 143
12 Rolf Huisgen, ehemaliger Mitarbeiter und Nachfolger Heinrich Wielands, in: Proceedings of the Chemical Society, London, 1958, S. 210 – 219, hier S. 219, zitiert nach FRUTON (1990), S. 155; sowie HAMM-BRÜCHER (2004), S. 424
13 DEICHMANN (2001), S. 348
14 z. B. LYNEN – FORSCHER UND GELEHRTE (1966), S. 149; LYNEN, EVA (II), S. 7; FURTWÄNGLER (1966)
15 KREBS/DECKER (1982), S. 270 f
16 Otto Warburg: 1883 – 1970
17 LYNEN – LIFE, LUCK AND LOGIC (1969), S. 210 (deutsche Übersetzung von H. W.)
18 LYNEN – FORSCHER UND GELEHRTE (1966), S. 149
19 LYNEN – NOBELVORTRAG (1964), S. 929
20 a. a. O.
21 LYNEN – CHEMISCHE BAUPLÄNE (1965)
22 FURTWÄNGLER (1966) und LYNEN – LIFE, LUCK AND LOGIC (1969), S. 217. Die Metapher ›auf den Schultern der Vorgänger‹ wurde durch

Guy de Chauliac 1363 im Bereich von Medizin und Naturwissenschaften zum geflügelten Wort gemacht; vgl. Sudhoffs Arch. 37 (1953), S. 394-399

23 Antoine de Lavoisier: 1743 – 1794 (während der Französischen Revolution hingerichtet)
24 Jöns Berzelius: 1779 – 1848
25 Friedrich Wöhler: 1800 – 1882, Schüler von Berzelius
26 ›Biochemie‹ erstmals genannt in einem 1858 erschienenen Lehrbuch von Vincenz Kletzinsky ›(Compendium der Biochemie‹), das ganz auf den Lehren von Justus Liebig (1803 – 1873) aufbaute. Liebig nimmt wegen seines Interesses an chemischen Aspekten der Pflanzen- und Tierphysiologie ebenfalls einen besonderen Platz in der Geschichte der biochemischen Wissenschaften ein. [BÜTTNER (2004), S. 42 und FRUTON (1990), S. 7]
27 FRUTON (1990), S. 4 f
28 Adolf v. Baeyer: 1835 – 1917, 1905 Nobelpreis für Chemie »als Anerkennung des Verdienstes, das er sich um die Entwicklung der organischen Chemie und der chemischen Industrie durch seine Arbeiten über die organischen Farbstoffe und die hydroaromatischen Verbindungen erworben hat.«
29 Emil Fischer: 1852 – 1919, 1902 Nobelpreis für Chemie »als Anerkennung des außerordentlichen Verdienstes, das er sich durch seine Arbeiten auf dem Gebiet der Zucker- und Purin-Gruppen erworben hat«
30 DEICHMANN (2001), S. 509
31 James Sumner: 1887 – 1955, 1946 Nobelpreis für Chemie für die Entdeckung, dass Enzyme kristallisieren können.
32 Das Enzym Urease spaltet Harnstoff in Kohlendioxid und Ammoniak.
33 Unter seinen Kollegen waren Sumners Ergebnisse zunächst noch sehr umstritten. Auch waren viele Wissenschaftler, darunter Heinrich Wieland,

noch nicht davon zu überzeugen, dass Proteine große Moleküle mit einem großen Molekulargewicht seien. Wieland schrieb Ende der 1920er Jahre an seinen Kollegen Hermann Staudinger, der den Begriff ›Makromolekül‹ geprägt hatte: »Lieber Herr Kollege, lassen Sie doch die Vorstellung mit den großen Molekülen, organische Moleküle mit einem Molekulargewicht über 5000 gibt es nicht.« [zitiert nach DEICHMANN (2001), S. 253 aus: Hermann Staudinger, Arbeitserinnerungen, Heidelberg 1961, S. 77 – 79]
34 LYNEN – ENTWICKLUNG (1979), S. 10 f
35 Wilhelm Ostwald: 1853 – 1932, 1909 Nobelpreis für Chemie für Arbeiten über die Katalyse
36 in http://nobelprize.org, Wilhelm Ostwald (2008)
37 Enzyme sind meistens zusammengesetzt aus einem Eiweißanteil, dem Apoenzym, und einem Nichteiweiß-Anteil, dem Coenzym. Viele Coenzyme sind Abkömmlinge von Vitaminen. Da Enzyme, abgesehen vom normalen Verschleiß durch physiologische Abbauvorgänge, während der Reaktion nicht verbraucht werden, reicht zum Erhalt der Lebensvorgänge die Zufuhr sehr geringer Mengen an Vitaminen aus.
38 DEICHMANN (2001), S. 506 und S. 275
39 Tadeus Reichstein: 1897 – 1996, 1950 Nobelpreis für Physiologie oder Medizin für seine Arbeiten über die Hormone der Nebennierenrinde, ihre Struktur und ihre biologischen Wirkungen
40 Walter Haworth: 1883 – 1950, 1937 Nobelpreis für Chemie für seine Arbeiten über Vitamin C
41 Paul Karrer: 1889 – 1971, 1937 Nobelpreis für Chemie für seine Arbeiten über Carotinoide, Flavine und die Vitamine A und B_2.

42 Richard Kuhn: 1900 – 1967, 1938 Nobelpreis für Chemie für seine Arbeiten über Carotinoide und Vitamine

43 Glycolyse; ein Molekül Glucose (C6-Körper) wird in zwei Moleküle Pyruvat (C3-Körper) umgewandelt.

44 Gustav Embden: 1874 – 1933

45 Otto Meyerhof: 1884 – 1951; 1922 Nobelpreis für Physiologie oder Medizin

46 Jakub Parnas: 1884 – 1949

47 Hans Krebs: 1900 – 1981, 1953 Nobelpreis für Physiologie oder Medizin für seine Arbeiten über den Citratzyklus

48 Stoffwechselfolge, in deren Verlauf stickstoffhaltige Abbauprodukte zu Harnstoff umgebaut werden; Harnstoff wird anschließend über die Niere ausgeschieden.

49 zentraler Stoffwechsel-Kreislauf in aeroben Zellen, dient v. a. dem oxidativen Abbau organischer Substanzen, liefert Zwischenprodukte für die Synthese wichtiger Stoffwechselprodukte. Viele andere Wissenschaftler waren ebenfalls an der Aufklärung des Citratzyklus beteiligt, u. a. Franz Knoop und Carl Martius; der Zyklus wurde von Krebs zunächst noch nicht vollständig aufgeklärt; die Erkenntnisse wurden später ergänzt u. a. durch Severo Ochoa. [DEICHMANN (2001), S. 320 und S. 506]

50 Trennverfahren, entwickelt von Archer John Porter Martin (1910 – 2002) und Richard Laurence Millington Synge (1914 – 1994); dafür 1952 Nobelpreis für Chemie; Filtrierpapier dient als stationäre Phase und ein Lösungsmittel als mobile Phase. Die zu untersuchende Substanzmischung wird auf das Papier aufgetragen. Die einzelnen Substanzen werden je nach Löslichkeit vom Lösungsmittel unterschiedlich mitgeführt auf dessen Weg über das saugfähige Papier und werden so aufgetrennt.

51 Feodor Lynen in LYNEN – REFERAT BIOCHEMIE (1955), S. 3 f

52 Robert Millikan: 1868 – 1953, 1923 Nobelpreis für Physik

53 zitiert in: DEICHMANN (2001), S. 507

54 natürliches stabiles Isotop des Wasserstoffs (schwerer Wasserstoff)

55 The Svedberg: 1884 – 1971, 1926 Chemie-Nobelpreis für seine Arbeiten über disperse Systeme

56 ATP: Adenosintriphosphat, chemische Verbindung aus Adenin (eine der vier organischen Komplementärbasen der DNA), Ribose (Zucker) und drei Phosphatresten. Durch die sehr energiereiche chemische Bindung der Phosphatreste dient ATP als Energieträger im Körper.

57 Klaus Beaucamp in BEAUCAMP – MANUSKRIPT, S. 36

58 Louis Pasteur: 1822 – 1895

59 d. h., wenn die lebende Zelle genügend Sauerstoff zur Atmung zur Verfügung hat, nimmt sie zur Energiegewinnung einen in der Energiebilanz günstigeren Stoffwechselweg; wenn sie an Sauerstoffmangel leidet, schaltet sie um auf eine Notversorgung: auf die in der Energiebilanz zwar ungünstigere, aber nun besser verfügbare Gärung.

60 Begriff eingeführt durch Severo Ochoa (1905 – 1993; in Spanien geboren; lebte seit 1942 in USA; 1959 Nobelpreis für Physiologie oder Medizin [KREBS/DECKER (1982), S. 272]

61 LYNEN – PHOSPHATBEDARF (1941)

62 LYNEN – LIFE, LUCK AND LOGIC (1969), S. 209 (deutsche Übersetzung von H. W.)

63 KREBS/DECKER (1982), S. 272

64 Franz Knoop: 1875 – 1946

65 Eduard Buchner: 1860 – 1917, 1907 Chemie-Nobelpreis

66 Durch Gärungsversuche mit abgetöteten Hefezellen bewies er, dass für die Gärung nicht die lebenden Hefezellen mit ihrer postulierten ›vis vita-

lis‹ – wie bisher vor allem von Louis Pasteur vertreten –, sondern die im homogenisierten Zellsaft noch erhaltenen Enzyme notwendig sind.

67 LYNEN – NOBELVORTRAG (1964), S. 930

68 Feodor Lynen in LYNEN – NOBELVORTRAG (1964), S. 930

69 LYNEN – ESSIGSÄUREABBAU (1942)

70 LYNEN – NOBELVORTRAG (1964), S. 931
Trotz der starken Beeinträchtigungen während der Kriegsjahre 1939 bis 1945 wurde die Laborarbeit, soweit es die Umstände zuließen, fortgesetzt; zwischen 1939 und 1945 veröffentlichte Feodor Lynen elf wissenschaftliche Fachbeiträge.

71 LMU-ARCHIV, 21.3.1941

72 LMU-ARCHIV, 6.6.1941

73 UNIVERSITÄT MÜNCHEN (1938–1975), 17.10.1941

74 DEICHMANN (2001), S. 206, S. 213

75 Ernst Bergdolt: 1902–1948; Biologe/Botaniker; 1937 bis 1939 Leiter der Dozentenschaft und Dozentenbundführer an der Universität München [GRÜTTNER (2004), S. 20 f], hier offenbar als Stellvertreter seines Nachfolgers tätig. »Die Dozentenschaft war als eine Art Standesvertretung der Hochschullehrer gedacht, in der jeder Dozent automatisch Mitglied war.« [LITTEN (2000), S. 74, Anm. 204].
Der Leiter der Dozentenschaft wurde nach Absprache mit Rektor und Gaudozentenbundführer vom Reichserziehungsminister ernannt und war dem Rektor direkt verantwortlich. [DEICHMANN (2001), S. 209]

76 UNIVERSITÄT MÜNCHEN (1938–1975), 27.6.1941 und 9.8.1941

77 Heinrich Gebhardt: 1905–1966; Mediziner; 1939 bis 1942 Leiter der Dozentenschaft und Dozentenbundführer an der Universität München [GRÜTTNER (2004), S. 56]

78 Nationalsozialistische Volkswohlfahrt, 1932 gegründeter angeschlossener Verband der NSDAP [SCHMITZ-

BERNING (1998), S. 443]; dazu Joseph Goebbels, Reichsminister für Volksaufklärung und Propaganda: »Wir gehen nicht vom einzelnen Menschen aus. (...) Unsere Motive sind ganz anderer Art. Sie lassen sich am lapidarsten in dem Satz zusammenfassen: wir müssen ein gesundes Volk besitzen, um uns in der Welt durchsetzen zu können.« [zitiert nach VORLÄNDER (1988), S. 117 f]

79 UNIVERSITÄT MÜNCHEN (1938–1975), 26.1.1942

80 UNIVERSITÄT MÜNCHEN (1938–1975), 9.2.1942

81 LITTEN (2000), S. 122; vgl. dazu auch DEICHMANN (2001), S. 206 und S. 212: 53 % der Gesamtzahl der deutschen (Bio-)Chemiker waren Mitglied der NSDAP; 17,1 % Mitglied der SA; 7,2 % der SS. Der Anteil der NSDAP-Mitglieder liegt damit geringfügig unter dem anderer akademischer Berufsgruppen. Zwischen 1933 und 1945 neuhabilitierte oder -ordinierte (Bio-)Chemiker dagegen waren zu 70,6 % NSDAP-Mitglied.

82 Martin Broszat (1926–1989, Direktor des Instituts für Zeitgeschichte), 1981, zitiert nach: LITTEN (2003), S. 34

83 Die Amtsdauer von Rektoren wurde zu dieser Zeit auf 2 bis 3 Jahre begrenzt. [LITTEN (2000), S. 79, Anm. 217]

84 LITTEN (2000), S. 64

85 Heinrich Wieland am 25.1.1946, zitiert nach LITTEN (2003), S. 34

86 LITTEN (2000), S. 79

87 a.a.O., S. 125

88 LMU-ARCHIV, 10.2.1941

89 Die NSDAP war regional aufgegliedert in Reich, Gau, Kreis, Ortsgruppe, Zelle, Block. Der Block war damit die unterste Organisationseinheit der NSDAP und der angeschlossenen Verbände. Ein Block bestand aus 40 bis 60 Haushaltungen. Der Blockleiter war unterster Hoheitsträger der NSDAP und musste Parteigenosse sein. »Er hat aufklärend, aus-

gleichend und helfend im Sinne der Bewegung zu wirken. Die Verbreiter *schädigender Gerüchte hat er feststellen zu lassen und sie an die Ortsgruppe zu melden, damit die zuständige staatliche Dienststelle benachrichtigt werden kann.*« [zitiert nach SCHMITZ-BERNING (1998) aus: Organisationsbuch der NSDAP, 1943, S. 100]. Der Blockhelfer war Mitarbeiter des Blockleiters innerhalb eines Blocks und zuständig für eine Hausgruppe mit 8 bis 15 Haushaltungen. »*Die Blockhelfer sollen bemüht sein, sich weltanschaulich zu festigen und den Volksgenossen gegenüber sich eines der Würde der Partei entsprechenden Verhaltens zu befleißigen.*« (zitiert nach SCHMITZ-BERNING (1998) aus: Organisationsbuch der NSDAP, 1943, S. 106a f). [SCHMITZ-BERNING (1998), S. 105 f]

90 Reichsluftschutzbund; Organisation des Reichsluftfahrtministeriums; die Ausbildung der Mitglieder umfasste das luftschutzmäßige Herrichten des Wohnbereiches, die sanitäre Versorgung, Brandbekämpfung, Räumarbeiten nach Bombenangriffen, Gasschutz, Errichtung von Luftschutzräumen und -bunkern, Abwehr von Gasangriffen. Durch das Luftschutzgesetz vom Mai 1935 wurden weite Teile der Bevölkerung zur Teilnahme an den Ausbildungsveranstaltungen des RLB verpflichtet. [LEMO (2008)]

91 UNIVERSITÄT MÜNCHEN (1938–1975), 19.3.1942; siehe auch 26.2.1942 (Aktennotiz des Rektors)

92 UNIVERSITÄT MÜNCHEN (1938–1975), 17.4.1942

93 Zusätzlich gehörte Lynen noch von 1943 bis 1944 als Feuerwehrmann dem Luftschutz-Löschzug in München-Nymphenburg an. [MILITARY GOVERNMENT (1946), S. 4]

94 MILITARY GOVERNMENT (1946), S. 3 f

95 LEHRBEFUGNIS (1942), 5.5.1942 und 27.5.1942

96 LEHRBEFUGNIS (1942), 5.6.1942 Wie alle offiziellen Schriftstücke Feodor Lynens aus dieser Zeit ist auch dieses versehen mit der Grußformel »*Heil – Hitler*«. Es bleibt unklar, ob der Bindestrich nur eine orthographische Ungenauigkeit Lynens darstellt oder aber eine ironisierende Bedeutung hat.

97 LEHRBEFUGNIS (1942), 12.8.1942

98 LEHRBEFUGNIS (1942), 9.9.1942

99 LYNEN – REICHSFORSCHUNGSRAT (1942)

100 LYNEN – LEBENSLAUF

101 UNIVERSITÄT MÜNCHEN (1938–1975), 22.9.1943 und 10.11.1943; Diätendozentur: außerhalb des Universitätshaushalts besoldete Dozentenstelle

102 PERSÖNLICHE DOKUMENTE (VERTRÄGE), 15.9.1942

103 UNIVERSITÄT MÜNCHEN (1938–1975), 21.12.1946

104 FRIEDRICH (2002), S. 328 f

105 KREBS / DECKER (1982), S. 264, und BOHLEN-HALBACH (1976), S. 11

106 LYNEN, EVA (II), S. 8

107 LYNEN, EVA (II), S. 8

108 LYNEN, EVA (II), S. 8 f

109 LYNEN, EVA (II), S. 9

110 Heinrich Wieland in einem Brief an seinen Freund und Kollegen Markus Guggenheim vom 19.4.1946, in: BALMER (1974), S. 241

111 LITTEN (1998), S. 93

112 UNIVERSITÄT MÜNCHEN (1938–1975), 21.12.1946

113 LYNEN, EVA (II), S. 9

114 LYNEN, EVA (II), S. 10

Neubeginn (1945 – 1947)

Einmarsch der US-Armee · Bestätigung im Amt · Verlorene frühere Führungsposition der Deutschen Biochemie · Wiedereröffnung der Naturwissenschaftlichen Fakultät · Biochemische Abteilung im Botanischen Institut · Professur für Biochemie an der Naturwissenschaftlichen Fakultät

>»Biochemie ist hier zweites Fach; auch eine der traurigen Erbschaften der Nazis, die unsere großen Meister auf diesem Gebiet außer Landes trieben.« [1]

Die erste Begegnung mit der amerikanischen Armee verlief eher harmlos – drei US-Soldaten hatten während einer nächtlichen Durchsuchung des Wielandschen Hauses einige als Tauschobjekt für Lebensmittel versteckte Schnapsflaschen gefunden und an Ort und Stelle geleert; einer der Soldaten hatte hier und in den ebenfalls durchsuchten Nachbarhäusern Uhren und andere Wertsachen mitgehen lassen, die ihm, als die drei ihren Rausch ausschliefen, Feodor und Eva Lynen wieder aus der Tasche zogen. [2]

Bald aber wurde es ernst, denn am 16. Mai 1945 forderte ein amerikanischer Offizier die Bewohner des Hauses zur sofortigen und vollständigen Räumung und Übergabe des Anwesens an die Besatzungstruppen auf. [3] Die Familie musste Freunde im Ort um Aufnahme bitten.

Feodor Lynens Wohnhaus in Starnberg, Schießstättstraße.

Feodor Lynen. Heike Will
Copyright © 2011 WILEY-VCH Verlag GmbH & Co. KGaA, Weinheim
ISBN 978-3-527-32893-2

Erst nach fünf Monaten – veranlasst durch das Eingreifen eines in den USA lebenden Verwandten und eines US-Kongressabgeordneten[4] – durfte Heinrich Wieland sein Haus wieder in Besitz nehmen, wenn zunächst auch nur tagsüber und mit einem Hausarrest[5] verbunden. Die Nächte musste er weiterhin außerhalb verbringen. Das Nachbarhaus gehörte ebenfalls ihm; er hatte es mittlerweile seiner Tochter Eva und deren Familie überlassen, die ihm dort bis zum Februar 1946, als sein Hausarrest wieder aufgehoben wurde, nächtliche Unterkunft gewährten.[6]

Die Militärregierung der US-Zone entwickelte für die deutsche Bevölkerung ein umfangreiches Umerziehungs-Programm. Ein Fragebogen mit 131 Fragen sollte die Menschen zu einer moralischen Bilanz ihres Verhaltens während der NS-Diktatur bewegen; seine Beantwortung war die »*Voraussetzung für jede Tätigkeit, Beschäftigung oder Arbeit.*«[7]

In Feodor Lynens Fall, der wie 13 Millionen Deutsche[8] diesen Bogen ausfüllen musste[9], zeigte sich keinerlei Belastung als Täter oder Mitläufer. Im Mai 1946 wurde ihm deshalb mitgeteilt, dass er »*bis auf weiteres in* (seiner) *derzeitigen dienstlichen Stellung als Dozent bei der Universität München* (...) *verbleiben*«[10] dürfe, und im Oktober folgte die Benachrichtigung durch den Öffentlichen Kläger, dass er »*von dem Gesetz zur Befreiung von Nationalsozialismus und Militarismus vom 5.3.1946 nicht betroffen*«[11] sei.

Allerdings konnten auch die meisten derjenigen Professoren, die als NS-belastet eingestuft und zunächst ihrer Ämter enthoben worden waren, schnell wieder in ihre früheren Positionen zurückkehren.[12] Darunter waren viele, die in den 1930er Jahren nach den Entlassungen jüdischer Wissenschaftler aus dem Dienst an den Hochschulen oder den Kaiser-Wilhelm-Instituten auf die so freigewordenen Stellen nachgerückt waren.[13]

Die Auswirkungen der Vertreibung dieser auf ihrem Fachgebiet oft sehr erfolgreichen jüdischen Wissenschaftler auf die deutsche Biochemie-Forschung waren groß: 20 % der deutschen (Bio-)Chemiker waren während der NS-Jahre in die Emigration getrieben worden.[14] Der Anteil von Juden in dieser Berufsgruppe zu Beginn des 20. Jahrhunderts war traditionell verhältnismäßig hoch, da sich jüdischen Akademikern in der aufstrebenden chemischen Industrie gute Berufsaussichten geboten hatten – im Unterschied zu anderen akademischen Berufen, in denen eine Universitätslaufbahn wegen des auch schon vor der NS-Zeit verbreiteten Antisemitismus für Juden schwerer zu erreichen gewesen war.[15] Einige jüdische Biochemiker hatten Deutschland deshalb schon in den Jahren vor 1933 verlassen, um im Ausland, besonders in England und den USA, zu arbeiten. Die in Deutschland Gebliebenen hatten oft ohne feste Beamtenposition an der Universität oder den Kaiser-Wilhelm-Instituten gearbeitet. Trotz hervorragender wissenschaftlicher Leistungen waren nur wenige Juden auf einen Lehrstuhl berufen worden; einige hatten an den Kaiser-Wilhelm-Instituten eine leitende Position erringen können.[16] Mit der Emigration von renommierten Wissenschaftlern wie Max Bergmann[17], Otto Meyerhof[18], Carl Neuberg[19] oder Carl Oppenheimer[20] hatte die deutsche Biochemie einen großen Teil ihrer herausragenden älteren Vertreter verloren; die Vertreibung der jüngeren Generation aussichtsreicher Nachwuchswissenschaftler wie Konrad Bloch[21], Ernst Chain[22], Erwin Chargaff[23], Hans Krebs[24], Fritz Lipmann[25] oder Rudolf Schönheimer[26] tat das Übrige. Keiner der emigrierten Biochemiker kehrte nach 1945 nach Deutschland zurück.[27]

Zwischen 1919 und 1933, trotz verlorenem Ersten Weltkrieg, Wirtschaftskrise und politischen Wirren, war die deutsche Biochemieforschung weltweit führend geblieben.[28] Zwar hatten auch britische und US-amerikanische Forschergruppen Erfolge zu verzeichnen, vor allem in der Physikalischen Chemie[29], und die Zahl der Professoren der Physiologischen Chemie in den USA war Mitte der 1920er Jahre größer als in Deutschland. Aber die Zahl derer, die maßgeblich zum Fortschritt bei zentralen Problemen der Biochemie beitrugen, war recht klein, denn man befasste sich in den USA vor allem mit der Untersuchung analytischer Methoden der klinischen Chemie.[30]

Severo Ochoa und Konrad Bloch, Nobeltagung in Lindau, 1972.

Die deutschen und österreichischen jüdischen Emigranten bildeten ihrer Anzahl nach nur eine kleine Minderheit, aber sie brachten in ihre Gastländer von zu Hause häufig ihren traditionell deutschen, erfolgreichen Arbeitsstil mit; alle Forschungsgebiete der Mitarbeiter hatten dem Interessensfeld ihrer jeweiligen Leiter – »*wohlwollender Despoten, die bemerkenswerten Erfolg in der Erforschung chemischer und biochemischer Probleme durch die Anstrengungen ihrer eng geführten Forschungsgruppen erringen konnten*« – zu entsprechen.[31]

In Deutschland war auch während der NS-Herrschaft immer Stoffwechsel-Forschung betrieben worden; neben der anwendungsorientierten und kriegswichtigen Forschung[32] war auch die Grundlagenforschung weiterhin mit Fördergeldern unterstützt worden. Zu den größten wissenschaftlichen Erfolgen aus der NS-Zeit gehören die Ergebnisse der Vitamin- und der Hormonforschung von Richard Kuhn und Adolf Butenandt[33] und der Enzymforschung von Otto Warburg, der allerdings aufgrund seiner (teil-)jüdischen Abstammung[34] in Deutschland weitgehend isoliert arbeitete, da es »*inopportun*

Fritz Lipmann bei einem Ausflug mit Feodor Lynens Familie (von links: Eva-Maria, AnneMarie, Feodor Lynen, Ehefrau Eva, Fritz Lipmann, Susanne, Heinrich), 1955.

(schien), *mit einem Nichtarier in Kontakt zu treten*«.[35] Seinen früheren Spitzenrang auf diesen Gebieten aber hatte Deutschland mittlerweile an England und die USA abgeben müssen.[36]

Zehn Jahre nach dem Krieg suchte Feodor Lynen nach den Ursachen für das Zurückbleiben der deutschen biochemischen Forschung nach 1933 im Vergleich v. a. mit den angelsächsischen Ländern, und kam zu dem Schluss, dass neben den Verlusten durch das erzwungene Ausscheiden qualifizierter jüdischer Wissenschaftler noch ein zweiter Aspekt dazu beigetragen hatte, nämlich das Fehlen eigener naturwissenschaftlicher Lehrstühle für Biochemie.[37] Professuren in diesem Fach waren in Deutschland nur innerhalb der medizinischen Fakultäten, in der hauptsächlich auf medizinische Anwendung orientierten Physiologischen Chemie, eingerichtet.[38] Junge, erfolgreiche Chemiker sahen deshalb oft nur einen geringen Anreiz für sich darin, diesen Weg einzuschlagen.

Bis 1933 hatte es in Deutschland nur sechs unabhängige Universitätsinstitute der Physiologischen Chemie gegeben, in Berlin (Hermann Steudel, Karl Lohmann), Frankfurt (Gustav Embden), Freiburg (Joseph Kapfhammer), Gießen (Robert Feulgen), Leipzig (Karl Thomas) und Tübingen (Franz Knoop). Der Stellenwert des Fachs war in den 1920er Jahren innerhalb der medizinischen Fakultäten dementsprechend verhältnismäßig niedrig, und erst 1932 wurde es überhaupt als Prüfungsfach anerkannt. Von 1933 bis 1944 – auch noch während des Kriegs – wurden dann zwar 14 weitere Lehrstühle für Physiologische Chemie gegründet, diese aber *»überwiegend mit wissenschaftlich unbedeutenden Medizinern besetzt«*.[39]

Eine Ausnahme bildete die Kaiser-Wilhelm-Gesellschaft, in der das Entwicklungspotential der jungen Fachrichtung bald erkannt wurde; hier konnten sich schon frühzeitig hervorragende Wissenschaftler in neu gegründeten, der Biochemie gewidmeten Instituten sehr erfolgreich etablieren.

Nach dem Ende der NS-Herrschaft 1945 war die deutsche Stoffwechsel-Biochemie weit entfernt von dem, was sie vor dem Krieg einmal gewesen war. Ihre vormals internationalen Zentren, wie die Institute von Otto Meyerhof und Max Bergmann, waren verschwunden und die wenigen verbliebenen Wissenschaftler seit Jahren abgeschnitten von der Wissenschaftswelt.

»Man glaubte sich am Ende und setzte doch wieder auf einen neuen Anfang«; die *»Davongekommenen«* versuchten, der Wirklichkeit mit

»*Nüchternheit und Praxisorientierung*«[40] zu begegnen, und man begann, sich in den »*Nischen der verwüsteten Welt*«[41] einzurichten.

Am 1. April 1946 wurde, obwohl es überall an allem mangelte, die Naturwissenschaftliche Fakultät der Münchner Universität wiedereröffnet.[42] »*Es war erstaunlich, was damals alles durch Improvisation, Phantasie und Einsatzbereitschaft auf den Weg gebracht werden konnte*«[43]: um ein Anrecht auf einen Labor-Arbeitsplatz zu erhalten, mussten die Chemiestudenten ihre Mithilfe in einem ›Aufbautrupp‹ nachweisen. »*Studenten, Assistenten und Dozenten bemühten sich hier, Schutt aus den Laborräumen zu schaffen, Fenster und Dächer zu dichten und Hilfsarbeiten für das Verlegen von Gas-, Wasser-, Elektrizitätsleitungen zu leisten.*«[44]

Feodor Lynen fand für seine Arbeitsgruppe eine provisorische neue Unterkunft im unzerstört gebliebenen München-Nymphenburger Botanischen Institut[45], wo sein mittlerweile auf zehn Personen vergrößerter Kreis endlich wieder – soweit es die Umstände zuließen – »*ungestört arbeiten*« konnte.[46] Die »*apparative Ausrüstung war wie in allen anderen deutschen Instituten miserabel. (…) Chemikalien und Glaswaren gab es kaum; man improvisierte mit aus den Trümmern geretteten Resten, so gut es ging.*«[47]

Geheimrat Wieland bemühte sich unterdessen um den Wiederaufbau seines Chemischen Instituts. Geschickt nutzte er dabei den

Botanisches Institut, München-Nymphenburg.

kriegsbedingten tiefen Einschnitt und die notwendigen Neustruktu-
rierungen, um einen langgehegten Plan verwirklichen zu können:
die biochemische Fachrichtung endlich aus ihrer an den Universitäten bisher eher am Rande stehenden Position herauszuholen und ihr
einen eigenständigen Rang innerhalb der naturwissenschaftlichen
Fakultät zu verschaffen.

Bereits im November 1945 hatte sich Wieland deshalb mit einem
Antrag an das Dekanat der naturwissenschaftlichen Fakultät gewandt: »*Durch das Ableben von Prof. Otto Hönigschmid*[48] *ist die ausser-
ordentliche Professur für analytische Chemie an unserem Institut freige-
worden. Der Verstorbene hat neben seiner Abteilung das weltberühmte
Laboratorium für Atomgewichtsbestimmung geleitet. Bei der Eigenart dieses Forschungsgebietes ist es ganz ausgeschlossen, einen Nachfolger für ihn
zu finden, ganz abgesehen davon, dass das Speziallaboratorium mit allem
Gerät vernichtet ist, und dass Hönigschmid als Meister seines Fachs uner-
reicht dasteht. Man wird also auf die Fortführung der Arbeitsrichtung von
Hönigschmid (...) verzichten müssen. (...)*

*Viel wichtiger und dringender erscheint mir die Errichtung einer ausser-
ordentlichen Professur, verbunden mit der Stelle eines Abteilungsleiters für
Biochemie, die ich schon mehrfach bei der Fakultät beantragt habe. Mit
der Entwicklung dieses Faches seit Beginn des Jahrhunderts hat seine
Pflege an den deutschen Hochschulen keineswegs Schritt gehalten. Zwar
hat sich das Interesse der meisten organischen Chemiker biochemischen
Problemen zugewandt, wie dies in noch verstärktem Maße in den Vereinigten Staaten und in England der Fall ist, aber in der Organisation der
Institute und Lehrstühle hat dieses Interesse bei uns in Deutschland noch
keinen Ausdruck gefunden. Die gegenwärtige Lage erlaubt nun, ohne dass
einem anderen Zweig unseres Fachs Abbruch getan wird, das bisher Ver-
säumte zu Gunsten der Biochemie nachzuholen, und ich stelle deshalb den
Antrag, das planmässige Extraordinariat für analytische Chemie in ein
solches für Biochemie umzuwandeln.*«[49]

Im Dekanat konnte man sich in Anerkennung der – nach Hönig-
schmids Tod – besonderen Situation Wielands Ansicht schnell
anschließen und leitete den Antrag an den Rektor weiter: »*Der vorliegende Antrag von Herrn Wieland hat in mündlicher Form der Fakultäts-
besprechung vom 20.11.1945 vorgelegen und wurde von ihr gebilligt. Man
kann sich den Gründen von Herrn Wieland nicht verschliessen.*«[50]

Schon im Dezember 1945 gab das Staatsministerium für Unterricht und Kultus bekannt, dass »*die planmäßige ao. Professur für analy-*

tische Chemie in eine planmäßige ao. Professur für Biochemie umgewandelt« werde und dafür nun entsprechende Besetzungsvorschläge unterbreitet werden sollten.[51] Die Fakultät einigte sich, nachdem sie verschiedene Gutachten eingeholt hatte[52], auf drei Kandidaten: Feodor Lynen, Carl Martius[53] (Tübingen) und Theodor Wieland[54] (Heidelberg).[55] Die Berufungskommission, von der Heinrich Wieland als Vater bzw. Schwiegervater zweier Bewerber sofort zurücktrat[56], entschied sich für den Erstplatzierten.

Am 18.11.1946 nahm Feodor Lynen, der kurz zuvor nochmals Vater, diesmal von Zwillingen – Eva-Maria und Heinrich – geworden war[57], die Berufung an[58] und wurde damit ab dem 1.1.1947 der erste planmäßige Extraordinarius für Biochemie an einer deutschen Universität.[59]

Anmerkungen

1 Feodor Lynen in einem Brief an Carl Neuberg vom 17.5.1951 [NEUBERG – BRIEFE]
2 LYNEN, EVA (II), S. 10
3 Heinrich Wieland in einem Brief an den Universitätsrektor vom 26.5.1945, in: WITKOP (2008), S. 44
4 LYNEN, EVA (II), S. 11
5 LITTEN (1998), S. 108, Anm. 87: *»Eine mögliche Erklärung für den Hausarrest, wenn es denn überhaupt eine gab, mag die offenbar damals kursierende falsche Behauptung gewesen sein, Wieland habe in einer Vorlesung gesagt, Deutschland hätte den Krieg durch Giftgaseinsatz gewinnen können.«*
6 LITTEN (1998), S. 93
7 GLASER (2007), S. 124
8 Ein Viertel der Fragebogenpflichtigen wurde in der Folge angeklagt; 950 000 Verfahren wurden durchgeführt, 600 000 Befragte wurden bestraft, davon 500 000 mit Geldstrafe; Hauptschuldige (Gruppe I): 1549; Belastete (Gruppe II): 21 600 [GLASER (2007), S. 125]
9 Beispielsweise gab Lynen hier an, dass er in der Novemberwahl 1932

und in der Märzwahl 1933 die Bayerische Volkspartei gewählt habe, dass kein Besitz aus Enteignungen sich in Familienhand befinde und dass einer seiner Brüder »*Amt, Rang oder einflussreiche Stellung*« in einer der abgefragten NS-Organisationen eingenommen habe, er aber seit zehn Jahren keinen Kontakt mehr zu ihm unterhalte. [MILITARY GOVERNMENT (1946)]
10 DIENSTVERHÄLTNIS (1946), 31.5.1946
11 UNIVERSITÄT MÜNCHEN (1945–1977), 7.10.1946. Im Februar 1946 hatte auch Heinrich Wieland die Genehmigung für die Wiederaufnahme seiner Tätigkeit als Professor erhalten. [LITTEN (1998), S. 93]
12 GLASER (2007), S. 147, und DEICHMANN (2001), S. 480
13 DEICHMANN (2001), S. 501 Einer der wenigen, die sich dieser Entlassungswelle widersetzt hatten, war der Pharmakologe Otto Krayer; er hatte es abgelehnt, eine auf diese Weise freigewordene Stelle anzunehmen. (a.a.O.)
14 Auch am Münchner Chemischen Institut waren von 14 Chemikern

drei entlassen worden: Kasimir Fajans (1935), Wilhelm Prandtl (1937) und Georg Maria Schwab (1938). [DEICHMANN (2001), S. 109]

15 Ähnlich hoch wie in der Chemie war der Anteil von Juden unter Juristen und Medizinern, weil hier die Möglichkeit einer selbständigen Tätigkeit in der eigenen Kanzlei bzw. Praxis bestand. [DEICHMANN (2001), S. 500]

16 DEICHMANN (2001), S. 499–502

17 Max Bergmann (1886–1944, USA): erster Direktor des 1921 gegründeten Kaiser-Wilhelm-Instituts für Lederforschung in Dresden, bearbeitete die Entschlüsselung von Protein- und Peptid-Strukturen und deren Synthese

18 Otto Fritz Meyerhof (1884–1951, USA): Direktor des Instituts für Physiologie am Kaiser-Wilhelm-Institut für Zellphysiologie in Berlin, Leiter des Kaiser-Wilhelm-Instituts für medizinische Forschung in Heidelberg; 1922 Nobelpreis für Medizin (gemeinsam mit Archibald Vivian Hill) für Stoffwechselforschungen im Muskel

19 Carl Neuberg (1877–1956, USA): Direktor des Kaiser-Wilhelm-Instituts für Biochemie (sein Nachfolger wurde Adolf Butenandt); arbeitete über die Gärung und über die Wirkung von Enzymen, entdeckte die Carboxylase

20 Carl Oppenheimer (1874–1941, Niederlande): Professor an der Landwirtschaftlichen Hochschule Berlin, arbeitete v. a. über Enzyme sowie Stoffwechsel und Energetik

21 Konrad Bloch (1912–2000, USA): Chemiestudium in Deutschland, dann Schweiz und USA; Professor für Biochemie an der Harvard-Universität; 1964 Nobelpreis für Physiologie oder Medizin (zusammen mit Feodor Lynen) für die Aufklärung der Biosynthese der Terpene

22 Ernst Chain (1906–1979, GB): Chemiker an der Charité, dann in Cambridge und Oxford; Professor in London; klärte gemeinsam mit Howard Walter Florey die biochemische Wirkung und Struktur des Penicillins auf; 1945 Nobelpreis für Physiologie oder Medizin (gemeinsam mit Alexander Fleming und Howard Florey)

23 Erwin Chargaff (1905–2002, USA): Habilitation in Berlin, dann Paris und USA; Professor für Biochemie an der Columbia-Universität New York; wichtige Beiträge zur Entschlüsselung der DNA-Struktur

24 Hans Adolf Krebs (1900–1981; GB): Mediziner und Biochemiker; Assistent an Otto Warburgs Kaiser-Wilhelm-Institut; Freiburg i. Br.; Cambridge; Professor an der Universität Sheffield; entdeckte gemeinsam mit Kurt Henseleit den Harnstoffzyklus (Krebs-Henseleit-Zyklus; Freiburg) und den Citratzyklus; 1953 Nobelpreis für Medizin

25 Fritz Lipmann (1899–1986, USA): Mitarbeiter Otto Meyerhofs am Kaiser-Wilhelm-Institut für Zellphysiologie in Berlin; dann USA, Kopenhagen, wieder USA; Professor der Biochemie an der Rockefeller-Universität in New York City; entdeckte 1947 das Coenzym A; entwickelte das Konzept der »energiereichen Bindung«, d. h. chemischer Verbindungen mit hohem Gruppenübertragungspotenzial (Bsp. ATP mit hohem Übertragungspotenzial für Phosphorylgruppen). 1953 Nobelpreis für Medizin (gemeinsam mit Hans Adolf Krebs)

26 Rudolph Schönheimer (1898–1941, USA): Universitäten Leipzig und Freiburg, dann USA; entwickelte mit David Rittenberg und Konrad Bloch die radioaktive Markierung mit Isotopen, um den Weg der Nahrungsbestandteile durch den Organismus zu verfolgen

27 DEICHMANN (2001), S. 480

28 FRUTON (1990), S. 271 f

29 DEICHMANN (2001), S. 499

30 FRUTON (1990), S. 264

31 FRUTON (1990), S. 273 (deutsche Übersetzung von H.W.) und S. 265

32 Die in den 1930er Jahren aufblühende Makromolekulare Chemie war stark auf Untersuchungen technisch verwertbarer Naturstoffe wie Cellulose oder Kautschuk ausgerichtet. [DEICHMANN (2001), S. 284] Trotz aller Autarkiebestrebungen war Deutschland 1939 aber bei kriegsentscheidenden Rohstoffen stark von Auslandsimporten abhängig; Kautschuk z. B. musste zu 80 % importiert werden, da die Vorräte schon im Frühjahr 1939 fast aufgebraucht waren. [FEST (1973), S. 933]

33 Butenandt: 1903 – 1995; 1939 Chemie-Nobelpreis für seine Arbeiten über die Steroidhormone

34 zu den Hintergründen, warum Warburg auch nach 1933 in Deutschland weiterarbeiten konnte, siehe WERNER, PETRA (1988)

35 DEICHMANN (2001), S. 503

36 DEICHMANN (2001), S. 502 und S. 505

37 LYNEN – REFERAT BIOCHEMIE (1955)

38 Eine Ausnahme stellt u. a. ein im April 1922 an der Berliner Landwirtschaftlichen Hochschule eingerichteter und mit Carl Neuberg besetzter Lehrstuhl dar. [CONRADS / LOHFF (2006), S. 82]

39 DEICHMANN (2001), S. 500, S. 113, S. 283

40 GLASER (2007), S. 23

41 GLASER (2007), S. 69

42 LITTEN (1998), S. 94

43 BEHRENS (1998), S. 124

44 HOLZER (1976), S. 16

45 HOLZER (1976), S. 16

46 LYNEN, EVA (II), S. 12
Die Mitarbeiter der Chemischen Abteilungen betätigten sich in den Jahren bis zur Währungsreform 1948 daneben auch häufig auf dem Schwarzmarkt mit Tauschgeschäften, um »*so zeitsparend Nahrungsmittel zu besorgen, daß noch Zeit zur Laboratoriumsarbeit übrigblieb. Als Chemiker widmete man sich der Reinigung von vergälltem Alkohol und der Anfertigung von Schnäpsen und Likören. Die Lynen-Schule (übrigens auch einige andere Zweige des Heinrich Wieland'schen Staatslaboratoriums) war darüber hinaus vom Meister bis zum Lehrling emsig mit der Herstellung des als Tauschobjekt besonders begehrten Süßstoffes Dulcin aus dem Arzneimittel Phenacetin beschäftigt.*« [HOLZER (1976), S. 18]. Auch Feodor Lynens Ehefrau Eva berichtete, dass ihr Mann in dieser Zeit seine aus den langjährigen Hefestoffwechsel-Forschungsarbeiten resultierenden guten Beziehungen zur Hefeindustrie nutzte, indem er bei den Bäuerinnen auf dem Land die für die Küche benötigte, für ihn gut verfügbare Hefe gegen Lebensmittel tauschte. [LYNEN, EVA (II), S. 11 f]

47 HOLZER (1976), S. 15

48 Otto Hönigschmid: 1878 – 1945; Professor für anorganische und analytische Chemie; im Oktober 1945 beging er gemeinsam mit seiner Frau Selbstmord.

49 UNIVERSITÄT MÜNCHEN (1945 – 1977), 21.11.1945

50 UNIVERSITÄT MÜNCHEN (1945 – 1977), 28.11.1945

51 UNIVERSITÄT MÜNCHEN (1945 – 1977), 29.12.1945

52 Gutachten von Prof. F. G. Fischer [LMU-ARCHIV, 23.3.1946], Prof. Windaus, Prof. Kuhn, Prof. Butenandt [UNIVERSITÄT MÜNCHEN (1945 – 1977), 27.9.1946]

53 Carl Martius: 1906 – 1993; hatte zeitgleich mit H. A. Krebs und F. Knoop erfolgreich an der Aufklärung der Reaktionsfolge des Citratzyklus gearbeitet.

54 Theodor Wieland: 1913 – 1995; zweiter Sohn Heinrich Wielands; Assistent Richard Kuhns am Kaiser-Wilhelm-Institut für Medizinische Forschung in Heidelberg; Proteinforschung [WIELAND, THEODOR – DATEN]

55 UNIVERSITÄT MÜNCHEN (1945 – 1977), 27.9.1946

56 Für ihn trat Prof. Elisabeth Dane ein.
[UNIVERSITÄT MÜNCHEN
(1945 – 1977), 5.11.1946]

57 Eva-Maria und Heinrich wurden am
2.11.1946 geboren [Universität München (1938 – 1975), 21.12.1946].
Heinrich Lynen leidet seit seiner
Geburt an einer geistigen Störung.

58 ERNENNUNG A. O. PROFESSOR (1946):
25.10.1946; 18.11.1946 [auch in UNIVERSITÄT MÜNCHEN (1945 – 1977)];
UNIVERSITÄT MÜNCHEN
(1945 – 1977): 21.12.1946; LMU-
ARCHIV: OC-X-4e; ERNENNUNGSURKUNDEN (1946 – 1956): 21.12.1946

59 Wie oben erwähnt, hatte die Militärregierung Feodor Lynen bereits am
12.11.1946 die Fortsetzung seiner Dozententätigkeit genehmigt. Zeitgleich
mit den Münchner Berufungsverhandlungen hatte auch die Universität Rostock ihren Lehrstuhl für Organische
Chemie wiederzubesetzen und schlug
Feodor Lynen zur Berufung vor. [BERUFUNGEN (1946 – 1955), 7.2.1946]
Am 4.1.1947 lehnte Lynen das Rostocker Angebot telegraphisch ab:
»Habe aber soeben Professur Biochemie
in München angenommen«. [BERUFUNGEN (1946 – 1955)]

Überwindung der Isolation (1948 – 1952)

Währungsreform · Ausländische Fachliteratur · Korrespondenz mit
Emigranten · Biochemische Abteilung im Zoologischen Institut ·
Entdeckung der Thioesterbindung im Acetyl-Coenzym A · Einladung in die
USA · Beinbruch · Besuch aus den USA · Internationaler Biochemikerkongress
in Paris · Wachsendes Interesse an der Biochemie · β-Oxidation der Fettsäuren

> »Es ist mein Wunsch, die Tradition an diesem Punkt fortzusetzen und (…) wieder
> engen Kontakt zwischen den Klassikern der Biochemie und den jungen Studenten
> herzustellen.« [1]

Im Juni 1948 führten die westlichen Siegermächte in ihren Zonen
die Deutsche Mark als gemeinsames Zahlungsmittel ein. Die Auswirkungen der neuen Währung und des gleichzeitigen Übergangs zur
Marktwirtschaft zeigten sich auch in den Instituten der Universität:
der studentische Pflichtaufbaudienst wurde zum Wintersemester
1948/49 aufgehoben[2], und wissenschaftliche Fachliteratur aus dem
Ausland – während der Kriegsjahre nur sehr selten und nur auf
Umwegen erhältlich und wegen des Geldmangels in den ersten
Nachkriegsjahren nahezu unerreichbar – war nun wieder zugänglich[3], wenn auch zunächst oftmals erst Monate nach ihrem Erscheinen.[4] Feodor Lynen stellte regelmäßig die verfügbaren neuesten
Arbeiten in seiner Vorlesung vor und vergab an seine Mitarbeiter, um
sie damit vertraut zu machen, Literatur-Referatthemen.[5]

Ein dringendes Anliegen war es ihm, den Kontakt zu einigen der
jüdischen Biochemiker, die während der NS-Zeit vertriebenen worden waren, wieder herzustellen.[6] Mit dem nach England emigrierten
Hans Adolf Krebs fand schon bald ein regelmäßiger Briefwechsel
statt[7], ebenso mit dem in den USA lebenden Konrad Bloch[8]; auch mit
dem ebenfalls in den USA lebenden Carl Neuberg stand er schon
bald nach dem Ende des Kriegs wieder in Verbindung; 1951 schrieb
er Neuberg: »(…) *können Sie vielleicht auch ermessen, welche Freude mir
die Aufnahme einer Korrespondenz mit Ihnen nach dem Kriege brachte.*«[9]

Die Wiedererrichtung der einzelnen Abteilungen des zerstörten
Chemischen Instituts ging nur langsam voran. Noch im Juni 1949
beklagte sich Heinrich Wieland, es fehle »*das Geld, um die Einzellabo-
ratorien*[10] *auszubauen und einzurichten.*«[11]

Feodor Lynen. Heike Will
Copyright © 2011 WILEY-VCH Verlag GmbH & Co. KGaA, Weinheim
ISBN 978-3-527-32893-2

Carl Neuberg (mit Widmung: »Herrn Collegen F. Lynen in besonderer Hochschätzung 5.9.1952 C. Neuberg.«).

1948 war der Lynensche Arbeitskreis in das Dachgeschoss des Zoologischen Instituts in der Luisenstraße 14 umgezogen, für dessen Ausbau und Laboreinrichtung die Firma Boehringer/Ingelheim ein Darlehen zur Verfügung stellte.[12]

Wie überall im Land setzten die Kriegsschäden auch der alltäglichen Laborarbeit oft enge Grenzen. Wegen der noch sehr schlechten Gasversorgung herrschte tagsüber nicht der richtige Gasdruck, so dass manche Versuche nur in der Nacht oder nur sonntags durchgeführt werden konnten. Dringend benötigte, aber nicht erhältliche Glasgeräte, wie ein zur Dichtebestimmung erforderliches Mikropyknometer, mussten erst von den Mitarbeitern eigens mundgeblasen werden, und einzelne Versuchsabschnitte mussten an anderen, besser ausgestatteten Instituten in der Stadt durchgeführt werden, weil die eigene apparative Ausrüstung fehlte. Feodor Lynen fuhr deshalb auch gelegentlich, wenn es nötig war, seine Mitarbeiter »*in seinem Auto von einem Institut zum anderen*«.[13]

Der Mangelzustand blieb noch bis in die frühen 1950er Jahre bestehen: »*Weder ein Kühlraum noch Kühlzentrifugen oder Spektralphotometer etc.* (standen) *zur Verfügung. Lediglich eine Tischzentrifuge vier Stockwerke tiefer in einem kleinen Kühlraum des Zoologischen Institutes, ein Pulfrich-Photometer[14] und eine selbstgebastelte Warburg-Apparatur[15] waren vorhanden.*«[16]

Feodor Lynen hatte seine während der Kriegszeit begonnenen Untersuchungen zu den Themen ›biologischer Abbau der Essigsäure ‹[17] und ›aerober Phosphatbedarf der Hefe ‹[18] nach dem Krieg fortgesetzt. »*Als sich dann nach der mehrjährigen Unterbrechung der wissenschaftliche Kontakt mit der Umwelt wieder einstellte, erfuhr ich von den Fortschritten, die bei der Bearbeitung des Problems der ›aktivierten Essigsäure‹ erzielt worden waren. (…) Der wesentliche Fortschritt bestand in der Erkenntnis, daß an der Bildung der ›aktivierten Essigsäure‹ aus Acetat außer ATP als Energiequelle noch das neuentdeckte, das Vitamin Pantothensäure enthaltende Coenzym A beteiligt ist und die ›aktivierte Essigsäure‹ wahrscheinlich ein acetyliertes Coenzym A sei*«, erinnerte er sich später.[19]

Der in den USA lebende Biochemiker Fritz Lipmann hatte ebenfalls erst in den frühen Nachkriegsjahren, als auch deutsche Fachzeitschriften wieder ihren Weg ins Ausland fanden, festgestellt, dass er und Feodor Lynen ähnliche Gebiete beforschten; auch Lipmann arbeitete u. a. an Acetyl-übertragenden Reaktionen.[20] Seit längerem war bekannt, dass tierische Zellen aus Cholin Acetylcholin[21] synthetisieren können, und dass sie in der Lage sind, Sulfonamide[22] durch eine Acetylierungsreaktion zu entgiften; der Mechanismus dieser Reaktionen aber blieb noch unbekannt.

1947, während der Untersuchung dieser Entgiftungsreaktion im Taubenleberextrakt, entdeckte Lipmann ein bisher unbekanntes Coenzym. Wegen dessen Fähigkeit, Acetylgruppen zu übertragen, nannte er es Coenzym A. Weitere Untersuchungen ergaben, dass es als Strukturelemente das Vitamin Pantothensäure (Vitamin B_5), Adenosin und Phosphat sowie zusätzlich noch Schwefel enthielt. Die Beobachtung, dass das Coenzym an Acetylierungsreaktionen direkt beteiligt war und damit eine wichtige Funktion im Aktivierungsprozess der Essigsäure besitzen müsste, war ein entscheidender Hinweis auf die Existenz einer acetylierten Form des Coenzyms A, der vermuteten ›aktivierten Essigsäure‹. Die chemische Struktur von Coenzym A war allerdings so kompliziert[23], dass völlig unklar war, auf welche Weise das Acetat mit dem Coenzym verknüpft sein könnte.

Das neuentdeckte Coenzym A geriet in Lynens Blickpunkt, und als organischen Chemiker reizte es ihn, die Art dieser chemischen Bindung aufzuklären. Seinen folgenreichen Einfall zur Lösung des Problems schilderte er später so: »*Mein Schwager, Theodor Wieland, hielt sich während der Ferien in seinem Elternhaus auf, das unserem Haus benachbart ist. Er hatte in Richard Kuhns Laboratorium über Pantothensäure gearbeitet, das Vitamin, das Lipmann als Bestandteil des Coenzyms A ausgemacht hatte.*

Wir diskutierten die ganze Nacht darüber, auf welche Weise Acetat und Pantothensäure miteinander verbunden sein könnten, kamen aber auf keine Lösung.

Auf meinem kurzen Weg zurück zu unserem Garten kam es mir in den Sinn, dass der Acetatrest gar nicht an die Pantothensäure, sondern an Schwefel gebunden sein könnte. Ich erinnerte mich, dass Lipmann in seiner letzten Veröffentlichung über die Zusammensetzung der gereinigten Coenzym-A-Präparate die Anwesenheit von Schwefel erwähnt hatte, ihr aber keine große Aufmerksamkeit geschenkt hatte, weil das Präparat noch nicht vollständig gereinigt gewesen war.

Dazu kam, dass alle damals schon bekannten Coenzym-A-abhängigen Enzymreaktionen den Zusatz von Glutathion oder Cystein als vermuteten Bindemitteln für inhibitorische Schwermetalle benötigten. Niemand dachte an die Möglichkeit, dass die Thiole erforderlich waren, um die Sulfhydrylgruppen im reduzierten Zustand zu erhalten.

Drittens wusste ich als Chemiker, dass Sulfhydrylgruppen sauerer sind als Hydroxylgruppen, was bedeutet, dass Essigsäure, gebunden an Schwefel, die Eigenschaften eines Säureanhydrids haben müsste, und in der Lage sein müsste, Amine oder Alkohole zu acetylieren.

Der entscheidende Schritt für mich war, die drei Punkte zu kombinieren. Ich wurde sehr aufgeregt, eilte in mein Arbeitszimmer und schlug im ›*Beilstein*‹[24] *nach. Schnell fand ich heraus, dass Thioacetylsäure bekanntermaßen mit Anilin zu Acetanilin reagierte. Das überzeugte mich davon, dass* ›*aktiviertes Acetat*‹ *ein Thioester sein müsse.*

Ernestine Reichert[25] *war sehr überrascht, als ich am nächsten Morgen ins Laboratorium kam und ihr mitteilte, dass wir uns nun mit der Isolierung von Acetyl-CoA aus Hefe-Kochsaft beschäftigen würden. Innerhalb von zwei Monaten war dieses Ziel erreicht, und im Vergleich mit einem synthetischen Thioester, den mir ein organischer Chemiker aus einem Münchner Laboratorium überließ, der zufällig mit solchen Verbindungen arbeitete, konnten wir beweisen, dass meine Vermutung richtig war.«*[26]

Für diesen Beweis der Verknüpfung des Acetats mit der Sulfhydrylgruppe des Coenzyms A unter Bildung eines Thioesters benutzte Feodor Lynen die Methoden der klassischen organischen Chemie:

1. Als Thioester zeigte sich die aktive Verbindung stabil gegen Erhitzen und den Angriff von Säuren.

2. Die Esterverbindung ließ sich typischerweise mit verdünnten Alkalien unter Freisetzung der Sulfhydrylgruppe wieder hydrolysieren.

3. Setzte man der Verbindung Nitroprussid-Natrium[27] und Ammoniak zu, trat innerhalb von zwei bis drei Minuten eine allmähliche Rotfärbung ein. Die bekannte Farbreaktion mit Nitroprussid-Natrium bewies eigentlich das Vorliegen einer freien Sulfhydrylgruppe, die mit dem Reagens sofort reagieren und dadurch die Lösung rotfärben würde. Wegen der hier vorliegenden Thioesterbindung zwischen Coenzym A und Acetatrest konnte die Reaktion erst nach der alkalischen Hydrolyse stattfinden, in deren Verlauf die für die Farbreaktion notwendige freie Sulfhydrylgruppe erst allmählich freigesetzt wurde, die dann mit Nitroprussid-Natrium unter Rotfärbung reagierte. Der verzögerte Reaktionseintritt war damit ein Beweis für das Vorliegen einer Thioesterbindung.

4. Die Verbindung konnte durch Quecksilbersalze inaktiviert werden.

5. Das Coenzym A in der ›aktivierten Essigsäure‹ war widerstandsfähig gegenüber Jodacetat, während freies Coenzym A unter den gleichen Bedingungen unwirksam wurde. Diese Inaktivierung des freien Coenzyms wurde verursacht durch eine Alkylierung der Sulfhydrylgruppe unter Bildung eines enzymatisch unwirksamen Thioethers. In der ›aktivierten Essigsäure‹ dagegen konnte diese Alkylierung wegen der am Schwefel gebundenen Acetylgruppe nicht eintreten.[28]

»Diese ganze Geschichte war sehr aufregend«, erinnerte sich Feodor Lynen später[29], *»aber sie wurde noch dramatischer, als mein kurzer Bericht an die ›Angewandte Chemie‹ zur Veröffentlichung[30] in der Dezemberausgabe gesandt wurde. Mir erschien jetzt alles so einfach, dass ich kaum glauben konnte, dass in der Zwischenzeit niemand die gleiche Idee gehabt haben könnte. Ich rechnete täglich mit einer Veröffentlichung dieser Art, und ich war erst erleichtert, als mir Otto Meyerhof und Carl Neuberg schrieben, meine Mitteilung hätte bei den Biochemikern in den USA wie eine Bombe[31] eingeschlagen.«*

Feodor Lynens Veröffentlichung traf Fritz Lipmann und seinen Arbeitskreis *»ohne Vorwarnung«*, berichtete dieser, und sie *»füllte ein Vakuum, das wir offen gelassen hatten. (…) Lynen hatte das scharfe chemische Urteilsvermögen bewiesen, die Eigenschaften der Acetylbindung als die eines Thioesters zu erkennen. So konnten sie* (Anm.: Lynen und Reichert) *auch die Tatsache erklären, dass wir große Mengen von -SH in gereinigten CoA-Zubereitungen gefunden hatten[32], die wir unter den Teppich gekehrt hatten, weil unsere Gedanken auf die Pantothensäure oder auf Phosphat als mutmaßliche Bindungsstelle fixiert gewesen waren. Wenn man es offen betrachtete, hatten sie im Thioester eine neuartige energiereiche Bindung[33] entdeckt, die besonders für die Aktivierung von Acylgruppen geeignet schien«[34].*

Mit dieser Entdeckung verloren die bereits bekannten energiereichen Phosphatverbindungen ihre bisher für einzigartig gehaltene Stellung. Man konnte nun davon ausgehen, dass in der Folge auch noch andere energiereiche chemische Verbindungen des Stoffwechsels mit einem ebenfalls hohen Potential für Gruppenübertragungsreaktionen gefunden werden könnten.[35]

Fast zwei Jahrzehnte waren vergangen, seit Heinrich Wieland und Robert Sonderhoff in München damit begonnen hatten, sich mit der Erforschung der Stoffwechselwege der Essigsäure im lebenden Organismus zu befassen. Im März 1951 schrieb Heinrich Wieland an einen Kollegen: *»Lynens letzte Arbeit findet überall starken Anklang. (…) Es ist für mich eine Genugtuung, dass die Essigsäure, die wohl zuerst von mir ins biologische Rampenlicht gerückt worden ist, von einem Familienmitglied und im Münchener Institut in ihrer hervorragenden Schlüsselstellung aufgeklärt worden ist.«[36]*

Mit seiner Entdeckung hatte sich Lynen als *»meisterhafter Enzymologe«[37]* erwiesen, dessen Arbeit nun weltweit in den Fachkreisen Aufmerksamkeit erregte.

Feodor Lynen und Luistraud Kröplin-Rueff im Laboratorium in der Luisenstraße zur Zeit der Entdeckung der aktivierten Essigsäure.

»Ich bin froh, dass die Vorlesungszeit einmal wieder vorüber ist und ich mich ungestört der Laborarbeit widmen kann, die mir zur Zeit enorm Spass macht«, berichtete Lynen seinem Schwager Theodor Wieland im Februar 1951[38], als er an der detaillierten Beweisführung der Thioesternatur von Acetyl-CoA und an der Entwicklung eines kolorimetrischen Verfahrens zur quantitativen Bestimmung dieser Verbindung mittels der verzögerten Nitroprussid-Reaktion arbeitete.

Im Mai 1951 wandte sich Fritz Lipmann in einem Brief an Feodor Lynen, um mit ihm über dessen Ergebnisse zu diskutieren[39]. Zwischen den beiden Wissenschaftlern entspann sich schnell ein reger brieflicher Gedankenaustausch; eine Acetyl-CoA-Probe aus München wurde auf Lipmanns Bitte hin in die USA verschickt, da der Lynensche Arbeitskreis mit der Reinigung der Acetyl-CoA-Zubereitungen guten Erfolg gehabt hatte.[40]

Auch an Severo Ochoa, der sich ebenfalls mit Fragen des Energiestoffwechsel und dessen Regulation befasste und mit dem Lynen seit 1948/49 in Korrespondenz stand[41], sandte er auf dessen Wunsch eine Probe seiner Acetyl-CoA-Zubereitung für weitere Experimente in die USA, denn Ochoa hatte noch Zweifel an der Identität der ›aktivierten Essigsäure‹ mit einem Thioester geäußert.

Im Briefwechsel mit Lipmann diskutierte Feodor Lynen seine neuesten Untersuchungen – die von ihm inzwischen ausgearbeitete kolorimetrische Nitroprussid-Messmethode und die charakteristische große Empfindlichkeit der Verbindung gegenüber Quecksilber –, um noch letzte eventuelle Unsicherheiten auszuräumen.[42]

Seinem ersten kurzen Bericht in der ›Angewandten Chemie‹ konnte er deshalb bald einen ausführlichen Artikel in ›Liebigs Annalen der Chemie‹ folgen lassen[43], in dem er seine Beweisführung der Thioesternatur von Acetyl-CoA detailliert darlegte[44], und einen weiteren Beitrag, der sein kolorimetrisches Verfahren zur quantitativen Bestimmung dieser Verbindung mittels der verzögerten Nitroprussid-Reaktion vorstellte.[45]

Unter den US-amerikanischen Biochemikern war das Interesse an den Ergebnissen aus dem Münchner Arbeitskreis groß, und man wollte Lynen gerne persönlich kennenlernen. Vor allem Severo Ochoas Initiative war es zu verdanken, dass Feodor Lynen im selben Sommer zur Teilnahme an der ›Gordon Research Conference‹ in die USA eingeladen wurde.[46]

Auch sechs Jahre nach dem Ende des Zweiten Weltkrieges war eine solche Einladung an einen deutschen Wissenschaftler ins ehemals feindliche Ausland keineswegs ganz selbstverständlich. So waren zwei Jahre zuvor, im August 1949, zur Teilnahme am ›First International Biochemical Congress‹ in England gerade einmal vier sorgfältig ausgewählte deutsche Biochemiker zugelassen worden, und das auch nur, nachdem sich Hans Adolf Krebs persönlich dafür eingesetzt hatte. Der Effekt dieses ersten Kongress-Besuches nach dem Kriegsende war, wie Krebs später berichtete, »*überproportional*« zu der nur sehr kleinen Zahl der Eingeladenen gewesen, denn dadurch hatten die deutschen Biochemiker überhaupt erstmals wieder eine Chance erhalten, offizielle, über rein persönliche Beziehungen hinausgehende Kontakte mit dem Ausland anzuknüpfen.[47]

Lynens »*grosser Wunsch, die so erfolgreich auf dem Gebiet der ›aktivierten Essigsäure‹ arbeitenden amerikanischen Kollegen persönlich kennen
zu lernen und mit ihnen zu diskutieren*«[48], und im Sommer die Reise
in die USA anzutreten, ließ sich jedoch nicht verwirklichen.

Der Skiclub ASCM hatte nach dem Krieg wieder seine Tradition
der jährlichen Tourenwoche in die Alpen, jeweils im März nach
Semesterschluss, aufgenommen, und Feodor Lynen und seine Frau
hatten seither jedes Jahr daran teilgenommen.[49] Im März 1951 aber
hatte er sich beim Abstieg von einer Hütte in den Stubaier Alpen
erneut das Bein gebrochen[50], und die Heilung des Oberschenkel-
bruchs war langwierig.[51] Es blieb nichts anderes übrig, als die Einladung abzusagen: »*Es war in der Tat eine riesige Enttäuschung*« für ihn,
dass er »*aus gesundheitlichen Gründen an der Gordon Conference nicht
teilnehmen konnte*«[52], denn »*natürlich glaubte* (er), *dies sei eine unwie-
derbringliche Chance gewesen*«.[53]

Doch auch die amerikanischen Kollegen bedauerten die Absage.
Ochoa und Lipmann machten sich bereits Gedanken über eine neue
Einladung an Lynen, in die USA zu kommen[54], und in einem Brief
vom Juli 1951 schlug ihm Fritz Lipmann den nächsten oder über-
nächsten Winter als günstige Jahreszeit für ein persönliches Kennen-
lernen in den USA vor. Er berichtete Lynen von seinen neuesten
Laborergebnissen und betonte nochmals die Bedeutung von Lynens
Entdeckung.[55]

»*In diese Zeit fiel auch der erste Besuch eines amerikanischen Kollegen,
Al Lehninger aus Baltimore*«, der deutschstämmig war und »*anscheinend uns und unserem Land gegenüber recht freundschaftlich gesinnt*«,
berichtete Eva Lynen.[56]

Im Frühjahr 1952 kam bereits der nächste Gast aus den USA,
Severo Ochoa. Finanziell unterstützt durch die Rockefeller Foundation, arbeitete er für mehrere Wochen in Feodor Lynens Laboratorium mit.[57]

»*Ich genoss den persönlichen Kontakt mit Lynen, unsere Unterhaltungen und Diskussionen, seinen klaren, suchenden Verstand und seine brei-
ten Kenntnisse der Chemie und Biochemie. Ebenso genoss ich (…) die heitere bayerische Atmosphäre unserer Labor-Brotzeiten. (…) Lynens Englisch
verbesserte sich schnell*[58] (…) *und in dieser Zeit entstand zwischen uns eine
herzliche Freundschaft*«, erinnerte sich Ochoa später.[59]

Lynen und Ochoa beschlossen, eine gemeinsame Forschungsarbeit[60] durchzuführen mit dem Ziel des endgültigen Beweises der

Identität von Acetyl-CoA mit der ›aktivierten Essigsäure‹: erwartungsgemäß gelang es ihnen, aus Oxalacetat[61] und dem von Feodor Lynen gereinigten Acetyl-CoA unter Zusatz des von Severo Ochoa aus New York mitgebrachten kristallisierten Enzyms Citratsynthase schließlich Citrat zu synthetisieren, und ihre Messungen des Reaktionsgleichgewichtes bestätigten, dass der Thioester tatsächlich die vermutete energiereiche chemische Verbindung darstellte.

Einem größeren internationalen Fachpublikum konnte Feodor Lynen seine Forschungsergebnisse zum ersten Mal persönlich vorstellen, als er im Juli 1952 einer Einladung zum Internationalen Biochemikerkongress in Paris folgte.

Jetzt »*öffneten sich für uns zum erstenmal nach dem Krieg die Tore in die ›weite Welt‹*«, berichtete seine Frau Eva, die ihn auf der Reise begleitete.[62] Hier bot sich ihm endlich – nach der enttäuschenden Absage des USA-Besuchs – die Gelegenheit, »*viele der von ihm aus der Literatur so bewunderten ausländischen Wissenschaftler kennenzulernen*«[63], unter ihnen wiederum Severo Ochoa sowie Earl Stadtman und David Nachmansohn.[64] Auch mit diesen aus den USA angereisten Wissenschaftlern verband ihn seitdem eine herzliche Freundschaft[65], die ihren Grund nicht nur in Feodor Lynens erfolgreicher

Feodor Lynen mit Harland Wood (links) und Lester Krampitz (Mitte), 1963.

wissenschaftlicher Arbeit hatte, sondern wohl auch in »*seiner Lebens-freude, die andere spontan dazu anregte, das Leben zu genießen*«, wie ein anderer US-Kollege, Harland Wood, es später ausdrückte.[66] In München hatten die Anorganische und die Physikalische Chemie immer noch eine größere Anziehungskraft für Chemiestudenten als die Biochemie – trotz aller Erfolge im ersten Drittel des Jahrhunderts.

Seit dem Umzug seines Arbeitskreises ins Dachgeschoss des Zoologischen Instituts bot Feodor Lynen deshalb regelmäßig ein Biochemisches Praktikum für Chemiestudenten an; jeweils sechs Studenten konnten sich hier in einem vier- bis sechswöchigen Kurs mit Enzymisolierungen, optischen Testverfahren oder manometrischen Messtechniken vertraut machen, was zu dieser Zeit an keiner anderen Hochschule in Deutschland möglich war.[67]

Feodor Lynen verstand es dabei offensichtlich, in Praktikum und Vorlesung einigen der Studenten seine Begeisterung für sein Fach zu vermitteln: »*Erfreulicherweise nimmt das Interesse der deutschen Chemiestudenten am Praktikum und damit an der Biochemie zu, wenn auch die Stellung der Biochemie an den hiesigen Hochschulen sich mit den Verhältnissen in Amerika überhaupt nicht vergleichen lässt.*«[68] Seit seinem großen Erfolg von 1951 war die Zahl der Bewerbungen von Diplomanden und Doktoranden um einen Arbeitsplatz in seiner Gruppe merklich angestiegen, da man mit weiteren interessanten Forschungsthemen rechnen konnte. Das Praktikum bot Lynen hier nebenbei eine gute Gelegenheit, potentielle neue Mitarbeiter kennenzulernen und deren Fähigkeiten zu beurteilen.[69]

In seiner Veröffentlichung von 1951 über die ›aktivierte Essigsäure‹ hatte Feodor Lynen bereits die Vermutung geäußert, dass außer der Verbindung zwischen Coenzym A und der zwei C-Atome enthaltenden Essigsäure auch noch längerkettige »*höhere Acyl-CoA-Verbindungen existieren und die seit langem gesuchten aktiven Formen der Fettsäuren darstellen, die (…) den Abbau durch β-Oxydation nach F. Knoop[70] vermitteln. Macht man sich diese Annahme zu eigen, dann lassen sich viele Erscheinungen beim Abbau der Fettsäuren verstehen, insbesondere auch die seit langem bekannte Tatsache, daß man im allgemeinen bei der Oxydation höherer Fettsäuren Zwischenprodukte nicht fassen kann.*«[71]

Als Lynen begann, sich mit dem Abbau der Fettsäuren zu befassen, war außer dem bekannten Acetyl-CoA noch kein anderes CoenzymA-Derivat nachgewiesen worden.[72] Seine Vermutung, dass auch die

Fettsäuren, um reaktionsfähig zu sein, an CoenzymA gebunden sein müßten, konnte sich auf eine ältere Untersuchung eines anderen Arbeitskreises stützen, die die Abhängigkeit des Fettsäureabbaus von einer initialen Energiequelle gezeigt hatte.[73]

Lynens Bestreben war es nun, die Enzyme nachzuweisen, die an den vier Einzelschritten, die er für den Ablauf der β-Oxidation der Fettsäuren postulierte, beteiligt sein sollten. In seinem Modell der β-Oxidation durchläuft »*eine ›aktivierte‹, d. i. eine am Schwefel des Coenzyms A gebundene Fettsäure einen vierstufigen Cyklus, unter Abgabe von vier Wasserstoff-Atomen neben einer Molekel Acetyl-CoA, wobei die um zwei Kohlenstoffatome verkürzte Fettsäure – gebunden an Coenzym A – entsteht. Diese kann dann von neuem in den Kreisprozess einbezogen werden, bis die ganze Kette der eingesetzten Fettsäure in ›aktivierte Essigsäure‹ umgewandelt ist (im Falle einer normalen paarzahligen Fettsäure).*«[74]

Um zunächst die chemischen und spektroskopischen Eigenschaften der vermuteten Zwischenprodukte dieser enzymatischen Reaktionen kennenzulernen, stellte er Modellverbindungen her. Darin hatte er das nur schwer zugängliche und dadurch sehr teure Coenzym A ersetzt durch ein einfaches Bauelement, das N-Acetylcysteamin[75], das die terminale SH-Gruppe des im echten Coenzym A enthaltenen Panteheins besaß, und das mittels chemischer Synthese leicht erhältlich war. Bei der Untersuchung von Thioesterverbindungen, die er mit der Modellsubstanz hergestellt hatte, entdeckte er, dass diese spezifische UV-Absorptionsbanden aufwiesen, die »*für Enzymversuche zu einem unerläßlichen analytischen Hilfsmittel wurden. Die Modellsubstanzen wurden aber auch in anderer Hinsicht noch überaus wertvoll, als wir fanden, daß die meisten Enzyme des Fettsäure-Cyclus an Stelle der natürlichen CoA-haltigen Substrate auch die einfachen Modelle umzusetzen vermögen. Wir bauten darauf optische Enzymteste auf, und es bestätigte sich von neuem die Prognose Otto Warburgs, des Entdeckers dieser Methode, daß, ›verfolgt mit einem optischen Test, kein Ferment seiner Isolierung entgehen kann‹.*«[76]

Mit der zu dieser Zeit völlig unkonventionellen Methode, Modell-Verbindungen einzusetzen – getreu seinem Motto: »*sei naiv und mach' ein Experiment, selbst wenn die Aussicht auf Erfolg nur gering sein sollte*«[77] – hatte Feodor Lynen ausgesprochenes Glück, denn bei vielen anderen von Coenzym A abhängigen enzymatischen Reaktionen zeigte sich später, dass die Modell-Thioester eine nur sehr geringe oder aber gar keine Aktivität aufwiesen.[78]

Im November 1952 konnte er in einer Mitteilung in der ›Angewandten Chemie‹[79] über den Nachweis und die Isolierung zweier am
Fettsäureabbau beteiligter Enzyme berichten: die β-Ketohydrase,
heute als 3-Hydroxyacyl-CoA-Dehydrogenase bezeichnet, das Enzym
des Reaktionsschrittes III, und die β-Keto-Thiolase, auch als Acetyl-
CoA-Acetyltransferase bezeichnet, das Enzym des Reaktionsschrittes
IV der von ihm angenommenen Gesamtreaktion.

Hierbei stellt die Keto-Thiolase in dem von Feodor Lynen so
genannten ›Fettsäurezyklus‹ – den man aber eigentlich nicht als
einen sich selbst regenerierenden und damit zyklischen Vorgang,
sondern wegen des sukzessiven Abbaus der Fettsäuren vielmehr als
spiralförmigen Prozess sehen kann, und der später daher treffender
als ›Lynen-Spirale‹ bezeichnet wurde – das Schlüsselenzym des
Reaktionsgeschehens dar, denn es sorgt für die Abspaltung eines
Moleküls Acetyl-CoA von der aktivierten Fettsäure. Dieses so entstandene Acetyl-CoA mündet im Stoffwechsel der lebenden Zelle u. a.
anschließend in den Zitronensäurezyklus.

Mit Lynens – zunächst teilweiser – Aufklärung der enzymatischen
Schritte des Fettsäureabbaus war so eine erste Brücke geschlagen im
Verständnis für den Zusammenhang zwischen der Oxidation der
Fettsäuren und derjenigen der Kohlenhydrate, die von Physiologen
früherer Generationen als »*Verbrennung der Fettsäuren im Feuer der
Kohlenhydrate*«[80] bezeichnet worden war; seine Aufklärung der Thio-
ester-Struktur der Coenzym A-Verbindungen hatte es möglich
gemacht, den Hintergrund dieser Verbindung zu erkennen.

Anmerkungen

1 Feodor Lynen in einem Brief an Carl
Neuberg vom 17.5.1951
[NEUBERG – BRIEFE]

2 BEHRENS (1998), S. 142

3 Auch das öffentliche Zeitschriftenwe-
sen innerhalb Deutschlands entwickelte sich nach der 12jährigen
Unterbrechung schnell wieder: nach
Vergabe von Lizenzen wurden in der
US-Zone 61 Tageszeitungen zugelassen, 61 in der britischen, 33 in der
französischen und 21 in der sowjetischen Zone. Die Wochenzeitungen
›Die Zeit‹ und ›Der Spiegel‹ wurden

1946 gegründet; als 1949 die Lizenz-
pflicht wieder aufgehoben wurde,
erhöhte sich die Zahl der Zeitungen
weiter auf ca. 550. [GLASER (2007),
S. 55, S. 186]

4 HOLZER (1976), S. 20

5 SCHACHINGER (1976), S. 23 f

6 Die Korrespondenz mit den emigrierten ehemaligen Kollegen wurde
nach dem Krieg häufig von Deutschland aus wieder aufgenommen,
wobei allerdings eine offene Ausei-
nandersetzung mit dem Geschehen
oft ausblieb; das Verdrängen des

Unrechts und der schnelle Übergang zur Normalität waren sowohl bei NS-Belasteten als auch bei Unbelasteten eine weit verbreitete Haltung. [DEICHMANN (2001), S. 452 f] Siehe hierzu auch einen Brief Heinrich Wielands an Carl Neuberg, Anfang 1948 geschrieben:»*Aber man muß auch verstehen, daß diejenigen, die das Hitler-Unwesen ablehnten, die ewige Piesackerei allmählich satt haben. Sie haben 12 Jahre unter den Nazis gelitten, sie sehen ihre Städte in Trümmern liegen, (…) und sie geraten, wie sehr sie sich auch dagegen wehren, in eine durchaus desperate Verfassung.*« [zitiert nach DEICHMANN (2001), S. 469]

7 Beispielsweise bat Lynen Hans Krebs, ihm dessen Sonderdrucke seit 1943 zuzusenden, da er seither für die Institutsbibliothek keine ausländische Literatur mehr erhalten habe. Krebs wiederum erhielt auf seine in einem Brief geäußerte Bitte hin ein Paket mit Proben der von Feodor Lynen im Labor verwendeten Hefe, nachdem die Luftpostbeschränkungen im Kontakt mit England aufgehoben worden waren. [LYNEN – BRIEFE KREBS (1948), 21.7.1948; 25.11.1948]

8 BLOCH (1980), S. 214; erster Briefkontakt zwischen Lynen und Bloch im Jahr 1949

9 NEUBERG – BRIEFE, 17.5.1951 Die Verbindung zwischen Feodor Lynen und Carl Neuberg wurde in den folgenden Jahren so persönlich, dass Feodor Lynens älteste Tochter im Alter von 13 Jahren ein Jahr (August 1954 – Juli 1955) in den USA bei Carl Neubergs Tochter Irene verbrachte. [LYNEN – BRIEFE WIELAND (1951/54), 19.7.1954; LIPMANN – BRIEFE, 3.4.1955]; siehe dazu den Brief vom 1.4.1954 von Carl Neuberg an Feodor Lynen:»*Ausserordentlich freue ich mich, dass aus der Reise Ihrer Tochter etwas wird und dass die Familie*

Lynen zu uns das Zutrauen pfleglicher und liebevoller Behandlung des Kindes hat.« [NEUBERG – BRIEFE, 1.4.1954]

10 Im Oktober 1946 hatte das Bayerische Staatsministerium für Unterricht und Kultus Feodor Lynen mitgeteilt, dass es für das Jahr 1946 »*4.000 RM zum Wiederaufbau der biochem. Abteilung*« zur Verfügung stellen könne, nachdem im Vorjahr 1945 »*die einzelnen Institute und Seminare oftmals die ihnen bewilligten Mittel nicht verwenden*« konnten. 1947 hatte das Ministerium mitgeteilt, dass »*bei den geringen Mitteln, die zur Verfügung stehen*«, weniger dringliche Anträge zurückgestellt werden müssten. [WIEDERAUFBAU – MITTEL (1946/1947), 7.10.1946 und 17.7.1947]

11 Heinrich Wieland in einem Brief an Guggenheim vom 19.6.1949 [in: BALMER (1974, S. 245]

12 KREBS / DECKER (1982), S. 264, und LYNEN, EVA (II), S. 14

13 SCHACHINGER (1976), S. 24

14 Pulfrich-Photometer: Messgerät für kolorimetrische Bestimmungen; Messung der Durchlässigkeit für Licht verschiedener Wellenlängen, benannt nach dem Optiker Carl Pulfrich (1858 – 1927)

15 Warburg-Apparatur: manometrisches Messgerät für Untersuchungen von Stoffwechselreaktionen, bei denen Gase gebildet oder verbraucht werden; Druckmessung bei konstantem Volumen und konstanter Temperatur

16 SEUBERT (1976), S. 88

17 LYNEN – ESSIGSÄUREABBAU I (1942), LYNEN – ESSIGSÄUREABBAU II (1943), LYNEN – ESSIGSÄUREABBAU III (1947), LYNEN – ESSIGSÄUREABBAU IV (1948), LYNEN – ESSIGSÄUREABBAU V (1948)

18 LYNEN – PHOSPHATBEDARF I (1941), LYNEN – PHOSPHATBEDARF II (1949)

19 LYNEN – NOBELVORTRAG (1964), S. 931

20 alle folgenden Angaben zum acetylierten Coenzym A, falls nicht anders angegeben: Lynen / Decker (1957), Lynen – Nobelvortrag (1964), Lynen – Life, Luck and Logic (1969), Bloch (1980), Lipmann (1980)

21 Acetylcholin: Neurotransmittersubstanz

22 Sulfonamide: Chemotherapeutika mit bakteriostatischer Wirkung

23 Erst 1953 wurde die chemische Konstitution von Coenzym A durch Baddiley, Thain, Novelli und Lipmann vollständig aufgeklärt. [Lynen / Decker (1957), S. 276]

24 Handbuch der organischen Chemie, Begr. v. Friedrich Konrad Beilstein. Hrsg. von der Deutschen Chemischen Gesellschaft [Erg. Werk 3,1,1 – Erg. Werk 4: Hrsg. vom Beilstein-Institut für Literatur der Organischen Chemie, Frankfurt am Main]. Bearbeitet [Bd. 17 – 27: Begonnen] v. Bernhard Prager u. Paul Jacobson, 4. Aufl., Berlin [Erg. Werk 2,7 – Erg. Werk 4: Göttingen, Heidelberg], 1918-

25 Ernestine Reichert: Chemie-Diplomandin in Feodor Lynens Arbeitskreis; Notiz Feodor Lynens: sie habe die mündliche Diplomprüfung mit 1 bestanden, auch ihre Diplomarbeit lasse Erfolg vermuten [Lynen – Notiz Reichert (1950)]

26 Lynen – Life, Luck and Logic (1969), S. 211 f und Lynen – Expeditions (1976), S. 152 (deutsche Übersetzung von H. W.)

27 Na_2 [$Fe(CN)_5NO$]

28 Lynen / Decker (1957), S. 333 und Lynen – Essigsäureabbau (1951), S. 47

29 Lynen – Life, Luck and Logic (1969), S. 212 (deutsche Übersetzung von H. W.)

30 Lynen – Essigsäureabbau (1951)

31 »Es war nahezu unmöglich, das einzige Exemplar dieses (für uns) obskuren Journals in der Bibliothek der Universität von Chicago zu bekommen, so groß war in diesen Tagen vor dem Zeitalter

der Photokopie die Nachfrage danach«, berichtete der US-amerikanische Biochemiker Clark Bublitz. [Bublitz (1976), S. 106]

32 Der Schwefelgehalt von Coenzym A war mittlerweile auch durch die Untersuchungen des US-amerikanischen Arbeitskreises von Esmond Snell gesichert worden. [Snell (1950)]

33 Trotz der in ihnen gespeicherten Hydrolyseenergie sind Thioester als Verbindung aus Acetat und SH-Gruppe bei Körpertemperatur unter physiologischen Bedingungen völlig stabil; Verbindungen aus Acetat und Phosphat dagegen würden hier bereits hydrolysiert. [Lynen – Essigsäureabbau VI (1951), S. 17]

34 Lipmann (1976), S. 69

35 Lynen / Decker (1957), S. 334; Eigen (1995), S. 392; siehe dazu auch: Feodor Lynen in: Lynen – 25 Jahre (1976), S. 3 f: »Man war damals in der ›Phosphatenergie‹ so befangen, dass man es gar nicht für möglich hielt, dass noch andere Bindungsarten existierten. Mit der Entdeckung der Thioesterbindung ist dieser Bann gebrochen.«

36 Heinrich Wieland in einem Brief an Markus Guggenheim vom 29.3.1951, in: Balmer (1974), S. 249

37 Bücher (1980), S. 242

38 Feodor Lynen in einem Brief vom 28.2.1951, in: Lynen – Briefe Th. Wieland (1951/54)

39 Lipmann – Briefe, 9.5.1951

40 Lipmann – Briefe, 8.6.1951, 18.6.1951; Lipmann im Brief vom 8.6.1951: er wolle nicht mit Lynen in einen Wettbewerb treten »since you have progressed so beautifully.« Die Briefe Lipmanns sind in englischer Sprache geschrieben, wofür er sich aber bei Lynen damit entschuldigte, dass sie so leichter für ihn zu diktieren seien.

41 Ochoa (1976), S. 76

42 Lipmann – Briefe, 18.6.1951

43 Feodor Lynen bedrückte nun stets die Sorge, andere könnten ihm mit ihren Ergebnissen zuvorkommen; siehe hierzu einen Brief Feodor Lynens an seinen Mitarbeiter Helmuth Hilz vom 16.8.1951:»*Aber Sie kennen selbst meine augenblickliche Situation, den Verlust meines wertvollen Vorsprungs durch Krankheit, starke Konkurrenz von Seiten der amerikanischen Biochemiker auf meinem Arbeitsgebiet, das Erscheinen meiner ausführlichen Arbeit im Oktober usw.* (…)« [LYNEN – BRIEF HILZ (1951)]

44 LYNEN – ESSIGSÄUREABBAU VI (1951), Artikel bei der Redaktion eingegangen am 26. Juli 1951

45 LYNEN – NITROPRUSSID (1951)

46 KREBS / DECKER (1982), S. 276. Gordon Research Conference: einwöchiges Wissenschaftsforum; angeregt in den späten 1920er Jahren durch Dr. Neil E. Gordon (Johns Hopkins Universität), für direkte, auch interdisziplinäre Kommunikation zwischen Wissenschaftlern; zur Förderung von Diskussion und Ideenaustausch in der biologischen, chemischen und physikalischen Fachrichtung [www.grc.org/about.aspx]

47 Eingeladen wurden Kurt Felix, Emil Lehnartz, Theodor Wieland und Hans-Joachim Deuticke [KREBS (1981), S. 152 f]

48 Feodor Lynen in einem Brief an seinen US-Kollegen Earl Stadtman vom 3.9.1951, in: LYNEN – BRIEF STADTMAN (1951)

49 Seine Frau Eva berichtete, dass ihr Mann es besonders geliebt habe, mit den Skiern auf abgelegenem, unwegsamem Gelände durch unberührten Neuschnee zu fahren und den Tag mit abendlichem Rotweintrinken in der Gemeinschaft ausklingen zu lassen. »*Diese Clubwochen gehören zu unseren schönsten Erinnerungen.*« [LYNEN, EVA (II), S. 13]

50 Brief Heinrich Wielands an Markus Guggenheim vom 29.3.1951, in: BALMER (1974), S. 249

51 Der Beinbruch hatte eine weitere Versteifung des Kniegelenkes zur Folge. [LYNEN, EVA (II), S. 13] Fünf Monate nach dem Unfall schrieb Feodor Lynen in einem Brief an seinen Mitarbeiter Helmuth Hilz vom 16.8.1951:»*Mein Besuch in Bad Tölz hat sich unerwartet erfolgreich gestaltet. Bei Abnahme des Gipsverbandes erwies sich der Bruch als fest, so dass ich seither ohne Gipshülle laufen kann. Das Kniegelenk ist zwar durch die lange Ruhigstellung recht steif geworden, aber es besteht die Aussicht, ohne Operation eine Mobilisation zu erreichen. Ich geniesse daher den Urlaub in höchstem Masse, zumal Schwimmen im Starnberger See die erste körperliche Betätigung ist, zu der ich befähigt bin.*« [LYNEN – BRIEF HILZ (1951)]

52 Feodor Lynen in einem Brief vom 3.9.1951 [LYNEN – BRIEF STADTMAN (1951)]

53 LYNEN, EVA (II), S. 13

54 OCHOA (1976), S. 77

55 »(…) *is certainly a considerable advance*« (LIPMANN – BRIEFE, 24.7.1951)

56 LYNEN, EVA (II), S. 14. Vgl. hierzu DEICHMANN (2001), S. 478: Auch nach 1950 war es oft noch sehr schwierig, zu einem normalen Umgang mit ausländischen Wissenschaftlern deutsch-jüdischer Abstammung überzugehen. Siehe auch die Erinnerung der Ehefrau des Biochemikers Heinrich Waelsch aus der Zeit um 1953/54:»*My second husband, Heinrich Waelsch, and I became close friends of Feodor Lynen. He was in New York for one year in the early 50's. When he was back at home, he invited us to his house in Starnberg, but we first refused, because neither of us wanted to go to Germany. Lynen became very sad because even we as close friends refused to come to Germany. Therefore, as a gesture, we went to his home in Starnberg for one day, coming from Italy.*«

57 Ochoa (1976), S. 77 und Krebs/Decker (1982), S. 276. Ochoa war bereits vor dem Zweiten Weltkrieg als Gastwissenschaftler in Deutschland im Arbeitskreis von Otto Meyerhof gewesen. [www. nobelprize.org (2007)].
Lynen, Eva (II), S. 14: Ochoa und seine mitreisende Ehefrau Carmen fuhren einen großen Chevrolet, mit dem man gemeinsame Touren durch Bayern unternahm. »*Unser Englisch war noch nicht besonders gut, und die Unterhaltung schleppte sich recht mühsam dahin.*«

58 Ebenso sprachen die in der Folge in Lynens Laboratorium mitarbeitenden amerikanischen Gastwissenschaftler mit allen Mitarbeitern meistens Englisch, und auch Feodor Lynen führte wissenschaftliche Diskussionen mit seinen amerikanischen Gästen normalerweise auf Englisch. [Kirschner (1976), S. 225; Berndt (1976), S. 240; Wawszkiewicz (1976), S. 359]

59 ochoa (1976), S. 77 (deutsche Übersetzung von H. W.)

60 Stern/Ochoa/Lynen (1952), Artikel bei der Redaktion eingegangen im Mai 1952

61 C_4-Körper, Zwischenprodukt im Zitronensäurezyklus

62 Lynen, Eva (II), S. 15.
Nach seinen Angaben auf dem US-Fragebogen hatte Feodor Lynen bisher an einem Internationalen Chemikerkongress in Rom (1938) teilgenommen. Private Auslandsreisen hatte er nach Frankreich (1935), Italien (1936, 1937) und in die Schweiz (1935, 1938) unternommen [Military Government (1946), S. 6]

63 Lynen, Eva (II), S. 15

64 Earl Stadtman: geb. 1919 in USA; David Nachmansohn: 1899 – 1983; geboren in Russland, aufgewachsen in Deutschland

65 Lynen, Eva (II), S. 15, und Stadtman, E. (1976), S. 177

66 Wood (1979), S. 300

67 Holzer (1976), S. 16 f, und Decker (1980), S. 230

68 Feodor Lynen in einem Brief an Carl Neuberg vom 17.5.1951 [Neuberg – Briefe]

69 Holzer (1976), S. 20

70 Franz Knoops These der ß-Oxidation (1904), die am ß-C-Atom der Fettsäurekette (von der Säuregruppe ausgehend gezählt) beginnt, gründete auf Fütterungsversuchen: Knoop versah Fettsäuren an der terminalen ω-Position mit einer Phenylgruppe und verfütterte sie an Versuchstiere. In deren Urin ließ sich bei Fettsäuren mit einer geraden Anzahl von C-Atomen als Abbauprodukt ein Derivat der Phenylessigsäure nachweisen, bei Fettsäuren mit einer ungeraden Anzahl von C-Atomen ein Derivat der Benzoesäure. Er zog aus dieser Beobachtung den Schluss, dass die Fettsäuren jeweils durch die Entfernung zweier C-Atome abgebaut werden. [Krebs/Decker (1982), S. 278]

71 Lynen – Essigsäureabbau VI (1951), S. 20

72 Lynen – Nobelvortrag (1964), S. 933

73 Lehninger (1945)

74 Lynen – Fettsäureoxidation (1952)

75 N-Acetylcysteamin:
$CH_3 - CO - NH - CH_2 - CH_2 - SH$

76 Lynen – Nobelvortrag (1964), S. 933

77 Feodor Lynen in Lynen – Life, Luck and Logic (1969), S. 214

78 Bloch (1980), S. 215

79 Lynen – Fettsäureoxidation (1952)

80 Bloch (1980), S. 214

Internationale Rufe (1952 – 1953)

Ruf nach Bern · Rockefeller-Stipendium für Studienaufenthalt in den USA · Ruf nach Marburg · Reise in die USA · Verhandlungen in München · Absage in Bern · Ruf nach Harvard

> »Der Aufenthalt in Amerika hatte meinen Gesichtskreis eben doch sehr verändert. Ich hatte dort viel erlebt, Lebensarten und Lebensmöglichkeiten kennengelernt, deren Vorzüge mir eigentlich erst hier in der alten Umgebung zum Bewusstsein kamen.«[1]

Im Sommer 1952 schrieb die Universität Bern die Position des Direktors ihres Medizinisch-Chemischen Instituts zur Neubesetzung aus. Nach Ablauf der Bewerbungsfrist wandte sich die Berner Berufungskommission von sich aus an Feodor Lynen, um ihm mitzuteilen, dass sie seine Bewerbung sehr begrüßen würde, da er ihr Wunschkandidat für die Besetzung der vakanten Stelle sei.

Lynen hatte zwar eigentlich keinen Wechsel beabsichtigt, aber im direkten Vergleich der zur Verfügung stehenden Arbeitsbedingungen – in München das immer noch notdürftig im Zoologischen Institut untergebrachte Laboratorium[2], dagegen in Bern »*ein eigenes neugebautes dreistöckiges Institut (Bausumme ca. 1 000 000.– sfrs), indem seit mehreren Semestern gearbeitet wird, das also bereits über eine gewisse apparative Ausstattung verfügt*«[3] – entschloss er sich, dem Wunsch der Kommission zu folgen und sich nachträglich um die Direktion des Schweizer Instituts zu bewerben.[4]

Einen Monat später, im September 1952, erreichte Lynen ein Brief der Rockefeller Foundation, in dem man ihn zu einem von der Stiftung finanzierten, mehrmonatigen Studienaufenthalt in die USA einlud.[5] Die Isolation der Deutschen Wissenschaft während des Nationalsozialismus und der ersten Nachkriegsjahre hatten Forschungsaufenthalte im Ausland für ihn bisher unmöglich gemacht; die Einladung bot eine willkommene Gelegenheit, dies endlich nachzuholen.

Seine Freude über das überraschende Angebot, »*nun schon so bald nach Amerika kommen zu können,* (war) *riesengross*«[6]. Sein besonderer Wunsch war es, Fritz Lipmann und Severo Ochoa, auf deren Vermittlung hin die neue Einladung ausgesprochen worden war, in ihren

Feodor Lynen. Heike Will
Copyright © 2011 WILEY-VCH Verlag GmbH & Co. KGaA, Weinheim
ISBN 978-3-527-32893-2

Laboratorien zu besuchen, um dort gemeinsam mit ihnen zu arbeiten; er freute sich auf die fachlichen Diskussionen und auf ein Wiedersehen mit den amerikanischen Kollegen, die er in Paris kennengelernt hatte.[7]

Einen weiteren Monat später, im Oktober 1952, erhielt er die Nachricht der Universität Marburg, dass man ihn gerne an die dortige Medizinische Fakultät berufen würde.[8]

Feodor Lynen beantragte beim Bayerischen Kultusministerium seine Beurlaubung für die Dauer der geplanten USA-Reise vom 1. Februar bis zum 31. Mai 1953. In dem Gesuch formulierte er seinen Wunsch, in den USA verschiedene biochemische Laboratorien zu besuchen und die Organisation des Biochemie-Unterrichts aus erster Hand kennenlernen. An amerikanischen Universitäten bestünden seit vielen Jahren eigene Professuren für Biochemie; dementsprechend habe man dort langjährige Erfahrungen mit der Gestaltung des Unterrichts, »*während in Deutschland dieser bedeutsame Zweig der Chemie im Unterricht lange Zeit zu kurz kam. Erst im Jahre 1947 wurde an der Universität München, als erster Hochschule Deutschlands ein Extraordinariat für Biochemie geschaffen. Ein eingehendes Studium der Organisation des Biochemie-Unterrichts an amerikanischen Hochschulen, wie es mir durch den Besuch entsprechender Institute ermöglicht würde, läge somit auch im Interesse der Münchner Universität.*«[9]

Im Ministerium befürwortete man Lynens Antrag »*wärmstens*«, da man sich von diesem Besuch einen »*begrüßenswerten persönlichen Kontakt mit den amerikanischen Kollegen*« und eine »*Förderung der heimischen Universität*« versprach[10], zumal die Rockefeller Foundation den Aufenthalt mit einem Stipendium von monatlich 350 $ und zusätzlicher Übernahme der anfallenden sonstigen Gebühren und Reisekosten finanzierte.[11]

Im Januar 1953 stimmte man im Ministerium deshalb seiner Beurlaubung zu.[12]

Inzwischen kümmerte sich Feodor Lynen um die Planung seiner Reise. In vielen Briefen zwischen ihm und der Rockefeller Foundation wurde der Ablauf des Besuches besprochen[13]; vorgesehen waren zunächst ein zweimonatiger Aufenthalt bei Severo Ochoa in dessen Labor an der New Yorker Universität, dann für einen Monat mehrere kurze Besuche verschiedener Laboratorien im ganzen Land, und am Ende ein einmonatiger Aufenthalt im Labor Fritz Lipmanns im Bostoner Massachusetts General Hospital. Feodor Lynen äußerte den Wunsch, auch seine Ehefrau zeitweise in die USA nachkommen zu lassen.[14]

Die Stiftung regelte alle Reiseformalitäten, und ein Mitarbeiter des Rockefeller-Büros in Paris half bei der Buchung der Schiffspassage.[15]

Am Samstag, den 31.1.1953 sollte sein Schiff, die ›Queen Mary‹, von Cherbourg für die knapp einwöchige Überfahrt nach New York ablegen[16], aber wegen heftiger Stürme musste die Abfahrt um einen Tag verschoben werden.[17] Lynen, der mit dem Zug von München über Paris gefahren war, verbrachte dort diesen Tag zusammen mit seinem Pariser Kollegen Szulmajster.[18]

Am Sonntag, den 1.2.1953 um 20.36 Uhr legte die ›Queen Mary‹ schließlich in Cherbourg ab.[19] In seinem Taschenkalender vermerkte Feodor Lynen am Beginn der Reise immer noch anhaltenden »*mittleren Sturm*«, der das »*Schiff stärker schaukeln*«[20] ließ. Die folgenden Tage verbrachte er mit der Vorbereitung seiner geplanten Vorträge, am Swimming Pool oder mit einem Besuch im Schiffskino und mit dem »*üblichen Zeitungsstreit auf Deck*«.[21] Gelegentlich machte er, als A-Deck-Passagier, einen »*Besuch i.d. Touristenklasse*«, weil er »*dort nettere Leute*« zum Plaudern fand[22], und um den Zeitunterschied zwischen Deutschland und New York auszugleichen, stellte er »*jeden Tag um Mitternacht (die) Uhr um 1 Std. zurück*«.[23]

Am Freitag, den 6.2.1953 um 8.30 Uhr erreichte die ›Queen Mary‹ die Freiheitsstatue, wie Feodor Lynen in seinem Kalender vermerkte, und dann endlich den New Yorker Hafen, wo das Schiff »*wegen Dockarbeiter-Streik mit eigener Kraft ins Dock einfahren*« musste; erst der »*2. Versuch gelingt*«.[24]

An Land wurde er bereits erwartet von »*Ochoa, Stern und Vertretern der Rockefeller Foundation*«. Dann gab es ein »*Mittagessen mit Nachmansohn und den anderen in einem armenischen Restaurant. Anschließend zu Dr. Pomerat ins Rockefeller Center, 55. Stockwerk. Wunderbare Aussicht. Anschließend ins Labor*«.[25] Den gesamten nächsten Tag, Samstag, verbrachte er bereits im Laboratorium; am Abend besuchte er mit einem amerikanischen Kollegen ein »*Automatenrestaurant*«, und folgte dann einer privaten Einladung eines anderen Kollegen in dessen Wohnung »*zu Grammophon-Musik. Sehr gemütlich*«.[26] Am Sonntag holte ihn David Nachmansohn im Hotel ab, der ihn in ein schwedisches Restaurant und anschließend zu sich nach Hause einlud: »*Schönes Appartement am Central Park. Interessante Gäste: Leiter d.*

Rehoht[27] *Instituts, Ehepaar Goldstein, Frau Dr. Bücher und Dr. Jonas (Philosophen). Abends allein.*«[28]

Feodor Lynens handschriftliche Kalendereinträge geben einen kleinen Einblick in sein Leben als Gastwissenschaftler in Amerika: an den meisten Wochentagen findet sich die knappe Angabe »*tagsüber i. Labor*«. Abends war er häufig zu Gast bei Kollegen, u.a. bei Severo Ochoa (»*Hübsches eigenes Haus in Queens. Forest Hills. Sehr gemütlich*«[29]) oder wurde in unterschiedlichste Restaurants geführt.[30] Er besuchte die Mozartoper ›Così fan tutte‹ in der Metropolitan Oper (»*Schöne Inszenierung. Sehr gute Sänger, vor allem Tenor u. Sopran*«[31]), Charlie Chaplins Film ›Limelight‹ (»*Sehr guter Film*«[32]) und eine Broadwayshow (»*Köstliches Milieu. Blumenmädchen*«[33]). Eine Einladung bei Verwandten der Familie Wieland in Queens war für ihn »*aufschlussreich*«, weil er so ein »*typisch amerikanisches Milieu, mit kleinem Haus, Television, Geschirrwaschmaschine, usw.*«[34] erleben konnte. Er besuchte Fachvorträge[35] und kam mit vielen Menschen ins Gespräch, nicht nur mit Kollegen aus der Biochemie wie David Rittenberg, Erwin Chargaff, Carl Neuberg und dessen Tochter Irene, dem Ehepaar Dische[36] oder Konrad Bloch, der ihn im Labor besuchte (»*Studierte bei Hans Fischer, auf dem Weg nach Zürich. Glutathion-, Sterinsynthese. Ausgedehnte, interessante Diskussion. (...) Isotopen- und Enzymchemiker. Gegensatz!*«[37]); er nutzte jede Gelegenheit (»*Gespräch mit Taxichauffeur über Politik. Demokrat!*«[38]). Die anfänglichen Sprachschwierigkeiten – »*seine ersten Reden wurden zuerst auf englisch geprobt und dann mit Akzenten und Aussprachehilfen versehen*«[39], wie sein »*1. englisches Referat über Fettsäure-Cyklus*«[40] – konnte er so schnell überwinden.

»*Uberhaupt*[41] *kann ich mich nicht über Mangel an Gastlichkeit beklagen. Ich werde fast dauernd eingeladen und es ist beinahe das schwierigste Problem für mich, daneben auch noch genugend Zeit für meine Arbeit im Laboratorium und an meinen Vortragen freizuhalten. Ich habe vor, ein paar Versuche zum chemischen Mechanismus der β-Ketothiolase-Reaktion durchzufuhren und bin gerade dabei ein radioaktives Coenzym A aus auf radioaktivem Sulfat gezuchteter Hefe zu isolieren.*

Finanzielle und apparative Mittel stehen hier der Wissenschaft in praktisch unbeschranktem Masse zur Verfugung, die Raumlichkeiten für die Unterbringung der Institute sind beschrankt. Ich war wirklich erstaunt über den Platzmangel oder besser, die geringe Ausdehnung der Institute von Ochoa, M. Heidelberger, H. Lark, D. Rittenberg, D. Nachmansohn u. a., die ich mir als Vorsteher grosser Institute gedacht hatte. Allerdings ist dabei zu bedenken, dass allein an der Columbia-Universitat etwa 10 Professoren fur Biochemie tatig sind! Wenn man die Biochemiker der New York Universitat, des Rockefeller Instituts, der vielen Hospitaler u.sw. hinzuzahlt, kommt man auf eine recht erkleckliche Anzahl, was sich natürlich auf das wissenschaftliche Leben in dieser Stadt sehr günstig auswirkt. Zu allen interessanten Vortraegen zu gehen, ist bei der grossen Fülle absolut unmöglich.«[42]

Nach den ersten beiden in New York verbrachten Monaten stand nun die vierwöchige Rundreise durch die Vereinigten Staaten mit vielen Stationen bevor:

»New York to Chicago to attend the Federation Meetings[43]
(Apr. 5 -10).[44]
Chicago to Lafayette, Indiana to visit Dr. Henry Koffler.
Indiana to St. Louis, Missouri to visit Drs. Cori and Lornberg.
Missouri to Madison, Wisconsin to visit Drs. Lardy and Green
(Dr. Lardy has invited me to Lecture to his group on April 15th.)
Wisconsin to St. Paul, Minnesota to visit Dr. P. D. Boyer (Dr. Boyer has invited me to lecture to his group on April 17th.)
Minnesota to Salt Lake City, Utah to visit Dr. Emil Smith
Utah to San Francisco, California to visit:
Berkeley, Drs. Barker and Calvin
Stanford, Dr. Tatum
Pacific Grove, Drs. Van Niel and Northrop
Pasadena, Drs. Borsook and Zeichmeister
San Francisco, Chicago, New York
New York to Philadelphia to visit Dr. S. Gurin
Philadelphia to Bethesda, Md. to visit Dr. Stadtman
Maryland to New York
New York to Boston to visit Dr. Lipmann with whom I should like to spend a month.
Boston to Massachusetts to visit Dr. Racker at Yale.
Massachusetts to New York.«[45]

Eva Lynen, die im April mit dem Flugzeug aus Deutschland in die USA gekommen war, begleitete während dieses Monats ihren Mann.[46] Die große Aufmerksamkeit, die die amerikanischen Fachkollegen seiner Forschungsarbeit überall entgegenbrachten, machte sie, wie sie später berichtete, *»außerordentlich stolz, die Frau eines offensichtlich so bedeutenden Wissenschaftlers zu sein. So viel öffentliche*

Anerkennung war ich von Deutschland nicht gewöhnt gewesen. (...) Mein Mann war glücklich darüber, mit so vielen Biochemikern über seine Arbeiten sprechen zu können«[47], denn in Deutschland hatte es für ihn seit dem Ende des Krieges nur wenig Gelegenheit für einen fachlichen Austausch auf seinem Gebiet der Enzymologie gegeben.[48]

Feodor und Eva Lynen besuchten während der folgenden vier Wochen viele Kollegen im ganzen Land, und neben dem fachlichen Austausch ergab sich auch ein ungezwungener privater Umgang. In ihren Erinnerungen beschrieb Eva Lynen ihre Eindrücke[49]: *»Ausgesprochen gut hat uns der kameradschaftliche Ton zwischen Lehrer und Studenten gefallen«*, und ebenso positiv merkte sie an, dass die Amerikaner *»ausgezeichnet zu organisieren verstehen«. »Alles* (ist) *so praktisch und für ein Leben ohne Personal eingerichtet«.*[50] *»Mit den Erziehungsmethoden«* der US-Kollegen aber, die ihre Kinder – bis in die Abendstunden – an den geselligen Zusammenkünften teilnehmen ließen, *»konnten wir uns nicht befreunden. (...) Allerdings muss ich hinzufügen, (...) dass die Kinder, wenn sie 18 Jahre und älter sind, ausgesprochen anständig und vernünftig wirken. Die Erziehung scheint ihnen doch viel weniger zu schaden, als man annehmen könnte.«* Auch *»in punkto sportlicher Tätigkeit, die wir von zuhause gewöhnt sind, kamen wir nicht auf unsere Rechnung. Sport wird anscheinend nur in den Colleges betrieben und ist für die Jugend reserviert.«*

Die Rundreise endete wieder an ihrem Ausgangspunkt, New York, von wo aus Eva Lynen die Heimreise nach München antrat und Feodor Lynen sich auf den Weg nach Boston machte zu Fritz Lipmann, um in dessen Laboratorium im Massachusetts General Hospital die folgenden vier Wochen zu verbringen.[51]

Während der Monate in den Laboratorien Ochoas und Lipmanns hatte Lynen sowohl gemeinsam mit seinen amerikanischen Gastgebern als auch aus der Ferne mit den Mitarbeitern in München weiter an seinen Forschungsthemen gearbeitet; die Berichte darüber waren bereits während seines USA-Aufenthalts in den Fachzeitschriften erschienen oder wurden kurz danach veröffentlicht.[52]

Zusammen mit Severo Ochoa hatte Feodor Lynen in dessen New Yorker Laboratorium Experimente zur Aufklärung des chemischen Mechanismus der enzymatischen Einzelschritte des Fettsäureabbaus unternommen. Da sich alle an der Fettsäurespirale beteiligten Reaktionsschritte im Versuch in gewissem Umfang als reversibel erwiesen, gingen die Wissenschaftler davon aus, dass der Fettsäureabbau im lebenden Organismus durch die gleichen Enzyme katalysiert würde wie die Fettsäuresynthese, es sich also beim Abbau der Fettsäuren um eine bloße Umkehr der Reaktionsschritte ihres Aufbaus handeln müsste – eine aus thermodynamischen Gründen keineswegs abwegige Annahme.

Lynen und Ochoa postulierten daher in ihrer gemeinsamen Veröffentlichung ein Schema der Fettsäuresynthese: »*Die Fettsäuresynthese wird erreicht durch die Wiederholung eines Kreislaufs von 4 aufeinanderfolgenden Reaktionen:*

a. *Der Kondensation von 2 Molekülen Acetyl-CoA zu Acetoacetyl-CoA und Coenzym A (CoA-SH),*

b. *der Reduktion des Acetoacetyl-CoA zu β-Hydroxybutyryl-CoA,*

c. *der Dehydratisierung des β-Hydroxybutyryl-CoA zu Crotonyl-CoA und*

d. *der Reduktion des Crotonyl-CoA zu Butyryl-CoA.*

Ein neuer Kreislauf wird begonnen mit der Reaktion des Butyryl-CoA mit einem anderen Molekül Acetyl-CoA unter Bildung von β-Ketocaproyl-CoA und CoA-SH, usw. (…)

Alle 4 Reaktionen des Fettsäurekreislaufs sind reversibel und die Fettsäureoxydation verläuft über die umgekehrten Stufen der obigen Folge, wenn einmal die Fettsäure durch Überführung in das entsprechende S-Acyl-CoA aktiviert ist.«[53]

Erst einige Jahre später zeigte sich, dass diese Annahme falsch war und dass am Aufbau der Fettsäuren andere Enzyme beteiligt sind als am Abbau. »*Historisch ist es bemerkenswert, daß man noch in den fünfziger Jahren allgemein überzeugt war, die Aufbau- und Abbaureaktionen von Eiweiß, Nukleinsäuren, Fetten und Kohlenhydraten bedienten sich der gleichen Enzyme. (…) Jedoch vom physiologischen Gesichtspunkt hätte man vielleicht eine Trennung dieser Prozesse zumindest vermuten sollen. Diese Bemerkung ist nicht als Kritik gemeint, denn es ist leicht ›to have wisdom with hindsight‹*«, bemerkte dazu später Konrad Bloch.[54]

Während seines Aufenthalts in Fritz Lipmanns Laboratorium in Boston hatte Feodor Lynen gemeinsam mit seinem Gastgeber den Aktivierungsprozess von freiem Acetat in tierischem Gewebe und in Hefe untersucht. Durch den Einsatz von Isotopen konnten sie ein von ihnen zuvor vorgeschlagenes dreistufiges Schema der Aktivierungsreaktion beweisen, deren Energiebedarf für die Bildung von Acetyl-CoA dabei durch die energiereiche Verbindung Adenosintriphosphat (ATP) gedeckt wird.[55]

Am 21. Mai 1953 hielt Feodor Lynen an der Rockefeller Universität New York im Rahmen der renommierten ›Harvey Lectures‹[56] auf Anregung Severo Ochoas[57] schließlich einen Vortrag, in dem er den bisherigen Stand der Forschung über Acetyl-CoA sowie den Fettsäureabbau und die daran beteiligten Enzyme zusammenfassend darstellte.[58]

Im Juni 1953 kehrte Feodor Lynen wieder nach München zurück. Die Wiedereingewöhnung in den Alltag war – nach fast fünf Monaten Abwesenheit[59] – zunächst nicht leicht; so schrieb er im August 1953 in einem Brief an Fritz Lipmann: »*Das verwöhnte Leben, das Sie mir bereiteten, und Ihre freundschaftliche Herzlichkeit, mit der Sie mich in Ihrem Kreis aufnahmen, beeindruckten mich so stark, dass mir das Einleben in München nach meiner Rückkehr sehr schwer wurde. Es mag merkwürdig klingen, aber es bedrückte mich ein Gefühl wie Heimweh nach jener Zeitspanne. So kam es, dass ich recht niedergeschlagen war und eigentlich keinerlei Auftrieb zu geregelter Arbeit hatte. Die Wochen vergingen, ohne recht genutzt zu werden; auch die Arbeit im Laboratorium lag brach. So war ich recht froh, als am ersten August die Ferien begannen und diese Pause mich das Gleichgewicht des Gemüts wiederherstellen liess.*«[60]

Während der Monate in den USA hatte Feodor Lynen seine Bewerbung um die Direktion des Berner Medizinisch-Chemischen Instituts nicht aus den Augen verloren.[61] Seine Forderungen an die Schweizer Universität waren umfangreich: »*Für den Fall ihrer Bewilligung stünden mir dort* (Anm.: in Bern) *zur Verfügung:*

1) ein eigenes neugebautes dreistöckiges Institut (…)

2) ein Rückstellungskredit in Höhe von 274 000.– sfrs für die Vervollkommnung der apparativen Ausstattung und die Installation von Spezialräumen.

3) ein jährlicher Institutskredit (= Etat) in Höhe von 20 000.– sfrs für Zwecke des Unterrichts und der Forschung. Dabei ist zu berücksichtigen, dass in der Schweiz Gas, Strom und Wasser den Instituten nicht in Rechnung gestellt werden, also den Institutsetat nicht belasten.

4) 1 Oberassistentenstelle, (die zur Zeit besetzt ist), 2 Assistentenstellen, die nach meinen Wünschen besetzt werden könnten.

5) 2 Laborantinnen, 1 Sekretärin, 1 Hauswart (auch als Präparator und in der Tierhaltung verwendet)

6) Ein monatliches Nettogehalt, nach Abzug aller Beiträge für Pensionskasse, Versicherungen und aller Steuern in Höhe von 2 200.– sfrs. Das wäre der Betrag, der mir ausbezahlt wird, allerdings unter Einschluss der Kolleggelder. (…)«[62]

Die Universität Bern drückte daraufhin ihr Bedauern darüber aus, »*dass wir Ihren Wünschen nicht in allen Teilen entsprechen können*«[63], da die Mittel der vom Berner Volk finanzierten Universität beschränkt seien, und verhandelte weiter.[64]

Feodor Lynen hatte den Umzug nach Bern mit seiner Familie zwar ernsthaft in Erwägung gezogen[65], dabei aber gleichzeitig die Chance genutzt, durch Forderungen an das Bayerische Ministerium für den Fall seines Dableibens Verbesserungen der Arbeitsbedingungen für sich und seinen Arbeitskreis erreichen zu können. In einem Brief vom Februar 1953 schrieb er deshalb aus den USA an seinen Schwiegervater: »*Ich würde denken, auf Grund dieses Angebots als Bedingung für mein Bleiben in München fordern zu können:*

1) Die Umwandlung meines Extraordinariats in ein Ordinariat mit eigenem biochemischem Institut. (…)

2) Einen Forschungsetat in Höhe von DM 20 000.– und einen entsprechenden Etatposten für die Bezahlung von Gas, Wasser und Strom. Es wäre darauf hinzuweisen, dass der Stromverbrauch in einem biochemischen Institut (…) beträchtliche Kosten verursacht.

3) Eine neue Assistentenstelle. Ich hätte dann 1 Unterrichtsassistent (z.Zt. Holzer) und 1 Privatassistent für die wissenschaftliche Arbeit.

4) 2 Technische Assistentinnen. Beide Stellen wären neu zu schaffen, da Frl. Rueff aus Mitteln der Industrie bezahlt wird. Im modernen biochemischen Unterrichts- und Forschungsbetrieb, wo laufend Enzyme, Cofermente und biologische Substrate isoliert oder synthetisiert werden müssen, ist der Bedarf gerade an technischem Personal sehr gross.

5) Einen ordentlichen Gehalt. Wegen der Höhe sprichst Du am besten mit Deiner Tochter, da sie es ja doch verbraucht. Tatsächlich muss ich es hier Deinem Ermessen überlassen, die Grenze des Möglichen zu erkennen. Das Ministerium ist ja sicherlich auch an gewisse Vorschriften gebunden. Andererseits hat es aber die Möglichkeit, z.B. durch eine hohe Kolleggeldgarantie, einen Ausgleich zu schaffen und auch sonst wird es noch manches tun können. Ich würde denken, dass man in diesem Punkt erst einmal die Reaktion des Ministeriums auf die Berner-Zahlen abwarten sollte. Oder was ist Deine Meinung?

6) Was die Frage der Verwaltung des biochemischen Instituts betrifft, so wird man diese wohl mit den anderen zusammen lassen können, so dass eine eigene Sekretärin entbehrlich ist. (…)

Das wäre eigentlich alles, was nach meinem Ermessen für ein arbeitsfähiges, modernes biochemisches Institut notwendig wäre. Aber vielleicht kannst Du Dir die Sache noch einmal durch den Kopf gehen lassen und bringst die Dir auf Grund Deiner grossen Erfahrung notwendig erscheinenden Ergänzungen an. (...) Es wäre mir eine grosse Beruhigung, wenn Du bei den Verhandlungen im Ministerium, wie verabredet, meine Interessen wahrnehmen könntest.«[66]

Im Bayerischen Staatsministerium für Unterricht und Kultus wollte man Feodor Lynen keinesfalls an Bern verlieren, war er doch »bereits (...) *als möglicher Kandidat für die Verleihung des Nobelpreises genannt*« worden.[67] Ein angefordertes Gutachten über ihn stellte seine Bedeutung als international anerkannter Chemiker heraus; bereits auf dem Pariser Biochemiekongress 1952 habe er eine wichtige Rolle gespielt. Darüberhinaus sei das Fach Biochemie in Deutschland in seiner Entwicklung gegenüber anderen Ländern ohnehin zurückgeblieben und müsse daher von medizinischer als auch von chemischer Seite künftig stärker beachtet werden.[68]

Diesen Aspekt betonte in einem Brief an das Universitätsrektorat auch der Dekan der Naturwissenschaftlichen Fakultät: »*Die ›Biochemie‹ ist in naturwissenschaftlichen Fakultäten an den Universitäten Freiburg, Hamburg, Marburg, München durch Extraordinariate vertreten. Manche kleineren Universitäten haben Oberassistentenstellen für ›Biochemie‹. Ordinariate gibt es dafür in Deutschland nicht, im Gegensatz zum Ausland, besonders den Vereinigten Staaten, wo diese jüngste Tochterwissenschaft der organischen Chemie an manchen Universitäten über mehrere Lehrstühle verfügt. Diesem Beispiele nachzufolgen bietet sich nun in München die Gelegenheit, das damit das erste Ordinariat für ›Biochemie‹ bekommen würde. Bei dem riesigen Forschungsgebiet, das sich vor der neuen Disziplin ausbreitet, ist mit Sicherheit damit zu rechnen, daß auch an anderen Universitäten bald biochemische Lehrstühle eingerichtet werden. An medizinischen Fakultäten gibt es keine Ordinariate oder Extraordinariate für ›reine Biochemie‹.*«[69]

Im Münchner Kultusministerium hatte man unterdessen auch die dringende Notwendigkeit gesehen, den seit Kriegsende immer noch provisorisch untergebrachten einzelnen chemischen Abteilungen eine dauerhafte gemeinsame Bleibe zu geben: »*Die weitgehende Zerstörung der Chemischen Institute der Universität München im Kriege hat die Errichtung eines Neubaues für diese Institute auf dem Gelände der Karl-, Sophien- und Arcisstraße erforderlich gemacht*«.[70]

Die Zusage des Ministeriums, 1954 mit dem Neubau des Chemieinstituts[71] zu beginnen, war eine der Bedingungen Feodor Lynens für sein Bleiben in München.[72] Andere Zusagen des Ministeriums, das sich »bestrebt« zeigte, Lynens »Arbeitsmöglichkeiten an der Universität in einer für (ihn) befriedigenden Weise zu gestalten«, und das es »lebhaft begrüßen (würde), wenn (er) sich dazu entschließen vermöchte, die Berufung nach Bern abzulehnen«[73], betrafen sein Gehalt, die Personal-[74] und Finanzmittelzuteilung[75] sowie die Ausgliederung der Biochemischen Abteilung aus dem Chemischen Laboratorium und damit die Errichtung eines eigenen Instituts für Biochemie.

Im August 1953 sagte Feodor Lynen schließlich dem Ministerium zu, in München zu bleiben.[76] Die Gründe für seinen Entschluss schilderte er in einem Brief an Fritz Lipmann: »Das grosse, schöne Institut dort und das Entgegenkommen, das ich bei der Berner Regierungsdirektion gefunden hatte, lockten mich sehr nach Bern. Wenn ich dann doch in München geblieben bin, so waren Zusicherungen des Münchner Ministeriums in der Frage eines Institutsneubaus massgebend, neben der Überlegung, im Verband eines chemischen Instituts mit relativ geringer Unterrichtsverpflichtung doch mehr zur wissenschaftlichen Arbeit zu kommen, als wenn ich den grossen Mediziner-Unterricht am Hals hätte. Aber leicht fiel mir die Absage nicht, denn auch persönlich schien mir ein Wechsel der Umgebung so sehr verlockend.«[77]

Noch im selben Sommer wandte sich die Harvard-Universität in Cambridge/Massachusetts mit dem Angebot einer Professur ab Juli 1954 an Feodor Lynen.[78] Die ihm dort in Aussicht gestellten Bedingungen erschienen ihm, trotz mancher Bedenken, durchaus »verlockend«[79]: »Das Bestechende an diesem neuen Angebot – womit es sich auch grundsätzlich vom Ruf nach Bern unterscheidet – ist der Umstand, dass ich in Harvard die Biochemie nicht in der Medizinischen Fakultät, sondern bei den Chemikern vertreten würde und folglich verhältnismässig unbehelligt von Unterrichtsverpflichtungen mich in der Hauptsache der reinen Forschung widmen könnte. Tatsächlich wird mir in Boston das angeboten, was ich hier in München gegen Widerstände zu erreichen versuche.«[80]

Seine Stellung in München dagegen sah Feodor Lynen nicht ausreichend gesichert; auch befürchtete er, sich nicht auf die ihm von Seiten des Ministeriums gemachten Zusagen bezüglich des Institutsneubaus verlassen zu können, da bisher immer noch keine konkreten Pläne dafür vorlagen.[81]

Anmerkungen

1 Feodor Lynen in einem Brief an Fritz Lipmann vom 25.8.1953 [LIPMANN – BRIEFE]
2 Ein Neubau des im Krieg zerstörten Chemischen Instituts war zu dieser Zeit noch nicht absehbar. [UNIVERSITÄT MÜNCHEN (1945 – 1977), 28.4.1953]
3 Feodor Lynen in einem Brief an Heinrich Wieland vom 23.2.1953 [LYNEN – BRIEF VUTU (1953)]
4 BERUFUNGEN (1946 – 1955), 10.8.1952
5 Brief des Assistant Directors Gerard R. Pomerat vom 17.9.1952 an Feodor Lynen, auf den dieser in einem Antwortbrief vom 5.11.1952 Bezug nimmt. Der Brief vom 17.9.1952 selbst ist nicht archiviert. [ROCKEFELLER FOUNDATION (1952/1953)]
6 Feodor Lynen in einem Brief an Fritz Lipmann vom 26.10.1952 [LIPMANN – BRIEFE]
7 Feodor Lynen in einem Brief an Gerard R. Pomerat vom 5.11.1952 [ROCKEFELLER FOUNDATION (1952/ 1953)] sowie LIPMANN – BRIEFE, 26.10.1952
8 BERUFUNGEN (1946 – 1955), 6.10.1952
9 Feodor Lynen in einem Brief an das Bayerische Staatsministerium für Unterricht und Kultus vom 23.10.1952 [BEURLAUBUNG (1952 – 1954)]
10 handschriftliche Notiz (Verfasser unbekannt) auf Feodor Lynens Antrag vom 23.10.1952 (siehe Anm. 9)
11 Die Kosten der Schiffspassage auf dem Hinweg Cherbourg – New York betrugen 285 $, auf dem Rückweg New York – Rotterdam 255 $. [American Express Company, Kostenaufstellung vom 20.1.1953] Anlage zu einem Brief Gerard R. Pomerats / Rockefeller Foundation New York an Feodor Lynen vom 19.11.1952 (offizielle Bestätigung des

Stipendiums) [ROCKEFELLER FOUNDATION (1952/1953)]
12 unter Fortzahlung der vollen Dienstbezüge während der ersten drei Monate und von 80 % der Bezüge ab dem vierten Monat [BEURLAUBUNG (1952 – 1954), 12.1.1953]
13 ROCKEFELLER FOUNDATION (1952/ 1953), 5.11.1952, 19.11.1952, 17.12.1952, 1.1.1953
14 Feodor Lynen in seinem Brief an Pomerat vom 5.11.1952: »A friend of ours suggested that he might be able to help us along with her expenses, but this is still under discussion.« [ROCKEFELLER FOUNDATION (1952/1953)]
15 Gerard R. Pomerat / Rockefeller Foundation New York in einem Brief an Feodor Lynen vom 19.11.1952: Für die Hinfahrt sei kein Andrang zu befürchten, aber für die Rückfahrt sei eine zeitige Reservierung nötig, da die Krönungsfeierlichkeiten für Königin Elizabeth II. in England am 2. Juni 1953 viele Touristen anzögen. [ROCKEFELLER FOUNDATION (1952/ 1953)]
16 American Express Company, Kostenaufstellung für die Überfahrt vom 20.1.1953 [ROCKEFELLER FOUNDATION (1952/1953)]
17 LYNEN, EVA (II), S. 17
18 handschriftlicher Eintrag Feodor Lynens in seinem Taschenkalender [LYNEN – TASCHENKALENDER (1953), Eintragung vom 31.1.]
19 LYNEN – TASCHENKALENDER (1953), 1.2.
20 LYNEN – TASCHENKALENDER (1953), 2.2.
21 LYNEN – TASCHENKALENDER (1953), 2.2. und 3.2.
22 LYNEN – TASCHENKALENDER (1953), 4.2.
23 LYNEN – TASCHENKALENDER (1953), 5.2
24 LYNEN – TASCHENKALENDER (1953), 6.2.

25 Lynen – Taschenkalender (1953), 6.2.

26 Lynen – Taschenkalender (1953), 7.2.

27 Evtl. ›Rehovoth-Institut‹ gemeint: Weizmann Institute of Science in Rehovot / Israel; naturwissenschaftliche Forschungseinrichtung (Biologie, Biochemie, Chemie, Physik, Mathematik und Computerwissenschaften); 1934 als ›Daniel-Sieff-Forschungsinstitut‹ gegründet, 1949 erweitert und nach Chaijm Weizmann benannt

28 Lynen – Taschenkalender (1953), 8.2.

29 Lynen – Taschenkalender (1953), 13.2.

30 darunter ein Bahnhofsrestaurant, dessen U-förmige Sitzplatzanordnung mit Kellner in der Mitte er in einer Skizze festhielt. [Lynen – Taschenkalender (1953), 9.2.]

31 Lynen – Taschenkalender (1953), 11.2.

32 Lynen – Taschenkalender (1953), 20.2.

33 Lynen – Taschenkalender (1953), 21.2.

34 Feodor Lynen in einem Brief an Heinrich Wieland vom 23.2.1953 [Lynen – Brief Vutu (1953)]

35 Lynen – Taschenkalender (1953), 10.2.

36 Dessen Tochter Irene Dische (geb. 1953) schildert in ihrem autobiographischen Roman ›Großmama packt aus‹, Hamburg 2005, einige Episoden unter Biochemikern an der Columbia Universität aus dieser Zeit.

37 Lynen – Taschenkalender (1953), 21.2.

38 Lynen – Taschenkalender (1953), 19.2.

39 Lynen, Eva (II), S. 17

40 Lynen – Taschenkalender (1953), 24.2.

41 Umlautkennzeichnungen fehlen auf dem maschinengeschriebenen Durchschlag weitgehend.

42 Feodor Lynen in einem Brief an Heinrich Wieland vom 23.2.1953 [Lynen – Brief Vutu (1953)]

43 Federation of American Societies for Experimental Biology Meeting

44 Hier lernte er Harland G. Wood, Professor für Biochemie, und Lester Krampitz kennen und folgte, zusätzlich zum geplanten Reiseprogramm, deren Einladung, zu ihnen nach Cleveland, Ohio zu kommen. [Krampitz (1976), S. 37]

45 Feodor Lynen in einem Brief an Dr. Gerard Pomerat / Rockefeller Foundation vom 3.3.1953, in dem er seine genauen Reisepläne ankündigt. [Rockefeller Foundation (1952/1953)]
In diesem Brief äußerte Feodor Lynen noch zusätzliche Wünsche bezüglich der Reiseroute: »May I take the liberty of requesting wether or not it would be possible for me to visit Grand Canyon and Yellowstone Park? I thought this might be done on the trip from Minnesota to Salt Lake City for Yellowstone Park and on my return to New York from San Francisco for Grand Canyon.«

46 Rockefeller Foundation (1952/1953), 20.3.1953. Die fünf Kinder des Ehepaares Lynen (zum damaligen Zeitpunkt 6 bis 14 Jahre alt) reisten nicht mit und blieben während dieser Zeit in der Obhut ihrer im Nachbarhaus lebenden Großeltern Wieland. [Lynen, Eva (II), S. 18]

47 Lynen, Eva (II), S. 19

48 Holzer (1976), S. 19 Siehe hier auch: »Schließlich fand sich (Anm.: in Deutschland, zu Beginn der 1950er Jahre) eine Gruppe jüngerer Biochemiker zu regelmäßigen, von Boehringer (Ingelheim) unterstützten Treffen in Bingen am Rhein zusammen. Dazu gehörten außer Feodor Lynen und Theodor Wieland als Initiator, Theodor Bücher, Helmut Holzer, Manfred Kiese, Carl Martius, Fritz Turba, Kurt Wallenfels, Otto Westphal und Carl Zeile.«

49 dazu alle folgenden Zitate aus: LYNEN, EVA (II), S. 20 – 23

50 Im Unterschied dazu hatte Feodor Lynens Familie in Starnberg immer Unterstützung durch Hauspersonal, auch während der Nachkriegszeit. [KINDERSCHWESTER – ZEUGNIS (1948)]

51 LYNEN, EVA (II), S. 23

52 SEUBERT / LYNEN (1953), bei der Redaktion eingegangen am 3.4.1953; JONES / LIPMANN / HILZ / LYNEN (1953), bei der Redaktion eingegangen am 4.6.1953; LYNEN / OCHOA (1953), bei der Redaktion eingegangen am 22.6.1953; LYNEN – FATTY ACID CYCLE (1953)

53 LYNEN / OCHOA (1953), S. 313

54 BLOCH (1980), S. 216

55 Zunächst entsteht zwischen ATP und freiem Enzym eine Adenosinmonophosphat (AMP)-Enzym-Verbindung (1). Anschließend wird das im AMP-Enzym gebundene AMP gegen CoenzymA ausgetauscht, wodurch eine CoA-Enzym-Verbindung entsteht (2). Diese wird dann durch Acetat ›acetolysiert‹, d. h. umgebaut in Acetyl-CoA und freies Enzym (3). [JONES / LIPMANN / HILZ / LYNEN (1953), S. 3285]

56 Harvey Lectures: von der 1905 gegründeten Harvey-Gesellschaft (benannt nach dem Engländer William Harvey, 1578 – 1657, dem Entdecker des Blutkreislaufs) siebenmal im Jahr veranstaltete öffentliche Vorlesungsreihe an der Rockefeller Universität; Vortragende sind internationale biomedizinisch orientierte Forscher, darunter viele Nobelpreisträger der Physiologie oder Medizin. [www.harveysociety.org/intro.htm]

57 ROCKEFELLER FOUNDATION (1952/ 1953), 19.11.1952, 17.12.1952

58 LYNEN – HARVEY LECTURE (1953)

59 Entgegen der ursprünglichen Pläne, in den ersten Junitagen 1953 nach Deutschland zurückzukehren, beantragte Feodor Lynen beim Bayerischen Kultusministerium eine Verlängerung seiner Beurlaubung bis zum 20. Juni, die ihm gewährt wurde. [BEURLAUBUNG (1952 – 1954), 26.6.1953]

60 LIPMANN – BRIEFE, 25.8.1953

61 Eintrag Feodor Lynens im Taschenkalender vom 16.2.1953: »*Laborarbeit bis tief in die Nacht. Abends nach Bern geschrieben!*« [LYNEN – TASCHENKALENDER (1953)]

62 Feodor Lynen in einem Brief an Heinrich Wieland vom 23.2.1953 (in New York geschrieben) [LYNEN – BRIEF VUTU (1953)]

63 Brief der Erziehungsdirektion des Kantons Bern an Feodor Lynen vom 25.4.1953 [UNIVERSITÄT BERN (1953)]

64 In seinem Antwortschreiben vom 27.5.1953 (in Boston geschrieben) zeigte sich Feodor Lynen einverstanden mit den ihm offerierten persönlichen Bezügen, lehnte aber die Beschränkung auf die wenigen schon vorhanden Hilfskräftestellen ab. Unter Verweis auf die US-amerikanischen Laboratorien, in denen reichlich Personal vorhanden sei, forderte er eine Erhöhung der Angestelltenzahl und die Übernahme zweier Münchner Assistenten. [UNIVERSITÄT BERN (1953)]

65 LYNEN, EVA (II), S. 25

66 LYNEN – BRIEF VUTU (1953)

67 UNIVERSITÄT MÜNCHEN (1938 – 1975), 25.6.1953 Dass auch Feodor Lynen sich selbst als möglichen Nobelpreis-Kandidaten gesehen hatte, ist seinem Gratulationsschreiben an Fritz Lipmann anlässlich der Verleihung des Nobelpreises für Physiologie oder Medizin für die Entdeckung des Coenzyms A und dessen Bedeutung für den Intermediärstoffwechsel im Jahr 1953 zu entnehmen: »*Lieber Lipmann, Bravo! Ich gratuliere von Herzen, wenn auch im ersten Moment Rubinstein-Gefühle* (Anm.: eventuell auf den Schachspieler Akiva Rubinstein, 1882 – 1961, bezogen, der zwar jahrelang als Anwärter auf den Weltmeistertitel im Schach gegolten hatte, diesen aber nie tatsächlich erringen konnte) *nicht ganz zu unterdrücken waren. Sie wissen ja, daß das Problem der ›aktivierten Essigsäure‹ mir fast ebensolange am Herzen lag wie Ihnen. Nun, Sie waren eben der Erfolgreichere! Wenn ich mich heute wirklich aufrichtig über die Ihnen zuteilgewordene einzigartige Auszeichnung freuen kann, so hat mein Aufenthalt in Boston mitgewirkt. Ich schied mit dem Gefühl einer Freundschaft zu Ihnen und das ist so geblieben. (…)«* [LYNEN – BRIEF LIPMANN (1953)]

68 Gutachter: Stefan Goldschmidt, Lehrstuhl für Organische Chemie an der Technischen Hochschule München [UNIVERSITÄT MÜNCHEN (1938 – 1975), 16.6.1953]

69 UNIVERSITÄT MÜNCHEN (1945 – 1977), 9.6.1953

70 UNIVERSITÄT MÜNCHEN (1945 – 1977), 28.4.1953

71 Der Entschluss zum Neubau steht vor dem Hintergrund der um 1950 geführten Diskussion, ob die in Regensburg befindlichen wissenschaftlichen Institute zu einer Universität ausgebaut werden sollten. 1953 beschloss der Bayerische Landtag, auf die Gründung einer Universität in Regensburg zunächst zu verzichten, und die zur Verfügung stehenden knappen Finanzmittel erst einmal zum Wiederaufbau und Erstarken der Münchner Universität zu verwenden. [BUTENANDT (1975), S. 246, und KARLSON (1990), S. 253f]

72 Feodor Lynen in einem Brief an Otto Hahn vom 1.10.1953 [PERSONALAKTE – MPG (OKTOBER – NOVEMBER 1953)]

73 Brief des Bayerischen Staatsministeriums für Unterricht und Kultus an Feodor Lynen vom 16.7.1953 [BLEIBEVERHANDLUNGEN (1953 – 1966)]

74 eine neue Stelle für einen wissenschaftlichen Assistenten, zwei neue Stellen für medizinisch-technische Assistentinnen [BLEIBEVERHANDLUNGEN (1953 – 1966), 16.7.1953; 13.8.1953]

75 bis zur Ausgliederung von Feodor Lynens Abteilung eine Erhöhung der Geldmittel für das Institut durch eine für ihn günstigere Verteilung innerhalb des Chemischen Laboratoriums [BLEIBEVERHANDLUNGEN (1953 – 1966), 13.8.1953]

76 BLEIBEVERHANDLUNGEN (1953 – 1966), 13.8.1953

77 LIPMANN – BRIEFE, 25.8.1953. Hinzu kam vermutlich noch die sehr enge Bindung der Familie an die im Nachbarhaus lebenden Eltern Eva Lynens; siehe hierzu einen Brief Markus Guggenheims an Heinrich Wieland vom 7.8.1953: »*Wir freuen uns, dass die Entscheidung Feodor Lynens (in München zu bleiben) Euch von einer Sorge befreit hat, die über ein Jahr auf Euch lastete.*« [BALMER (1974), S. 252]

78 Hans Adolf Krebs hatte zuvor für die Harvard-Universität ein sehr positives Gutachten über Feodor Lynen geschrieben. [DEICHMANN (2001), S. 478]

79 Feodor Lynen in einem Brief an Fritz Lipmann vom 25.8.1953: »*Für einen Junggesellen wären die Bedingungen phantastisch, für einen Familienvater mit fünf Kindern aber leider nicht so glänzend. Trotzdem erscheint es uns (…) sehr verlockend und wir ziehen eine Annahme des Angebots ernstlich in Erwägung.*« [LIPMANN – BRIEFE]

80 Feodor Lynen in einem Brief an Otto Hahn vom 1.10.1953 [PERSONALAKTE – MPG (OKTOBER – NOVEMBER 1953)]

81 PERSONALAKTE – MPG (OKTOBER – NOVEMBER 1953), 1.10.1053

Aufnahme in die Max-Planck-Gesellschaft (1953 – 1958)

Erste Kontaktaufnahme mit der Max-Planck-Gesellschaft · Institut für
Zellchemie an der Deutschen Forschungsanstalt für Psychiatrie ·
Eigenständiges Institut für Biochemie an der Universität München · Ruf an
die Eidgenössische Technische Hochschule in Zürich · Max-Planck-Institut für
Zellchemie · Planmäßige ordentliche Professur für Biochemie in der
Naturwissenschaftlichen Fakultät · Max-Planck-Institut für Zellchemie und
Universitätsinstitut für Biochemie im Universitätsneubau an der Karlstraße ·
β-Oxidation der Fettsäuren · HMG-COA-Zyklus · Cholesterin-Biosynthese ·
Entdeckung des ‚Aktiven Isoprens' · Regelung der Enzym-Nomenklatur ·
Atmosphäre im Lynenschen Arbeitskreis · Internationale Mitarbeiter ·
Reise nach Japan · Kontakte mit der Industrie

»Es besteht keine Gefahr, dass ich zum Organisator ›entarte‹; dafür ist meine Leidenschaft zur experimentellen Arbeit und die Freude an eigener Forschung zu gross.«[1]

Noch während Feodor Lynen sich in den USA aufhielt, hatte seine
Frau Eva an Elmire Meisenheimer, Ehefrau eines Kollegen ihres
Vaters Heinrich Wieland, geschrieben und darüber geklagt, dass für
ihren Mann in Deutschland nicht genug getan werde, da bekanntermaßen der Prophet im eigenen Land nichts gelte. Elmire Meisenheimer hatte diesen Brief mit »*einer durchaus berechtigten Indiskretion*«[2]
an Otto Hahn, den Präsidenten der als Nachfolgerin der Kaiser-Wilhelm-Gesellschaft 1948 neugegründeten Max-Planck-Gesellschaft,
weitergereicht.[3] Im Juni 1953 wandte sich Otto Hahn seinerseits in
einem Brief an Eva Lynen, um ihr zu versichern, dass er sich für
ihren Mann verwenden wolle, um dessen – zu diesem Zeitpunkt
noch drohenden – Weggang nach Bern zu verhindern; dazu habe er
auch bereits das Gespräch mit Otto Warburg[4] gesucht. Otto Hahn bat
nun Eva Lynen, eine persönliche Unterredung zwischen ihrem Mann
und ihm zu vermitteln.[5]

Bereits im Frühsommer 1953, während einer Konferenz mit den
Finanzministern, äußerte Otto Hahn seinen Wunsch, für Feodor
Lynen eine eigene Forschungsstelle innerhalb der Max-Planck-Gesellschaft einzurichten[6], um so sicherzustellen, dass dieser in Deutschland bliebe.

Anfang Oktober 1953 informierte Feodor Lynen in einem vertrauli-
chen Schreiben Otto Hahn über das Angebot, das ihm die Harvard-
Universität gemacht hatte und über das er bisher weder die Universität noch das Ministerium in Kenntnis gesetzt hatte.[7] Hahn bat ihn

Feodor Lynen. Heike Will
Copyright © 2011 WILEY-VCH Verlag GmbH & Co. KGaA, Weinheim
ISBN 978-3-527-32893-2

daraufhin, den Ruf in die USA vorerst – bis zur Klärung dessen, was er für ihn bei der Max-Planck-Gesellschaft erreichen könne – nicht anzunehmen.[8]

Der Bayerische Staatsminister für Unterricht und Kultus ernannte, als Teil seiner Zusagen im Rahmen der Verhandlungen zur Abwendung des Rufs nach Bern, Feodor Lynen am 23. Oktober 1953 zum deutschlandweit ersten Ordentlichen Professor für Biochemie an der naturwissenschaftlichen Fakultät.[9]

Inzwischen hatte Ernst Telschow, als Vertreter der Generalverwaltung der Max-Planck-Gesellschaft, auf Veranlassung Otto Hahns vorab bei Feodor Lynen angefragt, ob er bereit sei, zunächst vorläufig in Gaststellung an der in München in der Kraepelinstraße ansässigen Deutschen Forschungsanstalt für Psychiatrie[10] zu arbeiten; die Einrichtung einer möglichen späteren Position als Abteilungsleiter oder Institutsdirektor innerhalb der Forschungsanstalt – die unter den psychiatrisch ausgerichteten Forschungsinstituten seit den 1920er Jahren eine Spitzenstellung einnahm – wolle man sich dabei vorbehalten.[11]

Feodor Lynen zeigte sich sehr erfreut über das überraschende Angebot, da es ihn, wie er Otto Hahn mitteilte, aller seiner derzeitigen Sorgen enthebe und ihm die Entscheidung, doch in München zu bleiben und den Ruf nach Harvard abzulehnen, erleichtern könne, denn seine »*Hoffnung, von Seiten des hiesigen Ministeriums tatkräftig gefördert zu werden,*« war »*in den vergangenen Monaten leider immer mehr geschwunden.*«[12]

Gleichwohl zog Feodor Lynen detaillierte Erkundigungen über die Arbeits- und Lebensbedingungen ein, die er und seine Familie in den USA im Falle seiner Annahme des Rufes zu erwarten hätten.[13]

Anfang November 1953 benachrichtigte er schließlich den Rektor der Universität München über den an ihn ergangenen Ruf auf die Harvard-Professur.[14]

Feodor Lynens Erwähnung gegenüber Ernst Telschow, dass ein Vertreter der Rockefeller-Foundation sich während der ersten Dezemberwoche 1953 bei ihm aufhalte, um mit ihm u.a. über den Ruf nach Harvard zu verhandeln[15], veranlasste Otto Hahn, eine Berufung Lynens an die Max-Planck-Gesellschaft bereits auf die Tagesordnung der nächsten Kommissionssitzung Ende November 1953 zu stellen.[16]

Mit seinem dringlichen Vorhaben stieß Hahn innerhalb der Kommission allerdings nicht auf ungeteilte Zustimmung: Adolf Butenandt, unterstützt von Boris Rajewsky[17], war der Ansicht, dass es grundsätzlich nicht die Aufgabe der Max-Planck-Gesellschaft sei, übereilt einzuspringen, wenn jemand einen Ruf ins Ausland erhalte. Außerdem bestehe keine Eile, denn schließlich habe Lynen auch den an ihn ergangenen Ruf nach Bern abgelehnt, zumal das Ministerium in München mit der Einrichtung seines persönlichen Ordinariats und der geplanten selbständigen Abteilung im Neubau der Chemischen Institute schon genug in dessen Sache unternehme. »*Er hat vielleicht nur darin eine etwas schwache Position, daß jeder in München genau weiß, Lynen würde sowieso München und das Starnberger Haus seines Schwiegervaters Wieland nicht verlassen!*«[18]

Zu alldem habe die Max-Planck-Gesellschaft erst kürzlich den Entschluss gefasst, keine Voranfragen mehr bei Wissenschaftlern bezüglich einer künftigen Zusammenarbeit zu stellen, da dieses Vorgehen die Gesellschaft ihrer Handlungsfreiheit beraube; und nun – so Butenandt – handle man bei erster Gelegenheit dem eigenen Entschluss zuwider.[19]

Feodor Lynen auf den Dächern der Münchner Marienkirche, Karikatur von Eckehard Lorch.

Diese grundsätzlichen Bedenken richteten sich dabei keineswegs persönlich gegen Feodor Lynen, denn Butenandt hielt es für einen »*Gewinn, ihn in unseren Reihen zu wissen*«, da er als »*ausgezeichneter Vertreter der Biochemie*« durchaus als selbständiger Instituts- bzw. Abteilungsleiter in der Max-Planck-Gesellschaft in Frage komme.[20] Butenandt kam deshalb zu dem Schluss »*Alles für Lynen – nichts für eine übereilte Handlung, die eine klare Linie und eine Planung vermissen lässt*«.[21]

Die in den 1920er Jahren gegründete Deutsche Forschungsanstalt für Psychiatrie, in die Feodor Lynen aufgenommen werden sollte, war organisatorisch in ein Hirnpathologisches Institut unter der Leitung von Willibald Scholz und in ein Klinisches Institut unter der Leitung von Werner Wagner gegliedert; beide Einrichtungen verfügten ihrerseits über jeweils unselbständige Unterabteilungen.[22]

Außer Butenandt und Rajewesky äußerten auch andere Kommissionsmitglieder der Max-Planck-Gesellschaft Bedenken. Ihre Sorge richtete sich darauf, wie sich Lynens Berufung an die Forschungsanstalt auf deren Struktur auswirken würde. Man befürchtete, dass die Zielsetzungen der psychiatrischen Forschung aus dem Blickfeld geraten könnten und dass der Lynensche Arbeitskreis innerhalb des Forschungsinstituts ein Fremdkörper bleiben werde; auch befürchtete man, dass für Feodor Lynen die psychiatrische Forschungsanstalt nur ein Sprungbrett in eine bessere Position darstellen würde, dass seine Eingliederung deshalb keine dauerhafte Lösung sein würde und dass dadurch die für die nähere Zukunft geplante Neueinrichtung einer Neurophysiologischen Abteilung, über deren Ausrichtung – ob chemisch oder physikalisch – noch nicht entschieden war, gefährdet sein könnte. Auch war einer der Institutsleiter zunächst nicht bereit, einen Teil der ihm bislang zur Verfügung stehenden Räumlichkeiten an Feodor Lynen abzutreten.[23]

Die Mitglieder der Kommission[24] einigten sich, nach ausführlicher Diskussion, schließlich auf einen einstimmig[25] gefassten Beschluss: »*Die Kommission ist der Ansicht, dass Herr Lynen ein so bedeutender Biochemiker ist, dass ihm im Rahmen der Max-Planck-Gesellschaft genügende Arbeitsbedingungen geschaffen werden sollten. Es erscheint möglich und auch wünschenswert, ihm innerhalb der Deutschen Forschungsanstalt für Psychiatrie ein Biochemisches Institut anzubieten*«[26], das die Bezeichnung ›Zellchemie‹ tragen sollte.[27] Das Protokoll der Stiftungsratssitzung fasste die Ergebnisse der ausführlichen Beratungen und Diskussionen zusammen:

»a) Der Stiftungsrat stimmt der Errichtung eines Instituts für Zellchemie unter Leitung von Prof. Lynen an der Deutschen Forschungsanstalt für Psychiatrie zu.

b) Die Errichtung eines Neurophysiologischen Instituts wird dadurch nicht aufgegeben, sondern nur zurückgestellt.

c) Durch die Errichtung eines Instituts für Zellchemie wird weder eine Zweckentfremdung der Anstalt veranlasst noch eingeleitet werden.

d) Nach Ablauf einer angemessenen Zeit werden sich die zuständigen Gremien davon überzeugen, in welcher Weise die Arbeit des Instituts für Prof. Lynen auf die wissenschaftliche Zielsetzung der Forschungsanstalt eingegangen ist.«[28]

Die Kommissionsmitglieder stellten zudem fest, dass der Präsident der Max-Planck-Gesellschaft das Recht habe, in dringenden Fällen ohne vorheriges Befragen der zuständigen Sektion des Wissenschaftlichen Rates Vorverhandlungen bei Berufungen zu führen, dass Otto Hahn deshalb korrekt gehandelt habe, und dass somit der schnelle Beschluss in diesem Fall gerechtfertigt gewesen sei.[29] Sie betonten dabei allerdings, dass Feodor Lynens Eingliederung kein Provisorium sein solle, und dass auch hier der Grundsatz berücksichtigt werden müsse, dass Angehörige der Max-Planck-Gesellschaft an der Universität nur noch in untergeordneter Nebentätigkeit weiterarbeiten sollten.[30]

Dies entsprach auch Feodor Lynens Sicht, der bestätigte, selbst Wert auf eine hauptamtliche Stelle innerhalb der Max-Planck-Gesellschaft zu legen[31], da er die gleichzeitige Bekleidung einer Direktorenstelle sowohl an einem Hochschulinstitut wie auch an einem Max-Planck-Institut für völlig abwegig und dem Zweck der Max-Planck-Gesellschaft widersprechend halte.[32]

Das Bayerische Kultusministerium begrüßte Feodor Lynens Berufung an die Forschungsanstalt. Ministerialrat von Elmenau äußerte gegenüber Ernst Telschow, man schätze Feodor Lynen sehr und lege Wert darauf, dass er in München bleibe und nicht an ein außerhalb gelegenes Max-Planck-Institut gehe. Bedauerlicherweise könne man aber von Seiten des Ministeriums erst in zwei Jahren etwas für ihn tun[33], denn der gewünschte Neubau des Chemischen Instituts würde 1954 noch nicht fertiggestellt sein, da es leider »*bisher nicht möglich* (war), *die hierfür erforderlichen Mittel aufzubringen*«.[34]

Das Kultusministerium und die Max-Planck-Gesellschaft verein-barten daraufhin, dass Feodor Lynen vorerst seine bisherige Stellung an der Universität mit allen Etat- und persönlichen Bezügen[35] beibe-halten solle. Ab dem 1. April 1954 solle er von der Max-Planck-Gesell-schaft zusätzliche Mittel für die Errichtung und den Betrieb seines neuen Instituts an der Deutschen Forschungsanstalt für Psychiatrie erhalten[36], und für 1955 sei seine vollständige Übersiedlung – dann auch mit vollen Bezügen – an die Max-Planck-Gesellschaft geplant.[37] Seine bisherige etatmäßig besoldete Persönliche Ordinariusstelle solle dann wegfallen, und er solle stattdessen ein Extraordinariat mit den Rechten eines Ordinarius erhalten.[38]

Im März 1954 konnte Otto Hahn Feodor Lynen schließlich mittei-len, dass auch »*der Senat der Max-Planck-Gesellschaft auf Vorschlag der Biologisch-Medizinischen Sektion des Wissenschaftlichen Rates einstim-mig beschlossen hat, Sie mit Wirkung vom 1. April 1954 als Direktor des Instituts für Zellchemie an der Deutschen Forschungsanstalt für Psychia-trie (Max-Planck-Institut) zu berufen.*« Man könne ermessen, »*wie befriedigt ich bin, daß wir Sie für die Max-Planck-Gesellschaft gewonnen haben.*«[39]

Mit dem auch für Lynen befriedigenden Ergebnis waren die lang-wierigen Verhandlungen der vergangenen Monate zunächst einmal abgeschlossen. Ende März 1954 konnte er an seinen Kollegen Pre-log[40] nach Zürich schreiben: »*(…) dass ich mich nach reiflichem Überle-gen zuletzt doch für die Absage des Harvard-Rufes entschied. (…) Ob meine Entscheidung klug war, kann man nicht entscheiden. Sie wurde jedenfalls erleichtert durch den Umstand, dass die Max-Planck-Gesell-schaft in Kontakt mit mir trat und mir die Einrichtung eines Forschungs-institutes in Aussicht stellte. Das Ergebnis dieser Verhandlungen war, dass ich nun ab 1. April (1954) die Leitung eines Instituts für Zellchemie in der Forschungsanstalt für Psychiatrie in München, das jetzt zur Max-Planck-Gesellschaft gehört, übernehmen werde und mit dieser Lösung sehr zufrie-den bin. Meine Arbeitsmöglichkeiten werden dadurch gegenüber vorher ganz wesentlich verbessert und wenn sich das Projekt so entwickelt, wie ich es hoffe, besteht für mich eigentlich kein Anlass, schon wieder nach neuen Möglichkeiten zu ›schielen‹.*«[41]

Nach der Regelung der letzten vertraglichen Details[42] entschlossen sich Lynen und seine Familie, ihren Wohnsitz in Starnberg dauerhaft zu behalten und deshalb das für sieben Personen zu eng gewordene Wohnhaus auszubauen.[43]

Das Bayerische Staatsministerium für Unterricht und Kultus löste – nach der Verzögerung des Institutsneubaus – nun eine andere Zusage an Feodor Lynen ein: die Aufgliederung des Chemischen Laboratoriums der Universität in drei Institute – das Institut für Organische Chemie (Vorstand Professor Rolf Huisgen), das Institut für Anorganische Chemie (Vorstand Professor Egon Wiberg) sowie das Institut für Biochemie (Vorstand Professor Lynen) – und damit die Umwandlung der bisher als Abteilung des Chemischen Laboratoriums geführten Biochemie in ein eigenständiges Institut.[44]

Im selben Sommer ernannte der Präsident der Max-Planck-Gesellschaft Feodor Lynen zum Wissenschaftlichen Mitglied der Deutschen Forschungsanstalt für Psychiatrie.[45]

Seine Position an seinen beiden Arbeitsstätten betrachtete Feodor Lynen offenbar mit Vorsicht – beide Male waren er und seine Arbeitsgruppe jeweils nur in einer Art von Gaststellung untergebracht: an der Universität im Zoologischen Institut und an der Max-Planck-Gesellschaft als Abteilung der Forschungsanstalt für Psychiatrie – und legte deshalb, entgegen seiner früher geäußerten Ansicht, Wert darauf, beide Positionen parallel zu führen.[46]

Es stellte sich, wie von den Kritikern schon anfangs befürchtet, bald heraus, dass mit dem neuen Institut für Zellchemie tatsächlich *»nur eine Übergangslösung gefunden war. Einmal waren die räumlichen Möglichkeiten, die sich im Institutsgebäude an der Kraepelinstraße boten, sehr beschränkt. Zum anderen passte auch die Arbeitsrichtung des Instituts für Zellchemie nicht so recht in eine Forschungsanstalt für Psychiatrie. Zwar lag der Schwerpunkt der wissenschaftlichen Untersuchungen beim Studium des Stoffwechsels der Fette und der Lipoide, die mehr als 50 % der Trockensubstanz des Gehirns ausmachen, aber bei diesen Forschungen standen nicht das krankhaft entartete Geschehen, sondern die normalen Prozesse im Vordergrund des Interesses. Zu einer engeren wissenschaftlichen Zusammenarbeit mit den anderen Abteilungen ist es deshalb nicht gekommen, und so blieb das Institut für Zellchemie immer etwas ein Fremdkörper in der Forschungsanstalt.«*[47]

Bereits im März des darauffolgenden Jahres 1955 erreichte Feodor Lynen ein Ruf an die Eidgenössische Technische Hochschule in Zürich: *»Von allen Forschern, die wir bisher diskutiert haben, wären halt doch Sie für uns der Sympathischste.«* Man fragte Lynen, *»ob Sie nicht doch Lust hätten, die Biochemie an der ETH zu übernehmen. (...) Dass Sie seinerzeit Harvard abgelehnt haben, kann ich verstehen. In USA* *liegen die Verhältnisse in jeder Beziehung ungünstiger als in der Schweiz.«*[48]

Das Angebot aus der Schweiz, das einen von der dortigen Industrie gestifteten und schon bald bezugsfertigen Neubau für das Biochemische Institut der ETH mit einschloss, kam Lynen sehr gelegen, um in weitere Verhandlungen mit der Max-Planck-Gesellschaft und dem Kultusministerium zu treten – denn immer noch war der Stellenwert, der innerhalb der chemischen Einzeldisziplinen der Biochemie im Vergleich zur organischen, anorganischen oder physikalischen Chemie eingeräumt wurde, in Deutschland wesentlich geringer als beispielsweise in den USA.[49]

Neben einer Erhöhung seiner persönlichen Bezüge von beiden Dienstherren forderte er vom Kultusministerium nun eine verbindliche Zusage, den Institutsneubau innerhalb der nächsten zwei Jahre fertigzustellen und seinen Lehrstuhl für Biochemie in ein Ordinariat anzuheben[50], und von der Max-Planck-Gesellschaft erbat er, seinem Institut für Zellchemie zu einer selbständigen Position zu verhelfen.

Die Verhandlungen zwischen Lynen, dem Ministerium und der Max-Planck-Gesellschaft zogen sich in die Länge.[51] Erst im März des darauffolgenden Jahres 1956 konnte Otto Hahn Feodor Lynen mitteilen, »*daß der Senat in seiner Sitzung am 24. Februar (1956) in Heidelberg nach Anhören der Biologisch-Medizinischen Sektion aufgrund Ihres Antrags beschlossen hat, das Institut für Zellchemie aus der Deutschen Forschungsanstalt für Psychiatrie herauszulösen und es zum Max-Planck-Institut für Zellchemie mit Wirkung vom 1. April 1956 zu erheben und Sie zum Direktor des Instituts zu bestellen.«*[52]

Die Max-Planck-Gesellschaft erklärte sich nach Feodor Lynens Absage an Zürich[53] bereit, seine weitere Universitätstätigkeit hinzunehmen. Auf Vorschlag des Kultusministeriums vereinbarte man, dass im Frühjahr 1957 Lynen mit seinem Max-Planck-Institut für Zellchemie in den dann fertiggestellten Chemieneubau der Universität in der Karlstraße umziehen und dort – gegen Mietzahlung durch die Max-Planck-Gesellschaft – zwei Etagen zur Nutzung erhalten würde.[54] Die Zusammenführung beider Forschungsstellen Lynens in einem Gebäude konnte den erforderlichen Kontakt zwischen den Einrichtungen herstellen: »*Die vorgesehene Symbiose zwischen Universitätsinstitut und Max-Planck-Institut könnte m. E. tatsächlich zur Intensivierung der Forschung in meiner Gruppe beitragen, weil wir auf diese Weise ohne grosse Gegenleistung an der Bibliothek (im Institut an der*

Kraepelinstraße hatte sich das Fehlen einer Bibliothek als »*entscheidender Mangel*« erwiesen[55]) *und an der apparativen Ausstattung des chemischen Universitätsinstituts partizipieren können.*«[56]

Das Bayerische Kultusministerium erhob – als Teil der während der Rufabwendungs-Verhandlungen gemachten Zusagen – Feodor Lynens Lehrstuhl zu einem Ordinariat und ernannte ihn im September 1956 zum Planmäßigen Ordentlichen Professor für Biochemie in der Naturwissenschaftlichen Fakultät.[57] Im Gegenzug verpflichtete sich Lynen, für die nächsten fünf Jahre in seiner Position an der Münchner Universität zu bleiben.[58]

Zum Jahreswechsel 1957/58 wurde der Universitätsneubau schließlich fertiggestellt, und Feodor Lynen konnte sowohl mit seinem Max-Planck-Institut für Zellchemie als auch mit seinem biochemischen Universitäts-Institut in die Karlstraße übersiedeln.[59]

Die neuen Arbeitsräume waren nach seinen Vorstellungen eingerichtet worden – unter »*Einhaltung kleiner, überschaubarer Bereiche und immer Sparsamkeit, wenn es keine Zeit kostete. Sein Ideal waren damals sechs Mitarbeiter, nach dem Vorbild Otto Warburgs. Schon in diesen frühen Jahren plagten Lynen Gedanken an Schüler, die möglicherweise im Institut hängen bleiben könnten: ›Ein kleines Institut löst solche Probleme durch Platzmangel von selbst*«, meinte Lynen dazu.[60]

Gegenüber seinen Mitarbeitern verdeutlichte Lynen dies noch: »*Mit mir kann ein Wissenschaftler höchstens fünf Jahre arbeiten. Sucht jemand noch länger die Zusammenarbeit, dann hat er offenbar keine eigenen Einfälle. Dann muß er gehen. Hat er aber eigene Einfälle, dann muß er auch gehen; denn für mehrere selbständige Gruppen ist mein Institut zu klein.*«[61]

Schon 1954, nach der Ablehnung des Rufs nach Harvard und der Einrichtung des Instituts für Zellchemie in der psychiatrischen Forschungsanstalt, hatte Feodor Lynen für sich festgestellt: »*(…) nach all den Aufregungen und Entscheidungszwängen des vergangenen Jahres hat sich ein neues ›Forschungspotential‹ bei mir angestaut.*«[62]

Während der nächsten Jahre – unterstützt durch die verbesserten Forschungsbedingungen an seinem neuen Institut – arbeiteten Lynen und seine Mitarbeiter weiter an der Aufklärung der Einzelschritte der β-Oxidation der Fettsäuren.[63] Lynen hatte in seinen Versuchen häufig leicht zugängliche Modellsubstanzen statt des immer noch schwer erhältlichen Coenzyms A verwendet. Parallel dazu arbeitete er – in Kooperation mit seinem langjährigen Vertragspartner

Einweihung des Max-Planck-Instituts für Zellchemie in der
Karlstraße, 1958. Stehend von links: Gruber, Domagk,
Andreas. Sitzend von links: Monika Anders-Goldmann,
Arreguin, Numa, Agranoff, Agranoff, Wiesinger.

Boehringer/Ingelheim – an der Entwicklung einer Methode für die
Präparation von reinem Coenzym A.[64] Als dieses dann in größeren
Mengen verfügbar wurde, konnte er schließlich auch die chemische
Synthese der natürlichen Acyl-CoA-Zwischenprodukte der Fettsäure-
oxidation angehen.

Alle Forschungsresultate bestätigten die bereits anfangs von Lynen
postulierte vierstufige Reaktionsfolge der β-Oxidation der Fettsäuren:

Im ersten Schritt wird Acyl-CoA, d. h. eine durch Coenzym A aktivierte Fettsäure, durch das Enzym Acyl-CoA-Dehydrogenase an den
C-Atomen 2 und 3 der Kohlenstoffkette oxidiert, wodurch Enoyl-CoA
entsteht. Der dabei freiwerdende Wasserstoff wird durch Flavinade-
nindinucleotid (FAD) aufgenommen; die Reduktionsäquivalente des
dadurch entstehenden $FADH_2$ fließen über Zwischenstufen zur
Energiegewinnung schließlich in die Atmungskette ein.

Im zweiten Schritt wird durch das Enzym Enoyl-CoA-Hydratase an
das Enoyl-CoA ein Molekül Wasser angelagert; es entsteht Hydroxya-
cyl-CoA.

Im dritten Schritt findet zum zweiten Mal eine Oxidation statt.
Diese Reaktion am C-Atom 3, dessen Position auch als β-Position
bezeichnet wird, ist namengebend für den gesamten Vorgang. Unter
Katalyse des Enzyms Hydroxyacyl-CoA-Dehydrogenase entsteht Keto-
acyl-CoA. Als Oxidationsmittel dient hier Nicotinamid-Adenin-
Dinucleotid (NAD^+).

Im vierten Schritt wird unter Katalyse des Enzyms Ketothiolase von diesem Ketoacyl-CoA ein Molekül Acetyl-CoA abgespalten, so dass als Reaktionsprodukt – neben Acetyl-CoA – ein um zwei C-Atome verkürztes Acyl-CoA entsteht. Letzteres kann anschließend wieder in den nächsten Umlauf der β-Oxidation einfließen, bis schließlich, nach mehrmaliger Wiederholung des spiralförmigen Prozesses, die Fettsäurekette vollständig abgebaut ist (siehe auch Abb. C im Anhang).[65]

Mit der Diskussion seiner Resultate »*im Hinblick auf die Bedeutung der Phosphatreste und der Pantothensäure im Coenzym A*«[66] berührte Feodor Lynen erstmals die Frage, warum die chemische Struktur des Coenzyms viel komplizierter ist, als es für die eigentliche chemische Reaktion nötig wäre: »*Es blieb unverständlich, warum der Organismus für eine solche Aufgabe ein kompliziert gebautes und für ihn wertvolles Vitamin* (d. h. die Pantothensäure als Bestandteil des Coenzyms A) *opfert.*«[67]

Im Verlauf seiner Experimente mit den statt Coenzym A eingesetzten Modellsubstanzen hatte Feodor Lynen beobachtet, »*dass Enzyme des Fettsäurecyclus mit so einfachen Modellen in Reaktion treten können.*« Dies war für ihn aber »*überraschend*« gewesen, »*zumal diese Modelle zwar das Bauelement Cysteamin, aber weder Pantothensäure noch die übrigen Bestandteile des Coenzyms A enthalten. Dies bewies von neuem, dass in erster Linie die Sulfhydrylgruppe für die Wirkung des Coenzyms verantwortlich ist. In quantitativer Hinsicht machen sich jedoch bei enzymatischen Versuchen grosse Unterschiede zwischen Modellen und CoA-Derivaten bemerkbar. Im allgemeinen ist die Affinität der Enzyme zum Modell wesentlich geringer als zum CoA-Derivat, so dass von ersterem sehr viel mehr im Versuch eingesetzt werden muss.*«[68]

Lynens folgende Untersuchungen zur Reaktionskinetik zeigten allerdings eine »*beachtliche Wirkung*« der Pantothensäure auf den Verlauf der Reaktionen: »*Damit ist erstmalig gezeigt worden, dass dieser Bestandteil des Coenzyms A auf Grund seiner eigentümlichen chemischen Struktur besondere Funktionen im Stoffwechsel ausüben kann.*«[69] Erst viel später, im Verlauf der Untersuchungen zur Synthese der Fettsäuren im Organismus, erkannte man, dass alle chemischen Details des Coenzyms A eine funktionelle Bedeutung besitzen.

Ein weiterer Aspekt, den Lynen im Rahmen seiner Arbeiten zum Fettsäurestoffwechsel – »*vor allem im Hinblick auf physiologische und pathophysiologische Fragestellungen*«[70] – untersuchte, betraf die Verteilung der Enzyme der Fettsäurespirale in den verschiedenen Körpergeweben von Säugetieren. Er konnte nachweisen, dass »*praktisch keine Gewebeart des Körpers völlig frei von den untersuchten Enzymen ist.* (…) *so finden wir erwartungsgemäß die großen parenchymatösen Organe, wie Leber und Niere, an der Spitze*«, während sich andere Gewebearten, wie die Skelettmuskulatur und das Gehirn, als eher arm an diesen Enzymen erwiesen.[71]

Im Zusammenhang mit den Untersuchungen zum Abbau der Fettsäuren standen auch Lynens Arbeiten über das auf medizinischem Gebiet liegende Problem der Ketose.

Die Ketose stellt einen Stoffwechselzustand dar, bei dem die Konzentration von Ketonkörpern – Acetessigsäure, β-Hydroxybuttersäure und Aceton – im Blut über den Normalwert ansteigt. In der Folge werden vermehrt Ketonkörper in der charakteristisch nach Aceton riechenden ausgeatmeten Luft und im Urin ausgeschieden. Ursache einer Ketose können länger andauerndes Fasten mit einem daraus resultierenden Mangel an zugeführten Kohlehydraten oder ein Typ-1-Diabetes sein, bei dem – durch Insulinmangel verursacht – die verminderte Glucoseaufnahme aus dem Blut in die Zelle zu einem vermehrten Abbau von Fettsäuren führt, um den Energiebedarf des Körpers weiterhin decken zu können. Heute weiß man, dass in gewissem Umfang auch beim Gesunden eine Produktion und Verwertung von Ketonkörpern stattfindet.[72] In der Folge eines vermehrten Fettsäureabbaus werden in der Leber, die als einziges Organ dazu in der Lage ist, Ketonkörper produziert, die dann v. a. vom Gehirn und der Muskulatur als Energieträger verwendet werden; die Leber selbst kann Ketonkörper nicht verwerten.

Lynen machte sich nun an die Aufklärung der Acetessigsäure-Entstehung in der Leber. Chemische und physiologische Fragestellungen gingen dabei, wie so oft in seiner Arbeit, Hand in Hand.[73]

Seit 1865 war bekannt, dass in Harn und Blut von Diabetikern Acetessigsäure[74] vorliegt. Diese konnte man um 1900 als Vorstufe des ebenfalls im Diabetikerharn gefundenen Acetons[75] nachweisen. Auch wusste man zu dieser Zeit bereits, dass sich die Ketonkörper von den Fettsäuren ableiten; 1908 hatte man die Beobachtung gemacht, dass nur geradzahlige Fettsäuren Ketonkörper liefern. Dies führte zu der Annahme, dass die Acetessigsäure aus dem bei der β-Oxidation übrigbleibenden Fragment mit vier C-Atomen entstanden sein könnte. Andererseits hatte man beobachtet, dass die Bildung von Acetessigsäure auch aus zugeführtem Acetat möglich ist.[76]

Die Entdeckung von Acetacetyl-CoA, der aktivierten Form der Acetessigsäure, und der Nachweis seiner Bildung beim Abbau der Fettsäuren durch die Arbeiten der Forschungsgruppen um Lynen[77] und in den USA um Stern, Coon, Green und Ochoa brachten eine Erklärung für diese grundlegenden Beobachtungen. So wurde erkannt, dass Acetacetyl-CoA einerseits »*durch Oxydation aus Butyryl-CoA, des beim Abbau geradzahliger Fettsäuren durch β-Oxidation anfallenden terminalen C_4-Fragments, andererseits aber auch durch Kondensation zweier Molekeln Acetyl-CoA*« entsteht.[78]

»*Weniger gut sind wir aber über jenen Vorgang in der Leber unterrichtet, bei welchem Acetacetat aus Acetacetyl-CoA freigesetzt wird.*«[79] Lynen vermutete, dass die Organspezifität der Ketonkörperbildung auf einem besonderen Enzymsystem der Leber beruhen müsse, das in der Lage sein sollte, freies Acetacetat aus Acetacetyl-CoA zu bilden.[80] Dazu hatten andere Arbeitskreise die zunächst plausibel erscheinende Annahme postuliert, dass nur ein einziges Enzym an der Katalyse der hydrolytischen Spaltung von Acetacetyl-CoA beteiligt sei. Feodor Lynen erschienen die Beweise für diese Hypothese zu dürftig; er unterzog sie deshalb einer sorgfältigen Überprüfung, der sie nicht standhielten.[81]

In einem Brief an seinen US-Kollegen Konrad Bloch konnte er am 4.1.1957 über seine Ergebnisse berichten: »*Ein interessantes Resultat hatten auch unsere Versuche über die Bildung von Acetessigsäure aus Acetyl-CoA in der Leber, mit welchen wir uns seit langem beschäftigen. Es stellte sich heraus, daß zwei Enzyme daran beteiligt sind, wovon eines identisch mit dem auch kürzlich von Rudney beschriebenen ›kondenzierenden Enzym‹ ist und Acetacetyl-CoA und Acetyl-CoA zu β-Hydroxy-β-methyl-glutaryl-CoA vereinigt, das zweite identisch mit dem ‹HMG-CoA-cleavage enzyme› von M. Coon ist. Die Freisetzung des Acetacetats erfolgt also in einem Kreisprozess.*«[82]

Der von ihm neu entdeckte Stoffwechselkreislauf, als β-Hydroxy-β-methyl-glutaryl-CoA-Zyklus (HMG-CoA-Zyklus, siehe auch Abb. A im Anhang) bezeichnet, tritt immer dann in Funktion, »*wenn die beim Fettsäureabbau gebildeten Mengen Acetyl-CoA vom Citronensäure-Cyclus in der Leber nicht mehr bewältigt werden können. (…) Die Umwandlung des Acetyl-CoA in Acetessigsäure wird eingeleitet mit der Kondensation von Acetyl-CoA mit sich selbst, die unter Abspaltung von Coenzym A zu Acetacetyl-CoA führt und die Umkehrung der zuvor besprochenen thiolytischen Spaltung der β-Ketosäuren ist. Der kürzeste Weg vom Acetacetyl-CoA weiter* zur freien Acetessigsäure wäre die Hydrolyse durch Wasser, die man auch anfänglich diskutierte. Zusammen mit Henning, Bublitz und Sörbo habe ich dann jedoch gefunden, daß der Vorgang komplizierter ist. Acetacetyl-CoA kondensiert sich zunächst mit Acetyl-CoA unter Bildung von β-Hydroxy-β-methyl-glutaryl-CoA (HMG-CoA), das dann in der von Coon entdeckten Spaltungsreaktion unter Rücklieferung von Acetyl-CoA freies Acetacetat ergibt. Für das Funktionieren dieses Kreisprozesses ist es sehr wichtig, daß die Kondensation zwischen Acetyl-CoA und Acetacetyl-CoA, wie aus Experimenten von Rudney und von uns[83] hervorgeht, praktisch irreversibel ist. Auf diese Weise können die äußerst geringen Mengen Acetacetyl-CoA, die im enzymatischen Gleichgewicht mit Acetyl-CoA stehen, durch Kondensation abgefangen und die Gesamtreaktion in Richtung der β-Hydroxy-β-methyl-glutaryl-CoA-Synthese gezogen werden.«[84]

Mehrere Jahre nach seiner Entdeckung des HMG-CoA-Zyklus 1957 konnte Feodor Lynen im Rückblick zusammenfassend feststellen: »Als besonders bemerkenswert ist zu erwähnen, daß die Zelle die als Abbauvorgang zu wertende Freisetzung von Acetessigsäure aus Acetacetyl-CoA mit der Synthese von β-Hydroxy-β-methylglutaryl-CoA einleitet und damit ein Zwischenprodukt gewinnt, das als Baumaterial für die große Naturstoffklasse der Terpene dient. In dieser Hinsicht lässt sich der ›HMG-CoA-Cyclus‹ mit dem Citronensäurecyclus vergleichen, wo ja auch die Verbrennung der Essigsäure über Verbindungen wie α-Ketoglutarsäure, Bernsteinsäure oder Oxalessigsäure führt, die Vorstufen zahlloser biosynthetischer Prozesse sind.«[85]

Zur oben genannten großen Naturstoffklasse der Terpene gehören so verschiedenartige Verbindungen wie die Steroidhormone, das Cholesterin, die Carotinoide, die Vitamine E und K und der Naturkautschuk. Alle diese Stoffe haben, trotz ihrer Unterschiedlichkeit im Einzelnen, ein einheitliches Bauprinzip – sie sind, nach der von Leopold Ruzicka[86] 1922 formulierten ›Isoprenregel‹, formal alle aus dem gleichen Grundstoff, dem fünf C-Atome enthaltenden Isopren[87] aufgebaut.

Im ersten Teil seiner Veröffentlichungsreihe zur Biosynthese der Polyisoprenoide schrieb Feodor Lynen 1957 dazu: »Es ist anzunehmen, dass bei der Biosynthese dieser Naturstoffe (…) ein gemeinsamer Baustein Verwendung findet. Von diesem Baustein der ›Polyisoprenoide‹ ist zwar bekannt, dass bei seiner Synthese in der Zelle drei Molekeln Essigsäure, in Form von Acetyl-CoA, zusammentreten; seine chemische Struktur und die Art und Weise, wie er aus Acetyl-CoA gebildet wird, liegen aber noch im

Dunkel und gehören seit Jahren zu den im Vordergrund der biochemischen Forschung stehenden Problemen.«[88]

Einen ersten sicheren Hinweis darauf, dass Essigsäure für die Biosynthese der Polyisoprenoide im Organismus gebraucht wird, hatten die Arbeiten von Robert Sonderhoff am Münchner Staatslaboratorium während der 1930er Jahre erbracht. Der Forscher hatte den Abbau von Deuterium-markierter Essigsäure mittels Hefezellen untersucht und am Ende des Experiments einen großen Anteil des schweren Wasserstoffs in der Fraktion der Steroide wiedergefunden. Der Deuteriumgehalt dieser Gruppe, hier v. a. der von Ergosterin, war höher gewesen als derjenige der ebenfalls isolierten Fettsäuren, Eiweiße und Kohlenhydrate. Sonderhoff hatte hieraus auf eine direkte Verwendung der zugefügten markierten Essigsäure durch die Hefezellen für deren Ergosterin-Produktion geschlossen. Bedingt durch den frühen Tod des Wissenschaftlers blieben die Untersuchungen zunächst auf diesem Stand stehen. Erst während der 1950er Jahre konnte Konrad Bloch in den USA mittels einer Isotopenmarkierungsmethode zweifelsfrei nachweisen, dass im tierischen Organismus alle 27 C-Atome des Cholesterins ausschließlich von der Essigsäure stammen. Mitte der 1950er Jahre wusste man, dass auf dem Weg zum Cholesterin im lebenden Organismus mehrere Zwischenstufen durchlaufen werden, so z. B. die einer Kohlenwasserstoff-Kette aus 15 C-Atomen. In groben Zügen war bekannt, dass jeweils zwei dieser C_{15}-Körper symmetrisch zu einem C_{30}-Körper, dem Squalen, verknüpft werden, und dass anschließend das Cholesterin über mehrere Reaktionsstufen – u. a. oxidative Zyklisierung und Abspaltungsprozesse – aus der Kohlenwasserstoffkette gebildet wird.[89]

Im Münchner Arbeitskreis befasste man sich vor allem mit den ersten Einzelschritten der langen, komplizierten Reaktionsfolge im Lauf der Cholesterin-Biosynthese. Für deren Verständnis stellte Lynens Entdeckung der Thioester-Struktur des Acetyl-CoA im Jahr 1951 einen grundlegenden Baustein dar, da hier, ebenso wie bei den Fettsäure-CoA-Verbindungen, die durch Coenzym A reaktionsfähig gewordene Form der beteiligten Moleküle eine wichtige Rolle spielt.

Auch bei der Erforschung der Biosynthese der Polyisoprenoide stellte sich die Frage danach, wie es dem lebenden Organismus gelinge, an sich reaktionsträge chemische Gruppen durch einen Aktivierungsvorgang dazu zu befähigen, die für die Aufbauvorgänge notwendigen langen Kohlenwasserstoffketten herzustellen.

Feodor Lynen suchte – wie andere Forschergruppen auch, so z. B. der Arbeitskreis um Konrad Bloch in den USA – während dieser Jahre intensiv nach der biologisch aktiven Form des Isoprens und damit nach dem postulierten universalen Baustein der Terpene, der Steroide und anderer, aus verzweigten Kohlenstoffgerüsten bestehender Naturstoffe.

»Aus der gefundenen Isotopenverteilung[90] war zu schließen, daß beim Übergang von (der C_6-Einheit) β-Hydroxy-β-methyl-glutaryl-CoA in die C_5-Einheit (…) die freie Carboxylgruppe abgespalten wird. Man hat deshalb (…) lange Zeit geglaubt, daß (die bei einer solchen C-Abspaltungsreaktion entstehende C_5-Einheit) β-Methyl-crotonyl-CoA[91] das gesuchte ›aktivierte Isopren‹ sei«, berichtete Feodor Lynen. »Dies war der Anlaß, daß wir uns mit dem beteiligten Enzymsystem näher beschäftigten.«[92]

Die Vorstellung, dass β-Methyl-crotonyl-CoA die Schlüsselsubstanz für die Cholesterinbiosynthese sei, erwies sich aber bald als falsch: 1956 entdeckten in den USA die Forscher des Arbeitskreises um Karl Folkers[93] in den Laboratorien von Merck, Sharp und Dohme einen in Hefeextrakten enthaltenen Wuchsstoff für Lactobacillus acidophilus, dem sie den Namen Mevalonsäure[94] gaben. Die Strukturähnlichkeit zwischen dieser Zufallsentdeckung und dem bekannten HMG brachte die amerikanischen Wissenschaftler auf die Idee, zu überprüfen, ob mit der Mevalonsäure eine biochemische Vorstufe des Cholesterins gefunden sein könnte.[95]

»Mit der Entdeckung der Mevalonsäure im Laboratorium von Karl Folkers ist das Studium der Biosynthese der Terpene und Steroide aus Essigsäure in eine neue Phase getreten.[96] Nachdem Tavormina, Gibbs und Huff (1956) gezeigt hatten, daß zellfreie Leberextrakte radioaktive Mevalonsäure in Cholesterin einzubauen vermögen, erschienen in rascher Folge Veröffentlichungen, in denen die Inkorporation der Mevalonsäure in Squalen, in die Carotinoide, in Mono- und Triterpene oder in Kautschuk beschrieben wurde. Es war somit klar, daß aus Mevalonsäure das ›aktive Isopren‹ gebildet wird, das bei der Biosynthese der Terpene und damit verwandter Naturstoffe als Baustein dient. Auf die Existenz eines solchen gemeinsamen Bausteins musste man wegen der Gültigkeit der ›Isoprenregel‹ schließen«, stellte Feodor Lynen in seiner mittlerweile dritten Veröffentlichung zum Thema Polyisoprenoid-Biosynthese fest.[97]

Im Lynenschen Forschungskreis wurde nun mit Hochdruck an der Isolierung von frühen Zwischenprodukten der Terpenbiosynthese gearbeitet: »In dieser Zeit wurden in Lynens Laboratorium durch die

Arbeiten von Hermann Eggerer, Ulf Henning und Bernhard Agranoff auch die weiteren Folgeprodukte der Terpenbiosynthese identifiziert. Im Laboratorium von Konrad Bloch an der Harvard University wurden parallele Untersuchungen zügig vorangetrieben. Die hieraus resultierende Konkurrenz sorgte für zusätzlichen Nervenkitzel und für vermehrten Ansporn bei der Lösung der Probleme«, berichtete ein an diesem Projekt beteiligter Mitarbeiter Lynens.[98]

Schließlich fanden der Arbeitskreis Feodor Lynens in München und der Konrad Blochs in den USA gleichzeitig und unabhängig voneinander ein bisher unbekanntes Zwischenprodukt der Cholesterinbiosynthese, das Δ^3-Isopentenyl-pyrophosphat.[99] Auf synthetischem Weg gelang es Lynen und seinen Mitarbeitern, den abschließenden Beweis für die Identität dieses Zwischenprodukts mit der vermuteten Substanz zu erbringen.[100]

Die Verbindung, die zwei Phosphatreste je Isopentenol in Esterbindung enthielt, »*ließ sich (...) in Cholesterin und Kautschuk inkorporieren und erwies sich damit als der universelle Baustein der unter die ›Isoprenregel‹ fallenden Naturstoffe* (siehe auch Abb. B im Anhang).«[101]

»*Durch unsere Untersuchung wird nun bewiesen, daß (...) die Synthese des Squalens (C_{30}) über Farnesyl-Pyrophosphat (C_{15}) abläuft, also zunächst drei Isopentenyl-Reste (C_5) miteinander verknüpft werden. Es ist anzunehmen, daß der Aufbau der Kohlenstoffkette mit der (...) Isomerisierung des Isopentenyl-Pyrophosphats zur Dimethylallyl-Verbindung eingeleitet wird, die dann mit einer zweiten Molekel Isopentenyl-Pyrophosphat Geranyl-pyrophosphat (C_{10}) und mit einer dritten schließlich Farnesyl-Pyrophosphat liefert. Hier macht die Kettenverlängerung dieser Art im Falle der Squalen-Synthese halt, während sie bei der (...) Kautschuksynthese durch Wiederholung des gleichen Vorgangs noch weiterläuft. Aus der Vorstufe Geranyl-Pyrophosphat könnten durch sekundäre Umwandlungen die verschiedenen Monoterpene und der Campher entstehen. Wir finden somit all das bestätigt, was Ruzicka prinzipiell schon vor langem vorausgesagt hat.«*[102]

Die Triebkraft für die sich dabei bildenden Verknüpfungen von Kohlenstoff zu Kohlenstoff vermutete Lynen dabei im Angriff »*des zur Bildung des Carbonium-Ions[103] besonders befähigten Allyl-Derivats[104] auf die reaktionsfähige Methylen-Gruppe des Isopentenylpyrophosphats (...). Außerdem hat es nach unseren letzten Versuchen den Anschein, als würde beim Aufbau des Farnesyl-pyrophosphats aus Isopentenyl-pyrophosphat nicht Pyrophosphat[105], sondern Orthophosphat[106] freigesetzt. (...)*

Das würde aber bedeuten, daß die biologische C-Alkylierung nicht allein durch die Allyl-Resonanz, sondern auch durch die Spaltung der energiereichen Pyrophosphat-Bindung ›getrieben‹ wird.« [107] Dieser Typ einer C-Alkylierung in der Natur war bisher noch unbekannt gewesen. Lynen erkannte, dass im Verlauf der dabei stattfindenden C-C-Verknüpfung *»die Allyl-pyrophosphate nicht nur zur Reaktion mit dem Isopentenyl-pyrophosphat fähig sind (Kettenverlängerung), sondern daß dieser Reaktionstyp weiter verbreitet ist, und die Anknüpfung von Polyprenylketten an andere nicht-isoprenoide Moleküle nach dem gleichen Mechanismus abläuft.«* [108] Die Aufklärung weiterer an der Polyisoprenoid-Biosynthese beteiligter, zu dieser Zeit noch im Dunkel liegender Reaktionsstufen – wie z. B. der Dehydratisierungs- und Decarboxylierungsvorgänge, die von 5-Phospho-mevalonsäure (C_6) mit ATP zu Isopentenylpyrophosphat (C_5) führen, und der Rolle des ATP hierbei[109] – war erst den kommenden Jahren vorbehalten.

Die schnelle Entwicklung der Biochemie während der frühen 1950er Jahre hatte zur Entdeckung und Isolierung einer größeren Anzahl von Enzymen geführt. Die Laboratorien hatten dabei weitgehend unabhängig voneinander gearbeitet, und so war es immer wieder vorgekommen, dass die Wissenschaftler Enzyme, die gleichartige Reaktionen katalysieren, mit unterschiedlichen Namen belegten – je nachdem, ob sie den Schwerpunkt der Benennung entweder auf das jeweils angegriffene Substrat oder auf die bevorzugte Gleichgewichtseinstellung der untersuchten Reaktion legten. Dadurch war es in der Folge immer wieder zu Missverständnissen gekommen.

Im Juli 1955 berief man schließlich im Rahmen der Internationalen Konferenz über biochemische Probleme der Lipoide in Gent eine Arbeitsgemeinschaft zur Klärung der Enzym-Nomenklatur auf dem Gebiet des Fettsäurestoffwechsels ein. Die teilnehmenden Vertreter aus 20 Nationen erzielten dabei eine grundlegende Übereinkunft und empfahlen diese zur internationalen Annahme. Ein Autorengremium, dem auch Feodor Lynen angehörte[110], publizierte die Ergebnisse der Beratungen in allen international führenden wissenschaftlichen Organen. Die neuen allgemeingültigen Regeln lauteten danach:
a) Der Name des Enzyms soll sowohl das Substrat bzw. die Substratgruppe als auch die durch das Enzym verursachte Gesamtreaktion darstellen. In bezug auf lange Namen wird empfohlen,

Trivialnamen zu schaffen, die eine gekürzte Form der systematischen Namen sein sollten.

b) Die Enzyme sollen, wo möglich, nach der bevorzugten Gleichgewichtseinstellung der katalysierten Reaktion bezeichnet werden.

c) Coenzym A wird nicht in jeden Enzymnamen aufgenommen, da Fettsäuren ohnehin nur in einer mit Coenzym A verbundenen Form am Stoffwechsel teilnehmen.

d) Die Kettenlänge der Fettsäurensubstrate soll im Namen erscheinen.

e) Wenn freies Coenzym A als Substrat auftritt, soll die Vorsilbe Thio- verwendet werden.[III]

Für die deutsche wie auch die europäische Biochemie waren die 1950er Jahre – nach den großen Schäden des Zweiten Weltkriegs – eine Zeit der Erneuerung: »*In Wiederaufnahme einer Vorkriegstradition erlitt Europa (…) eine friedliche Invasion von Biochemikern aus der Neuen Welt. Für weitere Ausbildung in der Makromolekularchemie ging man nach Cambridge; um bioorganische und Stereo-Chemie zu betreiben, wählte man die Eidgenössische Technische Hochschule in Zürich. Das Pasteur-Institut war der Magnet für Molekularbiologen, und nach München strömte man hauptsächlich, wenn auch nicht ausschließlich, um Enzyme zu isolieren.*«[112]

Der US-Biochemiker Earl Stadtman, der sich in dieser Zeit für einige Monate in Feodor Lynens Laboratorium als Gastwissenschaftler aufhielt, beschrieb die Atmosphäre im Münchner Arbeitskreis: »*The laboratory was vibrant with the vigorous activities of an extraordinary collection of young students and associates*«.[113] Dabei herrschte »*ein gewaltiger Leistungsdruck*«[114]; »*der Chef (…) hielt seine Mannschaft straff am Zügel*«.[115] Gelegentliche Phasen geringerer Produktivität seines Arbeitskreises ertrug Lynen nur schwer: »*Es kommt nichts mehr aus unserem Laboratorium heraus.*«[116]

Alle seine Mitarbeiter – Diplomanden, Doktoranden und Gastwissenschaftler aus aller Welt – bearbeiteten ausschließlich Forschungsthemen, die Relevanz für seine eigenen Interessensgebiete besaßen. Seine Führungsposition innerhalb des Arbeitskreises war unbestritten; er allein bestimmte die Versuchsplanung, und ihm gehörten die Ergebnisse, die dann häufig während internationaler Kongressveranstaltungen veröffentlicht wurden.[117]

»*Lynens Hauptsitz war das Max-Planck-Institut für Zellchemie. (...)
Obwohl das Geld dort etwas reichlicher floss (im Gegensatz zur Luisenstraße*[118] *wurden dort z. B. Glaswaren und Chemikalien vom Institut
bezahlt), beneideten wir die* ›*Kraepelinstraessler*‹[119] *(von den Mitarbeitern* ›*Trust der Gehirne*‹ *genannt*[120]*) nicht: sie standen kontinuierlicher
unter der Zucht des Meisters. Wir genossen sie kürzer, aber sehr intensiv.
Lynen kam täglich – oft zweimal – zu jedem von uns, liess sich berichten,
sparte nicht mit Kritik (...) und plante detailliert die weiteren Versuche. Er
hatte wirklich alle Themen genau im Kopf.*«[121] »*An der Art und Weise seines:* ›*Na!*‹ *zur Begrüßung war zu erkennen, was er von dem Betreffenden
und seiner Arbeit hielt*«[122]*, und* »*keineswegs selten hinterließ er (bei seinen Rundgängen) weinende Mitarbeiterinnen.*«[123] Besonders gefürch-
tet waren Lynens Besuche »*zur ohnehin kurz bemessenen Mittagszeit:
wurde man nicht angetroffen, so konnte man bald ein ungehaltenes* ›*Na,
sieht man Sie auch einmal wieder! Wo treiben Sie sich denn herum?*‹ *zu
hören bekommen. Der größte Lustgewinn dieser Zeit bestand in der Vorstellung, ihm bei derartigen Gelegenheiten* ›*Sind im Kino*‹ *an die Tafel zu
schreiben. Beim Vorweisen der zumeist dürftigen Ergebnisse konnte man
sicher sein, dass er beim kleinsten Kratzer im Gefüge – den sah er mit
unfehlbarer Sicherheit – die Axt anlegen würde. Seine Bemerkungen
*›*Na!*‹*,* ›*Na, Sie großer Künstler!*‹*,* ›*Das können Sie gleich wegwerfen!*‹*,
*›*Patzer!*‹*,* ›*Das ist es ja mit Ihnen!*‹ *schafften je nach Temperament des
Betroffenen ein Bleichgesicht oder einen Indianer.*«[124]

Andererseits sahen seine Mitarbeiter aber auch, dass sie von diesem intensiven Kontakt und der Kritik profitieren würden: »*Diese Zeit
der Leitung und Beratung bei der experimentellen Arbeit hat mich unge-
mein beeindruckt. (...) Der dauernde Kontakt im Labor läßt sich durch
nichts ersetzen.*«[125] – »*Neben dem Engagement des Einzelnen war nach
meiner heutigen Auffassung dieser Kontakt eine wesentliche Voraussetzung, mit den täglich auftretenden experimentellen Schwierigkeiten fertig
zu werden.*«[126] – »*Lynens Art war sehr knapp, direkt und unmittelbar auf
die Experimente bezogen. (...) Ich lernte, mich davor zu hüten, Unnötiges,
nicht unmittelbar die Sache Betreffendes ins Spiel zu bringen, denn meist
endete ein solches Gespräch in einem ärgerlichen Brummen Lynens.*«[127] –
»*Um sich behaupten zu können, lernte man rasch, möglichst selbständig
und kritisch zu sein.*«[128] – »*Lynen als Prüfer: er stellt klare Fragen, klare
Antworten werden erwartet. Es soll Verständnis bezeigt werden (*›*Das ist
doch ein Schmarrn, net?*‹*). Unmöglich war es, mechanisch Erlerntes an
den Mann zu bringen (*›*Papperlapapp!*‹*). Ehrlichkeit auf beiden Seiten*

war Spielregel: Wußte man etwas nicht, so gefiel ihm die Antwort: ›Das weiß ich nicht‹. Sagte man etwas falsch, so kam seine ehrliche Reaktion (›Was schreiben Sie denn da für einen Bockmist hin?‹).«[129]

Lynen reagierte ärgerlich, wenn sich die jungen Wissenschaftler seines Arbeitskreises kritiklos und ungeprüft zu einem Sachverhalt äußerten[130], und bemühte sich deshalb stets darum, sie zu Ausdauer, exaktem Experimentieren und kritischem Urteilen anzuhalten. Seine Mitarbeiter wussten, dass ihm Pflichterfüllung und uneingeschränkte Leistungsbereitschaft als Maximen galten. Der Begriff ›Arbeitszeit‹ war in seinem Arbeitskreis unbekannt, denn Lynens Definition von akademischer Freiheit lautete: *›es darf mehr gearbeitet werden, als verlangt wird‹* – im Umkehrschluss hierzu forderte er aber auch, dass dem Wissenschaftler die Freiheit eingeräumt werden müsse, die er für die Entfaltung seiner individuellen Fähigkeiten braucht.[131]

»*Ruppigkeit*«[132] und »*Strenge*«[133] waren nur eine Seite seiner Persönlichkeit. Andere Züge, die seine Mitarbeiter an ihm feststellten,

Im Max-Planck-Institut für Zellchemie in der Kraepelinstraße, 1955. Von links: E. R. Stadtman, Hilz, Reinwein, Graßl.

waren »Wärme«, »Menschlichkeit«[134], »Freude an den einfachen Dingen« und eine »bleibende, stets hilfreiche Anteilnahme am Fortkommen seiner Schüler.«[135] Kollegen und Familienmitglieder beschrieben ihn gleichermaßen als gefühlvoll.[136] »Er war offensichtlich bekümmert, wenn er den Eindruck hatte, jemanden schlecht behandelt zu haben, und bemühte sich dann umständlich darum, dies wieder gutzumachen.«[137] »Alles, was er tat, tat er mit Begeisterung und Genuss. Es war gleichgültig, ob es sich dabei um die Lösung eines biochemischen Problems handelte, ein Ballspiel mit 20 Jahre Jüngeren oder um das Skifahren. (…) Seine Begeisterung wurde jedoch gezügelt durch (…) seine Achtung und seine Sorge um andere«, berichtete ein ehemaliger Mitarbeiter.[138]

Lynen schätzte es sehr, in München als Gastgeber oder auswärts bei Fachtagungen in geselliger Runde mit Kollegen bis tief in die Nacht bei Whisky und Zigarren zusammenzusitzen. »Seine fröhlichen Abendrunden dauerten nicht selten bis 3, 4 oder sogar 5 Uhr am Morgen, und er nahm es übel, wenn man vorher ging. Nur selten waren bei ihm am nächsten Morgen Spuren des nächtlichen Zechens zu bemerken.«[139] Bei solchen Anlässen war sein Konversationsstil lebhaft und direkt, manchmal auch sarkastisch. Er genoss es, die führende Rolle zu übernehmen und schlug eher unterhaltsame Themen an; über Ernsthaftes konnte man mit ihm dagegen besser im persönlichen Gespräch diskutieren.

Lynen zeigte sich stolz auf seine bayerische Herkunft – wenngleich auch seine Eltern Rheinländer waren – und sprach deshalb, wenn er entspannt und gutgelaunt war, bayerische Mundart; wechselte er hingegen zur Schriftsprache, galt dies den Mitarbeitern als Alarmzeichen.[140]

Dem Skifahren galt, neben Schwimmen im See und Wandern, Feodor Lynens Leidenschaft, auch nach dem zweiten Beinbruch 1951. Über lange Jahre hinweg fuhr er mit seinem Arbeitskreis – oft kamen auch seine Kinder mit – einmal jährlich für ein Skiwochenende auf eine Hütte in die Alpen.[141] Dabei und bei anderen sportlichen Ausflügen des Arbeitskreises zeigte er, ebenso wie in seiner Arbeit, eine ungewöhnliche Härte gegen sich selbst; auf seine Gesundheit nahm er auch beim Sport keine Rücksicht.[142] »Ich brauche wohl nicht zu betonen, dass sich bei diesen Veranstaltungen, sei es das Skilaufen oder Fasching, unser Chef ähnlich wie im wissenschaftlichen Bereich durch größten Ehrgeiz auszeichnete«, berichtete später einer seiner ehemaligen Mitarbeiter.[143] »Wehe dem, der da nicht auch seinen Mann stand

Bootsfahrt auf dem Tegernsee, 1956. Von links: Hopper-Kessel, Srere (halb verdeckt), Krampitz, Decker, Netter, Bublitz, unbekannt, Ringelmann, Ganseneder.

und etwa versuchte, sich vorzeitig aus der Runde zu stehlen. Wer hätte nicht noch den Tadel ›jetzt bleiben'S doch amoi sitzen. San's net so langweilig‹ in den Ohren.«[144]

Feodor Lynen gelang es, in seinem Arbeitskreis einen guten »*esprit de corps*«[145] zu schaffen. »*Die beiden Wesenszüge Lynens, der sachlichkritische, leistungsfordernde Chef des Laboratoriums und der lebensfrohe Sportler und Gesellschafter, waren der Kitt, der den Mitarbeiterkreis zu einer Mannschaft machte, deren Zusammenhalt vorbildlich war und auch harten Belastungen standhielt.*«[146]

Lynens Entdeckung der Thioesterstruktur der aktivierten Essigsäure im Jahr 1951 hatte dem Münchner Laboratorium weltweite Aufmerksamkeit geschenkt. Sein Arbeitskreis war seither zum Treffpunkt hervorragender Wissenschaftler geworden, und unter den internationalen Nachwuchsbiochemikern hatte es sich schnell herumgesprochen, dass das Lynensche Laboratorium ein guter Ort für einen längeren Forschungsaufenthalt sei, da er sowohl exzellente Forschungsarbeit als auch eine vergnügliche Zeit verhieß.[147]

Von den zahlreichen Besuchern, die nun aus dem Ausland, vor allem aus den USA[148], in Lynens Arbeitskreis kamen, profitierten

Feodor Lynen in Starnberg, Schießstätt-straße, von einer Wanderung heimkeh-rend.

auch die deutschen Mitarbeiter; sie empfanden den Kontakt zu den Kollegen aus aller Welt als ein »*stimulierendes Erlebnis*«, das dazu »*anregte, für die eigene Arbeit internationale Maßstäbe zu akzeptieren*«, noch dazu »*in einer Zeit, in der die internationale Isolierung Deutschlands keineswegs überwunden*« war.[149]

Immer wieder konfrontierte Feodor Lynen seine Gäste mit wissenschaftlichen Fragestellungen und Problemen aus der Arbeit seines Arbeitskreises, und bezog sie in deren Diskussion ein, so dass sich aus dem täglichen Kontakt mit den Gästen immer wieder neue Aspekte für seine eigene Forschungsarbeit ergaben.[150] Zusätzlich bereicherten die Gastwissenschaftler das »*sonst nicht eben reichliche Angebot an Lehrveranstaltungen*«[151], und durch den ständigen Umgang gewöhnten sich die deutschen Wissenschaftler ganz nebenbei an die amerikanische Sprache, die im Arbeitskreis mit den Kollegen aus den USA hauptsächlich gesprochen wurde.[152]

Die amerikanischen Gäste in Lynens Laboratorium hatten Gelegenheit, die Gewohnheiten im deutschen Wissenschaftsbetrieb zu beobachten: »*I also wanted to see what scientific life was like in a laboratory in Germany under a strong director. I found that most everyone wor-*

ked hard, was productive, seemed reasonably happy, even though the Herr Professor ran things with much more direct control than we did in the USA.«[153] – »To my eyes the laboratory was much more disciplined than comparable American labs. I feel that my somewhat more open attitude toward all members of the lab, from Frau Hitzel (to whom I used Sie) to der Chef (to whom I used du) was looked on with some amusement. Although the lab was well equipped, it was a ›bare-bones‹ operation, and when der Chef was to do an experiment, Frl. Rueff would hurry through the lab to collect what he needed.«[154]

Feodor Lynen pflegte mit seinen ausländischen Besuchern einen sehr persönlichen Umgang. So erinnert sich Earl R. Stadtman, US-amerikanischer Gastwissenschaftler in Lynens Laboratorium 1955 und von 1959 bis 1960: »I looked forward to the daily luncheon sessions with Fitzi. In the secluded confines of his private office we had an opportunity to review our respective research activities, and in frank, unguarded discussion, we exchanged philosophies on just about everything.«[155]

Lester O. Krampitz, ebenfalls aus den USA für einen einjährigen Aufenthalt 1955 nach München gekommen, berichtet Ähnliches: »A high light of the sabbatical year was the opportunity for my wife and I to become ›part of the Lynen family‹. Although housing conditions in Munich were difficult Fitzi arranged for us to live with his sister Frieda on the third floor of his boyhood home on Sophie-Stehle-Straße. She was a generous and delightful person. (…) The accommodations were superb. Norma and I spent almost every Saturday evening and Sunday at the Lynen home in Starnberg.«[156]

Nicht nur das Ehepaar Krampitz, sondern alle ausländischen Besucher des Münchner Arbeitskreises wurden häufig nach Starnberg eingeladen. Die Familie führte ein offenes Haus[157], und Ehefrau Eva war eine bei den Besuchern beliebte Gastgeberin.[158] »Man hatte als Gast im Hause Lynen das Gefühl, zu Hause zu sein«, berichtet ein langjähriger Freund der Familie.[159]

Besonders gerne führte Lynen die Gäste in die nahegelegene Wirtsstube seines Freundes, des Konditors und sehr belesenen »Meisters der Unterhaltung«[160] Maurus Graf, Bruder des Dichters Oskar Maria Graf, oder zum ebenfalls in der Nähe gelegenen Kloster Andechs, wo er mit seinen Besuchern »neben dem Bier und dem Klosterkäse im Bräustüberl auch die stimmungsvolle Barockkirche mit dem herrlichen Blick vom Turm« genoss.[161]

Feodor Lynen mit seiner Familie (von links: Peter,
Susanne, Eva-Maria, Heinrich, AnneMarie, Ehefrau Eva,
Feodor Lynen), ca. 1958.

Die regen internationalen Kontakte hatten zur Folge, dass Feodor
Lynen in diesem Jahrzehnt nach dem Ende des Zweiten Weltkriegs
auch selber häufig Einladungen ins Ausland erhielt, vor allem in die
USA, aber auch nach England[162], Belgien[163] – wo er auch Gelegenheit hatte, mit russischen Biochemikern in Kontakt zu kommen[164] –,
oder in den Libanon[165].

Vom 1. Oktober bis zum 12. November 1957 reiste Feodor Lynen auf
eine Einladung hin erstmals nach Japan. In seinem Reisebericht
schreibt er: »*Auf der 2. Generalversammlung der Internationalen Union
für Biochemie, die im August 1957 in Brüssel stattfand, wurde vereinbart,
im Oktober 1957 in Japan ein internationales Symposium über Fragen der
Enzymchemie zu veranstalten. Das Organisationskomitee dieses Symposiums forderte mich auf, dem zu bildenden Ehrenkomitee als Mitglied
beizutreten, und neben einem gewöhnlichen Vortrag im Rahmen des
Symposiums auch noch eine Sondervorlesung auf der Schlusssitzung des
Symposiums zu halten. Außerdem wurde ich eingeladen, an einem Symposium über wasserlösliche Vitamine teilzunehmen, und Vorträge an mehreren japanischen Universitäten zu halten. Die Gewährung von Reisekosten-
zuschüssen durch das Auswärtige Amt und durch die Rockefeller Foundation, New York, ermöglichte es mir, diese Einladungen anzunehmen.*«[166]

Feodor Lynen mit dem Prior und Cellerar der Benediktiner-
abtei St. Bonifaz München OSB Daniel Gerizen in
Andechs.

Bis zum 19. Jahrhundert hatten nur vereinzelte Berichte von Japan-
reisenden wie Engelbert Kaempfer[167] und Franz von Siebold[168]
Europa erreicht und Einblicke in das wenig bekannte Land ermöglicht. Erst 1868 hatte sich Japan dem Ausland geöffnet und eine Verfassung und ein Rechtswesen nach preußischem Vorbild eingerichtet. In der Folge waren viele japanische Wissenschaftler nach
Deutschland gekommen, um die hervorragenden Ausbildungsmög-
lichkeiten an den Universitäten und Kaiser-Wilhelm-Instituten zu
nutzen. Auch im Münchner Institut Heinrich Wielands hatten häufig
Wissenschaftler aus Japan gearbeitet.

An diese frühen Verbindungen aus den Studienjahren[169] konnte
Feodor Lynen nun bei seinem Besuch anknüpfen; so traf er nach der
dreitägigen Flugreise von München nach Tokio[170] dort u. a. mit »Prof.
Kaziro, ehemaliger Schüler v. Vutu«[171] – Heinrich Wieland – zusam-
men. Während des sechswöchigen Aufenthaltes absolvierte er ein
umfangreiches Programm: Besichtigungen von Instituten an der
Tokioter Universität, der Hokkaido-Universität in Sapporo, der
Tohoku-Universität in Sendai, Teilnahme am ersten Segment des
Internationalen Enzymsymposiums in Tokio, Jahresfeier der japa-
nisch-deutschen Gesellschaft, Empfang beim japanischen Kultusmi-

nister, Teilnahme am zweiten Teil des Internationalen Enzymsymposiums in Kioto, am Osaka-Symposium über wasserlösliche Vitamine, Besuch der Universitäten in Okayama, in Fukuoka, in Nagasaki und in Kumamoto. Neben den wissenschaftlichen Terminen fand er noch Gelegenheit für einige touristische Besichtigungen, beispielsweise einer großen Papierfabrik, des Nationalmuseums in Tokio, des Hakone-Nationalparks, der Stadt Hiroshima oder des Vulkans Aso.[172]

Über seine Begegnungen mit den japanischen Kollegen berichtete Lynen:» *Fast alle älteren Professoren der Medizin sprechen und verstehen deutsch«.* Unter den jüngeren Wissenschaftlern war diese Tradition allerdings mittlerweile abgebrochen, und die Kommunikation fand meist auf Englisch statt. *»Ich konnte aber feststellen, dass viele japanische Studenten den Wunsch haben, nach Deutschland zu kommen und habe daher drei japanischen Biochemikern für die nächsten Jahre einen Arbeitsplatz in meinem Laboratorium zugesagt. Abgesehen von der Anknüpfung neuer Beziehungen zu japanischen Forschern war für mich die Einblicknahme in die japanische Biochemie sehr wertvoll. Diese Wissenschaft wird an den japanischen Universitäten sehr gepflegt, so dass man eine Reihe erstklassiger Biochemiker antreffen kann. Dies ist recht erstaunlich, weil die apparative Ausstattung der Institute meistens recht mangelhaft ist*[173] *und für die Finanzierung der Forschung nur geringe Etatmittel zur Verfügung stehen.«*[174]

Auch die Rückreise nach Deutschland nutzte Feodor Lynen für weitere Begegnungen mit ausländischen Kollegen: bei einer Zwischenlandung in Hongkong stattete er der Biochemischen Abteilung der dortigen Universität einen Besuch ab.[175]

»Des Meisters Wanderjahre waren zugleich eine Probe auf die Eigendynamik und das Verantwortungsbewusstsein des Mitarbeiterkreises. Während der monatelangen Abwesenheiten sorgte ein reger Briefwechsel für Nachschub an den neuesten Befunden der Mitarbeiter« – letzte Versuchsergebnisse aus dem heimlichen Laboratorium wurden dann auch per Telefon übermittelt und von Lynen kurzfristig in seine Vorträge eingearbeitet[176] – *»und umgekehrt wurden wir über den transatlantischen Stand der Dinge aus erster Hand informiert und mit neuen Anregungen bedacht. Diese Reisepublizität kam letztlich nicht nur dem Image des Chefs, sondern auch dem ganzen Team zugute.«*[177]

Wenn auch der Münchner Arbeitskreis und vor allem die US-amerikanischen Forschungsgruppen um Ochoa, Lipmann oder Green eng und freundschaftlich zusammenarbeiteten, so standen sie dennoch in einem dauernden Wettbewerb miteinander, der aber von den Mitarbeitern als fruchtbar empfunden wurde: »*Die ständige Kompetition (…) war ein stimulierendes Erlebnis von großer prägender Kraft für das ganze Team.*«[178]

Oft war Feodor Lynen seine verschmitzte Freude anzusehen »*nach erfolgreicher Rückkehr mit bei nächtlich-alkoholischen Diskussionen frisch entlockter Information, die nun sofort zum Moussieren gebracht wurde, während die Konkurrenz auf falscher Fährte geblieben ist. – Ärgerlich allerdings, wenn man mit ähnlicher Münze heimgezahlt bekam oder eine zu freimütige und undokumentierte Diskussion bei anderen den Funken hat überspringen lassen.*«[179]

Viele seiner deutschen Mitarbeiter hatten es den frühen kollegialen Verbindungen ins Ausland zu verdanken, dass sie bereits während der 1950er Jahre für einen kürzeren oder längeren Forschungsaufenthalt an den führenden biochemischen Laboratorien in die USA reisen konnten. Lynen förderte die Mobilität der bei ihm arbeitenden jungen Wissenschaftler; ein Auslandsaufenthalt nach der Assistenzzeit galt in seinem Arbeitskreis bald als Selbstverständlichkeit.[180]

Finanzielle Unterstützung in diesem Anliegen erhielt Feodor Lynen durch Dr. Ernst Boehringer, Miteigner der Firma Boehringer Ingelheim. Dieser hatte 1926 an der Münchner Universität sein Chemiestudium mit der Promotion abgeschlossen. Er hatte sich seither seiner Hochschule eng verbunden gefühlt und sie immer wieder mit Geld- und Sachspenden bedacht.[181] Als die Universität München ihn 1958 dafür ehrte und ihn zu ihrem Ehrenbürger benannte[182], fühlte er sich zu weiteren Zuwendungen verpflichtet, die er Feodor Lynens Biochemischem Institut in Form von Reisestipendien zukommen ließ.[183]

Die chemische Industrie befand sich nach den auf Vierjahresplan und Autarkie ausgerichteten Jahren des Nationalsozialismus in einem Umstellungsprozess; die Unternehmen entwickelten sich rasch und wurden auf dem Weltmarkt wieder konkurrenzfähig.[184]

Die günstigen Auswirkungen kamen auch Feodor Lynen zugute, denn außer von Boehringer erhielt sein Arbeitskreis auch von anderen Vertretern und Einrichtungen der chemischen Industrie finanzielle Zuwendungen und Sachspenden, so z. B. von dem seit 1950 bestehenden Fonds der Chemischen Industrie[185] – einer Einrichtung zur Förderung von Wissenschaftlern, wissenschaftlichem Nachwuchs, Schulen und Lehrern[186] – und dem Chemiewerk Bayer Leverkusen. Feodor Lynen stand mit dessen Vorstandsmitglied Prof. Dr. Dr. h. c. Otto Bayer[187] in reger Verbindung. Der persönliche Kontakt ermöglichte es ihm, Bayer auch darum bitten zu können, für ihn beispielsweise eine finanzielle Unterstützung seiner Teilnahme an den internationalen Biochemiesymposien in Gent und Brüssel 1955[188], die Schenkung eines Spektralphotometers[189], die Vergabe von Stipendien an einzelne Mitarbeiter des Arbeitskreises[190] oder die Finanzierung einer Bibliothekarsstelle an seinem biochemischen Universitätsinstitut[191] durch den Fonds der Chemischen Industrie zu vermitteln. Wiederholt bot Bayer »besonders qualifizierten Kandidaten«[192] der Münchner Forschungsgruppe dreiwöchige kostenfreie Lehrgänge zum Kennenlernen des Chemiewerks an, gelegentlich bat er Lynen um Vermittlung geeigneter Doktoranden als zukünftige Werksmitarbeiter[193], und auch im Laboralltag arbeitete man unkompliziert zusammen, beispielsweise durch den Austausch von Chemikalien, die für Experimente benötigt wurden.[194]

Feodor Lynens Forschungsarbeit war eingebunden in ein dichtes Beziehungsnetz, sowohl auf dem Gebiet der internationalen Wissenschaft als auch der chemischen Industrie. Der daraus resultierende stete Fluss von Informationen war für ihn ein entscheidender Faktor für das Gelingen seiner Forschungsvorhaben, denn seiner Ansicht nach waren – neben anderen Faktoren – fehlende Informationen die Ursache dafür, dass, wie er schätzte, 50 % aller wissenschaftlichen Arbeiten schlecht organisiert oder auf ungeeignete Weise ausgeführt seien und deshalb falsche Ergebnisse hervorbrächten; 30 % aller Arbeiten würden nur ausgeführt, um vorgefertigte Theorien und Erwartungen unkritisch zu bestätigen; nur die verbleibenden 20 % aller wissenschaftlichen Experimente brächten echte Ergebnisse zu Tage, und nur diese könnten dadurch zu einem Fortschritt in der Wissenschaft beitragen.[195]

»Die populäre Unterscheidung zwischen der Forschung an Hochschulen und der Industrie« hielt Lynen für grundsätzlich falsch. »Weder ist es richtig, daß die Wissenschaftler in den Universitäten und sonstigen Instituten fern der Realität im Elfenbeinturm forschen, noch daß die Wissenschaftler der Industrie ausschließlich die wichtigsten Arzneimittelerfindungen gemacht haben. Weder ist es richtig, daß die Wissenschaftler der Universitäten und freien Institute der Industrie kostenlos die Steine auf dem Weg der Forschung wegräumen, noch ist es richtig, daß die Industrieforschung allein finanziell motiviert ist. Auch die Differenzierung in Grundlagenforschung an den Hochschulen und angewandte Forschung in der Industrie ist nicht zutreffend. Die Empirie beweist auf dem Gebiet der Arzneimittelforschung vielmehr, daß alle Fortschritte nur durch einen gegenseitigen Austausch von Erkenntnissen und ein wechselseitiges Aufbauen auf den Erfahrungen des andern möglich waren. Dabei findet selbstverständlich und ohne daß dies in irgendeiner Weise abwertend oder verwerflich wäre, entsprechend den unterschiedlichen technischen und wirtschaftlichen Bedingungen eine Arbeitsteilung zwischen der industriellen und nichtindustriellen Forschung statt. Originäre und nicht verbesserungsfähige Erfindungen, sozusagen ein Optimum ex ovo, gibt es im Bereich der Arzneimittelforschung nicht.

Gerade diese glückliche Synthese, die in diesem Bereich innerhalb so kurzer Zeit so umwälzende Ergebnisse gebracht hat, sollte auf keinen Fall gestört werden. Es wäre weder richtig, die Forschung allein in die Industrie zu verlagern, etwa unter dem Vorwand, diese arbeite effektiver und produziere weniger wissenschaftlichen Abfall; es wäre aber auch nicht richtig, die Forschung völlig von der Industrie, etwa im Zuge einer Verstaatlichung, zu lösen. Die Empirie beweist, daß die Arzneimittelforschung dort am erfolgreichsten ist, wo die vorhin beschriebene Synthese von industrieller und nichtindustrieller Forschung stattfindet.«[196]

Anmerkungen

1 Feodor Lynen in einem Brief an Ernst Telschow / Generalverwaltung der Max-Planck-Gesellschaft vom 18.12.1955 [MPG / UNIVERSITÄT (1955/1956)]

2 Otto Hahn in einem Brief an Eva Lynen vom 5.6.1953 [HAHN – BRIEF (1953)]

3 Otto Hahn hatte als langjähriger Bekannter der Familie Wieland »Postkarten an die Wieland-Kinder (...) mit ›Onkel Kikeriki‹« unterschrieben. Heinrich Wieland, Otto Hahn, das Ehepaar Jakob und Elmire Meisenheimer und Otto Hahns Nichte Emmy, die mit Feodor Lynens Bruder Edmund verheiratet war, waren Mitglieder eines privaten Skiclubs (›Skimie‹ bzw. später ›Chemski‹

genannt). [WIELAND, SIBYLLE (2008), S. 193f und S. 200]

4 Dazu Otto Warburg in einem Brief vom 15.11.1953: »Was Lynen anbetrifft, so würde ich jeden Plan befürworten, durch den er – in absehbarer Zeit – Forschungsmöglichkeiten bei der MPG erhielte.« [PERSONALAKTE – MPG (OKTOBER – NOVEMBER 1953)]

5 Otto Hahn in einem Brief an Eva Lynen vom 5.6.1953 [HAHN – BRIEF (1953)]. Dazu Feodor Lynen: »Das erste Gespräch mit Professor Hahn fand am 19. Juni 1953 (Anm.: kurz nach der Rückkehr aus den USA) im William G. Kerkhoff-Herzforschungsinstitut, Bad Nauheim, statt (...).« [LYNEN – JAHRBUCH (1963), S. 811]

6 Otto Hahn in einem Brief an Feodor
Lynen vom 6.10.1953 [Personalakte
– Mpg (Oktober – November 1953)]
7 Personalakte – Mpg (Oktober –
November 1953), 1.10.1953
8 Personalakte – Mpg (Oktober –
November 1953), 6.10.1953
9 Lynen erhielt die Stellung eines Persönlichen Ordinarius [Ernennungs-
urkunden (1946–1956), 23.10.1953]
10 1924 war die psychiatrische Forschungsanstalt an die Kaiser-Wilhelm-Gesellschaft angegliedert worden; 1954 wurde sie schließlich der
dieser nachfolgenden Max-Planck-
Gesellschaft zugeordnet. [www.mpip-
sykl.mpg.de, 2008]
11 Personalakte – Mpg (Oktober –
November 1953), 12.10.1953
12 Feodor Lynen in einem Brief an Otto
Hahn vom 17.10.1953 [Hahn –
Briefe (1953/1954)]
13 Feodor Lynen in einem Brief an Dr.
E. Bright Wilson Jr. / Department of
Chemistry, Harvard University, Cambridge, USA vom 6.11.1953: »Mrs.
Lynen asked American friends for detai-
led informations, concerning especially
things of daily life, which men are not
so familiar with. (…) Completely unex-
pected the Max-Planck-Gesellschaft
offers me a research institute. Neverthe-
less I want to assure you that the
chance to become professor in Harvard
University now as before seems to me
an attractive idea. I could imagine that
my work would be stimulated by the
Harvard atmosphere, involved by the
company of outstanding colleagues
interested in the various aspects of chemistry. My conflict originates principally
in my big family and related to it, in
the numerous bonds to the familiar
surroundings.« In einer dem Brief bei-
gelegten Auflistung fragte er nach
den bestehenden und geplanten
Raumverhältnissen im Institut, dem
zur Verfügung stehenden Personal,
der vorhandenen biochemischen
Literatur, dem Gehalt der Professur,

einer eventuellen automatischen
Gehaltssteigerung, der Steuerlast für
ihn als fünffachen Vater, der Alters-
pension, den zu erwartenden Kosten
für ein Hochschulstudium seiner
Kinder, der Krankenversicherung
und der Beteiligung an den Umzugs-
kosten durch die US-Universität.
[Universität Harvard (1953/1954)]
14 Universität Harvard (1953/1954),
5.11.1953
15 Vermerk Dr. Telschows vom 9.11.1953
[Personalakte – Mpg (Oktober –
November 1953)]; hier auch Notiz Dr.
Telschows: Feodor Lynen sei eine
Persönlichkeit, »die genau weiß, was
sie will«; die Max-Planck-Gesellschaft
müsse daher bis zu diesem Termin
wissen, was sie ihm anzubieten habe.
16 Protokoll über die Kommissionssitzung ›Berufung Lynen an die Deutsche Forschungsanstalt f. Psychiatrie,
Max-Planck-Institut München‹ vom
21.11.1953 [Personalakte – Mpg
(Oktober – November 1953)]
17 Adolf Butenandt, seit 1936 Direktor
des Kaiser-Wilhelm- bzw. später des
Max-Planck-Instituts für Biochemie,
das in Folge des Kriegs von Berlin/
Dahlem nach Tübingen verlegt worden war, war 1953 an die Universität
München auf das Ordinariat für Physiologische Chemie berufen worden;
Boris Rajewesky, Max-Planck-Institut
für Biophysik; beide waren während
der Sitzung nicht anwesend und legten deshalb der Kommission ihre
Bedenken in schriftlicher Form vor
(Adolf Butenandt in einem Brief an
J. Hämmerling, Max-Planck-Institut
für Meeresbiologie, vom 17.11.1953;
Eintrag im Protokoll über die Kommissionssitzung ›Berufung Lynen an
die Deutsche Forschungsanstalt f.
Psychiatrie, Max-Planck-Institut
München‹ vom 21.11.1953) [Perso-
nalakte – Mpg (Oktober – November 1953)]
18 Adolf Butenandt in einem Brief an
J. Hämmerling, Max-Planck-Institut

für Meeresbiologie, vom 17.11.1953 [Personalakte – MPG (Oktober – November 1953)]

19 Adolf Butenandt in einem Brief an J. Hämmerling vom 27.11.1953 [Personalakte – MPG (Oktober – November 1953)]

20 Personalakte – MPG (Oktober – November 1953), 17.11.1953, 27.11.1953

21 Personalakte – MPG (Oktober – November 1953), 17.11.1953

22 Zum Hirnpathologischen Institut gehörten die untergeordneten Abteilungen für Serologie und Mikrobiologie und die Prosektur. Zum Klinischen Institut gehörten die Abteilungen für Genealogie und Demographie sowie für Biochemie. [www.mpipsykl.mpg.de, 2008]

23 Notiz über Willibald Scholz (Leiter der Neuropathologischen Abteilung) in einem Auszug aus einem Schreiben Telschows an Pfuhl vom 23.10.1953; Diskussionsbeiträge von Hugo Spatz, Max-Planck-Institut für Hirnforschung, und Joachim Hämmerling, Max-Planck-Institut für Meeresbiologie, im Protokoll über die Kommissionssitzung ›Berufung Lynen an die Deutsche Forschungsanstalt f. Psychiatrie, Max-Planck-Institut München‹ vom 21.11.1953 [Personalakte – MPG (Oktober – November 1953)

24 Im Einzelnen waren dies die Professoren Hahn, Hämmerling, Thomas, Kornmüller, Scholz, Wagner, Kuhn, Tönnis, Thauer, Zülch, Grassmann, Spatz und Patzig. [Beschluss der Biologisch-Medizinischen Sektion des Wissenschaftlichen Rats vom 21.11.1953, in: Personalakte – MPG (Oktober – November 1953)]

25 Die Abteilungsleiter der Deutschen Forschungsanstalt für Psychiatrie erklärten sich mit der Aufnahme Feodor Lynens schließlich einverstanden, da dieser den Zielsetzungen des Instituts entsprechend mitarbeiten

wolle. Man wolle ihm für seine Abteilung 300 m² (von ursprünglich geforderten 500 m²) abtreten. Otto Hahn betonte in der Diskussion, dass nach dem einstimmigen Beschluss niemand, wie sonst häufig der Fall, hinterher darüber klagen solle. [Protokoll über die Kommissionssitzung vom 21.11.1953, in: Personalakte – MPG (Oktober – November 1953)]. Boris Rajewsky, der sich zu diesem Zeitpunkt in Chicago aufhielt, in einem Brief an J. Hämmerling vom 10.1.1054: Er sei nicht einverstanden mit dem Beschluss der Kommission, füge sich aber der Mehrheit. Er sei nicht der Meinung, dass man gute Leute vor dem Ausland retten solle, sie sollten vielmehr Auslandserfahrungen machen. Oft kämen sie wieder zurück, und wenn nicht, blieben sie der internationalen Wissenschaft erhalten: »*Schluss mit den nationalen Wissenschaften*«! [Personalakte – MPG (Oktober – November 1953)]

26 Beschluss der Biologisch-Medizinischen Sektion des Wissenschaftlichen Rats vom 21.11.1953 [Personalakte – MPG (Oktober – November 1953)]

27 Die Bezeichnung ›Biochemie‹ war innerhalb der Max-Planck-Gesellschaft bereits an das Institut Adolf Butenandts vergeben; das Berliner Institut Otto Warburgs trug die Bezeichnung ›Physiologische Chemie‹.

28 Auszug aus dem Entwurf des Protokolls der Stiftungsratssitzung vom 26.2.1954 und Auszug aus Vermerk vom 3.3.1954 [Personalakte – MPG (März – August 1954)]

29 Auszug aus der Niederschrift über die Sitzung des Senats am 29.1.1954 [Personalakte – MPG (März – August 1954)]

30 Protokoll über die Kommissionssitzung am 21.11.1953 [Personalakte – MPG (Oktober – November 1953)]

31 Vermerk über eine telefonische Anfrage bei Feodor Lynen im Protokoll über die Kommissionssitzung vom 21.11.1953 [PERSONALAKTE – MPG (OKTOBER – NOVEMBER 1953)]

32 Vermerk Ernst Telschows vom 9.11.1953 [PERSONALAKTE – MPG (OKTOBER – NOVEMBER 1953)]

33 Vermerk Ernst Telschows vom 27.11.1953 über ein Telefonat mit Ministerialrat v. Elmenau am 26.11.1953 [PERSONALAKTE – MPG (OKTOBER – NOVEMBER 1953)]

34 Ministerialrat v. Elmenau (Bayerisches Staatsministerium für Unterricht und Kultus) in einem Brief an das Bayerische Staatsministerium der Finanzen vom 18.6.1954 [UNIVERSITÄT MÜNCHEN (1945–1977)]

35 Vermerk betr. Besprechung mit Feodor Lynen am 29.3.1954 in München vom 12.4.1954: Jahresgehalt als Persönlicher Ordinarius 23.476 DM [PERSONALAKTE – MPG (MÄRZ – AUGUST 1954)]

36 Feodor Lynen erhielt auch die Zusage, dass ausländische Besucher in den Gästeräumen der Forschungsanstalt unterkommen könnten; zusätzlich sollte ein Volkswagen aus Mitteln der Max-Planck-Gesellschaft angeschafft werden. [PERSONALAKTE – MPG (MÄRZ – AUGUST 1954), 12.4.1954] Die Firma Boehringer stiftete für das neue Institut für Zellchemie Labortische inklusive Installationsmaterial im Wert von 4.348 DM. [BOEHRINGER (1952–1956), 3.6.1955]

37 Erklärung Feodor Lynens, »ganz zur Max-Planck-Gesellschaft zu kommen, wenn das vom Bayerischen Kultusministerium geplante Universitätsbauprojekt gesichert sei (voraussichtlich vom nächsten Rechnungsjahr an).« [PERSONALAKTE – MPG (MÄRZ – AUGUST 1954), 12.4.1954]. Das von der Max-Planck-Gesellschaft bezahlte Jahresgehalt sollte 26.276 DM betragen. Die Max-Planck-Gesellschaft sollte bis zur vollständigen Übersiedlung nur die Differenz von 2.800 DM zwischen diesem Betrag und dem Ordinarius-Gehalt an der Universität bezahlen. [PERSONALAKTE – MPG (MÄRZ – AUGUST 1954), 12.4.1954]

38 Vermerk Ernst Telschows über Besprechung mit Ministerialrat v. Elmenau und Baron Stralenheim (zeitweise) am 9.1.1954 und 12.1.1954 [PERSONALAKTE – MPG (OKTOBER – NOVEMBER 1953)]

39 Otto Hahn in einem Brief an Feodor Lynen vom 24.3.1954 [HAHN – BRIEFE (1953/1954)]

40 Vladimir Prelog: 1906–1998; 1975 Nobelpreis für Chemie für seine Arbeiten über die Stereoisomerie von organischen Molekülen

41 Feodor Lynen in einem Brief an V. Prelog vom 29.3.1954 [UNIVERSITÄT HARVARD (1953/1954)]

42 Die Max-Planck-Gesellschaft vereinbarte mit Feodor Lynen u.a., dass er persönliche Bezüge aus seiner seit 1942 bestehenden Beratertätigkeit bei der Firma Boehringer bis zu einer Höhe von 5.400 DM je Jahr für sich behalten dürfe, und dass darüber hinausgehende Einnahmen aus diesem Beratervertrag zu zwei Dritteln an das Institut für Zellchemie abgeführt werden sollten. Auch müsse er, wenn die Max-Planck-Gesellschaft dies wünsche, den Beratervertrag mit Boehringer auflösen [GENERALVERWALTUNG MPG (1954), 8.5.1954, 29.5.1954, 1.8.1954]. Das Bayerische Staatsministerium für Unterricht und Kultus erteilte Feodor Lynen die Genehmigung für die Ausübung der Nebentätigkeit im Institut für Zellchemie, zunächst befristet auf zwei Jahre (Begründung für die Befristung: dann sei der Neubau des Universitätsinstituts fertiggestellt, und es müsse neu verhandelt werden). [NEBENTÄTIGKEIT (1954–1968), 31.7.1954].

43 Feodor Lynen in einem Brief an Ernst Telschow, Generalverwaltung

der Max-Planck-Gesellschaft, vom 8.5.1954 [GENERALVERWALTUNG MPG (1954)];
Für den Ausbau seines Wohnhauses erhielt Lynen von der Max-Planck-Gesellschaft einen Darlehensvertrag über 10.000 DM. [PERSONALAKTE – MPG (MÄRZ – AUGUST 1954), 6.7.1954, 27.7.1954, 29.7.1954]

44 BLEIBEVERHANDLUNGEN (1953 – 1966), 13.8 1953; UNIVERSITÄT MÜNCHEN (1945 – 1977), 1.7.1954

45 ERNENNUNGSURKUNDEN (1946 – 1956), 10.6.1954; Zu den Wissenschaftlichen Mitgliedern der Max-Planck-Gesellschaft gehören neben den Direktoren der Max-Planck-Institute die Emeritierten Wissenschaftlichen Mitglieder sowie die Auswärtigen Wissenschaftlichen Mitglieder der Institute.

46 Feodor Lynen in einem Brief an Seeliger / Max-Planck-Gesellschaft vom 10.5.1954: » (…) *wäre es wohl ratsam, mit der Veröffentlichung meines Übertritts in die MPG unter Beibehaltung meiner Stellung in der Universität noch etwas zuzuwarten.*«; Feodor Lynen in einem Brief an Telschow vom 18.5.1954: In der Fakultätssitzung solle der Antrag an das Kultusministerium gestellt werden, ihn vorerst ungeachtet des Übertritts an die Max-Planck-Gesellschaft in seiner Stellung an der Universität zu belassen; Ministerialrat v. Elmenau habe schon seine Zustimmung bekundet. [PERSONALAKTE – MPG (MÄRZ – AUGUST 1954)]

47 Feodor Lynen in: LYNEN – JAHRBUCH (1963), S. 812

48 Hopff (Eidgenössische Technische Hochschule Zürich) in einem Brief an Feodor Lynen vom 11.3.1955 (mit handschriftlicher Ergänzung von Ruzicka) [UNIVERSITÄT ZÜRICH (1955)]

49 Feodor Lynen verdeutlichte dies in einem Vortrag über die Bedeutung der Biochemie, gehalten vor dem Verband der Chemischen Industrie in Bonn am 15.4.1955: Während einer chemischen Fachtagung in den USA im Jahr 1953 seien die meisten Vorträge aus dem Bereich der Biochemie und nur der geringere Teil der Vorträge aus der organischen, anorganischen und physikalischen Chemie gehalten worden. Bei einer im selben Jahr abgehaltenen chemischen Fachtagung in Deutschland dagegen hätten die Biochemie-Vorträge den geringsten Anteil und die Vorträge in anorganischer, organischer und physikalischer Chemie den höchsten Anteil ausgemacht. Lynen forderte daher eine intensive Förderung des Nachwuchses. Besonders wichtig sei die Einrichtung von Forschungsstätten mit guter Ausrüstung an Apparaten und Finanzen, um eine Verbreiterung des Spektrums der biochemischen Forschung in Deutschland zu erreichen. Es gebe dafür eine ausreichende Anzahl junger, an der Biochemie interessierter Chemiker in Deutschland. [LYNEN – REFERAT BIOCHEMIE (1955)]

50 Aktennotiz des Bayerischen Staatsministeriums für Unterricht und Kultus vom 23.4.1955 [UNIVERSITÄT MÜNCHEN (1945 – 1977)]

51 Im Juli 1955 erreichte Feodor Lynen ein weiterer Ruf: auf den Lehrstuhl für Chemotherapie an der Universität Frankfurt / Main, den er aus verhandlungstaktischen Gründen erst zwei Monate später – im September 1955 – ablehnte [BERUFUNGEN (1946 – 1955), 8.9.1955]. In einer Aktennotiz des Kultusministeriums vom 13.5.1955 ist über Lynen vermerkt: »*An dem von ihm geleiteten Max-Planck-Institut für Zellchemie ist er wenig interessiert, er spielt sogar mit dem Gedanken, diese Leitung niederzulegen. Die Verbindung mit dem chemischen Komplex an der Karlstraße ist ihm wichtiger als die Zusammenarbeit mit der Forschungsanstalt für Psychiatrie.*« [UNIVERSITÄT MÜNCHEN

(1945 – 1977), 13.5.1955].
Am 18.12.1955 schrieb Lynen an Tel-
schow: »(...) *dass ich mich in erster
Linie zur Max-Planck-Gesellschaft
gehörig fühle und bei meinen Veröffentlichungen das Institut für Zellchemie
an erster Stelle nennen werde.* (...) *Wie
Sie wissen, will ich die mir in dieser
Hinsicht von der Max-Planck-Gesellschaft gebotenen Möglichkeiten auch
wirklich ausnützen.*« [MPG / UNIVERSI-
TÄT (1955/1956)], 18.12.1955. Feodor
Lynen in einem handschriftlichen
Brief an Otto Hahn vom 21.6.1955:
Lynen bat Hahn, in seinem Anliegen
an das Kultusministerium zu schreiben, um die Verhandlungsposition
gegenüber dem Finanzministerium
zu seinen Gunsten zu verbessern,
und formulierte für Hahn die wichtigen Punkte vor. »*Es ist mir etwas pein-
lich, daß ich Sie mit diesen persönlichen
Dingen belästigen muß.*« [PERSONAL-
AKTE – MPG (MAI – DEZEMBER 1955),
21.6.1955].
Auch v. Elmenau (Kultusministerium) bat Telschow (Max-Planck-
Gesellschaft) darum, in Lynens Anliegen Otto Hahn zu bitten, einen Brief
an das Kultusministerium zu schreiben, um so u.a. »*gewisse – recht erheb-
liche – gehaltsmäßige Verbesserungen*«
für Lynen am Finanzministerium
durchsetzen zu können. [UNIVERSI-
TÄT MÜNCHEN (1945 – 1977),
22.6.1955]. Otto Hahn schrieb an das
Kultusministerium am 27.6.1955
»*Das dort* (in Zürich) *in Errichtung
begriffene Biochemische Institut übt eine
starke Anziehungskraft auf Prof. Lynen
aus*«. Hahn bat darum, sich dafür
einzusetzen, »*diese hervorragende und
zukunftsreiche Spitzenkraft der deutschen Biochemie der Wissenschaft und
Forschung in der Bundesrepublik zu
erhalten.*« [PERSONALAKTE – MPG (MAI
– DEZEMBER 1955)] und am 28.6.1955
[MPG / UNIVERSITÄT (1955/1956)].
Sonstige Schriftstücke zu den Verhandlungen: BLEIBEVERHANDLUNGEN

(1953 – 1966), 21.8.1955; 17.12.1955;
LYNEN – TELEFONNOTIZ TELSCHOW
(1955), 5.5.1955; LYNEN – GESPRÄCHS-
NOTIZ HAHN (1955), 9.5.1955; MPG /
UNIVERSITÄT (1955/1956), 5.7.1955;
5.9.1955; 29.11.1955;
NEBENTÄTIGKEIT (1954 – 1968),
5.1.1956;
PERSONALAKTE – MPG (MAI – DEZEM-
BER 1955), 26.5.1955 (Brief Meinzolt);
26.5.1955 (Vermerk Telschow); 6.6.1955;
27.6.1955; UNIVERSITÄT MÜNCHEN
(1945 – 1977), 6.5.1955; UNIVERSITÄT
ZÜRICH (1955), 24.5.1955;
52 Otto Hahn in einem Brief an Feodor
Lynen vom 12.3.1956 [MPG / UNIVER-
SITÄT (1955/1956)]; ERNENNUNGSUR-
KUNDEN (1946 – 1956), 1.4.1956;
Lynens Institut wurde damit – neben
den schon bestehenden Instituten
für Biochemie und Zellphysiologie –
zum dritten selbständigen Max-
Planck-Institut mit rein biochemi-
scher Zielsetzung.
An die Ernennung Lynens zum Direk-
tor des Instituts schloss sich seine
Ernennung zum Wissenschaftlichen
Mitglied des Max-Planck-Instituts für
Zellchemie zum 1.4.1956 durch Otto
Hahn an [ERNENNUNGSURKUNDEN
(1946 – 1956), 1.4.1956 und MPG /
UNIVERSITÄT (1955/1956), 2.6.1956].
53 Vermerk Telschows betr. Anruf von
Lynen vom 26.5.1955: Lynen wolle in
Zürich absagen [PERSONALAKTE –
MPG (MAI – DEZEMBER 1955)]
54 Chemieinstitut: insgesamt vier Eta-
gen mit 900 bis 1000 m². Keller und
Erdgeschoss: Max-Planck-Institut für
Zellchemie. Erster Stock: für Unter-
richtszwecke. Zweiter Stock: mikro-
biologisch-biochemische Abteilung
[PERSONALAKTE – MPG (MAI –
DEZEMBER 1955), 17.12.1955]
55 Feodor Lynen in einem Brief an B.
Rajewsky vom 17.12.1955 [PERSONAL-
AKTE – MPG (MAI – DEZEMBER 1955)]
56 Feodor Lynen in einem Brief an
E. Telschow vom 18.12.1955 [MPG /
UNIVERSITÄT (1955/1956)]

57 ERNENNUNG O. PROFESSOR (1956)

58 Feodor Lynen in einem Brief an das Bayerische Kultusministerium vom 17.10.1955 [BLEIBE-VERHANDLUNGEN (1953 – 1966)]

59 LYNEN – JAHRBUCH (1963), S. 812

60 HARTMANN – 1955 – 1958 (1976), S. 52 f

61 HARTMANN – 1955 – 1958 (1976), S. 55

62 Feodor Lynen in einem Brief an V. Prelog vom 29.3.1954 [UNIVERSITÄT HARVARD (1953/1954)]

63 An der Aufklärung der Enzyme der an der ß-Oxidation beteiligten Reaktionsschritte arbeiteten außer Lynen u.a. noch Ochoa, Green und Stadtman. [LYNEN / DECKER ET AL. (1956), S. 143]

64 Ziel dieser Arbeit war die geplante Markteinführung eines Coenzym A-Präparates durch Boehringer. Dafür fand ein regelmäßiger Austausch von Produktproben zwischen dem Lynenschen Arbeitskreis und Boehringer statt [BOEHRINGER (1952 – 1956), 15.9.1954; 9.11.1954; 12.3.1955; 3.8.1955; 18.8.1955]. Auch bei einer Konkurrenzfirma wurden Proben bestellt, um deren Qualität mit der der eigenen Zubereitungen vergleichen zu können. [BOEHRINGER (1952 – 1956), 13.1.1956]

65 LÖFFLER / PETRIDES / HEINRICH (2007), S. 405

66 LYNEN / DECKER ET AL. (1955)

67 LYNEN / DECKER ET AL. (1956), S. 142

68 LYNEN / DECKER ET AL. (1956), S. 144

69 LYNEN / DECKER ET AL. (1956), S. 150

70 LYNEN / WIELAND / REINWEIN (1956), S. 155

71 LYNEN / WIELAND / REINWEIN (1956) Eine Ausnahme bildete das Blutserum, das frei von Enzymen der Fettsäurespirale ist, was aber wegen der Lokalisation der untersuchten Enzyme in den Zellmitochondrien nicht überraschte. Die Anordnung der für die ß-Oxidation benötigten Enzyme in der Matrix der Mitochondrien bietet den Vorteil der räumlichen Nähe zu den in der mitochondrialen Innenmembran gelegenen Enzymen der Atmungskette.

72 LÖFFLER / PETRIDES / HEINRICH (2007), S. 408

73 »Ein Programm, das zunächst reine Grundlagenforschung ist, aber selbstverständlich mit Anwendungsperspektiven und Blick auf spätere Anwendungsmöglichkeiten in der Praxis.« [Feodor Lynen in TSCHUNKE (1975), S. 1]

74 Acetessigsäure : $CH_3\text{-}CO\text{-}CH_2\text{-}COOH$

75 Aceton: $CH_3\text{-}CO\text{-}CH_3$

76 LYNEN / HENNING ET AL. (1958), S. 269

77 LYNEN / WESSELY ET AL. (1952)

78 LYNEN / HENNING ET AL. (1958), S. 269 f

79 LYNEN / HENNING ET AL. (1958), S. 270

80 KREBS / DECKER (1982), S. 281

81 LYNEN / HENNING ET AL. (1958), S. 270

82 BLOCH (1980), S. 216; Siehe dazu auch Ulf Henning, damaliger Mitarbeiters Lynens: »Lynen war in jenem Oktober in USA, ich schrieb ihm von diesen Versuchen, und die umfangreiche Antwort kam so schnell, daß er mit dem langen Brief kaum mehr als einen Tag verbracht haben konnte. (…) Es war der fertig formulierte ›HMG-CoA-Zyklus‹ und eine Liste von Versuchen, die jetzt zu machen waren; deren Ergebnisse waren vorweggenommen, und im Wesentlichen fanden sich auch schon alle Abbildungen dieser vorweggenommenen Ergebnisse in dem Brief, etwa so, wie sie im Druck erschienen.« [HENNING (1976), S. 112]

83 LYNEN / HENNING ET AL. (1958)

84 LYNEN – NOBELVORTRAG (1964), S. 934

85 LYNEN – NOBELVORTRAG (1964), S. 934; Die während der Biosynthese der Ketonkörper ablaufende Reaktionssequenz, die zur Bildung von HMG-CoA führt, ist in den Mitochondrien lokalisiert. Im Unterschied dazu wird das während der Cholesterinbiosynthese für die Bildung von Mevalonsäure benötigte HMG-CoA im Cytosol erzeugt. [LÖFFLER / PETRIDES / HEINRICH (2007), S. 565]

86 Leopold Ruzicka: 1887 – 1976, 1939 Nobelpreis für Chemie für seine Arbeiten über Polymethylene und höhere Terpene

87 Isopren: $CH_2=CH(CH_3) - CH=CH_2$ (2-Methyl-1,3-butadien)

88 Feodor Lynen in LYNEN – POLYISOPRENOIDE I (1957), S. 71

89 Feodor Lynen in LYNEN – COENZYM A (1957), S. 219 f

90 nach Konrad Blochs Isotopenversuchen mit markierten Präparaten, die auch die Verteilung der Methyl- (CH_3-) und der Carboxyl-Kohlenstoffatome (-COOH) aus der zwei C-Atome enthaltenden Essigsäure (CH_3-COOH) in den nachfolgenden Zwischenprodukten erkennbar werden ließen

91 ß-Methyl-crotonyl-CoA: CH_3-C(CH_3)=CH-CO-SCoA; Dessen Bildung schien – ausgehend von HMG-CoA – möglich durch Wasserabspaltung und Decarboxylierung. Reaktionsfolgen dieser Art waren schon aus Arbeiten von M. Coon bekannt. [BLOCH (1980), S. 218]

92 Feodor Lynen in: LYNEN – NOBELVORTRAG (1964), S. 934

93 Karl Folkers: 1906 – 1997

94 Mevalonsäure: COOH-CH_2-C(OH)(CH_3)-CH_2-CH_2-OH (Dioxymethyl-valeriansäure; C_6-Körper)

95 LYNEN – COENZYM A (1957), S. 221

96 Feodor Lynen dazu: »*Jetzt ist das Zehnerl gefallen.*« [EGGERER (1976), S. 209] (»›Was wollt Ihr denn immer mit Eurer blöden Melabonsäure?‹ höre ich Eva Lynen noch fragen«, berichtete ein damaliger Mitarbeiter Feodor Lynens. [GRUBER (1976), S. 116])

97 Feodor Lynen in LYNEN – POLYISOPRENOIDE III (1958), S. 738; Die erste Veröffentlichung aus dieser Reihe

beschreibt die Darstellung von ß-Hydroxy-ß-methyl-glutaraldehydsäure [LYNEN – POLYISOPRENOIDE I (1957)], die zweite Veröffentlichung schildert eine Methode zur Isolierung und kolorimetrischen Bestimmung von Mevalonsäure [LYNEN – POLYISOPRENOIDE II (1958)].

98 KIRSCHNER (1976), S. 225

99 Isopentenyl-Pyrophosphat: $CH_2=C(CH_3)$-CH_2-CH_2-P-P

100 LYNEN – POLYISOPRENOIDE III (1958), S. 740

101 Feodor Lynen in LYNEN – POLYISOPRENOIDE III (1958), S. 738

102 Feodor Lynen in LYNEN – POLYISOPRENOIDE III (1958), S. 741

103 Carbokation, positiv geladenes C-Atom

104 Dimethyl-allyl-pyrophosphat

105 Pyrophosphat: Salz der Pyro-Phosphorsäure: $(P_2O_7)^{4-}$

106 Orthophosphat: Salz der Ortho-Phosphorsäure: $(PO_4)^{3-}$

107 Feodor Lynen in LYNEN – POLYISOPRENOIDE III (1958), S. 741

108 SEYFFERT (1976), S. 251

109 LYNEN – POLYISOPRENOIDE III (1958), S. 741

110 Weitere Autoren waren H. Beinert, D. E. Green, P. Hele, O. Hoffmann-Ostenhof, S. Ochoa, G. Popják und R. Ruyssen.

111 BEINERT ET AL. (1955), S. 337 – 340

112 BLOCH (1980), S. 220

113 STADTMAN, E. (1976), S. 180

114 Götz Domagk, Lynen-Mitarbeiter von 1957 bis 1959, in DOMAGK (1976), S. 282

115 Hans Schlegel, Lynen-Mitarbeiter 1956, in SCHLEGEL (1976), S. 136. Ein willkommener Nebeneffekt dieser straffen Führung war es, dass eventuellem Betrug und Fälschungen von Forschungsergebnissen durch die Mitarbeiter im eigenen, maximal acht bis zehn Diplomanden und Doktoranden zählenden Arbeitskreis vorgebeugt wurde. In anderen Arbeitskreisen kam dies dagegen immer wieder einmal vor. [Hopfer (2007)]

116 Feodor Lynen in Hartmann (1976), S. 51

117 Krebs / Decker (1982), S. 301 und Decker (2006), S. S. 3

118 Universitätsinstitut

119 Max-Planck-Institut

120 Eggerer (1976), S. 209

121 Wolfgang Gruber, Lynen-Mitarbeiter von 1956 bis 1959, in Gruber (1976), S. 114

122 Dankwart Reinwein, Lynen-Mitarbeiter von 1953 bis 1956, in Reinwein (1976), S. 102

123 Hermann Eggerer, Lynen-Mitarbeiter von 1954 bis 1961, in Eggerer (1976), S. 208

124 Eggerer (1976), S. 208

125 Hans Schlegel, Lynen-Mitarbeiter 1956, in Schlegel (1976), S. 136

126 Werner Seubert, Lynen-Mitarbeiter von 1952 bis 1957 und von 1959 bis 1965 in Seubert (1976), S. 95 f; Seubert schildert hier auch ein Beispiel für das stets ins Detail gehende Interesse Lynens an den Laborversuchen seiner Mitarbeiter, hier im Rahmen der Untersuchungen des Fettsäureabbaus die Arbeit mit der Butyryl-CoA-Dehydrogenase: *»Eine weitere Klippe war bei der Charakterisierung des enzymgebundenen Flavins zu überwinden. Da Flavinnucleotide damals noch nicht im Handel erhältlich waren, musste ich FAD aus der Hefe mit chromatographischen Methoden isolieren. Für die Charakterisierung diente mir das Apoenzym der Aminosäureoxydase. Die Spaltung dieses Flavoproteins in Apoenzym und Coferment im schwachsauren Milieu ist mir besonders unangenehm in Erinnerung. Sie musste zur vollständigen Dissoziation mehrmals wiederholt werden und führte meist zu einem inaktiven Apoenzym. Es war Lynen, der mir empfahl, die Spaltung in Gegenwart von Aktivkohle durchzuführen, um* *durch Bindung des abdissoziierten FAD das Gleichgewicht zugunsten der Apoenzymbildung zu verschieben. In der Tat konnte mit diesem Trick das Problem innerhalb kürzester Zeit gelöst werden. Dieses Beispiel ist wohl charakteristisch für den fast täglichen Kontakt zwischen Lynen und seinen Mitarbeitern.«*

127 Dieter Oesterhelt, Lynen-Mitarbeiter von 1964 bis 1969 und von 1970 bis 1973 in Oesterhelt (1976), S. 309 f

128 Hermann Eggerer, Lynen-Mitarbeiter von 1954 bis 1961, in Eggerer (1976), S. 208

129 Thomas Schreckenbach, Lynen-Mitarbeiter von 1972 bis 1975, in Schreckenbach (1976), S. 349

130 Furtwängler (1966)

131 Decker (1980), S. 228

132 Overath (1976), S. 187

133 Maria Hopfer, Lynens Sekretärin von 1960 bis zu seinem Tod 1979 [Hopfer (2007)]; hier auch: *»Er konnte einem auf seine bayerische Art schon mal etwas vorsetzen.«* Feodor Lynen hielt sich selbst nicht für streng, sondern für *»auskömmlich«* [Furtwängler (1966)]

134 Jaenicke (1980), S. 413, und Overath (1976), S. 187

135 Overath (1976), S. 187; Hans Lengsfeld, Lynen-Mirabeiter von 1964 bis 1968: *»Lynen ist sich der Anziehungs- und Überzeugungskraft, die er auf seine Studenten ausübt, durchaus bewusst, und es war ihm ein häufig ausgesprochenes Anliegen, seinen Schülern zu helfen, sich auch wieder von ihm zu lösen und selbständig zu werden.«* [Lengsfeld (1976), S. 250]. Dabei nutzte Lynen seine Kontakte ins Ausland und zur Industrie, um seine Mitarbeiter auf weiterführende Forschungsstellen bzw. auf Arbeitsstellen zu vermitteln. Lynen in einem Brief an Dr. Rollin Hotchkiss / New York vom 3.8.1960 über einen seiner Mitarbeiter: *»Er ist ein ausgezeichneter For-*

scher und auch persönlich sehr anregend,
wenn erst einmal die Zurückhaltung, mit
der er sich umgibt, durchbrochen ist.«
[Lynen – Brief Hotchkiss (1960)]
136 JAENICKE (1980), S. 413; OVERATH
(1976), S. 187; LYNEN, ANNEMARIE
(2007); LYNEN, EVA-MARIA (2007);
Hierzu auch Feodor Lynens Tochter
Dr. Annemarie Lynen über die
empathische Seite ihres Vaters: Konrad Lorenz erzählte ihr von der
Bestattungsfeier Erich von Holsts
(1908–1962, Direktor des Max-
Planck-Instituts für Verhaltensphysiologie am Eß-See bei Starnberg,
dessen Stellvertreter Konrad Lorenz
gewesen war): *»Es war furchtbar.*
Aber dann hab' ich gesehen, dass der
Fitzi weint, und dann hab' ich meine
eigenen, bis dahin zurückgehaltenen
Tränen auch laufen lassen.« [LYNEN,
ANNEMARIE (2007)]
137 BUBLITZ (1976), S. 108 (deutsche
Übersetzung von H. W.); Hierzu
auch Dieter Oesterhelt, Lynen-Mitarbeiter von 1964 bis 1969 und von
1970 bis 1973: Bei Arbeiten zur Fettsäuresynthase blieben über drei
Tage hinweg Laborversuche erfolglos, die vorher regelmäßig immer
gelungen waren. Oesterhelt stellte
schließlich fest, dass von ihm verwendete Reagenzien verdorben
gewesen waren. Feodor Lynen rief
ihm im Hinausgehen über die
Schulter hinweg zu: *»Das sollte*
einem Doktoranden nicht passieren.«
Oesterhelt entgegnete, ebenfalls
über die Schulter: *»Das brauchen Sie*
mir aber nicht zu erzählen.« Kurz
danach kam Lynen erneut zu ihm,
um ihm zu sagen: *»So habe ich das*
nicht gemeint.« [OESTERHELT (2007)]
138 BUBLITZ (1976), S. 108 (deutsche
Übersetzung von H. W.)
139 KREBS / DECKER (1982), S. 265
140 KREBS / DECKER (1982), S. 265
141 HOPFER (2007)
142 EIGEN (1995), S. 339; Feodor Lynens
Ehefrau Eva bezeichnete in ihren

Erinnerungen seine Leidenschaft
für körperliche Herausforderungen,
wie z. B. Schwimmen weit draußen
in den Wellenbergen an der Copaca-
bana in Rio oder einen wilden
Kamelritt in Indien, als *»sportliche*
Erlebnissucht«. [LYNEN, EVA (II),
S. 34]
143 SEUBERT (1976), S. 99
144 DECKER (1980), S. 229; siehe auch
REINWEIN (1976), S. 103: *»Im Win-*
ter bis ins Frühjahr fanden Skitouren
statt, an denen Lynen ungeachtet ver-
schiedener Frakturen immer wieder
teilnahm. Ausserdienstliche Feste, ich
erinnere mich an Weihnachtsfeiern in
der Kraepelinstraße und die Ausflüge
(…) auf das Oktoberfest, hörten für
Lynen meist viel zu früh auf.«
145 WOOD (1979), S. 300;
Darüberhinaus besuchte Lynen die
Feiern zu besonderen Anlässen wie
Geburtstagen oder Verabschiedun-
gen auch aller anderen, nicht-wis-
senschaftlichen Institutsmitarbeiter
aus der Verwaltung etc. [LYNEN,
ANNEMARIE (2007)]
146 DECKER (1980), S. 229
147 WOOD (1979), S. 300;
Hierzu auch: Paul A. Srere, Gast
aus den USA in Lynens Labor von
1955 bis 1956: *»Although the German*
economy had not recovered completely
at the time we were in München and
›plinke-plinke‹ was hard to come by,
the lab personnel enjoyed itself at
numerous fests – for someone joining
the lab, for someone leaving, for pas-
sing an exam, for Fasching, for Okto-
berfest, for Salvatore, for everything, for
anything.« [SRERE (1976), S. 105].
Durch den damaligen Umtauschkurs für US-$ (1:4) verfügten die
amerikanischen Gäste meist über
mehr Geld als die deutschen Professoren. [HOPFER (2007)]
148 Thressa Stadtman, Mitarbeiterin
Lynens 1955, berichtete aus dieser
Zeit: *»I already looked like a real*
Bavarian. In fact I had purchased a

handsome pair of black lederhosen and proudly wore these in the mountains on Sundays until one time I heard a voice in the distance say ›She must be an American‹.« [STADTMAN, T. (1976), S. 199]

149 DECKER (1976), S. 82 f

150 REINWEIN (1976), S. 102

151 KIRSCHNER (1976), S. 225

152 KRAMPITZ (1976), S. 40

153 Harland G. Wood, Gast aus den USA in Lynens Labor von 1962 bis 1963, in WOOD (1976), S. 142

154 Paul A. Srere, Gast aus den USA in Lynens Labor von 1955 bis 1956, in SRERE (1976), S. 104

155 STADTMAN, E. (1976), S. 180

156 KRAMPITZ (1976), S. 39

157 Ehefrau Eva Lynen berichtet, dass sie *»die Möglichkeit, viele interessante und gescheite Menschen zu treffen, im eigenen Haus«*, meist sehr genoss [LYNEN, EVA (II), S. 27]. Dagegen berichtet Feodor Lynens Tochter Dr. Annemarie Lynen, dass die stete Anwesenheit von Besuchern mitunter für das Familienleben recht belastend gewesen sei. So waren z. B. auch am Abend ihrer Wiederkunft aus den USA, wo sie im Alter von 13 Jahren für ein Jahr bei der Familie des Biochemikers Carl Neuberg gelebt hatte, auswärtige Besucher anwesend [LYNEN, ANNEMARIE (2007)]. Alleine mit seiner Familie verbrachte Feodor Lynen offenbar nur wenig Zeit, wie z. B. die Tage am Jahresende: *»Wir haben die Zeit zwischen den Festtagen in Grindelwald beim Skilaufen verbracht, wo die ganze Familie in einem Chalet hauste.«* [Feodor Lynen in einem Brief an Otto Bayer vom 7.1.1958, in: BAYER / LEVERKUSEN (1951 – 1958)]

158 HOPFER (2007); DECKER (2006), S. 6; LYNEN, ANNEMARIE (2007); PFEIFFER (2007)

159 Heinrich Pfeiffer in PFEIFFER (2007)

160 Feodor Lynen in LYNEN – LANDKREIS STARNBERG (1977), S. 5057

161 Feodor Lynen in LYNEN – LANDKREIS STARNBERG (1977), S. 5058

162 Februar / März 1954: Vorträge in Bristol, Oxford, Cambridge, London [BEURLAUBUNG (1952 – 1954), 23.2.1954; REISEKOSTEN (1954 – 1958), 5.3.1954]

163 Juli / August 1955: II. Internationales Kolloquium über die Biochemie der Lipide in Gent und Biochemiker-Kongress in Brüssel [REISEKOSTEN (1954 – 1958), 22.6.1955]

164 Feodor Lynen in einem Brief an E. Telschow vom 5.9.1955: *»Sehr interessant war die Haltung der russischen Biochemiker auf dem Kongress. Im Gegensatz zum vorhergehenden Kongress in Paris, wo die Russen nur russisch vortrugen und kaum Kontakt mit den anderen Delegationen hatten, sprachen diesmal fast alle englisch oder französisch bzw. deutsch und man konnte auch ausserhalb der Vortragssäle verhältnismässig frei mit ihnen reden. Die Verhältnisse haben sich anscheinend wirklich geändert.«* [MPG / UNIVERSITÄT (1955/1956), 5.9.1955]

165 Mai 1958: Amerikanische Universität Beirut [REISEKOSTEN (1954 – 1958), 30. 4. 1958 und 29. 5. 1958]

166 LYNEN – JAPANBERICHT (1957), S. 1; siehe auch REISEKOSTEN (1954 – 1958), 15.6.1957; 10. 7. 1957

167 Engelbert Kaempfer: 1651 – 1716, deutscher Arzt und Forschungsreisender

168 Franz von Siebold: 1796 – 1866, deutscher Arzt, Botaniker, Japanforscher

169 Bedingt durch den deutsch-japanischen Antikomintern-Pakt von 1936 waren die guten Beziehungen zwischen deutschen und japanischen Wissenschaftlern auch während der nationalsozialistischen Zeit bestehen geblieben. Nach dem Ende des

Zweiten Weltkriegs nahm man den kurzzeitig unterbrochenen Kontakt wieder auf. [PFEIFFER (2007)]

170 Ähnlich wie bei seiner ersten USA-Reise 1953 machte Feodor Lynen auch hier Notizen in seinem Taschenkalender, z. B. über den Flug über den Nordpol und die durch Gegenwind verursachte Zwischenlandung in Lulea/Lappland: »*Reif, klare Nacht mit schönem Sternhimmel*«. Am Tag der Ankunft in Tokio vermerkte er: »*3.Oktober: Die Zeitorientierung ist in Durcheinander geraten.*« Vom Flughafen wurde er mit dem Wagen abgeholt: »*für 16 km mehr als 1 Std. Sehr starker Verkehr*«. [LYNEN – TASCHENKALENDER (1957)]

171 LYNEN – TASCHENKALENDER (1957), 3. Oktober 1957

172 LYNEN – JAPANBERICHT (1957), S. 1–3

173 Die apparative Ausstattung der Laboratorien in Japan und in München bei Feodor Lynen verglich auch Michio Matsuhashi, japanischer ehemaliger Lynen-Mitarbeiter von Oktober 1953 bis Dezember 1954 (Hin- und Rückreise jeweils 40 Tage lang mit einem Frachtschiff über Suez) und von Mai 1960 bis Mai 1962: »*Das Laboratorium* (Lynens) *war gut eingerichtet mit Zentrifugen und Photometern und in dieser Hinsicht etwa 10 Jahre den Laboratorien in Japan voraus.*« [MATSUHASHI M. (1976), S. 165]

174 LYNEN – JAPANBERICHT (1957), S. 3 f

175 LYNEN – JAPANBERICHT (1957), S. 3

176 Götz Domagk, Lynen-Mitarbeiter von 1957 bis 1959, in DOMAGK (1976), S. 282

177 DECKER (1976), S. 83

178 DECKER (1976), S. 82

179 JAENICKE (1976), S. 3; Feodor Lynens Reflexionen darüber führten schließlich später – nachdem er den Nobelpreis erhalten hatte – zu der gegenüber seiner Tochter Annemarie geäußerten Bemerkung: »*Ich*

habe mir den Nobelpreis ersoffen.« [LYNEN, ANNEMARIE (2007)]

180 MARKL (1999), S. 19, und EIGEN (1995), S. 398; Siehe dazu auch Guido Hartmann, Lynen-Mitarbeiter von 1955 bis 1958 und von 1959 bis 1961, in einem Brief an Feodor Lynen vom 4.1.1959 aus New York, wo er einige Zeit am Rockefeller Institute of Medical Research arbeitete: »*Ihr Name öffnet hier einem wirklich jede Tür.*« [HARTMANN – BRIEF (1959)]

181 BOEHRINGER (1952 – 1956), 24.9.1952; 2.10.1952; 25.6.1956

182 Die Initiative für diese Ehrung, deren Bezeichnung ›Ehrenbürger‹ später in ›Ehrensenator‹ geändert wurde, ging – ohne sein Wissen – von seinem Bruder Albert und seinem Schwager Julius Liebrecht aus, die sich an Theo Wieland mit der Bitte um Unterstützung gewandt hatten. Dieser hatte daraufhin Feodor Lynen in die Planungen einbezogen [Brief v. Sonnleithners (Fa. C. H. Boehringer Sohn) an Feodor Lynen vom 1.3.1956, in: BOEHRINGER (1952 – 1956)]. Auf diesem Brief vermerkte Feodor Lynen handschriftlich am 16.3.1956: »*Unterredung mit Vutu. Ehrenbürgerschaft soll von Huisgen und ...* (Anm.: nicht leserlich) *beantragt werden. Vutu und ich sollten sich zurückhalten: Vetterleswirtschaft*« [BOEHRINGER (1952 – 1956)]. (Anm.: Prof. Rolf Huisgen, Organische Chemie, Schüler und Nachfolger Heinrich Wielands); Ihren Antrag auf Boehringers Ehrung vom 25.6.1956 begründen die Unterzeichner so: »*Sie* (die Ehrung) *würde auch ein Zeichen des Dankes und der Anerkennung für die Förderung der Forschung durch die Industrie sein, deren Notwendigkeit gerade unter den heutigen wirtschaftlichen Verhältnissen von allen maßgeblichen Kreisen so nachdrücklich betont wird.*« [BOEHRINGER (1952 – 1956)]

183 BOEHRINGER (1958 – 1960),
9.9.1958; 17.7.1959; 13.7.1960

184 BEHRENS (1998), S. 147

185 Brief des Verbandes der chemischen
Industrie (Otto Bayer, Farbenfabri-
ken Bayer, Leverkusen, Vorsitzender
des Engeren Kuratoriums) an Feodor Lynen vom 15.4.1955: »*Zur Förderung des wissenschaflichen Nachwuchses sowie zur Aufrechterhaltung
und Verbesserung des wissenschaftlichen Schrifttums auf dem Gebiet der
Chemie*« würden anlässlich des 5jäh-
rigen Bestehens des Fonds der Chemischen Industrie durch den Verband der Chemischen Industrie 2
Millionen DM an die chemischen
Institute der Universitäten und
Hochschulen vergeben. Feodor
Lynens Arbeitskreis solle in diesem
Rahmen eine Forschungsbeihilfe in
Höhe von 5.000 DM erhalten. [VER-
BAND CHEMISCHE INDUSTRIE (1955),
1.3.1955; 15.4.1955; BAYER / LEVERKU-
SEN (1951 – 1958), 30.4.1955]

186 FONDS CHEMIE

187 Otto Bayer (die Namensgleichheit
mit der Gründerfamilie des Bayer-
Konzerns ist rein zufällig):
1902 – 1982, Chemiker, Leiter des
wissenschaftlichen Hauptlabors bei
Bayer Leverkusen, Entwicklung der
Polyurethanchemie, Vorstandsmitglied [www.bayer.de, 2008]

188 Durch Otto Bayers Vermittlung
wurde Feodor Lynen ein Reisekos-
tenzuschuss in Höhe von 300 DM
überwiesen. [BAYER / LEVERKUSEN
(1951 – 1958), 20.7.1955]

189 BAYER / LEVERKUSEN (1951 – 1958),
14.4.1954

190 BAYER / LEVERKUSEN (1951 – 1958),
24.8.1955; 26.6.1956

191 Otto Bayer in einem Brief an Feodor
Lynen vom 26.6.1956: »*Aber reichen
Sie den Antrag ein. Ich will mein Bes-
tes tun.*« [BAYER / LEVERKUSEN
(1951 – 1958)]

192 BAYER / LEVERKUSEN (1951 – 1958),
16.5.1956

193 BAYER / LEVERKUSEN (1951 – 1958),
7.1.1958

194 BAYER / LEVERKUSEN (1951 – 1958),
3.12. 1951; 27. 10. 1952; 1.7.1958

195 PICCININI (1976), S. 302

196 Feodor Lynen in LYNEN – EINFLUSS
DER FORSCHUNG (1973), S. 416

Reiche Jahre (1958 – 1964)

Reisen ins Ausland · Mauerbau in Deutschland · Wissenschaftskooperation mit Israel · Förderung der Biochemie durch die Industrie · Biosynthese der Terpene · Regulation der Cholesterinbiosynthese · Biosynthese des Natur-Kautschuks · Warburgsches Hämin · Ubichinon · Carotinoide · Biochemischer Wirkungsmechanismus des Biotins · Biosynthese der Fettsäuren · Multienzymkomplex · Biologische Regulation der Fettsäuresynthese

>»Man muss sich darüber im Klaren sein, dass ein Wissenschaftler, genauso wie der Künstler, die Intuition benötigt. Ein Wissenschaftler ist meines Erachtens eine Kombination aus einem Künstler und aus einem Handwerker.«[1]

Auch während der folgenden Jahre pflegte und erweiterte Feodor Lynen seine internationalen Kontakte. Im Frühjahr 1959 reiste er in die USA, wo er u. a. das ›Enzyme Reaction Mechanism‹- Symposium in Gatlinburg/Tennessee besuchte und mit vielen Kollegen – darunter Carl Cori[2], Fritz Lipmann, Francis Crick[3], Har Gobind Khorana[4], Christian Anfinsen[5] und Melvin Calvin[6] – zusammentraf.[7]

Während der Heimreise auf dem Schiff machte er eine weitere Bekanntschaft, über die er später gern berichtete: Er habe in einem der mitreisenden Passagiere den Schriftsteller Ernest Hemingway[8] gemeint erkannt zu haben. »*Am nächsten Tag um 11 Uhr, an der Bar selbstverständlich, da stand dieser Herr neben mir, und ich war sehr begierig, seine Bekanntschaft zu machen, und drehte mich zu ihm und sagte:*

Feodor Lynen mit Ernest und Mary Hemingway, 1959.

Feodor Lynen. Heike Will
Copyright © 2011 WILEY-VCH Verlag GmbH & Co. KGaA, Weinheim
ISBN 978-3-527-32893-2

›*Sorry, if you are a poet, I know who you are*‹, worauf er kurz antwortete: ›*I'm no poet, I'm a writer.*‹ *Und daraus haben sich dann interessante Gespräche ergeben, und wir haben die Überfahrt bis Gibraltar, wo das Ehepaar Hemingway ausstieg, sehr vergnügt verbracht.*"[9]

1960 reiste Lynen, diesmal mit dem Flugzeug, erneut in die USA, um dort während einer vierwöchigen Rundfahrt mehrere Kollegen in deren Laboratorien zu besuchen.[10]

Im August 1961 folgte Feodor Lynen einer Einladung zu einem Biochemikerkongress in Moskau, an dem 6000 Wissenschaftler aus aller Welt teilnahmen.[11]

Die Tage in der UdSSR wurden überschattet von den folgenreichen Ereignissen in Berlin: am 13. August riegelten bewaffnete Volkspolizisten der DDR den Ostteil Berlins gegen den Westteil ab, am nächsten Tag wurde das bislang als Grenzübergang genutzte Brandenburger Tor zum Westen hin geschlossen, und die Telefonverbindungen zwischen der Bundesrepublik und der DDR wurden vorübergehend unterbrochen. Am 16. August wurde schließlich für alle Bewohner der DDR und Ost-Berlins die Grenze zur BRD gesperrt.

Die Auswirkungen des Mauerbaus waren auch im deutsch-deutschen Wissenschaftsbetrieb sofort zu spüren: für die im Oktober 1961 in Schweinfurt geplante Jahresversammlung der Deutschen Akademie der Naturforscher Leopoldina – einer 1652 in der damaligen Freien Reichsstadt Schweinfurt gegründeten, seit 1878 in Halle an der Saale angesiedelten wissenschaftlichen Gesellschaft mit der Aufgabe der Förderung von Wissenschaft, interdisziplinärer Diskussion und Verbreitung wissenschaftlicher Erkenntnisse – sollten seitens der DDR Ausreisegenehmigungen in die BRD nur für das Präsidium der Akademie, nicht aber für die anderen teilnehmenden Wissenschaftler ausgestellt werden.[12] Kurt Mothes[13], der Präsident der Leopoldina, sagte daraufhin die Veranstaltung ab.[14] Auch ein weiteres, für Januar 1962 geplantes Treffen der Akademiemitglieder, in dessen Programm ein Vortrag und eine Ehrung Lynens mit einer Medaille vorgesehen waren, musste wegen der »*augenblicklich in Mitteleuropa bestehenden politischen Schwierigkeiten*«[15] wieder abgesagt werden. Lynen zeigte sich darüber sehr betrübt, »*weil die Gründe, die zu dieser Verschiebung geführt haben, so gar nicht mit dem Geist der Wissenschaft zu vereinbaren sind.*«[16] Erst im September desselben Jahres konnte die Verleihung des Carus-Preises an Feodor Lynen in Schweinfurt schließlich stattfinden.[17]

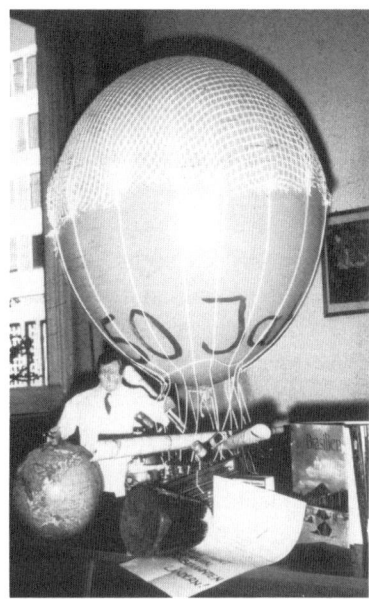

Feodor Lynen als Puppe mit Ballon,
Geschenk der Mitarbeiter Lynens
zu dessen 50. Geburtstag, 1961.

Humorvolle ›Diplome‹, ausgestellt von Fluggesellschaften, dokumentieren weitere Reisen Feodor Lynens, beispielsweise die Überquerung des Äquators auf dem Flug von Rio de Janeiro nach Frankfurt a. M. 1961, oder die Überquerung des Nordpols auf dem Flug von Kopenhagen über Anchorage nach Tokio 1964.[18]

An seinem 50. Geburtstag im Jahr 1961 überreichten ihm seine Mitarbeiter als Geschenk »*einen großen Fesselballon, in seinem Korb eine mit Akribie und Kunstfertigkeit gebastelte Figur des Chefs – eine Anspielung auf seine ausgeprägte Reisefreudigkeit.*«[19]

Eine der vielen Auslandsreisen dieser Jahre verdient besonderes Interesse – dies weniger im Hinblick auf das damalige wissenschaftliche Tagesgeschehen, sondern vielmehr auf die wissenschaftspolitische Tragweite der Unternehmung: Lynens Teilnahme an einer Israelreise mit einer Delegation von Wissenschaftlern der Max-Planck-Gesellschaft im Jahr 1959.

Ab Mitte der 1950er Jahre hatte in den deutsch-israelischen Beziehungen eine Entwicklung eingesetzt, die über ausschließlich finanzielle Fragen wie die Abwicklung der deutschen Holocaust-Entschädigungszahlungen nach dem Luxemburger Abkommen von 1952 hinausführte. Es hatte einzelne erste Kontakte, z. B. von Journalisten oder – im Rahmen internationaler Kongressveranstaltungen – von Wissenschaftlern gegeben, die allerdings in Israel häufig auf heftige Ablehnung gestoßen waren. Andererseits wurde dort aber auch vereinzelt die Meinung vertreten, dass man mit nicht NS-belasteten deutschen Wissenschaftlern durchaus in Kontakt treten solle, und dass die jüngere Generation in Deutschland nicht die Verantwortung für die NS-Verbrechen der Älteren zu tragen habe.[20]

Der Israelbesuch der Max-Planck-Delegation 1959, sechs Jahre vor der Aufnahme diplomatischer Beziehungen zwischen dem 1948 gegründeten Staat Israel und der um ein Jahr jüngeren Bundesrepublik Deutschland, leistete »*erste Schrittmacherdienste zur Überwindung einer gewaltigen Tragödie (...), die das israelische vom deutschen Volk unüberwindlich zu trennen schien*«.[21]

Erklärtes Ziel dieser zehntägigen Reise war die Einrichtung einer langfristigen Zusammenarbeit zwischen israelischen und deutschen Wissenschaftlern außerhalb des politischen oder militärischen Bereichs.

Die Initiative zu dem Projekt war von mehreren Seiten ausgegangen. Einer der daran beteiligten Wissenschaftler war Gerhard Schmidt.[22] Infolge seines persönlichen Lebensweges war der am israelischen Weizmann-Institut tätige Chemiker darum bemüht, eine Kontaktaufnahme zwischen jüdischen und deutschen Forschern herzustellen.[23]

Das Weizmann-Institut, eine nach Chaim Weizmann[24] benannte naturwissenschaftliche Forschungseinrichtung, war 1934 in Rehovot ursprünglich als ›Daniel-Sieff-Forschungsinstitut‹ gegründet und 1949 erweitert worden. Es unterhielt fünf Fakultäten – Biologie, Biochemie, Chemie, Physik sowie Mathematik und Computerwissenschaften. Das Institut war durch große Spendenmittel, v. a. von wohlhabenden, in Großbritannien und den USA lebenden Juden, hervorragend ausgestattet; auch war es gelungen, für den Aufbau der Abteilungen eine Reihe sehr gut ausgebildeter Wissenschaftler jüdischer Abstammung aus aller Welt zu gewinnen.[25]

1956 wandte sich Schmidt mit seinem Anliegen an den ihm als politisch unbelastet empfohlenen Physiker Wolfgang Gentner[26], zu dieser Zeit Direktor der europäischen Kernforschungsorganisation CERN[27] in Genf. Gentner, der in diesem internationalen Umfeld wiederholt die Erfahrung gemacht hatte, dass die NS-Vergangenheit immer noch den Umgang der deutschen Wissenschaftler mit ihren internationalen Kollegen belastete, war darum bemüht, diese Spannungen zu überwinden; einen wichtigen Schritt dazu sah er – ebenso wie Schmidt – in der Aufnahme von Kontakten zu den jüdischen Wissenschaftlern.[28]

Unterstützung fand Schmidt in dem in Palästina geborenen und aufgewachsenen Amos de-Shalit[29], der als theoretischer Physiker ebenfalls am Weizmann-Institut arbeitete und sich als Gastprofessor häufig in Genf am CERN aufhielt. De-Shalit suchte dort 1957 – wohl auf Schmidts Veranlassung – Gentner auf, um mit ihm konkrete Pläne für eine deutsch-israelische Zusammenarbeit in der Physik auszuarbeiten.[30]

De-Shalit und Gentner waren sich darin einig, dass »*gerade die Wissenschaftler von der Sache her kooperieren müssen, auch über persönliche und nationale Tragödien hinaus. Es war für beide Seiten klar, daß gerade die Grundlagenforschung die Möglichkeit hierzu bietet, anders als die anwendungsorientierte Forschung, die stärker den Interessen verschiedener Gruppen, wie der Industrie und der Regierungen, ausgesetzt ist.*«[31]

Anfang 1958 suchte Josef Cohn[32], seit 1950 der Europäische Vertreter des Weizmann-Instituts mit Sitz in Zürich, ebenfalls den Kontakt zu Wolfgang Gentner. Cohn hatte den Auftrag, die Bundesrepublik Deutschland in den Förderkreis des Weizmann-Instituts einzubinden; darüber hinaus war auch ihm die Wiederannäherung zwischen deutschen und jüdischen Wissenschaftlern ein Anliegen. Die Zusammenarbeit sollte beiden Seiten einen Nutzen bringen: »*Die Deutschen sollten für ihr Geld auch etwas erhalten*«[33] – einerseits durch die Ausbildung junger Wissenschaftler, andererseits durch die Resultate von Forschungsaufträgen.[34]

Gentner und Cohn stimmten darin überein, dass ein solches Projekt nur mit Unterstützung durch die Politik zu verwirklichen war; Cohn entschloss sich daher, sich direkt an Bundeskanzler Konrad Adenauer[35] zu wenden.

Durch Vermittlung eines gemeinsamen Freundes, des deutsch-jüdischen Industriellen Dannie Heinemann, und eines Sohnes Adenauers konnte am 6. März 1959 Cohn mit Adenauer persönlich über das Vorhaben sprechen. Den anfänglich mit Zurückhaltung reagierenden Bundeskanzler konnte schließlich Cohns Hinweis darauf, dass eine solche Zusammenarbeit und die Begegnung der jüngeren Generationen in Deutschland mit den Menschen in Israel einen wichtigen Beitrag zum Abbau des Antisemitismus leisten könnten, für das Projekt gewinnen.

Gerhard Schmidt.   Wolfgang Gentner.

Amos de-Shalit.

Adenauer stellte nach diesem Gespräch für Cohn die Verbindungen zum deutschen Bundesminister für Atomfragen und zu einflussreichen Wirtschaftsführern[36] her, die Cohn sogleich für weitere Gespräche und Verhandlungen nutzte.[37]

Als geeigneter Kooperationspartner auf deutscher Seite galt die Max-Planck-Gesellschaft, da auch sie sich, ebenso wie das Weiz-

Josef Cohn im Gespräch
mit Konrad Adenauer im
Weizmann-Institut, 1966
(im Hintergrund Vera
Weizmann, Chaim Weiz-
manns Witwe).

mann-Institut, der Grundlagenforschung widmete. Otto Hahn, der Präsident der Max-Planck-Gesellschaft, und ihr Generalsekretär Ernst Telschow zeigten sich zu einer solchen wissenschaftlichen Zusammenarbeit bereit.[38]

Die politische Absicherung des Vorhabens in Israel nahm Amos de-Shalit in die Hand. Dass ihn eine persönliche Freundschaft mit dem Ministerpräsidenten David Ben-Gurion[39] verband, erleichterte es, dessen Unterstützung für das Projekt zu gewinnen.[40]

Dagegen war der Widerstand vieler israelischer Wissenschaftler am Weizmann-Institut gegen die geplante Kontaktaufnahme und Zusammenarbeit mit deutschen Kollegen stärker als die Initiatoren angenommen hatten. Erst nach langen und sehr kontroversen Diskussionen konnte man sich darauf einigen, eine kleine Delegation von Wissenschaftlern der Max-Planck-Gesellschaft nach Israel einzuladen.[41]

Zu der Abordnung gehörten neben Wolfgang Gentner und dessen Frau Alice der gleichfalls anerkanntermaßen unbescholtene Otto Hahn, dessen Sohn Hanno, Kunsthistoriker am Max-Planck-Institut der Bibliotheca Hertziana in Rom, und Feodor Lynen.[42]

Aus den untersuchten Dokumenten ist nicht ersichtlich, auf wessen Vorschlag Lynens Teilnahme an der Israel-Delegation beruhte.

Abreise der Max-Planck-Delegation vom Flughafen Zürich
nach Israel, 1. Dezember 1959. Von links: Feodor Lynen,
Wolfgang Gentner, Alice Gentner, Otto Hahn, Josef Cohn.

Seine Integrität war beiden Seiten, der deutschen wie der israelischen, hinlänglich bekannt; war doch seine erste USA-Reise sechs Jahre zuvor wohl auch – von ihm selber unbemerkt – zur Überprüfung und Feststellung seiner politischen Zuverlässigkeit genutzt worden.[43] Lynens Funktion innerhalb der Besuchergruppe steht nicht so sehr im Vordergrund wie die Gentners oder Hahns; seine Rolle hat wahrscheinlich eher darin bestanden, dass er – als ein in jungen Jahren redlich durch die NS-Zeit gekommener Deutscher, dem es zudem noch gelungen war, sich innerhalb weniger Jahre nach Kriegsende in der internationalen Wissenschaftswelt viele Freunde zu machen – ein sympathischer und gewinnender Vertreter Deutschlands war.

Die Delegationsgruppe der Max-Planck-Gesellschaft traf, zusammen mit Josef Cohn[44], am 1. Dezember 1959 in Israel ein. Gastgeber Gerhard Schmidt begleitete die Besucher während der folgenden zehn Tage u. a. nach Rehovot zum Weizmann-Institut, nach Haifa zum Technion – einem 1924 gegründeten Technologieinstitut – und nach Jerusalem zur Hebräischen Universität.[45]

In einem Reisebericht schilderte Otto Hahn seine Eindrücke vom Besuch der israelischen Forschungsinstitute: »*Eine Reihe von ausge-*

zeichneten Wissenschaftlern leiten die Arbeiten, und wissenschaftliche Gäste aus aller Welt treffen sich dort gern zu gemeinsamer Arbeit und Diskussion. (…) Für den Besucher aus Europa ist das wissenschaftliche Leben in diesen Instituten eine Oase im Nahen Orient, wo sonst das, was wir naturwissenschaftliche Forschung nennen, höchstens in bescheidenen Formen existiert.«[46] Die apparative Einrichtung der von den deutschen Besuchern besichtigten Institute entsprach dem Standard der besten europäischen oder US-amerikanischen Laboratorien, die bearbeiteten Probleme hatten die gleiche Aktualität.[47]

Die Atmosphäre zwischen den deutschen Besuchern und ihren Gastgebern war zunächst sehr angespannt[48], lockerte sich aber während des Aufenthalts. Hahn und seine Begleiter zeigten sich »tief beeindruckt von der besonders freundlichen Aufnahme, die wir überall in Israel gefunden haben.«[49]

Nach der Rückkehr nach Deutschland schrieb Cohn an Feodor Lynen: »Es ist kein Zweifel, dass diese Reise einen neuen wichtigen Abschnitt in den Beziehungen zwischen Israel und der Bundesrepublik eröffnet hat. Meines Wissens nach war es zum 1. Mal, dass eine deutsche Delegation eingeladen war, nach Israel zu kommen. Dies ist schon an und für sich eine bemerkenswerte Entwicklung, die jedoch angesichts des einzigartigen moralischen und wissenschaftlichen Niveaus der Delegations-Mitglieder ohne Zweifel noch eine besondere Wirksamkeit ausgelöst hat.«[50]

Die »Fühlungnahme«[51] zeigte, ermöglicht durch die politische Entwicklung, tatsächlich bald konkrete Resultate. Am 14. März 1960 trafen Adenauer und Ben-Gurion im Waldorf Astoria in New York zusammen, um über die künftige militärische und wirtschaftliche Zusammenarbeit ihrer beiden Staaten zu beraten. Vorbereitet durch eine im Februar an Adenauer übergebene Denkschrift zur Israel-Reise der Max-Planck-Delegation[52], stimmte Adenauer einer finanziellen Unterstützung des Weizmann-Instituts von deutscher Seite mit jeweils einer Million DM während der folgenden drei Jahre zu.[53]

Im folgenden Jahr sagte die Bundesregierung auch die Mitfinanzierung des Aufbaus einer neuen Abteilung für Molekulare Biologie am Weizmann-Institut zu. Feodor Lynen hatte das Projekt in der Planungsphase mit einem Gutachten unterstützt, in dem er die Voraussetzungen für die Erweiterung in Rehovoth in personeller Hinsicht als sehr günstig bezeichnete, da das Institut bereits über eine Reihe ausgezeichneter Wissenschaftler verfüge.[54]

In den Jahren 1961 und 1962 waren wegen der inzwischen sehr angespannten politischen Lage zwischen Deutschland und Israel vorerst nur kurze wechselseitige Besuche von Wissenschaftlern beider Länder möglich. Ein Mitarbeiter Lynens sollte als erster deutscher Austauschwissenschafter nach Israel reisen, musste den Aufenthalt aber aus persönlichen Gründen verschieben.[55] Zu Feodor Lynen nach München kam im Juli 1961 Ephraim Katzir-Katchalski[56], der als Biophysiker am Weizmann-Institut arbeitete und einige Jahre später – von 1973 bis 1978 – vierter israelischer Staatspräsident wurde.[57]

1963 kam Feodor Lynen auf Einladung des Weizmann-Instituts erneut für eine Woche nach Israel, um an den Einweihungsfeierlichkeiten für das neue Ullmann Life Science-Gebäude teilzunehmen, und auf dem damit verbundenen internationalen Symposion ›New Perspectives in Biology‹ einen Vortrag zu halten.[58]

1964 erfuhr der Ausbau der wissenschaftlichen Beziehungen einen entscheidenden Fortschritt, als das deutsch-israelische Kooperationsvorhaben mit einem Vertrag zwischen der Max-Planck-Tochtergesellschaft Minerva Stiftung GmbH und dem Weizmann-Institut eine rechtliche Grundlage erhielt.

Die seither bis heute andauernde Zusammenarbeit entwickelte sich sehr erfolgreich: es wurden Austauschprogramme für Wissenschaftler mit Kurz- und Langzeitstipendien, Minerva-Schulen und Symposien eingerichtet, sowie Programme zum Aufbau von Forschungszentren, zur Einrichtung von Nachwuchsgruppen und zur Projektförderung am Weizmann-Institut und anderen Forschungseinrichtungen und Universitäten in Israel.[59] Die Zusammenarbeit wird aus Mitteln des Bundesministeriums für Bildung und Forschung finanziert – bis 2004 mit 200 Millionen € –, aber auch aus anderen Quellen, wie der Volkswagenstiftung und der Thyssenstiftung.[60]

Feodor Lynen blieb der Förderung der deutsch-israelischen Wissenschaftskooperation auch über ihre Gründungsphase hinaus verbunden; so wandte er sich – als einige Jahre später eine Kürzung der US-amerikanischen Auslandsinvestitionen die finanzielle Grundlage für die Zusammenarbeit von deutschen und israelischen Biologen der Max-Planck-Gesellschaft und des Weizmann-Instituts zu gefährden drohte – auf Veranlassung Cohns an die Volkswagenstiftung, um deren Unterstützung für das Projekt zu sichern.[61]

Dem deutschen Bundeskanzler Konrad Adenauer war im Zusammenhang mit finanziellen Leistungen an Israel stets daran gelegen,

»den Eindruck zu vermeiden, als könne und solle allein durch die Hergabe materiellen Gutes das Unrecht, das geschehen war, gesühnt werden. Sie konnte nur äußeres Zeichen unseres Bestrebens nach Wiedergutmachung sein.«[62] Auch Adenauer besuchte anlässlich seiner Israelreise 1966 das Weizmann-Institut und berichtete darüber in seinen Erinnerungen: »Ein besonderes Erlebnis war es auch, in Rehovot das wissenschaftliche Institut zu besuchen, das den Namen des ersten israelischen Präsidenten, Chaim Weizmann, trägt und das eine Abteilung hat, zu deren Errichtung sowohl mein unvergessener Freund Dannie Heinemann als auch auf meine Initiative die Bundesregierung beigetragen haben. Es war ermutigend für mich, in diesem Institut eine akademische Ehrung zu erfahren, an einer wissenschaftlichen Forschungsstätte, wo man es sich zur Aufgabe gemacht hat, eine wissenschaftliche Zusammenarbeit Israels mit europäischen Forschern, auch aus der Bundesrepublik, zu verwirklichen.«[63]

Zu Hause in München flossen die Forschungsmittel für Feodor Lynens Arbeit in diesen Jahren noch »bei weitem nicht so reichlich und anhaltend wie in den späten Sechzigerjahren und den ersten Siebzigerjahren«.[64] Großzügige Sach- oder Finanzmittelzuwendungen von Seiten der Industrie waren daher auch innerhalb des deutschen Wissenschaftsbetriebs eine willkommene Erleichterung.

1960 vergab der Verband der Chemischen Industrie[65], der seit seiner zehn Jahre zurückliegenden Gründung fast 20 Millionen DM an Forschungszuschüssen gespendet hatte, erneut fünf Millionen DM Spendengelder, davon »1 Million für allgemeine Maßnahmen zur Förderung der Forschung, insonderheit für die Förderung des akademischen Nachwuchses durch Stipendien und für das chemische Literaturwesen. (…) Der weit überwiegende Anteil in Höhe von 4 Millionen DM entfällt auf Forschungsbeihilfen für die Herren Hochschullehrer.« Für Lynens Laboratorium waren davon 20.000 DM bestimmt »zur Förderung Ihrer wissenschaftlichen Arbeit und Ausbildungstätigkeit (…), bei dessen Bemessung vorliegende Anträge nach Möglichkeit Berücksichtigung fanden«, wie Otto Bayer als Vorsitzender des Engeren Kuratoriums des Fonds der Chemischen Industrie – des Förderwerks des Verbandes der Chemischen Industrie – Feodor Lynen in einem Brief mitteilte. Bayer sprach im Namen der Chemischen Industrie seinen Dank aus »an die Herren Hochschullehrer, für die erfolgreiche Heranbildung eines hohen Anforderungen gewachsenen Chemikernachwuchses für Wissenschaft und Wirtschaft. Sie dankt ihnen zugleich für ihre hervorragenden wissen-

schaftlichen Arbeiten, die das Ansehen der deutschen Chemie in aller Welt mehrten.«[66] Auch der Vorstand der Badischen Anilin- & Soda-Fabrik / Ludwigshafen (BASF) ließ im selben Jahr Feodor Lynen 10.000 DM »*zur Förderung der wissenschaftlichen Arbeiten seines Instituts*« zukommen.[67] Das Margarine-Institut, 1962 im Zusammenschluss der deutschen Margarine-Industrie gegründet mit der Aufgabenstellung, wissenschaftlich fundierte Informationen über Nahrungsfette und deren Rolle in der Ernährung zu sammeln, stiftete 1963 den Heinrich-Wieland-Preis, um die Forschung auf dem Gebiet der Lipide zu fördern.[68]

Erst wenige Jahren zuvor hatten die Vorstände der Chemischen Industrie begonnen, die Bedeutung zu erfassen, die mittlerweile der Biochemie – neben den tradierten Forschungs- und Entwicklungsbereichen auf den Gebieten der Organischen und der Anorganischen Chemie – als zwar immer noch recht junger, aber bereits eigenständiger Fachrichtung zukam, und waren in der Lage, ihr wirtschaftliches Entwicklungspotential zu erkennen.

1963 schrieb Ernst Boehringer an Feodor Lynen, ihm sei nun »*klargeworden, dass wir sicherlich in der Vergangenheit versäumt haben, der Bedeutung der Biochemie in unserem Forschungsrahmen mehr Gewicht zu geben. Ich habe bei Unterhaltungen mit vielen Firmen gesehen, dass auch bei anderen grossen Firmen das Licht aufgegangen ist. (…) Es wird aber nötig sein, in Ingelheim und in Biberach die Biochemie stärker wie bisher zu betonen, da wir an der Paarung beider Gebiete in Zukunft nicht vorbeigehen dürfen.*«[69]

Nach dem Umzug seiner beiden Institute in das neue Universitätsgebäude an der Karlstraße zum Jahreswechsel 1957 / 1958 konnte sich Feodor Lynen – frei von Berufungsverhandlungen und Bauplanungen – wieder ganz seiner Forschungsarbeit widmen. Nach der offiziellen Institutseinweihung im Dezember 1958 schrieb Lynen Otto Warburg, der ihm zu diesem Anlass ein Glückwunschtelegramm gesandt hatte: »*Sie können davon überzeugt sein, dass ich der Wissenschaft treu bleiben werde; nicht, weil ich mich dazu gezwungen fühle, sondern weil es mir riesigen Spass macht, hinter die chemischen Geheimnisse des Lebens zu kommen.*«[70]

Die Auswahl der im Münchner Arbeitskreis bearbeiteten Themen wurde im Laufe der Jahre breiter: an ›alten‹, aber noch nicht ganz gelösten Fragestellungen hielt Feodor Lynen über viele Jahre hinweg

Feodor Lynen und Thressa
Stadtman im Fasching,
1960.

fest, denn es war ihm wichtig, »*dass man nicht an der Oberfläche bleibt,
sondern immer bestrebt ist, in die Tiefe hineinzubohren. Wenn man das
tut, kann man wirklich immer zu neuen Erkenntnissen kommen*«.[71]

Immer wieder kamen neue Aufgabenfelder hinzu: »*Wissen Sie,
wenn ich ein Problem gelöst habe, interessiert es mich eigentlich nicht
mehr. Ich beschäftige mich dann lieber mit neuen Fragestellungen.*«[72]

Zu den ›alten‹ Fragestellungen dieser Jahre gehörte die Aufklärung
der immer noch unbekannten Einzelschritte der Polyisoprenoid-Biosynthese. In Fortsetzung seiner Schriftenreihe ›Zur Biosynthese der
Terpene‹ konnte Lynen 1959 über die in seinem Arbeitskreis gelun-
gene Isolierung und Identifizierung eines weiteren an der Reaktionskette von der Mevalonsäure zum Cholesterin beteiligten Enzyms
berichten: das aus Hefe gewonnene Präparat war in der Lage, das
bereits einmal phosphorylierte Zwischenprodukt 5-Phospho-meva-
lonsäure (C_6-Körper) in Gegenwart von ATP zur 5-Pyro-phospho-
mevalonsäure weiter zu phosphorylieren.[73]

Dem Arbeitskreis war auch die Ausarbeitung eines Verfahrens zur
enzymatischen Synthese von C^{14}-markierter Mevalonsäure gelungen.
Mittels dieser Verbindung konnte Lynen den Reaktionsverlauf von
der 5-Pyro-phospho-mevalonsäure zum Isopentenyl-pyrophosphat
(C_5-Körper) unter Decarboxylierung, d. h. Abspaltung von CO_2, und
Verbrauch von ATP verfolgen.[74]

Die Entwicklung eines weiteren Syntheseverfahrens, mit dem C^{14}-
markiertes Isopentenyl-pyrophosphat in reiner Form verfügbar
wurde[75], ermöglichte einen »*genaueren Einblick in die Biosynthese der
Kohlenstoffketten der Terpene aus den C_5-Einheiten*«.[76] Lynen und seinen

Mitarbeitern gelang aus Hefe die Anreicherung eines Enzyms mit der Eigenschaft, Isopentenyl-pyrophosphat in das isomer[77] gebaute Dimethyl-allyl-pyrophosphat zu verwandeln, und das deshalb mit dem Namen Isopentenyl-pyrophosphat-Isomerase belegt wurde.[78]

Erst aus dem nun vorliegenden Dimethyl-allyl-pyrophosphat wird im lebenden Organismus ein reaktives Carbokation gebildet, das zur Umsetzung – einer elektrophilen Addition – mit der ebenfalls reaktiven Doppelbindung des Isopentenyl-pyrophosphats in der Lage ist. Auf diese Weise ergibt sich eine Verknüpfung von Kohlenstoff zu Kohlenstoff, die zu einer aus zwei C_5-Einheiten zusammengesetzten C_{10}-Einheit, dem Geranyl-pyrophosphat, führt. Lynen erkannte, dass das hieran beteiligte Enzym nicht spezifisch nur diese eine C-C-Verknüpfung katalysiert, sondern ebenso auch die sich anschließende C-C-Verknüpfung zwischen dem so entstandenen Geranyl-pyrophosphat und einer weiteren Molekel Isopentenyl-pyrophosphat zu einer C_{15}-Einheit, dem Farnesyl-pyrophosphat.

1959 gelang es im Münchner Arbeitskreis Lynens Mitarbeiter Hermann Eggerer, *»nun auch die labilen Zwischenprodukte der Terpensynthese Dimethyl-allyl-pyrophosphat und Geranyl-pyrophosphat zu synthetisieren, und er konnte damit den Mechanismus des Kettenaufbaus experimentell einwandfrei beweisen.«*[79]

Lynen berichtete, dass *»die wichtige Rolle der von uns entdeckten Isomerase für die Terpen-Synthese damit klar ersichtlich* (wird). *Sie stellt durch Isomerisierung des Isopentenyl-pyrophosphates, des eigentlichen ›aktiven Isoprens‹, das Allyl-Derivat zur Verfügung, mit dem der Aufbau der Terpen-Kohlenstoffketten aus C_5-Einheiten erst gestartet werden kann«.*[80]

»Damit (sind) *jetzt alle Syntheseschritte geklärt, die auf dem Weg vom Acetyl-CoA zum Squalen*[81] *liegen, das seinerseits wieder Vorstufe der cyclischen Triterpene und Sterine ist.«*[82]

Die gesamte Reaktionsfolge von der C_2-Einheit Acetyl-CoA zu der C_{30}-Einheit Squalen als Vorstufe des Cholesterins lässt sich demnach in drei Abschnitte unterteilen:

»Im ersten Abschnitt wird das Kohlenstoffskelett der Mevalonsäure aus drei Molekülen Acetyl-CoA synthetisiert. Der Energiebedarf dieses Vorgangs wird von drei Thioesterbindungen gedeckt, die dabei unter Freisetzung von Coenzym A verbraucht werden, und von der Oxydation der beiden TPNH-Moleküle[83], *welche die Reduktion des β-Hydroxy-β-methylglutaryl-CoA zur Mevalonsäure bewirken.*

Im zweiten Abschnitt erfolgt die Umwandlung der Mevalonsäure in Iso-pentenyl-pyrophosphat. Die Bildung dieses ›aktivierten Isoprens‹ erfordert 3 Moleküle ATP und wird zusätzlich gefördert durch die Abspaltung eines Moleküls CO_2.

Für die Synthese der langen Kohlenstoffkette in der letzten Phase ist keine zusätzliche Energiequelle erforderlich, da durch die Abspaltung des anorganischen Pyrophosphates aus den Allyl-Verbindungen schon genü-gend Energie verfügbar ist.«[84]

Aus dem 30 C-Atome enthaltenden Squalen entsteht im menschli-chen Körper anschließend in einer langen Reaktionsfolge mit insge-samt 22 Teilreaktionen – u. a. Ringschluss der Kohlenwasserstoff-kette, Methylgruppen-Umlagerungen und -Abspaltungen – das Cho-lesterin mit 27 C-Atomen. Die Aufklärung dieser Reaktionsschritte fand v. a. in den Arbeitskreisen um Bloch und Popják statt.

Cholesterin ist als lebensnotwendiges Molekül sowohl Ausgangs-punkt für die Synthese wichtiger Stoffe im Körper – wie der Steroid-hormone und der Gallensäuren –, als auch ein essentieller Bestand-teil der Zellmembranen; bei erhöhter Konzentration ist es allerdings auch ein gesundheitlicher Risikofaktor, z. B. für die Entstehung der Arteriosklerose. Fragestellungen zur Regulation der Cholesterinbio-synthese im Körper rückten nun deshalb in den Blickpunkt des Lynenschen Arbeitskreises.

Ein Enzym des ersten Abschnitts der von Lynen bearbeiteten Reak-tionsfolgen, die β-Hydroxy-β-methyl-glutaryl-CoA-Reduktase (HMG-CoA-Reduktase) – zuständig für die Reduktion des HMG-CoA zur Mevalonsäure – fand dabei besondere Beachtung. Der Reduktions-schritt, der vom Thioester zum Alkohol führt, ist nahezu irreversibel, d. h. einmal auf diese Weise entstandene Mevalonsäure kann anschließend nur noch den vorgezeichneten Weg in die Cholesterin-synthese weitergehen; die Vorstufe HMG-CoA dagegen kann – durch Spaltung in Acetyl-CoA und Acetacetat – wieder in den Acetyl-CoA-Vorrat, aus dem sie entstanden ist, zurückgelangen. Bei Nahrungs-mangel ist die Aktivität des Enzyms deutlich herabgesetzt, so dass beim Fasten der Cholesterinspiegel sinkt.

Nancy Bucher, US-amerikanische Gastwissenschaftlerin in Lynens Laboratorium im Herbst 1958, wies als erste darauf hin, dass der HMG-CoA-Reduktase dadurch die Funktion eines ›Schrittmacheren-zyms‹ innerhalb der Cholesterinbiosynthese zukommen könnte; in gemeinsamen Experimenten im Münchner Laboratorium konnte die Annahme untermauert werden.[85]

Aufbauend auf diesen grundlegenden Erkenntnissen gelang es späteren Wissenschaftlergenerationen, die sehr komplexe molekulare Ebene der HMG-CoA-Regulation im menschlichen Körper aufzuklären. Als besonders wirksam in der Behandlung der Hypercholesterinämie erwiesen sich spezielle Substanzen aus dem Stoffwechsel von Pilzen, deren Derivate die Arzneistoffgruppe der Statine bilden. Sie besitzen innerhalb ihres Molekülaufbaus eine der Mevalonsäure entsprechende Gruppe und sind dadurch in der Lage, die HMG-CoA-Reduktase kompetitiv zu hemmen und so die Cholesterinbiosynthese an diesem Punkt der Reaktionsfolge zu unterbinden.

Ebenfalls im Zusammenhang mit Fragestellungen der Terpen-Biosynthese stand Feodor Lynens Interesse an der Biosynthese des Natur-Kautschuks. Wegen seiner großen wirtschaftlichen Bedeutung war der Kautschuk schon seit dem 19. Jahrhundert[86] in den Blickpunkt der Forschung gelangt. Bereits im frühen 20. Jahrhundert war bekannt, dass Kautschuk eine polymere Isoprenverbindung darstellt, und um 1950 hatte man begonnen, die Kautschuk-Biosynthese systematisch zu beforschen.[87] Nach Lynens und Blochs Entdeckung der Rolle des Isopentenyl-pyrophosphats als des ›aktiven Isoprens‹ war die Vermutung naheliegend, dass diese Substanz auch in der Kautschuk-Biosynthese eine Schlüsselfunktion besitzen müsste.

Feodor Lynen unternahm deshalb den Versuch, nach Zugabe von C^{14}-markierter Mevalonsäure und ebensolchem Isopentenyl-pyrophosphat zu frischem Latex[88] deren Umwandlung in Kautschuk zu beobachten; es gelang erwartungsgemäß – im Fall des ›aktiven Isoprens‹ etwa zehnmal schneller als mit Mevalonsäure, was bewies, »*daß die Geschwindigkeit des Einbaus von Mevalonsäure in Kautschuk durch ihre langsame Umwandlung in Isopentenyl-pyrophosphat begrenzt ist.*«[89]

Weitere Versuche zum Synthesemechanismus ergaben, dass »*dieses Makromolekül durch die oftmals wiederholte Alkylierung von Isopentenyl-pyrophosphat durch Allyl-pyrophosphat unter Abspaltung von Pyrophosphorsäure und Bildung des homologen, um eine C_5-Einheit verlängerten Allyl-pyrophosphats gebildet*« wird.[90]

Die in den ersten Sequenzen identischen Reaktionsschritte der Terpen-Biosynthese in der Hefezelle und in der Kautschuk-Pflanze unterscheiden sich erst in ihrem weiteren Verlauf: »*Einmal in Gang gekommen, kann dieser Prozeß, der bei jedem Schritt das homologe, um* eine Isopreneinheit verlängerte Allylpyrophosphat bildet, weiterlaufen, und er ist nur begrenzt durch die Spezifität des an der Polymerisation beteiligten Enzyms. Das Enzym der Hefe macht praktisch auf der Stufe des Farnesyl-pyrophosphates halt (...). Dagegen führt das polymerisierende Enzym im Milchsaft von Hevea brasiliensis den Prozeß bis zur Bildung von hochmolekularem Kautschuk weiter.«[91]

Entsprechende Isopren-Strukturen fanden sich auch in der während der 1920er Jahre von Otto Warburg entdeckten Häminverbindung, einer eisenhaltigen Untereinheit der Cytochrom-Oxidase, die innerhalb der Atmungskette zur Energiegewinnung Sauerstoff zu Wasser reduziert. Feodor Lynen war auf den hohen Kohlenstoffgehalt der Häminverbindung aufmerksam geworden; er bat deshalb 1959 Otto Warburg um einen wissenschaftlichen Austausch auf diesem Gebiet, »weil ich glaube, dass unsere Arbeiten über die Umwandlung der Mevalonsäure in Squalen möglicherweise bei der Strukturermittlung des Cytohämins helfen könnten.«[92]

1963 gelang es Lynen, die chemische Struktur einer Seitenkette dieser Verbindung aufzuklären; auch sie entsteht durch einen Alkylierungsprozess und enthält einen aus drei C_5-Einheiten aufgebauten Farnesylrest.[93]

Der gleiche Biosynthesemechanismus fand sich anschließend auch beim Ubichinon, das ebenfalls Teil der Atmungskette ist und eine Seitenkette mit – beim Menschen – zehn Isopreneinheiten trägt[94], und ließ sich darüber hinaus bei den Carotinoiden[95], die acht Isopreneinheiten besitzen, nachweisen.

Die Versuchsergebnisse führten übereinstimmend zu der allgemeinen Erkenntnis, dass das Isopentenyl-pyrophosphat – gemeinsam mit seinem Isomeren Dimethyl-allyl-pyrophosphat – die Vorstufe vieler offenkettiger und zyklischer Terpenoide darstellt, da es »zur Synthese langer verzweigter Kohlenstoffketten vorzüglich geeignet ist, weil sein Molekül gleich zwei reaktionsfähige Gruppierungen enthält: die Exomethylengruppe am einen Ende und die Pyrophosphatgruppierung am anderen«[96], und dass die nachfolgenden Kondensationsreaktionen während der Kettenverlängerung einer einheitlichen Gesetzmäßigkeit folgen; es entstehen zunächst immer lineare Isoprenoide, die erst anschließend u. a. durch Umbildungen, Anlagerungen, Zyklisierungen oder Reduktionsreaktionen weiter verändert werden.[97]

In der Anfangszeit der Suche nach dem ›aktiven Isopren‹ war man in Lynens Laboratorium, ebenso wie in den Laboratorien von Bloch und Lipmann in den USA, zunächst auf Abwege geraten: als biologisch aktive Form des Isoprens hatten die Wissenschaftler zunächst fälschlicherweise mit β-Methyl-crotonyl-CoA eine Verbindung in Betracht gezogen, deren Bildung aus β-Hydroxy-β-methylglutaryl-CoA (HMG-CoA) durch Abspaltung von Wasser und CO_2 über eine Zwischenstufe – β-Methyl-glutaconyl-CoA – möglich erschienen war.

Lynen hatte sich daraufhin näher mit dem an diesen Reaktionen beteiligten Enzymsystem befasst. Die gefundenen Reaktionsverläufe waren reversibel, und von Lynen deshalb auch in der umgekehrten Richtung – mit der hier stattfindenden Carboxylierung, d.h. Anlagerung von CO_2 an β-Methyl-crotonyl-CoA, unter Beteiligung von ATP – untersucht worden.[98]

Bis in die 1930er Jahre war Kohlendioxid innerhalb des Stoffwechsels lebender Zellen – mit Ausnahme der zur Photosynthese befähigten Organismen – ausschließlich als Ausscheidungsprodukt bekannt gewesen. Als während der folgenden Jahre einige CO_2-bindende Reaktionen in Mikroorganismen und in tierischem Gewebe entdeckt worden waren, wurde klar, dass CO_2 im Metabolismus auch eine aktive Funktion erfüllt.[99]

Mit seiner Annahme, dass an der Carboxylierungsreaktion eine ›aktivierte Kohlensäure‹ als C-Quelle beteiligt sein müsse, konnte Feodor Lynen auf Ergebnissen anderer Arbeitskreise aufbauen. Allerdings hatte er Zweifel an deren Vorschlägen bezüglich des die Kohlensäure aktivierenden Verbindungspartners: »*Die Situation erinnerte mich an die Zeit vor dem Coenzym A, an die Suche nach dem ›aktiven Acetat‹, als sich ebenfalls das gesamte Denken auf eine Art von Phosphat-Derivat konzentrierte. (…) Ich hatte meine Lektion gelernt. Glücklicherweise kam ich auf eine andere Spur*«[100]: er erinnerte sich an ältere Untersuchungen seines US-amerikanischen Kollegen Lardy[101] aus dem Jahr 1953, der für einige CO_2-Bindungsreaktionen nachgewiesen hatte, dass sie durch einen Mangel an Biotin[102] beeinträchtigt würden. »*Das brachte mich auf die Idee, dass vielleicht Biotin auf irgendeine Weise an der Bildung des ›aktiven CO_2‹ beteiligt sein könnte.*«[103]

Nach der Entdeckung der Mevalonsäure als Vorstufe des ›aktiven Isoprens‹ durch den Arbeitskreis Folkers war allerdings bald deutlich geworden, dass der bisher beschrittene Weg nicht zum Ziel der Aufklärung der Cholesterinbiosynthese führen würde. Allerdings hatten die Experimente inzwischen jedoch Feodor Lynens Interesse daran geweckt, den enzymatischen Mechanismus der CO_2-Aktivierung aufzuklären.

Im Lynenschen Arbeitskreis gelang 1959 die Isolierung eines aus mehreren Komponenten bestehenden Enzymsystems, dessen Mittelpunkt das an der Carboxylierung von β-Methyl-crotonyl-CoA zu β-Methyl-glutaconyl-CoA beteiligte Enzym, die β-Methyl-crotonyl-CoA-Carboxylase, darstellt.

Auch in anderen Arbeitskreisen wurde an diesem Problem gearbeitet; u. a. hatten in den USA Salih Wakil und Severo Ochoa erste carboxylierende Enzyme – Wakil die Acetyl-CoA-Carboxylase und Ochoa die Propionyl-CoA-Carboxylase – gefunden.[104] Ochoa hatte in der Propionyl-CoA-Carboxylase nach Biotin gesucht, war damit allerdings erfolglos geblieben.[105] Lynen ließ sich dennoch »*nicht von der Vermutung abbringen, daß Biotin die Wirkungsgruppe unserer β-Methyl-crotonyl-CoA-Carboxylase und die ›aktivierte Kohlensäure‹ ein carboxyliertes Biotin sei*«.[106]

Als nächste Aufgabe stellte sich für ihn die Aufklärung derjenigen chemischen Umsetzungen, die die Carboxylierung und die von ihm im Experiment bereits nachgewiesene, dabei ablaufende energieliefernde ATP-Spaltung[107] miteinander verbinden.

»*Wie sich (…) nachweisen ließ, enthielten alle Carboxylase-Präparate Biotin, das durch saure Hydrolyse des Proteins freigesetzt wurde. Außerdem nahmen im Verlauf der Enzymreinigung spezifische Aktivität und Biotingehalt im gleichen Verhältnis zu. (…) Alle Versuche, das Biotinproteid reversibel in Vitamin und Protein aufzuspalten, blieben erfolglos. (…) Wir dürfen deshalb annehmen, daß das Biotin in der Carboxylase amidartig am Eiweiß verankert ist, und vermuten* (wie sich später erwies, richtigerweise) *eine Verknüpfung zwischen dem Biotin-Carboxyl und der ε-Aminogruppe eines im Eiweißverband vorliegenden Lysinrestes* (siehe auch Abb. D im Anhang).«[108]

Dass das gefundene Biotin identisch mit der Wirkungsgruppe der Carboxylase ist, bewiesen weitere Versuche, für die Lynen die bereits seit einigen Jahren bekannte spezifische Hemmwirkung von zugesetztem Avidin auf das Biotin-haltige Enzym nutzte.[109] Diese aus rohem Hühnereiweiß gewonnene Substanz verbindet sich mit Biotin zu einem stabilen Komplex, der den weiteren Reaktionsablauf blockiert. »*Die Wirkung des Avidins auf die Carboxylierung des β-Methyl-crotonyl-CoA wurde im optischen Test geprüft. Wie (…) zu ersehen ist, ließ*

sich durch Zusatz von Avidin die Reaktion praktisch vollständig unterbin-
den. Wurde das Avidin aber mit Biotin vorinkubiert, dann war keine
Hemmung mehr wahrnehmbar. Jetzt war das Avidin durch das zugesetzte
Biotin abgesättigt, so daß es das gebundene Biotin der Carboxylase nicht
mehr unter Komplexbildung blockieren konnte.«[110]

Austauschversuche mit radioaktiv markierten Substanzen ermöglichten Lynen tiefere Einblicke in die chemischen Details der enzymatischen Carboxylierung, so dass er schließlich die gesamte CO_2-
Fixierungsreaktion unter Beteiligung von ATP in zwei Teilschritten
formulieren konnte.[111]

Die prinzipielle Gültigkeit dieses Reaktionsschemas für alle Carboxylasen bewies bald danach Severo Ochoa, dem es mittlerweile
ebenfalls gelungen war, Biotin als wesentlichen Bestandteil der von
ihm entdeckten Propionyl-CoA-Carboxylase zu identifizieren.[112]

Die bisherigen Versuche hatten Feodor Lynens Vorstellung einer ›aktivierten Kohlensäure‹ bestätigt. Der nächste Schritt war es nun, zu
untersuchen, auf welche Weise Kohlensäure und Biotin miteinander
verbunden sind. Eine Möglichkeit dazu wäre gewesen, dem biotinhalti-
gen Enzym Bicarbonat und ATP zuzusetzen, es dadurch mit Kohlensäure zu beladen, und dann den so entstandenen Komplex zu untersuchen. Dieser Weg hätte allerdings große Enzymmengen verschlungen
und wäre »*kostspielig und zeitraubend gewesen*«, wie Lynen feststellte.[113]

Nach den bei der Erforschung der Fettsäure-Oxidation gemachten
guten Erfahrungen im Einsatz von leicht zu handhabenden Modellsubstanzen stellte Feodor Lynen deshalb auch hier Überlegungen an,
β-Methyl-crotonyl-CoA, das dem carboxylierenden Enzym normalerweise als spezifisches Substrat dient, durch freies Biotin zu ersetzen,
das dann seinerseits mit CO_2 beladen würde, dabei aber als einfach gebaute Substanz einer Untersuchung gut zugänglich wäre –
im Unterschied zu einem natürlichen carboxylierten Biotin-Enzym, in
dem das Biotin kovalent mit dem kompliziert gebauten Enzymeiweiß
verknüpft vorliegt und deshalb weitere Untersuchungen erschwert.

Die folgenden, mit Biotin als Modellsubstanz ausgeführten Experimente gaben ihm Recht, denn sie zeigten, »*daß die Carboxylase an*
Stelle des natürlichen Substrats β-Methyl-crotonyl-CoA auch freies Biotin
verwerten kann und in ein Carboxybiotin überführt.«[114]

Als Enzymquelle für die Untersuchungen diente – auf Anregung
eines Mitarbeiters Lynens[115] – eine Bakterienkultur, die sich als

100mal reicher an dem benötigten Enzymsystem erwies als die bisher verwendeten Leberpräparate.[116]

Das unter Zugabe von radioaktiv markiertem Bikarbonat auf diesem Weg entstandene ebenfalls radioaktive CO_2-Biotin wurde anschließend in seinen chemischen Eigenschaften untersucht. Feodor Lynen vermutete aufgrund der Versuchsergebnisse, dass die Kohlensäure am N_1-Atom des Biotins verankert sein müsse. Ein Vergleich zwischen der experimentell erhaltenen Substanz und einer synthetisch erzeugten Verbindung mit der im CO_2-Biotin erwarteten Struktur sowie eine Röntgenstrukturanalyse bewiesen Lynens Vermutung – die Ureido-Gruppe des Imidazolidonringes im Biotin-Molekül bindet das eingeführte CO_2; die Konstitution der ›aktivierten Kohlensäure‹ war somit die eines 1'-N-Carboxy-biotins.[117]

Die Untersuchung der energetischen Verhältnisse am carboxylierten Enzym bestätigte die erhöhte Reaktivität dieser neuentdeckten Art von Verbindung: auch die CO_2-Biotinenzyme stehen in der Reihe der ›energiereichen Verbindungen‹ des Stoffwechsels, wenn auch am unteren Ende.[118]

Dass die Verwendung einer Modellsubstanz – des Biotins in Verbindung mit dem ausgewählten CO_2-fixierenden Enzym, der β-Methyl-crotonyl-CoA-Carboxylase – wiederum erfolgreich war, stellte einen nahezu unglaublichen Glücksfall dar; denn inzwischen waren außer der von Lynen verwendeten Carboxylase noch eine Reihe anderer an Carboxylierungen bzw. Transcarboxylierungen beteiligter biotinhaltiger Enzyme isoliert und untersucht worden, aber keines davon war in der Lage, zugesetztes freies Biotin zu carboxylieren.[119]

Der besondere Umstand, dass in Lynens Experiment die mit Biotin verbundene und dadurch ›aktivierte‹ Kohlensäure unabhängig vom hochkomplexen Eiweißrest des natürlichen Enzyms vorlag, machte die schnelle Aufklärung ihrer chemischen Struktur 1959 möglich. Erst dieser Einblick in den Aufbau des Moleküls erlaubte es, die biochemische Funktion des Biotins – eines der wenigen zu dieser Zeit in ihrer Wirkungsweise noch nicht erforschten wasserlöslichen Vitamine – zu erkennen; und erst danach wurde deutlich, dass das Biotin in einer Reihe mit vielen anderen Vitaminen – v.a. aus der Gruppe ihrer wasserlöslichen Vertreter – steht, da auch dieses Vitamin innerhalb des Stoffwechsels zum Aufbau der Wirkungsgruppe eines Enzyms benötigt wird.

Eng verknüpft mit der Aufklärung des Biotin-Wirkmechanismus waren Feodor Lynens Arbeiten zur Biosynthese der Fettsäuren.

Zunächst war man davon ausgegangen, dass der Aufbau der Fettsäuren in der lebenden Zelle in Umkehrung der bereits bekannten vier Reaktionsschritte ihres Abbaus – der β-Oxidation – abläuft.[120] Die Annahme schien nicht ganz unbegründet; denn die Einzelstufen dieser Reaktionsfolge sind reversibel, und Lynen und seinen Mitarbeitern war es gelungen, mit einem künstlich aus Enzymen des Fettsäureabbaus zusammengestellten System die Synthese von Fettsäuren aus Acetyl-CoA, der ›aktivierten Essigsäure‹, nachzuweisen.[121]

Lynen musste allerdings bald erkennen, dass er sich geirrt hatte: »*Die grundlegenden Untersuchungen des Greenschen Laboratoriums haben jedoch ergeben, daß für die Fettsäurebildung in der lebenden Zelle ein anderer Weg von weit größerer Bedeutung ist.*«[122] Als 1958 Salih Wakil und andere Mitarbeiter David E. Greens in Madison den Einbau von Acetyl-CoA in langkettige Fettsäuren untersuchten, stellten sie fest, dass dies u.a. den Zusatz von ATP und – überraschenderweise – von Bicarbonat benötigte. Zusätzlich fehlten in der von den US-amerikanischen Forschern für das Experiment verwendeten Taubenleberzubereitung zwei der Schlüsselenzyme der ›Fettsäurespirale‹. Der Befund war demnach mit der Vorstellung einer umgekehrten β-Oxidation nicht mehr zu erklären.

Unklar war auch die Funktion des für den Reaktionsablauf zwingend erforderlichen Bikarbonats, denn die radioaktiv markierten C-Atome des im Versuch eingesetzten Bikarbonats wurden nicht in die neu gebildeten Fettsäuren eingebaut.

Eine weitere aufschlussreiche Beobachtung Wakils war, dass die Einbaurate von radioaktiv markierter Essigsäure in langkettige Fettsäuren stark zurückgeht, wenn dem Versuchsansatz Avidin zugesetzt wird, und dass diese andererseits unbeeinflusst bleibt, wenn Avidin zusammen mit Biotin – als Komplexbildner – zugegeben wird. Die Entdeckung machte die Annahme wahrscheinlich, dass die Fettsäuresynthese unter Beteiligung des Vitamins Biotin abläuft.[123]

Feodor Lynens Aufmerksamkeit richtete sich auf diese Notwendigkeit des Zusatzes von Bikarbonat, ATP und Biotin – dessen biochemische Funktion zu diesem Zeitpunkt, 1958, noch nicht geklärt war – zum Reaktionsansatz. Die Entsprechung mit den 1957 und 1958 untersuchten enzymatischen Carboxylierungsreaktionen lag für ihn auf der Hand – und damit die Vermutung einer CO_2-Fixierung als aktivierende Reaktion innerhalb der Fettsäure-Biosynthese:

»*Als Green am 12. Juni 1958 über den Stand dieser Untersuchungen auf der Gordon Research Conference on Lipid Metabolism berichtete, trug ich in der Diskussion seines Vortrags die Hypothese vor, daß die Unentbehrlichkeit von ATP und Kohlensäure durch die intermediäre Bildung von Malonyl-CoA zu erklären sei. Malonyl-CoA könnte durch Carboxylierung aus Acetyl-CoA (…) entstehen in Analogie zu den (…) bereits eingehend untersuchten Carboxylierungen von β-Methylcrotonyl-CoA oder Propionyl-CoA.*«[124] Zur Begründung führte Lynen während der »*vermutlich sehr lebhaften und retrospektiv historischen Diskussion*«[125] an, dass aus thermodynamischer Sicht der so gebildete C_3-Körper Malonyl-CoA sich bereitwilliger mit einem Acyl-CoA – einem durch Coenzym A aktivierten Zwischenprodukt der Biosynthese langkettiger Fettsäuren – unter energiefreisetzender Abspaltung von CO_2, d. h. Decarboxylierung, verknüpfen sollte als der bisher vermutete C_2-Körper Acetyl-CoA.[126]

Die Enttäuschung darüber, dass es ihm selbst nicht als erstem gelang, seine Hypothese im Laboratorium belegen zu können, sondern andere ihm darin zuvorkamen, schwingt zwischen den Zeilen mit, als er über den weiteren Fortgang berichtet: »*Es blieb jedoch den Untersuchungen von (R. O.) Brady und von Wakil*[127] *vorbehalten, die ersten experimentellen Beweisstücke für die vermutete Rolle des Malonyl-CoA zu erbringen. Vor allem die Versuche Wakils waren aufschlussreich. Er konnte nachweisen, daß eine der beiden für die Fettsäuresynthese erforderlichen Enzymfraktionen der Taubenleber aus Acetyl-CoA, Bikarbonat und ATP in Gegenwart von Mn^{++} (Mangan) Malonyl-CoA bildete, das dann von der zweiten Enzymfraktion (…) in Palmitinsäure (C_{16}) überführt wurde.*

Wir konnten beim Studium der Fettsäuresynthese in Hefeextrakten ebenfalls Malonyl-CoA als Zwischenprodukt nachweisen und haben uns in den vergangenen Jahren mit den chemischen Vorgängen bei seiner Bildung aus Acetyl-CoA und seiner weiteren Umwandlung in langkettige Fettsäuren eingehend beschäftigt.«[128]

Wakil identifizierte diese biotinhaltige erste der beiden von ihm gefunden Enzymfraktionen als Acetyl-CoA-Carboxylase, d. h. als ein Enzym, das mittels einer Carboxylierungsreaktion Acetyl-CoA zu dem um ein C-Atom verlängerten Malonyl-CoA umformt.

Im Lynenschen Arbeitskreis griff man diese Ergebnisse auf, aber der weitere Weg erwies sich bald als »*ziemlich lang und steinig*«[129]: »*Die Bearbeitung der Fettsäuresynthese macht größere Schwierigkeiten als erwartet. Die Acetyl-CoA-Carboxylase der Hefe ist recht empfindlich und deshalb schwer zu reinigen«*, informierte er 1959 einen in den USA lebenden ehemaligen Mitarbeiter über den Stand der Dinge.[130]

Wakil und seine Mitarbeiter veröffentlichten im selben Jahr ein hypothetisches Reaktionsschema der Fettsäuresynthese, das Lynen aber nicht überzeugen konnte, da der erwartete energetische Vorteil der Decarboxylierung der C_3-Einheit Malonyl-CoA zur C_2-Einheit Acetyl-CoA darin nicht zum Tragen kam.[131]

Zusammen mit seinem Mitarbeiter Hermann Eggerer entwickelte Feodor Lynen ein Verfahren zur synthetischen Herstellung von Malo-

»vor und nach dem Fest«, Zeichnung von E. M. Lang.

nyl-CoA, das wegen der damit erzielbaren hohen Ausbeute gegenüber den bisher veröffentlichten Methoden seiner Konkurrenten, wie er betonte, »*nicht unerhebliche Vorteile*« bot, um damit das Reaktionsgeschehen systematisch untersuchen zu können.[132]

Die folgenden Versuche in den Arbeitskreisen Lynens und Wakils, ausgehend vom Malonyl-CoA Fettsäuren synthetisch zu gewinnen, indem man aus dem Fettsäureabbau bekannte Zwischenprodukte zusetzte, von denen man erwartete, dass sie in die Reaktionskette der Fettsäuresynthese eingebaut würden, schlugen allerdings durchgängig fehl. Die Wissenschaftler mussten daraus den Schluss ziehen, dass diese Verbindungen keinesfalls Zwischenprodukte der Fettsäuresynthese darstellen, und dass der Aufbau der Fettsäuren auf einem anderen Weg als der Abbau verläuft.[133]

»*Nach längerem ergebnislosen Experimentieren*«[134] ergab eine Beobachtung Lynens einen ersten Hinweis darauf, in welcher Richtung die Lösung des Problems liegen könnte: im Experiment wurde das aus Hefeextrakt gewonnene angereicherte Enzymsystem in seiner Reaktivität stark gehemmt, wenn dem Versuchsansatz Substanzen zugesetzt wurden, die blockierend auf Sulfhydryl (SH)-Gruppen wirken, wie beispielsweise Jodacetamid. Der Zusatz von SH-Gruppen-schützenden Substanzen dagegen bewirkte eine Stimulation der Fettsäuresyntheserate.

Lynen entwickelte die Vorstellung, dass das Enzymsystem selbst eine für die katalytische Wirkung unverzichtbare SH-Gruppe enthalten müsse: »*Diese Tatsache und unser wiederholtes Scheitern beim Nachweis irgendwelcher freien Zwischenprodukte des Syntheseprozesses führt uns zu der Arbeitshypothese, dass der tatsächliche Mechanismus eine Umlagerung der Coenzym A-Ester an die Sulfhydryl-Gruppen am Enzym selbst beinhaltet.*«[135] Die SH-Gruppen des Enzymproteins sollten demnach direkt am Aufbau der Fettsäuren beteiligt sein; als Erklärung dafür, dass bisher keine freien Zwischenprodukte nachweisbar waren, diente die Annahme einer stabilen Bindung dieser Fettsäuren-Zwischenstufen an die SH-Gruppen des Enzymsystems.

Für die Aufklärung der Einzelschritte der Fettsäure-Biosynthese, die weiterhin im Dunkeln lagen, griff Lynen wieder auf den nun schon mehrfach bewährten Einsatz von Modellsubstanzen zurück, die – einfach aufgebaut – die komplizierten natürlichen Substrate ersetzen sollten. Ebenso wie bei seinen Arbeiten zum Fettsäureabbau verwendete er auch hier N-Acetyl-cysteamin und Pantethein, die sich anstelle des komplexen Coenzyms A mit den am Syntheseprozess beteiligten Carbonsäuren verbinden, da sie eine CoA-Teilstruktur enthalten: »*Um die vielfältigen katalytischen Reaktionen des Enzymsystems aufzeigen zu können, nutzten wir die früher gemachten Erfahrungen und ersetzten den kompliziert gebauten Coenzym A-Rest durch N-Acetyl-cysteamin oder Pantethein. Für unser Problem erwies sich dieses Verfahren als außerordentlich nützlich, so dass wir uns nun in der Lage sehen, jeden einzelnen Schritt in der Reaktionsfolge – unabhängig von vorausgehenden oder nachfolgenden Schritten – demonstrieren zu können. Die Bindungsneigung dieser Modellverbindungen ist, verglichen mit der der natürlichen Substrate, allgemein ziemlich niedrig. Dies kann aber durch die Verwendung der Modellsubstanzen in hoher Konzentration ausgeglichen werden.*«[136]

Für die Untersuchung der Eigenschaften des dabei aktiven Enzymsystems isolierten er und seine Mitarbeiter die Fettsäuresynthetase – heute als Fettsäuresynthase bezeichnet – aus aufgeschlossenen Hefezellen. Für die Synthase fanden sie ein mit $2,15 \times 10^6$ sehr hohes Molekulargewicht sowie eine daraus berechnete Umsatzzahl von 2390 Molen Malonyl-CoA je Mol Enzym pro Minute. Ein Flavin-mononukleotid, das als Wasserstoffüberträger bei den während der Fettsäuresynthese ablaufenden Reduktionsreaktionen dient, konnte als wesentlicher Bestandteil der Synthase nachgewiesen werden.[137]

Nach dem bis dahin gewonnenen Wissensstand wäre zu erwarten gewesen, dass mehrere einzelne, voneinander trennbare Enzyme an der Fettsäuresynthese beteiligt sein würden. Die von Lynen an der aus Hefezellen gewonnenen Fettsäuresynthase gemachten Beobachtungen – die Vielfalt an chemischen Umsetzungen durch das Enzymsystem, das Fehlen nachweisbarer freier Zwischenprodukte und der Umstand, dass das System in der Elektrophorese und in der Ultrazentrifuge das Verhalten eines homogenen Enzyms zeigte – wiesen allerdings in eine andere Richtung.

1962 konnte er seine überraschenden Ergebnisse so zusammenfassen: »*Überblickt man die Vielfalt von sinnvoll aufeinanderfolgenden Teilreaktionen, die durch die Fettsäuresynthetase katalysiert werden, so liegt der Gedanke nicht fern, daß es sich bei diesem Enzym nicht um eine einzige Komponente, sondern um einen fest gefügten Komplex von mehreren Einzelenzymen handelt. Schon das hohe Molekulargewicht (...) weist auf eine kompliziertere Anordnung der einzelnen Enzymfunktionen hin.*

Diese Überlegungen führen zu einer Vorstellung über die Feinstruktur der Fettsäuresynthetase, die in dem hypothetischen Schema (...) wiedergegeben ist:

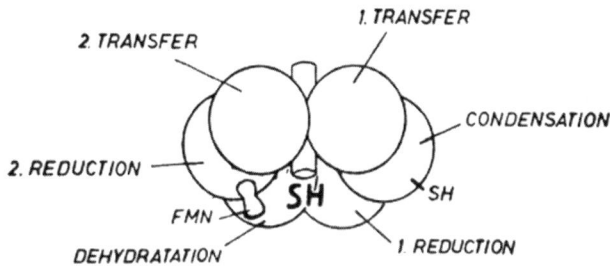

Die den sechs verschiedenen Einzel-aktivitäten zugeteilten Enzyme sind um eine zentrale Sulfhydrylgruppe angeordnet, über die die Zwischenstufen der Fettsäuresynthese fest am Enzymkomplex und in unmittelbarer Nähe der jeweiligen aktiven Zentren der einzelnen Komponenten verankert sind.«[138]

Die im Bereich der kondensierenden Enzymkomponente (in der Abbildung mit ›Condensation‹ bezeichnet) eingezeichnete zweite SH-Gruppe gründete auf Ergebnissen von Experimenten, die Lynen zur Charakterisierung der in der Synthase vorgefundenen SH-Gruppen durchführte. Diese SH-Gruppen wurden zunächst mit chemischen Schutzgruppen versehen, um anschließend – nach Zugabe von SH-Gruppen-Hemmstoffen – die spezifischen Veränderungen der katalytischen Aktivität des Enzymkomplexes untersuchen zu können. Die erhaltenen Befunde ließen sich am besten erklären, »*wenn man annimmt, daß am katalytischen Prozess zwei Arten von SH-Gruppen gleichzeitig beteiligt sind, die sich durch ihre Substratspezifität (...) unterscheiden*«, berichtete Lynen. »*Eine SH-Gruppe, die wir ins Zentrum des Enzymkomplexes verlegen, übernimmt primär den Malonylrest und bindet die verschiedenen Zwischenprodukte der Fettsäuresynthese an das Enzym. Im Gegensatz dazu übernimmt die neu dazugekommene, periphere SH-Gruppe primär den Acetylrest vom Acetyl-CoA; sie kann auch durch die Acylreste längerer gesättigter Säuren beladen werden. (...) Der Malonylrest wird von dieser Gruppe jedoch nicht übernommen.*«[139]

Der Nachweis dieser peripheren SH-Gruppe ergänzte die bisherigen Erkenntnisse, so dass Feodor Lynen nun ein vielstufiges Reaktionsschema für den Syntheseweg der Fettsäuren aufstellen konnte:

- Acetyl-Coenzym A dient als ›Starter‹ der Enzymreaktion. Dessen Acetylrest (C_2) wird an der peripheren SH-Gruppe des Enzymkomplexes fixiert.
- Der Malonylrest (C_3) eines Malonyl-CoA wird an der zentralen SH-Gruppe des Enzymkomplexes fixiert. Das hierbei benötigte Malonyl-CoA wird bereitgestellt durch eine vorgeschaltete Carboxylierungsreaktion, d. h. eine CO_2-Fixierung-, ausgehend von Acetyl-CoA und der Energiequelle ATP. Diese Reaktion, die durch das von Salih Wakil entdeckte Enzym Acetyl-CoA-Carboxylase katalysiert wird, ist an die Mitwirkung des Vitamins Biotin geknüpft, dessen biochemische Funktion Feodor Lynen kurz zuvor – nämlich 1959 – aufgeklärt hatte, und dessen schon seit längerem bekannte, aber im Einzelnen bis dahin ungeklärte Beteiligung an der Fettsäuresynthese jetzt detailliert sichtbar wurde.
- Das Kernstück der Synthese bildet die anschließende Kondensation.
  Der an der peripheren SH-Gruppe des Enzmykomplexes gebundene Acetylrest wird dabei auf den (an der zentralen SH-Gruppe gebundenen) Malonylrest übertragen. Diese kettenverlängernde Reaktion verläuft unter Decarboxylierung, d. h. unter Abgabe von CO_2, was die Reaktion energetisch begünstigt. Die Kondensation mit dem Malonylrest, einem C_3-Körper, führt also letztlich nur zu einer Verlängerung um eine C_2-Einheit. Lynen bezeichnete diesen vorteilhaften biologischen Baustein, der in der belebten Natur häufiger genutzt wird, deshalb als ›aktivierte aktivierte Essigsäure‹.[140] Das Ergebnis dieser Verknüpfung ist ein Acetacetyl-Rest (C_4), der an die zentrale SH-Gruppe des Enzmykomplexes gebunden ist.
- Nacheinander laufen nun eine erste Reduktion, eine Dehydratisierung und eine zweite Reduktion des an der zentralen SH-Gruppe gebundenen Acetacetyl-Restes ab. Das Ergebnis dieser über eine ungesättigte Zwischenverbindung führenden Reaktionsfolge ist ein gesättigter Buttersäurerest (C_4).
- Dieser im Vergleich zum ›Starter‹-Acetylrest um eine C_2-Einheit verlängerte Fettsäurerest wird nun von der zentralen SH-Gruppe des Enzymkomplexes auf die periphere SH-Gruppe übertragen.
- Die damit wieder freigewordene zentrale SH-Gruppe des Enzymkomplexes kann dann den nächsten Malonylrest übernehmen

und wiederum unter Decarboxylierung nun auf den Buttersäurerest übertragen, der dadurch erneut um eine C_2-Einheit verlängert wird.

- Der Zyklus wiederholt sich so oft, bis eine langkettige Fettsäure
mit einer Kettenlänge von 16 bis 18 C-Atomen aufgebaut ist und
vom Enzymkomplex abgespalten wird.

In den so entstandenen Fettsäuren stehen die beiden C-Atome
des als ›Starter‹ verwendeten Acetyl-CoA stets an dem der Säuregruppe fernen Kettenende. Alle anderen C-Atome entstammen
den angelagerten Malonyl-CoA-Einheiten.[141]

Parallel zu Lynens Versuchen mit der Fettsäuresynthase von Hefezellen führten die Arbeitskreise um Salih Wakil und Roy Vagelos in
den USA Experimente mit bakterieller Fettsäuresynthase durch. Die
Ergebnisse der Münchner Arbeitsgruppe und die ihrer amerikanischen Kollegen bestätigten einander, unterschieden sich aber darin,
dass der Enzymkomplex der Lynenschen Hefe-Synthase eine große
Stabilität besaß, während das Enzymsystem der von den US-Forschern verwendeten Escherichia-coli-Bakterien sehr schnell in seine
einzelnen Komponenten zerfiel[142] – ein Umstand, der auch im Blick
auf die Experimente der folgenden Jahre Lynens Wahl der Hefe als
Versuchsorganismus als sehr glücklich erscheinen lässt, denn weiter-
gehende Strukturuntersuchungen des komplexen Enzymgefüges ließen sich mit Hefe besser durchführen als mit anderen Organismen.

Die strukturellen Einzelheiten des Lynenschen Multienzymkomplexes, eines in der Biochemie bisher unbekannten Prinzips, blieben
zunächst aber noch weitgehend hypothetisch. Auch die Frage, warum
der Fettsäurenaufbau genau auf der Stufe der Palmitin- (C_{16}) oder
Stearinsäure (C_{18}) haltmacht, aber nicht vorher oder nachher, blieb
vorerst noch ungeklärt.

Die Frage nach dem Selektionsvorteil eines Multienzymkomplexes
gegenüber einzeln in der Zelle angeordneten Enzymen im Verlauf
der Evolution konnte Feodor Lynen dagegen schnell beantworten: der
Vorteil dieses von der Natur eingeschlagenen Wegs ist vor allem
durch die spezielle Reaktionskinetik im Multienzymkomplex begründet. Die Bindung des Substrats an das jeweilige Enzym wird hier
nicht erst durch vorgeschaltete Diffusionsvorgänge an den Ort des
enzymatischen Geschehens geregelt, sondern läuft in hoher Konzentration in aufeinander abgestimmten Reaktionen räumlich eng

gebündelt ab: »*Dagegen lässt sich die Frage nach den Vorteilen, die sich beim Ablauf einer aus vielen Schritten bestehenden Synthesekette an einem Multienzym-Komplex ergeben, leicht beantworten. In kinetischer Hinsicht muß ein solcher Prozeß analogen Prozessen, die von getrennten Enzymen katalysiert werden, überlegen sein, da die Diffusionswege der Substrate durch die kovalente Bindung an den Komplex auf ein Minimum beschränkt sind. (...) Von großer physiologischer Bedeutung dürfte sein, daß Störungen des Syntheseprozesses durch fremde Enzyme, wie etwa durch die Enzyme des Fettsäureabbaus, unterbunden sind.*

In dieser Hinsicht kann man von einer Kompartimentierung biochemischer Reaktionen auf kleinstem Raum sprechen. Durch diese räumliche Scheidung von Fettsäureaufbau und Fettsäureabbau gewinnt die Zelle die Möglichkeit, beide Prozesse getrennt ablaufen zu lassen und, was noch wichtiger ist, auch unabhängig voneinander zu regulieren.«[143]

Die ursprüngliche Annahme, dass der Aufbau der Fettsäuren eine Umkehrung ihres Abbaus sei, war nach jahrelanger Forschungsarbeit mit diesen Erkenntnissen schließlich widerlegt, denn man hatte erkannt, dass die Fettsäure-Biosynthese sowohl räumlich als auch chemisch getrennt von der β-Oxidation der Fettsäuren verläuft – der Aufbau findet im Zellplasma statt, der Abbau dagegen in den Mitochondrien, und der Aufbau erfordert im Unterschied zum Abbau ATP und Bikarbonat (siehe auch Abb. C im Anhang).

In bildhafter Umschreibung fasste Lynen seine Erkenntnisse über das neuartige komplexe Enzymsystem so zusammen: »*Man wird dem Multienzym-Komplex der Fettsäure-Synthetase am besten gerecht, wenn man ihn mit den Montagehallen der Technik vergleicht. In beiden Fällen werden die von außen zugeführten Einzelteile oder Bausteine Stück für Stück zusammengefügt und umgemodelt und erst in Form des fertigen Endprodukts aus der Fabrikationsstätte entlassen.*«[144]

Neben der Aufklärung des Fettsäuresynthese-Mechanismus in der Zelle wandte sich Feodor Lynen einem daran anknüpfenden Forschungsgebiet zu: den Möglichkeiten der Regulation dieser Synthesevorgänge im lebenden Organismus.

Bereits seit 1944 war bekannt, dass im Hungerzustand bzw. beim Diabeteskranken die Fettsäuresynthese als Vorgang des Reservemittelaufbaus stark eingeschränkt ist[145]; gleichzeitig werden die Fettvorräte des Körpers mobilisiert, was eine Erhöhung der Fettsäurekonzentration im Blut bewirkt.

Feodor Lynen mit der (Enzym-)Drehorgel,
Karikatur von Eckehard Lorch.

1961 wurden im Münchner Laboratorium vergleichende Experimente mit Ratten unter normaler Ernährung und im Hungerzustand durchgeführt. Lynen und seine Mitarbeiter untersuchten die Leberextrakte dieser Tiere und bestimmten die darin nachweisbare Fettsäuresyntheserate und die Enzymaktivitäten.

Ihre Versuchsergebnisse bestätigten die im Vorjahr im Arbeitskreis des indischen Biochemikers Jagannath Ganguly gemachten Beobachtungen und bewiesen, dass »*die Umwandlung von Acetyl-CoA in Malonyl-CoA (...) der geschwindigkeitsbestimmende Schritt der Fettsäuresynthese aus Acetat ist und die erniedrigte Fettsäuresynthese in der Hungerratte auf einen Mangel des beteiligten Enzyms zurückzuführen ist.*«[146] Die Acetyl-CoA-Carboxylase – das Enzym, das biotinabhängig Acetyl-CoA mittels CO_2-Fixierung zum energetisch günstigeren Malonyl-CoA verlängert – nimmt damit für die Steuerung der Fettsäuresynthese im lebenden Organismus die entscheidende Rolle ein, denn ihre Aktivität ist der Schrittmacher für die gesamte Reaktionsfolge.

Im gleichen Zusammenhang machten Lynen und seine Mitarbeiter die Beobachtung, dass im Rattenleberextrakt ohne Zusatz von Citrat – dem Salz der Zitronensäure – kaum Fettsäuren gebildet wurden, und bestätigten damit einen Befund, der bereits während der 1950er Jahre von Brady und Gurin erstmals erhoben worden war.[147] Für die enzymatische Carboxylierung von Acetyl-CoA zu Malonyl-

CoA war demnach stets die Anwesenheit von Citrat erforderlich, dessen Mitwirkung erst die CO_2-Fixierung ermöglichte, während die Reaktion ausblieb, wenn das Citrat fehlte.

Lynen führte weitere Versuche durch, mit denen er eine diskutierte direkte Beteiligung des Citrats oder ähnlicher Verbindungen an dem Prozess der CO_2-Übertragung auf das Acetyl-CoA sicher ausschließen konnte. Dagegen gewannen für ihn schließlich »*andere Vorstellungen an Bedeutung. Ihnen liegen allgemeine Erfahrungen über die Struktur des ›aktiven Zentrums‹ von Enzymen zugrunde. (… Die) Vorstellung von einer spezifischen dreidimensionalen Struktur des ›aktiven Zentrums‹, die mit einer bestimmten Konformation oder Tertiärstruktur des Enzymproteins zusammenhängt und erst vom Substrat induziert wird, lässt sich ohne weiteres auch zur Erklärung der beim Studium der Acetyl-CoA Carboxylase beobachteten Aktivierungseffekte heranziehen. Denn die Erzeugung der katalytisch aktiven Konformation des Enzyms aus einer inaktiven oder weniger aktiven Konformation kann ebenso wie bei der Bildung der spezifischen Enzym-Substratverbindung auch durch andere Stoffe, die sich mit dem Enzymprotein verbinden, ausgelöst werden.«*[148]

Für dieses in den frühen 1960er Jahren bereits allgemein anerkannte Konzept der biologischen Regulation von Enzymaktivitäten hatte Jacques Monod[149] den Begriff der ›allosterischen Wirkung‹ geprägt: hervorgerufen durch die Anlagerung einer niedermolekularen Effektorsubstanz an ein Enzym – wie beispielsweise hier die des Citrats an die Acetyl-CoA-Carboxylase – ändern sich dessen räumliche Gestalt und dadurch bedingt auch dessen katalytische Aktivität. Die Enzymaktivität kann durch die Effektoranlagerung erniedrigt oder aber auch erhöht werden, wie es hier zu beobachten gewesen war.

Die Entdeckung der allosterischen Wirkung des Citrats auf die Acetyl-CoA-Carboxylase reiht sich ein in eine Vielzahl ähnlicher Beobachtungen an anderen Enzymsystemen, die seit den 1960er Jahren in den verschiedensten Laboratorien gemacht wurden, und die die Wissenschaftler zu der neuen Erkenntnis führten, dass dieses Phänomen bei der Regelung vieler Stoffwechselvorgänge eine wichtige Rolle spielt. Lynen musste allerdings einräumen, dass die Einzelheiten der durch das Citrat verursachten räumlichen Veränderungen an der Carboxylase vorerst noch unbekannt waren: »*Was schließlich die Art der durch Citronensäure (…) ausgelösten Konformationsänderung der gereinigten Acetyl-CoA-Carboxylase aus Rattenleber betrifft, so können wir vorerst nicht viel darüber aussagen.*«[150]

Kurze Zeit später wurde im Lynenschen Arbeitskreis ein weiterer Faktor identifiziert, der ebenfalls regulierend – diesmal in aktivitätshemmender Weise – auf die Carboxylase einwirkt: Feodor Lynen und sein Mitarbeiter Walter Bortz konnten 1963 berichten, »*daß die Aktivität einer gereinigten Acetyl-CoA-Carboxylase aus Rattenleber durch Zugabe von langkettigen Acyl-CoA-Derivaten stark gehemmt wird.*«[151] Der Zusatz von langkettigen, an Coenzym A gebundenen Acylresten – Resten von Fettsäuren wie Palmitin- (C_{16}), Stearin-(C_{18}) oder Ölsäure (C_{18}) – zu Acetyl-CoA-Carboxylase-Präparaten bewirkte im Experiment eine Aufhebung des aktivierenden Citrat-Effektes; die Acyl-CoA-Verbindungen traten schon in geringen Konzentrationen in Konkurrenz zum Citrat und hemmten die Carboxylierungsaktivität des Enzyms.

Die ersten Schritte zur Aufklärung der körpereigenen Fettsäuresynthese-Regulation waren damit gemacht: man hatte einerseits im Citrat einen Faktor gefunden, der die geschwindigkeitsbestimmende Carboxylierungsreaktion des Fettsäureaufbaus aktiviert, und andererseits in den langkettigen Acyl-CoA-Verbindungen seinen natürlichen Gegenspieler entdeckt.

Feodor Lynen erkannte in dieser hemmenden Wirkung der langkettigen Fettsäureverbindungen ein weiteres Beispiel für das schon bekannte Phänomen der ›Endprodukt-Hemmung‹[152], deren Bedeutung in den Jahren zuvor für zahlreiche Stoffwechselwege erkannt worden war: »*Aus diesen Befunden lässt sich die Vorstellung ableiten, daß die Kontrolle der Fettsäuresynthese im tierischen Organismus durch ›Rückkopplung‹ zustande kommt und insofern mit vielen anderen Syntheseketten des Zellstoffwechsels übereinstimmt. Langkettige Fettsäure-CoA-Derivate sind die letzten niedermolekularen Zwischenprodukte in der für die Biosynthese der Neutralfette und komplexen Lipoide verantwortlichen Reaktionskette. Steigt die Konzentration dieser Coenzym-A-Derivate in den Geweben an, so wird damit angezeigt, daß der Bedarf für den Aufbau der komplexen Lipoide gedeckt ist. Folglich wäre es eine unnötige Verschwendung, wenn weiteres Acetyl-CoA auf den Weg dieser Biosynthese geleitet würde. Das wird nun dadurch verhindert, daß die langkettigen Fettsäure-CoA-Derivate die Acetyl-CoA-Carboxylase hemmen, als gerade dasjenige Enzym, das den ersten und geschwindigkeitsbestimmenden Schritt der Fettsäuresynthese katalysiert und somit an der Verzweigungsstelle liegt, wo sich der Weg der Fettsäuresynthese von vielen anderen Stoffwechselbahnen des Acetyl-CoA scheidet.*«[153] Die homöostatische Kontrolle[154] kann so auch in diesem Synthesevorgang eine ökonomische, auf das Notwendige begrenzte Verwendung wichtiger Stoffwechselbauteile innerhalb des Organismus gewährleisten.

Seine Grundlagenforschung sah Lynen eingebunden in einen gesellschaftlichen Auftrag, neue Erkenntnisse über die Körperfunktionen und die Entstehung von Krankheiten zu gewinnen, um aus diesen Ansätzen neue oder verbesserte Arzneimittel entwickeln zu können. Die zunehmende Verschiebung der Alterspyramide und die daraus resultierende Zunahme altersspezifischer Erkrankungen, hier vor allem Erkrankungen der Gefäße, machte solche Anstrengungen in seinen Augen nötig:[155] *»Die praktische Bedeutung unserer Beobachtungen liegt auf der Hand. Wenn es gelingt, Stoffe zu finden, die gleich den Fettsäure-Coenzym-A-Verbindungen die Acetyl-CoA-Carboxylase hemmen (…), dann müsste es gelingen, die Fettsäuresynthese medikamentös zu beeinflussen. Hier sehe ich Ansatzpunkte zu einer gezielten Therapie der Kreislaufkrankheiten, was zur Bedeutung der Grundlagenforschungen beiträgt.«*[156]

Anmerkungen

1 Feodor Lynen in FURTWÄNGLER (1966)
2 Carl Cori: 1896–1984, 1947 Nobelpreis in Physiologie oder Medizin für seine Arbeiten über den Zuckerstoffwechsel (Corizyklus)
3 Francis Crick: 1916–2004, 1962 Nobelpreis in Physiologie oder Medizin für seine Arbeiten über die Molekularstruktur der DNA
4 Har Gobind Khorana: geb. 1922, 1968 Nobelpreis in Physiologie oder Medizin für seine Arbeiten über den genetischen Code
5 Christian Anfinsen: 1916–1995, 1972 Nobelpreis in Chemie für seine Arbeiten über die Ribonuklease
6 Melvin Calvin: 1911–1997, 1961 Nobelpreis in Chemie für seine Arbeiten über den Kohlendioxid-Stoffwechsel in Pflanzen
7 STADTMAN E. (1976), S. 177; Stadtman berichtete darunter: »*For some of us this meeting terminated with an all night session dedicated to social relaxation, libation, camaraderie and conviviality.*«
8 Ernest Hemingway: 1899–1961, 1954 Nobelpreis für Literatur in Anerkennung von ›Der alte Mann und das Meer‹
9 Feodor Lynen in FURTWÄNGLER (1966);
Siehe dazu auch: Feodor Lynen in einem Brief an seinen ehemaligen Mitarbeiter Guido Hartmann, New York, vom 27.5.1959: an Bord der ›Constitution‹ habe er das Ehepaar Hemingway getroffen, »*das sich auf dem Weg zu den Stierkämpfen befand. Natürlich! Meine Frau holte mich mit dem Auto in Genua ab, und ich habe nach all den Reisen durchs ›wilde‹ Amerika die Fahrt durch Oberitalien und Österreich sehr genossen.*« [LYNEN – BRIEFE HARTMANN (1959)];
Offenbar hielt Lynen den Kontakt zum Ehepaar Hemingway und

nach Ernest Hemingways Tod 1961 noch zu dessen Witwe Mary (geb. Welsh, seit 1946 dessen vierte Ehefrau) auch während der folgenden Jahre aufrecht: Mary Hemingway schrieb am 8.6.1970 einen Brief an Feodor Lynen (»*Dear Doctor Feodor Lynen*«), in dem sie sich für die Zusendung eines Exemplars seiner Veröffentlichung ›Life, Luck and Logic in Biochemical Research‹ [Lynen – Life, Luck and Logic (1969)] bedankte und ihm mitteilte, dass auch ihre Familie aus dem Rheinland stamme. [Hemingway, Mary (1970)]

10 Die Reise dauerte vom 3.4. bis zum 29.4.1960 und führte ihn u.a. nach New York zu Fritz Lipmann und David Nachmansohn, nach Cleveland zu Ernst Simon, nach Chicago zu Esmond Snell, nach Indianapolis zu Otto Behrend, nach Urbana und nach Madison. [Reiseplan Usa (1960)]

11 Eva Lynen (II), S. 28; Eva Lynen begleitete ihren Mann auf dieser Reise. Sie hatte schon bald nach dem Krieg begonnen, Russisch zu lernen, um für eine von ihr befürchtete Besetzung weiterer Teile Deutschlands durch die russischen Streitkräfte gerüstet zu sein, und fand deshalb Gelegenheit, mit der russischen Bevölkerung, die neugierig auf die ausländischen Besucher zuging, ins Gespräch zu kommen. Auch an der Pressekonferenz des in diesen Tagen von seinem 27stündigen Raumflug zurückgekehrten jungen Astronauten German Titov (1935–2000) durfte sie teilnehmen. Lynen und seine Frau konnten außerhalb des Kongresses noch einige touristische Besichtigungen und Ausflüge unternehmen, so z.B. zum Leninmausoleum, in dem bis zu diesem Jahr auch Stalins Leichnam aufgebahrt war, nach Leningrad, und zum Abschluss der Reise nach Sotchi in

den Kaukasus. [Eva Lynen (II), S. 28 f]

12 Leopoldina – Geschichte, S. 11 f

13 Kurt Mothes: 1900–1983, Präsident der Leopoldina von 1954 bis 1974

14 Kurt Mothes in einem Brief an alle Mitglieder der Akademie vom August 1961 [Leopoldina]

15 Kurt Mothes in einem Brief an Feodor Lynen vom 22.12.1961 [Leopoldina]

16 Feodor Lynen in einem Brief an Kurt Mothes vom 4.1.1962 [Leopoldina]; Um auch nach der Teilung Deutschlands die Kontakte und den Austausch der Mitglieder in beiden Teilen des Landes aufrechtzuerhalten, wurde seither – neben dem in Halle amtierenden Präsidenten der Leopoldina – zusätzlich ein ›auswärtiger‹, d.h. westdeutscher Vizepräsident eingesetzt. Ab 1971 bekleidete Feodor Lynen dieses Amt. [Leopoldina – Geschichte, S. 11]

17 Leopoldina – Caruspreis; Die Stadt Schweinfurt verleiht zusammen mit der Carus-Medaille, deren Anfänge bis ins 19. Jahrhundert zurückreichen, seit 1961 den von ihr gestifteten Carus-Preis – benannt nach dem 13. Leopoldina-Präsidenten Carl Gustav Carus (1789–1869) – für bedeutende naturwissenschaftliche oder medizinische Forschungsleistungen an jüngere Wissenschaftler [www.leopoldina-halle.de, 2008]

18 Reisen – Lynen

19 Arnold Nordwig, Lynen-Mitarbeiter von 1962 bis 1963, in Nordwig (1976), S. 236; Neben aller Reiselust kommt Lynens enge Verbundenheit mit seiner bayerischen Heimat in einem Brief vom 27.7.1959 an seinen für einige Zeit in New York lebenden ehemaligen Mitarbeiter Guido Hartmann zum Ausdruck: »*Im übrigen haben wir (...) einen herrlichen Sommer mit ziemlich hohen Temperaturen; wenn ich daran denke, dass Sie unter den gleichen Verhältnissen in New York leben müssen,*

dann sind Sie wirklich zu bedauern.«
[Lynen – Briefe Hartmann (1959)]

20 Nickel (1989), S. 18, und Deutschland – Israel (2005), S. 47

21 Peter Gruss, Präsident der Max-Planck-Gesellschaft, in Presseinformation Mpg (2004), S. 3

22 Gerhard Schmidt: 1919 – 1971, geboren in Berlin als Sohn eines deutschen Chemikers und dessen jüdischer Frau, emigrierte 1934 mit seiner Mutter nach England, Chemiestudium in Oxford, ab 1948 am Weizmann-Institut in Rehovot / Israel, Vorsitzender des Wissenschaftlichen Rats des Weizmann-Instituts von 1959 bis 1961; nach der Versöhnung mit seinem in Deutschland gebliebenen Vater 1955 bemühte er sich um Kontaktaufnahme zu politisch unbelasteten Wissenschaftlern in Deutschland. [Nickel (1989), S. 19]

23 Nickel (1989), S. 19

24 Chaim Weizmann: 1874 – 1952, Biochemiker, im Mai 1948 Mitbegründer und von 1948 bis zu seinem Tod 1952 erster Präsident des Staates Israel

25 Nickel (1989), S. 12, S. 20, S. 25; Vor allem jüngere, darunter auch während der NS-Zeit zur Emigration aus Deutschland gezwungene Nachwuchsforscher folgten der israelischen Einladung, am Institut mitzuarbeiten; aus den Reihen der etablierten, prominenteren deutsch-jüdischen Wissenschaftler gingen dagegen nur sehr wenige nach Israel. [Deichmann (2001), S. 162]

26 Wolfgang Gentner: 1906 – 1980, 1946 Professor in Freiburg i. Br., ab 1958 Direktor des Max-Planck-Instituts für Kernphysik in Heidelberg, von 1955 bis 1959 Direktor am Cern

27 Cern: ursprünglich ›Conseil Européen pour la Recherche Nucléaire‹, 1954 offiziell gegründet als ›European Organization for Nuclear Research‹ unter Beibehaltung der vormaligen Abkürzung; zwölf Gründerstaaten: Belgien, Dänemark, Frankreich, Bundesrepublik Deutschland, Griechenland, Italien, Niederlande, Norwegen, Schweden, Schweiz, Großbritannien und Jugoslawien

28 Nickel (1989), S. 19, und Deutschland – Israel (2005), S. 47

29 Amos de-Shalit: 1926 – 1969, Physikstudium u. a. in der Schweiz und den USA, ab 1954 am Weizmann-Institut, von 1961 bis 1963 Wissenschaftlicher Direktor des Instituts, von 1966 bis 1968 Generaldirektor

30 Nickel (1989), S. 19 f, und Deutschland – Israel (2005), S. 47

31 Shneior Lifson, Kollege de-Shalits, über diese Gespräche, zitiert in Nickel (1989), S. 20

32 Josef Cohn: 1904 – 1986, geb. in Berlin, Studium der Soziologie und Promotion in Heidelberg, 1933 Emigration nach Palästina, Assistent Chaim Weizmanns, 1939 Vertreter des Weizmann-Instituts in den USA, ab 1950 in Europa, Bundesverdienstkreuz I. Klasse 1976, Großes Bundesverdienstkreuz 1984

33 Josef Cohn, zitiert in Nickel (1989), S. 20

34 Nickel (1989), S. 17, S. 20; Deutschland – Israel (2005), S. 48; Nachmansohn (1988), S. 341 f

35 Konrad Adenauer: 1876 – 1967, 1949 bis 1963 erster Bundeskanzler der Bundesrepublik Deutschland

36 z. B. Ulrich Haberland, Vorsitzender der Bayer AG und des Verbandes der Deutschen Chemischen Industrie, und Hermann Abs, Mitglied des Direktorats der Deutschen Bank [Nickel (1989), S. 22]

37 Nickel (1989), S. 21 f, und Deutschland – Israel (2005), S. 48

38 Nickel (1989), S. 22

39 David Ben-Gurion, geb. Grün: 1886 – 1973, erster Ministerpräsident Israels von 1948 bis 1953 und von 1955 bis 1963

40 DEUTSCHLAND – ISRAEL (2005), S. 48
41 NICKEL (1989), S. 23 f, und HAUN-SCHILD (1989)
42 NICKEL (1989), S. 14
43 PFEIFFER (2007)
44 Cohn hatte im Vorfeld der Reise alle Formalitäten für Lynen und die anderen Teilnehmer erledigt. [COHN – BRIEF (24.11.1959)]
45 NICKEL (1989), S. 24 f
46 Otto Hahn in ›Vorschlag zur Förderung einer wissenschaftlichen Zusammenarbeit zwischen der Max-Planck-Gesellschaft und dem Weizmann-Institut in Rehovoth, Göttingen‹, 8.2.1960, S.1f [HAHN – DENK-SCHRIFT (1960)]
47 a. a. O.
48 NICKEL (1989), S. 24
49 Otto Hahn in einem Brief an Bundeskanzler Adenauer vom 8.2.1960 [HAHN – DENKSCHRIFT (1960)]
50 Josef Cohn in einem Brief an Feodor Lynen vom 21.12.1959 [COHN – BRIEFE (1959 – 1962)]
51 Otto Hahn in einem Brief an Bundeskanzler Adenauer vom 8.2.1960 [HAHN – DENKSCHRIFT (1960)]
52 Otto Hahn : »*In einer kleinen Denkschrift haben wir unsere Eindrücke über den Besuch niedergeschrieben, vor allem, was eine geplante Zusammenarbeit der beiden Institutionen anbelangt.*« S. 3: »*Es wäre jetzt gerade der richtige Augenblick, eine größere Summe aus der öffentlichen Hand und der Privatindustrie zusammenzubringen.*« S. 4: für einen »*wirksamen Start für diese Zusammenarbeit (…) müsste von deutscher Seite eine erste finanzielle Hilfe geleistet werden, die die wissenschaftliche Begegnung und Zusammenarbeit ermöglicht. Ihre Früchte werden sich, ebenso wie die Grundlagenforschung hierzulande, nicht gleich in klingende Münze umprägen lassen. Aber die Erfolge in der Forschung fallen heutzutage dem zu, der den Kontakt mit den Spitzengruppen der Forschung in den Kulturländern sucht und* besitzt.*« [HAHN – DENKSCHRIFT (1960)]
53 Im Jahreshaushalt des Weizmann-Instituts wurden in dieser Zeit als Betriebsmittel umgerechnet 20 Millionen DM vorgesehen. [HAHN – DENKSCHRIFT (1960), S. 3 f]
54 COHN – BRIEFE (1959 – 1962), 5.2.1961, 8.2.1961, 16.3.1961, 6.5.1961, und NICKEL (1989), S. 32; Feodor Lynen führte im Rahmen der Planung der deutsch-israelischen Zusammenarbeit zusammen mit Cohn Verhandlungen mit Ulrich Haberland [Cohn – Briefe (1959 – 1962), 14.10.1960]
55 NICKEL (1989), S. 30
56 Ephraim Katzir, früher Katchalski: geb. 1916, kam 1922 nach Palästina, Schüler von Ladislaus Farkas (Farkas: Physikalischer Chemiker, bis zu seiner Entlassung 1933 Assistent Habers, 1934 Leiter einer Abteilung für Physikalische Chemie am Daniel-Sieff-Institut in Rehovot, 1935 Direktor des von ihm gegründeten Instituts für Physikalische Chemie der Hebräischen Universität, 1948 gest.) [DEICHMANN (2001), S. 166]
57 COHN – BRIEFE (1959 – 1962), 16.3.1961, 6.5.1961, 15.6.1961; Lynen half in dieser Zeit bei der Vermittlung eines weiteren Besuchers aus Israel (Dr. Michael Feldmann vom Department of Experimental Biology) an geeignete wissenschaftliche Institute in Deutschland [COHN – BRIEFE (1959 – 1962), 11.10.1961] und bei der Vorbereitung des Besuches einer Delegation des WeizTmann-Instituts in Deutschland; hier hatte Cohn Lynen darum gebeten, ihn dafür »*mit den in diesem Zusammenhang wichtigen Instanzen in Verbindung zu bringen*«. [COHN – BRIEFE (1959 – 1962), 21.5.1962]
58 Die Reise dauerte vom 9. bis zum 18.6.1963 [UNIVERSITÄT MÜNCHEN (1938 – 1975), 2.4.1963]
59 MINERVA (2008)

60 DEUTSCHLAND–ISRAEL (2005), S. 48 f, und PRESSEINFORMATION MPG (2004)

61 COHN – BRIEFE (1968), 8.1.1968; 19.1.1968

62 ADENAUER (1966), S. 132

63 ADENAUER (1966), S. 161 f

64 Mathilde Berghofer-Weichner, Staatssekretärin am Bayerischen Staatsministerium für Unterricht und Kultus, in ihrer Ansprache am 8.4.1976 anlässlich der Feierlichkeiten zu Feodor Lynens 65. Geburtstag [BERGHOFER – WEICHNER (1976), S. 5009]

65 Der Verband der Chemischen Industrie vertritt die wirtschaftspolitischen Interessen der meisten deutschen Chemieunternehmen und deutschen Tochterunternehmen ausländischer Konzerne gegenüber Politik, Behörden, anderen Bereichen der Wirtschaft, der Wissenschaft und den Medien. [www.vci.de, 2008]

66 Brief vom 7.4.1960 [VERBAND CHEMISCHE INDUSTRIE (1960)]

67 ANILINFABRIK (1960)

68 Der Heinrich-Wieland-Preis, dessen Finanzierung seit dem Jahr 2000 Boehringer übernimmt, wird einmal jährlich verliehen; Preisträger waren u.a. 1976 Prof. Dr. Eckhart Schweizer (Lynen-Mitarbeiter von 1960 bis 1966), 1969 Prof. Dr. Werner Seubert (Lynen-Mitarbeiter von 1952 bis 1957 und von 1959 bis 1965), 2001 Prof. Dr. Felix Wieland (Lynen-Mitarbeiter von 1974 bis 1978 und Enkelsohn Heinrich Wielands). [UNIVERSITÄT HEIDELBERG (2001) und BOEHRINGER (2006)]

69 BOEHRINGER (1963)

70 LYNEN – BRIEF WARBURG (1959), 15.1.1959

71 Feodor Lynen in FURTWÄNGLER (1966)

72 Feodor Lynen, zitiert in DECKER (1980), S. 226

73 LYNEN – POLYISOPRENOIDE V (1959)

74 LYNEN – POLYISOPRENOIDE V (1959)

75 LYNEN – POLYISOPRENOIDE II (1958) und VIII (1960)

76 Feodor Lynen in LYNEN – POLYISOPRENOIDE VI (1959), S. 657

77 Isomere Verbindungen weisen zwar in ihrem Atomaufbau die gleiche Bruttoformel und die gleiche Molekülmasse auf, haben aber unterschiedliche Strukturformeln.

78 LYNEN – POLYISOPRENOIDE IV (1959) und LYNEN – POLYISOPRENOIDE VII (1960)

79 Feodor Lynen in einem Brief an seinen ehemaligen Mitarbeiter Guido Hartmann / New York vom 27.7.1959 [LYNEN – BRIEFE HARTMANN (1959)]

80 Feodor Lynen in LYNEN – POLYISOPRENOIDE VI (1959), S. 661

81 Die Einzelheiten des Reaktionswegs vom Farnesyl-pyrophosphat (C_{15}) zum Squalen (C_{30}) waren zu dieser Zeit allerdings noch hypothetisch: Feodor Lynen hatte im dritten Teil seiner Schriftenreihe zur Terpenbiosynthese einen Reaktionsmechanismus für die reduktive ›Kopf-Kopf-Verknüpfung‹ zweier Farnesyl-pyrophosphat-Einheiten (im Unterschied zur sonst erfolgenden ›Kopf-Schwanz-Verknüpfung‹ der C_5-Einheiten) zum dadurch symmetrisch aufgebauten Squalen vorgeschlagen; der experimentelle Nachweis war noch nicht geführt [LYNEN – POLYISOPRENOIDE III, S.742]. 1970 führte Lynen die Versuche zur Aufklärung dieses Reaktionsschrittes fort [LYNEN – SQUALEN (1970)]. An dieser Fragestellung wurde auch u.a. in den Arbeitskreisen Konrad Bloch (USA) und George Popják (Großbritannien) gearbeitet.

82 Feodor Lynen in LYNEN – POLYISOPRENOIDE VI (1959), S. 657

83 entspricht NADPH (Nicotinamid-Adenin-Dinucleotid-Phosphat, reduzierte Form)

84 Feodor Lynen in LYNEN – NOBELVORTRAG (1964), S. 937 f

85 Bucher / Overath / Lynen (1959) und Bucher / Overath / Lynen (1960)
86 Der amerikanische Chemiker Charles Nelson Goodyear (1800 – 1860) hatte 1839 die Kautschukvulkanisation und 1852 den Hartgummi entwickelt. Die bald danach einsetzende Automobilentwicklung führte zu einer starken Nachfrage nach Gummireifen.
87 Lynen / Henning (1960), S. 820, und Lynen – Polyisoprenoide XI (1961), S. 534
88 gewonnen aus Hevea brasiliensis-Pflanzen (Kautschukbaum), die dem Lynen-Arbeitskreis von der Firma BASF gespendet wurden [Lynen – Polyisoprenoide XI (1961), S. 535]
89 Feodor Lynen in Lynen / Henning (1960), S. 826
90 Feodor Lynen in Lynen – Polyisoprenoide XI (1961), S. 541; Die Stereochemie der Verknüpfungsreaktion wurde 1965 im Laboratorium Popják aufgeklärt [Krebs / Decker (1982), S. 296]
91 Feodor Lynen in Lynen – Nobelvortrag (1964), S. 939
92 Feodor Lynen in einem Brief an Otto Warburg [Lynen – Brief Warburg (1959)]
93 Lynen – Cytohämin (1963)
94 Lynen – Quinones (1961)
95 Lynen – Carotinoide (1961)
96 Feodor Lynen in Lynen – Synthesen (1966), S. 14
97 Untersuchungen aus neuerer Zeit ergaben, dass die Biosynthese der Terpene nicht ausschließlich auf dem Acetat-Mevalonat-Weg erfolgt; einen alternativen Weg stellt der Triosephosphat-Pyruvat- bzw. Glycerinaldehyd-Pyruvat-Weg dar. Anstelle von Mevalonsäure dienen hier Glycerinaldehyd-3-phosphat (GAP) und Pyruvat als Präkursoren, die über 1-Deoxy-D-xylulose-5-phosphat zu Isopentenylpyrophosphat kondensieren. Dieser Weg wurde in Bakterien, Grünalgen und höheren Pflanzen gefunden. Die beiden Wege laufen in verschiedenen Kompartimenten ab: der GAP-Pyruvat-Biosyntheseweg findet in den Plastiden statt und führt zur Biosynthese von Mono-, Di-, Tetraterpenen, während der Mevalonsäureweg im Cytoplasma abläuft und zur Biosynthese von Sesquiterpenen und Triterpenen führt. [Sticher (2004), S. 388]
98 Lynen – Biotin I (1961), Lynen – Biotin II (1961) (die Veröffentlichungen enthalten Berichte über Versuche aus dem Jahr 1959)
99 Krebs / Decker (1982), S. 296
100 Feodor Lynen in Lynen – Life, Luck and Logic (1969), S. 215 (deutsche Übersetzung von H. W.)
101 Henry Lardy: geb. 1917
102 Biotin, früher Vitamin H genannt, gehört zu den wasserlöslichen Vitaminen; 1935 erstmalige Isolierung als Wachstumsfaktor durch Fritz Kögl (1897 – 1959), 1942 Aufklärung der chemischen Struktur durch Vincent du Vigneaud (1901 – 1978)
103 Feodor Lynen in Lynen – Life, Luck and Logic (1969), S. 215 (deutsche Übersetzung von H. W.)
104 Wakil (1970), S. 9, und Bloch (1980), S. 218
105 Lynen – Nobelvortrag (1964), S. 935
106 Feodor Lynen in Lynen – Nobelvortrag (1964), S. 935
107 Lynen – Biotin II (1961)
108 Feodor Lynen in Lynen – Biotin II (1961), S. 132 f
109 Die schädliche Wirkung einer Ernährung mit rohem Hühnereiweiß wurde bereits 1940 erkannt: die Komplexbildung zwischen Avidin und Biotin verhindert die Biotin-Resorption im Magen-/Darmtrakt und führt somit zu einer Biotin-Avitaminose. [Lynen / Knappe Et Al. (1959), S. 481]
110 Feodor Lynen in Lynen – Biotin II (1961), S. 134

111 (1) ATP + HCO$_3^-$ + Biotinenzym →
CO$_2$-Biotinenzym + ADP + P
(2) CO$_2$-Biotinenzym + ß-Methyl-
crotonyl-CoA → ß-Methyl-
glutaconyl-CoA + Biotinenzym
[Lynen – Biotin II (1961), S. 134]

112 Lynen – Nobelvortrag (1964),
S. 936. Siehe hierzu auch Joachim
Knappe, Lynen-Mitarbeiter von 1954
bis 1960: Dass Ochoas vorherige
Versuche, Biotin nachzuweisen,
erfolglos geblieben waren, war
offenbar auf dessen versehentliche
Verwendung von schlechtem Avidin
zurückzuführen. Zusätzlich war
*»vielleicht auch eine Voreingenom-
menheit im Spiel, denn man war dort
einmal (...) zu der Ansicht gekommen,
die Biotinrolle würde eher in der
Biosynthese carboxylierender Enzyme
liegen. Mit triumphierendem Kichern
erzählte mir Lynen später von Ochoas
bedauernder Äußerung ›I missed the
boat‹.«* [Knappe (1976), S. 132]

113 Feodor Lynen in Lynen – Biotin II
(1961), S. 142

114 Feodor Lynen in Lynen – Biotin II
(1961), S. 142

115 Hans G. Schlegel, Lynen-Mitarbeiter
1956

116 Knappe (1976), S. 129, und Lynen –
Biotin I (1961), S. 105 f

117 Die Aktivierung der Kohlensäure in
den CO$_2$-Biotinenzymen beruht auf
dem vom Ureidosystem ausgehenden Elektronensog, der die Elektro-
philie des Carbonyl-C-Atoms und
damit die Fähigkeit zur Transacylie-
rung bestimmt. Akzeptoren der
›aktivierten Kohlensäure‹ sind
Methyl- oder Methylengruppen, die
unter dem Einfluss einer benachbar-
ten Carbonylgruppe die Tendenz zur
Bildung von Carbanionen besitzen.
Die eintretende Carboxylgruppe
nimmt diejenige Stelle ein, die vom
ausgetretenen Proton verlassen
wurde. [Lynen – Nobelvortrag
(1964), S. 937]

118 Lynen – Nobelvortrag (1964), S. 937

119 Lynen – Life, Luck and Logic
(1969), S. 215; Lynen – Nobelvortrag (1964), S. 936; Bloch (1980),
S. 218

120 Lynen – Fettsäurecyclus (1955)

121 Lynen – Synthese der Fettsäuren
(1957)

122 Feodor Lynen in Lynen – Fettsäuren / Biosynthese I (1962), S. 35 f

123 Wakil (1970), S. 9 ff, und Lynen –
Fettsäuren / Biosynthese I (1962),
S. 520 f

124 Feodor Lynen in Nobelvortrag
(1964), S. 940

125 Bloch (1980), S. 216

126 Krebs / Decker (1982), S. 284

127 Nach Aussage Dieter Oesterhelts
empfand Feodor Lynen Salih Wakil
immer als Gegenspieler. In der
Folge wies Lynen in diesem Zusammenhang immer wieder darauf hin,
dass er selbst es gewesen war, der
den entscheidenden Hinweis auf die
Malonyl-CoA-Bildung gegeben hatte.
[Oesterhelt (2007)]

128 Feodor Lynen in Lynen –
Fettsäuren / Biosynthese I (1962),
S. 521

129 Feodor Lynen in Lynen – Enzymes
and Cofaktors (1961), S. 81 (deutsche Übersetzung von H. W.)

130 Feodor Lynen in einem Brief an
Guido Hartmann vom 27.7.1959
[Lynen – Briefe Hartmann (1959)]

131 Lynen – Saturated Fatty Acids
(1961), S. 943

132 Lynen – Fettsäuren / Biosynthese
I (1962), S. 540

133 Lynen – Saturated Fatty Acids
(1961), S. 943

134 Feodor Lynen in Nobelvortrag
(1964), S. 940

135 Feodor Lynen in Lynen – Saturated Fatty Acids (1961), S. 943
(deutsche Übersetzung von H. W.)

136 Feodor Lynen in Lynen – Saturated Fatty Acids (1961), S. 945
(deutsche Übersetzung von H. W.)

137 LYNEN – MULTIENZYMSTRUKTUR (1962), S. 123 f

138 Feodor Lynen in LYNEN – MULTIENZYMSTRUKTUR (1962), S. 135 f. Einen Komplex aus mehreren Enzymen hatte erstmalig David Green im Jahr 1948 erwähnt, als er die mitochondrialen Enzyme ›Cyclophorase-Komplex‹ nannte, um deutlich zu machen, dass es sich hierbei um eine zusammengehörende Einheit aus mehreren enzymatischen Aktionsstätten und nicht um eine zufällige Zusammenstellung handelt. [LYNEN – STRUCTURE (1972), S. 177]

139 Feodor Lynen in LYNEN – MULTIENZYMSTRUKTUR (1962), S. 137 f

140 NOBELVORTRAG (1964), S. 943

141 LYNEN – MULTIENZYMSTRUKTUR (1962), S. 140

142 WAKIL (1970), S. 14

143 NOBELVORTRAG (1964), S. 943

144 NOBELVORTRAG (1964), S. 943

145 LYNEN / HENNING ET AL. (1961), S. 526

146 Feodor Lynen in LYNEN – STÖRUNG der FETTSÄURESYNTHESE I (1961), S. 215

147 LYNEN – STÖRUNG der FETTSÄURESYNTHESE I (1961), S. 213, und LYNEN / MATSUHASHI ET AL. (1962)

148 Feodor Lynen in LYNEN – FETTSÄUREN / BIOSYNTHESE V (1964), S. 279 f. Die in diesem 1964 veröffentlichten Artikel beschriebenen Versuche waren bereits 1962 abgeschlossen, die Veröffentlichung erfolgte erst verzögert.

149 Jacques Lucien Monod: 1910 – 1976, französischer Biochemiker, 1965 Nobelpreis in Physiologie oder Medizin für seine Arbeiten zur genetischen Enzymkontrolle

150 LYNEN – FETTSÄUREN / BIOSYNTHESE V (1964), S. 280

151 LYNEN / BORTZ (1963), S. 505

152 LYNEN / NUMA ET AL. (1965), S. 420

153 Feodor Lynen in LYNEN – AUFBAU (1966), S. 238 f

154 Homöostase: Fähigkeit der Selbstregulation eines Systems mit dem Ziel, sich durch Rückkopplungsvorgänge in einem stabilen Zustand zu halten. Das Konzept der Homöostase wurde von dem US-amerikanischen Physiologen Walter Bradford Cannon (1871 – 1945) um 1930 entwickelt.

155 LYNEN – EINFLUSS der FORSCHUNG (1973), S. 413 – 415

156 Feodor Lynen in NOBELVORTRAG (1964), S. 944

Nobelpreis (1964)

Alfred Nobels Testament · Bekanntgabe des Preises · Preisverleihung in Stockholm ·
Nobelfeier in München · Öffentliche Verpflichtungen · Nobelpreisträgertagungen in
Lindau

>>Mich hat der Nobelpreis in keiner Weise verändert, aber die Leute um mich herum
haben sich kolossal verändert.<<[1]

Nach seiner Entdeckung der Thioesterbindung des Acetyl-Coen-
zyms A im Jahr 1951 war Feodor Lynen von der Fachwelt unter die
möglichen Kandidaten für einen Nobelpreis in Physiologie oder
Medizin gerechnet worden.

Auch Lynen selbst hatte schon seit einiger Zeit auf diese höchste
wissenschaftliche Auszeichnung »gewartet«[3], denn er sah sie – wie ei-

Feodor Lynen als Laureatus,
Karikatur von Eckehard Lorch[2].

Feodor Lynen. Heike Will
Copyright © 2011 WILEY-VCH Verlag GmbH & Co. KGaA, Weinheim
ISBN 978-3-527-32893-2

ner seiner früheren Mitarbeiter berichtete – als »*wohlverdienten Tribut an seine vielen Errungenschaften und Durchbrüche in der Biochemie.*«[4]

Im Sommer 1964 machte ein späterer Mitarbeiter Lynens unter Wissenschaftlern verschiedener Münchner Institute eine Umfrage nach der von ihnen erwarteten Wahrscheinlichkeit eines Nobelpreises für Lynen. Die vorwiegende Meinung der befragten Chemiker und Biochemiker war allerdings, dass Feodor Lynen den Preis wohl nicht mehr erhalten würde – denn nach allgemeiner Ansicht wäre dies ansonsten bereits im Jahr 1953 in einer gemeinsamen Ehrung mit Fritz Lipmann geschehen.

Umso größer war die Überraschung im Lynenschen Arbeitskreis, als am Nachmittag des 15. Oktober 1964 – Lynen war für einige Tage verreist – ein Mitarbeiter im Institut verkündete: »*Der Chef hat den Nobelpreis bekommen.*«[5]

Der Nobelpreis in den Bereichen Frieden, Literatur, Physik, Chemie sowie Physiologie oder Medizin[6] wird nach der Stiftungssatzung Alfred Nobels alljährlich »*denen zuerteilt, die im verflossenen Jahr der Menschheit den größten Nutzen geleistet haben*«.[7]

Der schwedische Chemiker und Industrielle Alfred Nobel (1833 -1896) hatte in seinem Testament vom 27. November 1895 verfügt, dass nach seinem Tod nur ein sehr kleiner Anteil seines Vermögens, das nach heutigem Wert mehr als 1,5 Milliarden Schwedische Kronen umfasste, an Freunde und Verwandte gehen sollte. Der Zinsertrag des größeren Teils seines Vermögens wird über einen Stiftungsfonds seit dem Jahr 1901 jährlich an die jeweiligen Preisträger der fünf Nobelpreise ausbezahlt.

Zwar hatte es in den zwei Jahrhunderten zuvor schon verschiedene Preise für besondere wissenschaftliche Leistungen gegeben; dem Nobelpreis aber kam wegen seines internationalen Charakters und seiner hohen Dotierung ein herausragender Stellenwert zu.

Alfred Nobels ursprüngliche Festlegung, dass die preiswürdige Leistung im vorangegangenen Jahr vollbracht worden sein solle, war, wie sich bald herausstellte, kaum einzuhalten, denn bis zur Anerkennung des praktischen Nutzens einer neuen wissenschaftlichen Erkenntnis vergeht häufig mehr Zeit als ein Jahr, so dass Nobels Festlegung mittlerweile großzügiger ausgelegt wurde.

Auch waren im Lauf der Jahrzehnte seit der Stiftungseinrichtung die Nobel-Kommissionen immer häufiger dazu übergangen, statt wie in der Anfangszeit einzelne Wissenschaftler zu ehren, den Preis nun unter mehreren Personen aufzuteilen. Der Grund dafür ist nicht in der Anerkennung zunehmender Teamarbeit zu suchen, denn nur selten werden Forschungs-Kollektive ausgezeichnet; vielmehr verlaufen viele Arbeiten parallel in verschiedenen Laboratorien, und mit den Forschungsresultaten eng im Zusammenhang stehende wichtige Vorarbeiten können so ebenfalls berücksichtigt werden.[8]

Alljährlich werden die Nobelpreis-Kandidaten von einer Auswahl internationaler, eigens dazu berechtigter Fachleute – zu ihnen gehörte für den Bereich Chemie seit 1955 auch Feodor Lynen[9] – bis zum Januar des jeweiligen Jahres vorgeschlagen; niemand hat das Recht, sich selbst auf die Liste der Kandidaten zu stellen. Bis zum folgenden September werden die Vorschläge von den Komitees begutachtet und anschließend der preisvergebenden Körperschaft[10] unterbreitet, die dann die Entscheidung alleine fällt. Bis zum 15. November, meist aber vor dem 21. Oktober, dem Geburtstag Alfred Nobels, werden die Namen der Preisträger bekanntgegeben und diese über die Botschaften ihrer Länder benachrichtigt.[11]

Wie Feodor Lynen die Bekanntgabe seines Nobelpreises erlebte, schildert seine Frau Eva: das Ehepaar Lynen war wegen einer Kongressveranstaltung für einige Tage nach Hamburg gereist. Ein schwedischer Journalist hatte am Vorabend der Heimreise Lynen gegenüber angedeutet, dass der nächste Tag eine für ihn wichtige Entscheidung bringen könnte.

»Wir machten uns auf die Heimreise im Auto, mit Chauffeur. (…) Wir hatten noch eine ganze Weile auf die Entscheidung zu warten, die erst mittags fallen würde. Zum Glück hatte mein Mann ein kleines japanisches Transistorgerät bei sich, das Geschenk eines japanischen Kollegen«, mit dem er den amerikanischen Soldatensender AFN empfangen konnte. *»Glücklicherweise war in Tokio die Olympiade, und so fiel es unserem Chauffeur nicht besonders auf, wenn mein Mann jede Stunde seinen kleinen Apparat ans Ohr drückte und gespannt lauschte. (…) In der Gegend von Gießen war es dann soweit. Der Empfang war miserabel (…), und unsere Köpfe stießen über dem Radio zusammen. Als es hieß ›the American Konrad Bloch and the German‹, brauchte ich gar nicht mehr auf den Namen zu warten, um meinem Mann ungestüm ins Ohr zu flüstern ›endlich hast Du ihn‹. (…)*

Die nächsten vier Stunden bis Starnberg waren die Ruhe vor dem Sturm, der zu Hause schon ausgebrochen war und sich bei unserer

Die Mitarbeiter gratulieren zum Nobelpreis
von links: Eckhart Schweizer, TA Christl Riepertinger,
Hermann Eggerer, Peter Back, Feodor Lynen, Tuiskon
Dick, TA Christa Duba, unbekannt, TA Sabine Günther.

Ankunft noch um ein Vielfaches verstärkte. (…) Und dann klingelte das
Telefon mit der Hausglocke um die Wette. Telegramme flatterten ins Haus,
Freunde und Mitarbeiter erschienen mit Blumen und Sekt, und immer
wieder wurde die schöne Geschichte von unserer dramatischen Autofahrt
belacht.«[12]

Den Nobelpreis für Physiologie oder Medizin 1964 vergab das
Stockholmer Karolinische Institut jeweils zur Hälfte an Feodor Lynen
und Konrad Bloch für ihre Arbeiten über ›Mechanismus und Regulation des Cholesterol- und Fettsäurestoffwechsels‹.

Sune Bergström, Mitglied des Nobel-Komitees für Physiologie oder
Medizin, betonte als gemeinsamen Ausgangspunkt in Lynens und
Blochs Arbeiten den Acetatstoffwechsel – die von Feodor Lynen in
ihrer chemischen Bindungsstruktur aufgeklärte ›aktivierte Essigsäure‹ dient sowohl der von Lynen und Bloch untersuchten Biosynthese
des Cholesterols, als auch der von Lynen bearbeiteten Fettsäure-Biosynthese als wichtiger Grundbaustein und steht im engen Zusammenhang mit den hierbei ablaufenden biotinabhängigen Reaktions-
schritten, für deren Verständnis Lynens Aufklärung der Funktionsweise des Vitamins die Voraussetzung schuf. Bergström erläuterte

Feodor Lynen mit Skiern auf dem Weg nach Stockholm,
Karikatur von Eckehard Lorch.

den für die Auswahl der beiden Preisträger besonders wichtigen
Aspekt des ›Nutzens für die Menschheit‹: »*Störungen des komplizier-
ten Mechanismus von Bildung und Stoffwechsel der Lipide sind in vielen
Fällen verantwortlich für die Entstehung einiger unserer wichtigsten
Krankheiten, besonders auf dem kardiovaskulären Gebiet. Ein detailliertes
Wissen um den Mechanismus des Fettstoffwechsels ist notwendig, um mit
diesen medizinischen Problemen vernünftig umgehen zu können. Die
Bedeutung der Arbeit von Bloch und Lynen liegt darin, dass wir nun die
Abläufe kennen, auf die wir im Zusammenhang mit ererbten und anderen
Faktoren unser Augenmerk richten müssen.*«[13]

Zwei Monate später reiste das Ehepaar Lynen, begleitet von den
drei Töchtern, zur Preisverleihung nach Stockholm, die satzungsge-
mäß stets im Dezember stattfindet und eingebettet ist in das Programm einer ganzen ›Nobelwoche‹.[14]

Die Preisträger[15] wurden zusammen mit ihren Familien im Stockholmer Grand Hotel untergebracht. Sie besuchten zunächst eine
Reihe von Empfängen und hielten ihre von der Nobelstiftung vorge-
schriebenen öffentlichen Vorlesungen.

Preisverleihung in Stockholm: der schwedische König gratuliert Konrad Bloch, rechts daneben Feodor Lynen, in der Mitte der ersten Zuschauerreihe Feodor Lynens Frau und drei Töchter.

Am frühen Abend des 10. Dezember, des Todestags Alfred Nobels, fand schließlich die feierliche Preisverleihung im Stockholmer Konzerthaus statt, das wie jedes Jahr mit Blumen aus dem italienischen San Remo, wo Nobel seine letzten Lebensjahre verbracht hatte, geschmückt war. »*Und als dann die eigentliche Feier im Konzerthaus begann, wir aufgeputzt in der ersten Reihe saßen, und die königliche Familie unter Fanfarenklängen in den Saal eingezogen war, gingen meine Gedanken zurück*«, berichtete Eva Lynen, zu ihrem Vater Heinrich Wieland, der an gleicher Stelle 1928 den Nobelpreis für Chemie erhalten hatte.«*Und diesmal war es mein Mann, der, wie alle anderen von drei Fanfarenklängen angekündigt, vom Podium herunterging, sich lächelnd verbeugte und vom ebenfalls lächelnden König*[16] *seine Urkunde erhielt*«[17], die eine künstlerische Bearbeitung des von Lynen in seiner Struktur aufgeklärten Carboxybiotins zeigte, sowie eine goldene Medaille mit dem Portrait Alfred Nobels und das anteilige Preisgeld in Höhe von 131.500 Schwedenkronen, entsprechend ca. 101.500 DM.[18]

Nobelpreisurkunde für Feodor Lynen und Konrad Bloch.

Im Anschluss an die Preisverleihung fand ein großes Festbankett im Goldenen Saal der Stockholmer Stadthalle statt. Nach dem Essen[19] hielten die Preisträger ihre Dankesreden. In seiner kurzen Ansprache zitierte Lynen Hans Sachs, den ›Schuhmacher und Poeten‹ der Reformationszeit: »›*Euch macht ihr's leicht, mir macht ihr's schwer, gebt ihr mir Armen zu viel Ehr.*‹ *Mit diesem Zitate will ich zum Ausdruck bringen, wie schwer es für mich ist, ja wahrscheinlich sogar ganz unmöglich, meinen tief empfundenen Dank gegenüber der Nobel-Stiftung (…) in die richtigen Worte zu fassen. Die tiefe Bewegung des Gemüts versagt sich dem Wort. Im ganzen gesehen hat also Hans Sachs sicher recht.*«[20]

Nach dem Bankett luden die Stockholmer Studenten zu ihrem traditionellen Nobelfest ein, in dessen Verlauf die Nobelpreisträger zu einer Darbietung aufgefordert wurden: »*So sangen wir das Lied ‹In München steht ein Hofbräuhaus›.*«[21] Mit dem Luciafest am 13. Dezember ging die Nobelwoche in Stockholm zu Ende.

In München bereiteten die Mitarbeiter des Arbeitskreises Feodor Lynen einen herzlichen Empfang: »*Zusammen mit meinen Kollegen holte ich die Familie Lynen, die von Stockholm zurückkam, früh morgens am Münchener Hauptbahnhof ab, und wir feierten die Angekommenen mit einem Sektfrühstück«*, berichtete einer der damaligen Mitarbeiter.[22] *»Am Institut gab's zum Frühstück Weißwürste und dann zeigte Professor Lynen jedem, der in sein Büro kam, voller Stolz die Medaille. Dann war es Zeit für die Vorlesung. Die minutenlangen Ovationen der Studenten bewegten ihn sichtlich. Trotz der durchreisten Nacht hielt er wie immer eine lebendige Vorlesung.«*[23]

Zu Lynens Ehren veranstaltete die Münchner Studentenschaft einen nächtlichen Fackelzug durch Starnberg mit Blaskapelle und Ansprachen, *»und dann ging's geschlossen ins Gasthaus Andechser Alm, wo man weniger rührselig als feuchtfröhlich dieses freudige Ereignis begoss.«*[24]

Höhepunkt der Münchner Feierlichkeiten war die von Lynens Schülern und Mitarbeitern für ihn ausgerichtete Nobelfeier am 19. Dezember 1964. Im Baeyer-Hörsaal der Chemischen Institute an der Karlstraße fand zunächst am Vor- und Nachmittag ein wissenschaftliches Hauskolloquium statt. In Kurzvorträgen stellten elf seiner früheren Mitarbeiter ihre Arbeitsgebiete vor; *»der Stolz auf seine Schüler bewegte ihn so sehr, daß er Mühe hatte zu sprechen«*, berichtete später einer der Teilnehmer.[25]

Für den anschließenden zweiten Teil der Feier traf man sich am frühen Abend zur ›Nachsitzung‹ in Tutzing, wo die Fa. Boehringer ihre Kantinenräume, die nun festlich geschmückt worden waren, zur Verfügung gestellt hatte (*»Rahmen: Intern, festlich und gemütlich«*[26]).

In seiner Festrede versuchte der Dekan der Freiburger Medizinischen Fakultät Helmut Holzer, der dem Lynenschen Arbeitskreis von 1945 bis 1953 als Doktorand angehört hatte, zu analysieren, welche *»Eigenschaften jemand (...) haben muss, um solche besonderen Leistungen zu vollbringen.«*[27] Holzer kam zu dem Schluss, dass in Lynens Fall *»eine glückliche Kombination von Gaben«* und Umständen der Schlüssel des Erfolgs gewesen sei: neben den Gegebenheiten des Werdegangs – v.a. dem Kontakt mit Heinrich Wieland, bei dem Lynen die Organische Chemie aus *»erster und bester Hand gelernt«* habe – habe er sowohl immer *»das Bedürfnis danach gehabt, die Dinge quantitativ zu sehen – was ein organischer Chemiker normalerweise gar nicht tut«*, als auch danach, die physikalischen und physikalisch-chemischen Aspekte seiner Arbeitgebiete herauszuarbeiten. Holzer vermutete, dass diese Art des Denkens von dem von Lynen darin als vorbildhaft empfundenen Otto Warburg beeinflusst sein könnte. Dazu kämen

Lynens besondere persönliche Eigenschaften – seine »*Schlagfertigkeit und die Fähigkeit, das Wesentliche rasch zu erkennen, (...) aus einer Fülle von Befunden das herauszuschälen, was wichtig ist und weiterführt. (...) Wir haben dieses ›Fingerspitzengefühl‹ stets ganz besonders bewundert.*«[28]

Ihre Bewunderung für den ›Chef‹ zeigten die Mitarbeiter – unter dem Namen ›Münchener Zellchomiker‹[29] – an diesem Abend in einem Feuerwerk an kreativen Beiträgen[30]: Gedichte (»*I clean protein till the column kracht/Then hatsch ich nach Hause in düsterer Nacht./ Oh yolly enzyme, be kind to me/And fold up yourself into the right plea ...*«), Vorträge (›Biochemical abstracts‹: »*... dass in Göttingen[31] die Relaxationszeiten um Größenordnungen höher liegen. In Bayern wird Relaxation eher theoretisch betrieben oder muss für holidays on ice gelegt werden.*«), Lieder (»*Der Deutsche forscht in USA./Mal kommt er wieder,/mal bleibt er da*«), eine biochemische Modenschau (›Haute Couture Biochimique‹), klassische Gesänge (»*Von Zeit zu Zeit seh ich den Alten gern ...*«) und bayerische Gstanzln (»*Und die Warzn neba da Nasn/hams fotographisch amputiert/.../Tag und Nacht forscht, wer Fitzol nimmt,/des werd garantiert!*«), dazu großformatige Zeichnungen

Feodor Lynen mit Journalisten nach der Nobelpreis-verleihung, 1964.

des ›Hauskarikaturisten‹ Eckehard Lorch (›Fitzis Stationen auf dem Weg nach Stockholm‹) an den Wänden des Saales. »*Es wurde viel getanzt und getrunken und gelacht, kurz: es war ein pfundiges Fest.*«[32]

Anfang Januar 1965 schrieb Eva Lynen: »*Nun waren wir alle über Weihnachten im Engadin und haben uns beim Schifahren schon recht gut erholt. Und nun wird sich unser Leben hoffentlich wieder ganz normalisieren.*«[33]

Diese Hoffnung blieb erst einmal unerfüllt: ab Oktober, dem Zeitpunkt der Bekanntgabe des Nobelpreises, erreichte Feodor Lynen eine Flut von Postsendungen: Bittbriefe – beispielsweise aus Indien[34] –, Anfragen von Autogrammsammlern, auch ein Protestbrief eines Alkoholabstinenzlers[35]; andere Briefeschreiber äußerten Zweifel an Lynens Resultaten und teilten ihm ihre recht eigenwilligen ›wissenschaftlichen‹ Gegenthesen mit.[36] Die weitaus meisten der Zusender allerdings erhofften sich Lynens Rat und Hilfe in gesundheitlichen Belangen: ausführlich legten sie ihre Krankengeschichte oder die naher Angehöriger dar und baten darum, dass Lynen ihnen eine Arznei zur Behandlung der Leiden nennen möge. Oft ließ er diese Anfragen mit einem Standardbrief beantworten; in einzelnen, besonders berührenden Fällen antwortete er mit einem persönlichen Schreiben und verwies auf einen auf Cholesterol- und Lipidstoffwechsel-Probleme spezialisierten Arzt, allerdings ohne den Anfragenden allzu große Hoffnungen zu machen (»*sofern dies unter den gegebenen Verhältnissen des derzeitigen Standes der Medizin schon möglich ist.*«).[37]

Adolf Krebs war 1953 nach der Verleihung seines Nobelpreises von einem Kollegen scherzhaft auf die kommenden Veränderungen hingewiesen worden: »*Sie werden oft als Tischdekoration eingeladen werden*«.[38] Es zeigte sich bald, dass dies auch für Lynen zutraf und dass die bei der Tutzinger Nobelfeier gesungene Gstanzl-Strophe »*Seit der Butenandt sein Preis hat, / hat er nur repräsentiert. / Es ist a Glück für die Forschung, / dassn der Fitzi jetzt erst kriagt!*« zwar überspitzt formuliert war, aber dennoch nicht weit von der Wahrheit lag, denn auch im Lynenschen Arbeitskreis wurde vorerst manches anders.

Zwei Mitarbeiter berichteten später über diese Zeit: »*Wir sahen Lynen in der Folge zunächst recht selten, viele öffentliche Verpflichtungen und Einladungen strömten auf ihn ein[39], und dazu brach er sich das Bein[40], beim Skifahren natürlich*«[41]; – aber »*anders als Otto Warburg schätzte er ihm zuteil gewordene Ehrungen und genoss das Aufsehen und die gesellschaftlichen Ereignisse, die damit verbunden sind. Ihm war die Anerkennung von Fachwelt und informierter Öffentlichkeit wichtig.«*[42]

Feodor Lynen nahm deshalb in den Jahren nach dem Nobelpreis auch stets gerne die Einladungen zu den Lindauer Nobelpreisträgertagungen an.

Die in Anlehnung an Alfred Nobels Stiftung jährlich am Bodensee stattfindenden Treffen waren 1951 von den beiden Lindauer Ärzten Professor Gustav Parade und Dr. Franz Karl Hein ins Leben gerufen worden mit der Absicht, Deutschlands Friedenswillen und seine Zusammengehörigkeit mit den freien Völkern zu zeigen, und der Wissenschaft ein von nationalen und kulturellen Bindungen unabhängiges Forum zu schaffen. Als Ehrenprotektor der Tagungen konnten die beiden Initiatoren Graf Lennart Bernadotte, Urenkel des Schwedischen Königs Oscar II.[43], gewinnen.

Eine Woche lang, jeweils von Ende Juni bis Anfang Juli, haben mehrere hundert ausgewählte Studenten und junge Wissenschaftler aus aller Welt in Lindau Gelegenheit, die Vorträge der Nobelpreisträger[44] zu hören und anschließend in kleinen Gruppen mit ihnen zu diskutieren. Die Abschlussveranstaltung findet traditionell auf der Insel Mainau, dem Sitz der Familie Bernadotte, statt.

Feodor Lynen während der Nobelpreisträgertagung in Lindau.

Feodor Lynen nahm seit 1965 regelmäßig in allen drei naturwissenschaftlichen Disziplinen an den Lindauer Nobelpreisträgertagungen teil[45], und mehrmals wurde er als Redner eingeladen – 1966 mit einem Vortrag über den Aufbau der Fettsäuren in der Zelle, 1972 sprach er über Cholesterol und Arteriosklerose und 1975 über die Regulation der Cholesterinsynthese und ihre pathophysiologische Bedeutung.[46]

Anmerkungen

1 Feodor Lynen in FURTWÄNGLER (1966)
2 Eckehard Lorch: Lynen-Mitarbeiter von 1957 bis 1961
3 LYNEN, EVA (II), S. 37
4 DECKER (2006), S. 11 f (deutsche Übersetzung von H. W.)
5 HAMPRECHT (1976), S. 269 und S. 271
6 Die Verknüpfung der beiden Bereiche Physiologie und Medizin liegt darin begründet, dass die Physiologie am Ende des 19. Jahrhunderts, zur Zeit der Einsetzung der Stiftungsbestimmungen, als experimentelle und theoretische Basis der Medizin angesehen wurde. Der von den Preisen der Nobelstiftung getrennte Nobelpreis für Wirtschaftswissenschaften wurde 1969 von der Schwedischen Reichsbank gestiftet.
7 zitiert nach KANT (2001), S. 75
8 KANT (2001), S. 77 f
9 1955 schlug Feodor Lynen Vincent Du Vigneaud für den Chemie-Nobelpreis vor, der ihn auch im selben Jahr erhielt; ein weiterer Vorschlag Lynens 1955 galt Frederick Sanger, der den Preis 1958 erhielt. Weitere Vorschläge Lynens in späteren Jahren: 1962 Karl Folkers, 1967 und 1971 Georg Wittig, 1972 H. S. Mason und Osamu Hayaishi, 1973 und 1974 Georg Wittig, der 1979 schließlich den Nobelpreis erhielt. [NOBELKOMITEE und NOBELKOMITEE – VORSCHLAG (1977)]

10 Die Preisträger für Physiologie oder Medizin werden vom Karolinska Medikokirurgiska Institutet in Stockholm, die der Physik und Chemie von der Königlich Schwedischen Akademie der Wissenschaften, die Literaturpreisträger von der Schwedischen Akademie in Stockholm und die Friedenspreisträger durch einen fünfköpfigen Ausschuss des norwegischen Parlaments ausgewählt.
11 KANT (2001), S. 75 f
12 LYNEN, EVA (II), S. 39 f
13 BERGSTRÖM / NOBEL PRIZE PRESENTATON SPEECH (1964)
14 »mit dem Schlafwagen (…), weil es uns im Winter sicherer erschien und außerdem viel billiger ist.« [LYNEN, EVA (1965)]
15 Die weiteren Preisträger des Jahres 1964 waren Charles Hard Townes, Nicolay Gennadiyevich Basov und Aleksandr Mikhailovich Prokhorov (Nobelpreis für Physik); Dorothy Crowfoot Hodgkin (Nobelpreis für Chemie); Martin Luther King Jr. (Friedensnobelpreis, wurde am selben Tag in Oslo verliehen. Lynen traf 1966 persönlich mit Martin Luther King zusammen [Photographie im MPG-Archiv, III. Abt., Rep. 31]); Jean-Paul Sartre, der mit dem Nobelpreis für Literatur geehrt werden sollte, dies aber abgelehnt hatte.
16 König Gustav VI. Adolf (1882 – 1973, Regierungszeit von 1950 bis 1973), Großvater des heutigen Königs Karl XVI. Gustav (geb. 1946)

17 Lynen, Eva (II), S. 42

18 Skandinaviska Banken (1964); den Betrag von 3.000 Schwedenkronen ließ sich Feodor Lynen in Stockholm bar ausbezahlen; das verbleibende Preisgeld wurde in Anteilen jeweils auf ein Konto von Feodor und Eva Lynen einbezahlt.

19 Die Menükarte des Banketts wird traditionellerweise nur in französischer Sprache geschrieben.
Das Menü im Jahr 1964 (nach http://nobelprize.org): *Turbot* (Steinbutt) *fumé à chaud, Sauce gourmet Chaud-froid de gelinotte* (Haselhuhn) *au foie gras Salade Waldorf Pêches au Grand Marnier Petits fours.*
VINS : Pommery & Greno Brut, Château des Tonelles 1959, Côtes Fronsac
Café; Liqueur Marie Brizard, Cognac Courvoisie BUFFET

20 Lynen – Bankettrede (1964); Feodor Lynens Tochter Eva-Maria berichtete über ihren Vater, er sei während dieser Ansprache »*selbst ganz gerührt*« gewesen. [in Lynen, Eva (II), S. 43]

21 Eva-Maria Lynen in Lynen, Eva (II), S. 43

22 Numa (1976), S. 161

23 Hamprecht (1976), S. 271 f

24 Lynen, Eva (II), S. 43

25 Hamprecht (1976), S. 272

26 Nobelpreisfeier München (1964), S. 4916

27 Nobelpreisfeier München (1964), S. 4919; hier und S. 4920 alle weiteren Zitate aus der Ansprache Holzers

28 In den wissenschaftlichen Veröffentlichungen seiner Mitarbeiter legte Lynen deshalb auch stets Wert auf eine prägnante und kurze Darstellung der Sachverhalte; er bestand meist darauf, englische Begriffe durch entsprechende deutsche zu ersetzen, z. B. ›peak‹ durch ›Gipfel‹, ›count‹ durch ›Impuls‹. [Bernd Hamprecht in Nobelpreisfeier München (1964), S. 4943];

Holzer vermutete daneben auch in Lynens Vorliebe für Denksportaufgaben (»*ein Kohlkopf und eine Ziege und ein Löwe oder so etwas ähnliches sollen im Boot über den Fluss transportiert werden, der eine frisst jedoch den anderen, und man muss nun die klügste Kombination von Fahrten herausknobeln: solche Dinge haben Sie immer sehr begeistert!*«) eine wesentliche Schulung.

29 bestehend aus den Lynen-Mitarbeitern Jutta v. Danckelman, Wolfgang Buckel, Bernd Hamprecht, Rolf Jauch, Hans Lengsfeld, Dieter Oesterhelt und Klaus Willeke; weitere Mitwirkende waren Janos Retey, Hermann Eggerer, Klaus Beaucamp und R. Auer.

30 Nobelpreisfeier München (1964), S. 4922–4958

31 Hinweis auf Manfred Eigen (geb. 1927), Direktor des MPI für Biophysikalische Chemie in Göttingen

32 Hamprecht (1976), S. 272

33 Eva Lynen in einem Brief an die ›Guggis‹ vom 6.1.1965 [Lynen, Eva (1965)]

34 Nobelpost, 21.10.1964

35 Dieser kritisierte Lynens in der Presse zitierte Aussage, Alkohol sei ein Nahrungsmittel. Lynen antwortete darauf in einem persönlichen Brief, man solle selbstverständlich die konsumierten Alkoholmengen mit in die Diätrechnung einbeziehen. [Nobelpost, 10.1.1965; 12.1.1965]

36 Nobelpost, 11.1.1965; 16.1.1965

37 Nobelpost, 4.11.1964; für alle anderen beispielhaft Nobelpost, 26.10.1964, 5.11.1964, 29.12.1964, 26.5.1965
Zusendungen in der Folge des Nobelpreises erreichten Feodor Lynen auch noch Jahre später, so von Simone de Beauvoir und Jean-Paul Sartre im Jahr 1976, die ihn und andere Nobelpreisträger baten, sich gemeinsam mit ihnen für die Freilassung eines internierten sowjetischen

Endokrinologen einzusetzen. [Beau-
voir (1976)]. Lynens Antwort auf die
Anfrage ist im Archiv der Max-
Planck-Gesellschaft nicht dokumen-
tiert.

38 Krebs (1981), S. 174 f

39 Ein Mitarbeiter kommentierte dies
später: Feodor Lynen habe vor dem
Nobelpreis »*das typische Verhalten
eines ortsgebundenen Teilchens*« beses-
sen, nach dem Nobelpreis habe sich
dies geändert: »*Die Aufenthaltswahr-
scheinlichkeit schmiert asymmetrisch
über den Planeten Erde.*« [Sumper
(1971), S. 4987]

40 Der Beinbruch zwang Lynen zu
einem zehntägigen Krankenhausauf-
enthalt im März 1965 [Personalakte
– MPG (Januar 1965 – Juli 1966),
23.6.1965]. Im Juni 1965 schrieb
Lynen in einem Brief, dass der Gips-
verband nun entfernt worden sei, das
Gehen mit Krücken aber immer

noch sehr unangenehm sei; er wolle
das Skifahren nun aufgeben [Lynen
– Brief Stenhagen (1965)].

41 Hamprecht (1976), S. 273

42 Decker (2006), S. 11 f (deutsche
Übersetzung von H. W.)

43 König Oskar II. (1829 – 1907) hatte
seit 1901 die ersten Nobelpreise in
Stockholm überreicht.

44 In der Regel werden im Turnus von
drei Jahren die Redner abhängig von
ihrem jeweiligen naturwissenschaftlichen Fach (Physik, Chemie und Physiologie / Medizin) eingeladen. Für
die erste Tagung 1951 hatten sechs
Redner die Einladung an den Bodensee angenommen, 1979 waren es
bereits 18, heute sind es zwischen 20
und 30. [Nobelpreisträgertagung
(1980), S. 235, und Lindau Nobel]

45 Nobelpreisträgertagung (1980),
S. 235

46 Lindauer Vorträge (1975), S. 192

Expansion (1965 – 1973)

Ausbau außeruniversitärer Forschungseinrichtungen in München seit Kriegsende · Adolf Butenandt Präsident der Max-Planck-Gesellschaft · Grundstückskauf in Martinsried für ein neues Max-Planck-Institut für Biochemie · Antrag auf einen zweiten ordentlichen Lehrstuhl für Biochemie an der Universität München · Ruf nach Miami · Genehmigung des zweiten Lehrstuhls für Biochemie · Absage in Miami · Kommissarische Leitung des Max-Planck-Instituts für Zellphysiologie in Berlin-Dahlem nach Otto Warburgs Tod · Vizepräsident der Max-Planck-Gesellschaft · Besetzung des zweiten Lehrstuhls für Biochemie an der Universität München · Bezug des Neuen Instituts für Biochemie in Martinsried · Einladungen aus dem Ausland · Übernahme öffentlicher Verpflichtungen · Internationale Ehrungen · steigende Forschungsausgaben der chemischen Industrie für Biowissenschaften · Multienzymkomplexe · Regulation der Fettsäurebiosynthese · β-Oxidation der Fettsäuren · Regulation der Cholesterin-biosynthese

»Der neue ›Startschuß‹ für Martinsried hat mich sehr befriedigt und meinen Ent-schluss, in Florida abzusagen, noch erleichtert.«¹

München hatte in den Jahren nach 1945 sein früheres Image als beliebte Kultur- und Wissenschaftsstadt wiedergewinnen können. Der bayerische, auf die Landeshauptstadt ausgerichtete Zentralismus hatte mit den beiden Hochschulen – der Universität und der Techni-schen Hochschule – ein auch für die außeruniversitäre wissenschaft-liche Forschung äußerst attraktives Umfeld geschaffen. Im Nach-kriegsdeutschland konnte die bayerische Metropole bald eine nur noch mit Berlin vergleichbare Konzentration an wissenschaftlichen Einrichtungen aufweisen.

Viele der Leiter von Forschungsinstitutionen, die während der 1950er und 1960er Jahre in München neugegründet wurden, hatten ihre Ausbildung hier absolviert und hier auch ihre Kontakte geknüpft. Der Ausbau außeruniversitärer Forschungseinrichtungen konnte damit ganz wesentlich an schon vor Ort vorhandene perso-nelle Kompetenz anknüpfen.

Daneben waren in München bereits vor dem Zweiten Weltkrieg einige Keimzellen außeruniversitärer Forschung entstanden, so z.B. die Luftfahrtforschung im Zusammenhang mit der NS-Rüstungspoli-tik; auch war es als direkte Folge der Kriegsereignisse zu Verlagerun-gen von ursprünglich andernorts ansässigen Forschungsinstitutio-nen nach München und in dessen nähere Umgebung gekommen.

Als während der 1960er Jahre der Bund und die europäischen For-schungsorganisationen sich massiv an der Finanzierung des außer-

Feodor Lynen. Heike Will
Copyright © 2011 WILEY-VCH Verlag GmbH & Co. KGaA, Weinheim
ISBN 978-3-527-32893-2

universitären Forschungsausbaus beteiligten, knüpften die Geldgeber gerne an die schon vorhandenen, ausbaufähigen Institutionen im Münchner Raum an.

Der Rolle, die einzelne Personen in dieser frühen Ausbauphase spielten, kommt ebenfalls eine nicht geringe Bedeutung zu, denn vor allem noch während der 1950er Jahre verfügten die beteiligten Wissenschaftler und Institutsdirektoren über einen großen individuellen Handlungsfreiraum. Auf staatlicher Seite trafen sie mit ihren Anliegen häufig auf wohlwollendes Entgegenkommen durch leitende ministerielle Beamte, die – oft nicht in vorderster Linie tätig – für die Pläne der Wissenschaftler ein offenes Ohr hatten und deren Umsetzung nach ihren Möglichkeiten unterstützten.[2]

Angesichts der Finanznot in Bayern während der 1950er Jahre war für viele Projekte die finanzielle Förderung durch die Landeszentralbank hilfreich; deren Präsidenten Max Grasmann gelang es, wichtige Gruppen und Organisationen im Gespräch zusammenzuführen, oft mit dem Ergebnis unkonventioneller Finanzierungslösungen.

Die mitunter als spezifisch bayerische ›Kungelei‹ kritisierte Zusammenarbeit der beteiligten Institutionen war äußerst erfolgreich: das bayerische ›Milieu der kurzen Wege‹[3] und der fruchtbaren Kooperation erwies sich als ein entscheidender Vorteil in der Konkurrenz mit den anderen Bundesländern.[4]

Einen zusätzlichen großen Entwicklungsimpuls für die bayerische Hauptstadt brachte im Jahr 1966 der Zuschlag für die Olympischen Spiele 1972. Der ebenfalls in dieser Zeit entstandene 290 m hohe Fernsehturm, das »*verdinglichte Emporstreben*«[5] Münchens, wurde das neue Wahrzeichen der Stadt – gebaut durch die Baufirma Kunz, mit deren Besitzer Alfred Kunz Feodor Lynen freundschaftlich eng verbunden war, und deren Aufsichtsrat er – wie auch der bayerische Ministerpräsident Alfons Goppel[6] – während der 1970er Jahre angehörte.[7]

Die Max-Planck-Gesellschaft, als Nachfolgerin der 1911 gegründeten Kaiser-Wilhelm-Gesellschaft die traditionsreichste Selbstverwaltungsorganisation im Bereich der deutschen außeruniversitären Forschung, war im Unterschied zu ihrer Vorgängerin immer vollständig auf die Finanzierung durch die öffentliche Hand angewiesen.

Zum Zeitpunkt ihrer Gründung im Jahr 1948 gehörten ihr 25 Institute und Forschungsstellen an. 1960, als Otto Hahn sein Amt

Feodor Lynen mit seinem Freund
Alfred Kunz in Leoni am Starnberger See.

als Präsident der Max-Planck-Gesellschaft an seinen Nachfolger Adolf
Butenandt übergab, waren es bereits 40.[8]

Der zuvor seit 1944 in Tübingen ansässige Adolf Butenandt war
während der frühen 1950er Jahre einem Ruf nach München gefolgt;
1956 hatte er mit seinem Max-Planck-Institut für Biochemie einen
eigens für ihn errichteten Institutsneubau in direkter Nachbarschaft
zu den ebenfalls neugebauten Universitätsinstituten für Physiologie
und Physiologische Chemie an der Goethe-/Pettenkoferstraße bezogen. Erklärtes Ziel Butenandts war es dabei, eine isolierte Position
seines Instituts am neuen Standort zu vermeiden, sondern es vielmehr einzubinden in eine neue örtliche Zusammenballung von
Instituten ähnlicher Fachrichtungen.[9] Das Präsidialbüro der Max-
Planck-Gesellschaft, das seinen Sitz bisher in Göttingen hatte, wurde
auf Butenandts Wunsch hin ebenfalls nach München verlegt.[10]

Butenandt engagierte sich als Präsident der Max-Planck-Gesellschaft sehr stark für den Aus- und Aufbau der Max-Planck-Gesellschaft und setzte damit »*einen Zug in Fahrt, der schlechterdings nicht
mehr anzuhalten war*«[11]: bereits innerhalb der nächsten sechs Jahre
entstanden weitere zwölf Max-Planck-Forschungseinrichtungen. Vor
allem der süddeutsche Raum erfuhr in dieser Zeit großen Zuwachs
und Förderung. Bayern und ganz besonders München entwickelten
sich in dieser Zeit zum neuen Kraftzentrum der Max-Planck-Gesellschaft.[12]

Für Feodor Lynen hatte sich bereits Anfang der 1960er Jahre die Frage nach Möglichkeiten für eine räumliche Erweiterung gestellt, denn die ihm im Universitäts-Chemiebau an der Karlstraße, den er Ende 1957 bezogen hatte, zur Verfügung stehenden Stockwerke waren schon bald zu eng geworden. Er hatte sich deshalb an Adolf Butenandt mit dem Vorschlag gewandt, einen Neubau für sein Max-Planck-Institut für Zellchemie in unmittelbarer Nachbarschaft zu Butenandts Institut für Biochemie auf dafür hinzuzukaufenden Grundstücken an der Goethe- und Schillerstraße zu errichten, um so neben ausreichendem Arbeitsplatz auch eine größere räumliche Nähe der fachverwandten Institute zu erreichen.

Aber nicht nur die Institute der Max-Planck-Gesellschaft, auch die der Universität litten unter Raumnot. Dass sich auf den vor Ort zur Verfügung stehenden kleinen Flächen nicht alle Wünsche würden realisieren lassen, war schnell klargeworden. Anfang 1962 hatten sich deshalb Vertreter des Bayerischen Kultusministeriums und der Universität gemeinsam an den Präsidenten der Max-Planck-Gesellschaft gewandt mit der Bitte, die Gebäude der drei Max-Planck-Institute mit biochemischer Ausrichtung – nämlich der Institute für Biochemie, für Zellchemie und für Eiweiß- und Lederforschung – der Universität zu überlassen[13], und dieser dadurch die dringend benötigten Möglichkeiten für eine Erweiterung zu geben. Als Gegenleistung hatte man zugesichert, der Freistaat würde die Max-Planck-Gesellschaft bei der Suche nach einem geeigneten Grundstück für einen großen Neubau, der alle drei Institute unter einem Dach vereinen würde, unterstützen und ihr für das Projekt Finanzhilfe gewähren.[14]

Der Vorschlag des Kultusministeriums und der Universität stieß im Verwaltungsrat der Max-Planck-Gesellschaft auf Zustimmung, und der Senat stimmte 1965 der Verlagerung der drei betroffenen Institute grundsätzlich zu.[15]

Die Bauplatzsuche gestaltete sich zunächst nicht ganz einfach, da es in den Münchner Randbereichen kaum geeignete Grundstücke gab, die nicht unter Naturschutz standen. Schließlich wies der Münchner Oberbürgermeister Hans-Jochen Vogel auf ein Gebiet im Planegger Ortsteil Martinsried hin, das 15 km südwestlich von Münchens Zentrum lag und an das Gelände des bereits in Planung befindlichen Klinikzentrums Großhadern angrenzte.

Die benachbarte Lage des zukünftigen Großkrankenhauses und des biochemischen Forschungszentrums ließen eine kostengünstige gemeinsame Erschließung des stadtfernen Baulandes erwarten. Nachdem auch der Planegger Bürgermeister zugestimmt hatte, kaufte man schließlich das 37 Hektar große Grundstück.[16]

Anfang 1966 wandte sich Feodor Lynen mit einem zweiten Anliegen an das bayerische Finanzministerium und das Dekanat der Naturwissenschaftlichen Fakultät der Universität München: außer der für die wissenschaftliche Forschungsarbeit erforderlichen räumlichen Erweiterung – dem Institutsneubau, dessen Fertigstellung Lynen bereits für das Jahr 1969 erwartete – sah er eine dringende Notwendigkeit darin, seine universitären Verpflichtungen zukünftig mit einem zweiten Ordinarius für Biochemie teilen zu können. Als Begründung für seine Eingabe führte Lynen an, das Studienfach Biochemie habe während der vergangenen Jahre eine starke Ausweitung erfahren und sich in verschiedene Einzelbereiche weiterspezialisiert, auch die Fachliteratur habe sehr an Umfang zugenommen. Er sehe sich nicht mehr in der Lage, als einziger Verantwortlicher sein Fach entsprechend zu vertreten, und beantragte deshalb für den Finanzhaushalt des Jahres 1968 die Einrichtung eines zweiten Ordentlichen Lehrstuhls für Biochemie.[17]

Dass Lynen zur gleichen Zeit ein interessantes Angebot aus den USA erreichte – die Universität Miami / Florida hatte sich mit einem Ruf auf eine Professur an ihn gewandt –, war für seine weiteren Verhandlungen in München äußerst hilfreich.

Seitens der Max-Planck-Gesellschaft setzte sich Adolf Butenandt – veranlasst durch das Angebot aus den USA – für eine Erhöhung der Bezüge Lynens ein, die dieser von der Max-Planck-Gesellschaft zusätzlich zu dem vom Bayerischen Staat getragenen Professorengehalt erhielt.[18]

In seinem Dankesbrief an den Präsidenten der Max-Planck-Gesellschaft schrieb Feodor Lynen, dass die nun aktuell gewordenen Planungen für den Neubau der biochemischen Max-Planck-Institute ihm eine Entscheidung gegen das Angebot aus Florida erleichtert hätten. Seinen Entschluss habe er gefasst »*in der klaren Erkenntnis, dass für die Ausübung eigener wissenschaftlicher Forschung kaum eine Organisation bessere und angenehmere Möglichkeiten bietet als die Max-Planck-Gesellschaft. Ganz zu schweigen von der persönlichen Verpflichtung, die ich meinen Freunden und Gönnern gegenüber empfinde.*«[19]

In seinen Unterredungen mit den Bayerischen Ministerien bezüglich des zweiten biochemischen Ordinariats hielt Lynen den an ihn ergangenen Ruf nach Miami allerdings noch einige Zeit länger in der Diskussion, denn auf der Referentenebene hatte sich bislang in diesem Anliegen nichts erreichen lassen. Er wandte sich nun deshalb direkt an den Kultusminister Ludwig Huber mit der Bitte, dass dieser sich in einem Gespräch mit dem Finanzminister Konrad Pöhner für die gewünschte Schaffung des zweiten Lehrstuhls verwenden möge. Lynen führte gegenüber dem Kultusminister noch an, dass durch den geplanten Wegzug seines bisherigen Max-Planck-Instituts für Zellchemie die räumliche Unterbringung des zweiten Ordinarius gesichert sei, denn im Chemie-Universitätsgebäude stünde dann das von ihm bisher belegte Stockwerk zur Verfügung.[20]

Die Verhandlungen fanden schließlich im Sommer 1966 ihren vorläufigen Abschluss: »*Ich freue mich sehr, daß sich das Staatsministerium der Finanzen nunmehr mit der Schaffung eines zweiten Lehrstuhls für Biochemie an der Universität München einverstanden erklärt hat. Wie ich bereits mit Schreiben vom 20. Juli 1966 an Herrn Ministerialdirigent von Elmenau mitteilte, habe ich den Ruf nach USA abgelehnt. Mit der in Ihrem Schreiben geforderten Bindung an die Universität München für drei Jahre bin ich einverstanden*«, teilte Feodor Lynen dem bayerischen Kultusministerium mit.[21]

Im März 1967 fasste der Senat der Max-Planck-Gesellschaft einstimmig den Beschluss, Butenandts Max-Planck-Institut für Biochemie, Graßmanns Institut für Einweiß- und Lederforschung und

Bronzebüste Feodor Lynens, 1967[23].

Lynens Institut für Zellchemie in Martinsried unter dem gemeinsamen Namen ›Max-Planck-Institut für Biochemie‹ zu vereinigen.[22]

Die Planungen für dieses erste biochemische Zentrum Deutschlands sahen eine Gliederung in mehrere, von selbständigen Direktoren geführte Abteilungen vor.[24] Die Strukturierung des neuen Instituts nach dem Department-System sollte die räumliche Nähe der fachverwandten Forschungsgruppen, aber gleichzeitig auch ihre Unabhängigkeit voneinander gewährleisten. Die Architekten verzichteten deshalb bewusst auf den Bau eines Hochhauses und planten für Martinsried mehrere sternförmig von einem Zentrum ausgehende Gebäude.[25]

Die Detailgestaltung der Räume seiner eigenen Abteilung übergab Lynen – wie auch zuvor schon die Planung für die Laboratorien des Universitätsgebäudes an der Karlstraße – wiederum an Mitarbeiter seines Arbeitskreises.[26]

Als am 1. August 1970 der von Lynen hochgeschätzte Otto Warburg[27] starb, ernannte der Präsident der Max-Planck-Gesellschaft Feodor Lynen zum kommissarischen Leiter des nun verwaisten Max-Planck-Instituts für Zellphysiologie in Berlin-Dahlem. Anfang 1972 beschloss die biologisch-medizinische Sektion der Max-Planck-Gesellschaft, das Institut, das stark auf die Person Warburgs zugeschnitten gewesen war, aufzulösen.[28]

Die Präsidentschaftszeit Adolf Butenandts in der Max-Planck-Gesellschaft ging 1972 zu Ende. Sein designierter Nachfolger Reimar Lüst unterbreitete dem scheidenden Präsidenten für die Arbeit im Verwaltungsrat der Gesellschaft einen Änderungsvorschlag: mit drei Vizepräsidenten – einem mehr als bisher – jeweils aus der chemisch-physikalischen, der medizinisch-biologischen und der geisteswissenschaftlichen Sektion wolle man künftig den verschiedenen Wissenschaftsbereichen besser gerecht werden können. Als Kandidaten für das Amt des Vizepräsidenten in der biologisch-medizinischen Sektion schlug Lüst Feodor Lynen vor; im März 1972 wählte der Senat der Max-Planck-Gesellschaft einstimmig – bei einer Stimmenthaltung – Lynen zum Vizepräsidenten für die Amtszeit 1972 bis 1978.[29]

Planung und Bau des neuen gemeinsamen Max-Planck-Instituts für Biochemie nahmen mehr Zeit in Anspruch als ursprünglich erwartet. Auch die Einrichtung des von Lynen für das Jahr 1968 geforderten zweiten Biochemischen Lehrstuhls an der Universität München verzögerte sich: »*In der Fakultät für Chemie und Pharmazie ist 1971 ein zweiter Lehrstuhl für Biochemie geschaffen worden. Es ist der Wunsch der Fakultät, damit für Forschung und Lehre eine Ergänzung in biophysikalischer oder molekularbiologischer Richtung zu schaffen*«[30], schrieb Lynen 1972, als das langgehegte Vorhaben endlich verwirklicht werden sollte und man sich mit der Auswahl geeigneter Kandidaten für den Lehrstuhl befassen konnte.

Aus 43 eingegangenen Bewerbungen wurden sechs Kandidaten – aus der biophysikalischen Richtung des Faches Kasper Kirschner und Guido Hartmann, sowie aus der molekularbiologischen Richtung Heinrich Matthaei, Peter Overath, Eckhart Schweizer und Hugo Fasold – ausgewählt, über die die Berufungskommission Gutachten von deutschen Kollegen einholte, und die man zu Vorträgen einlud. Für den Berufungsvorschlag einigte man sich auf drei dieser Kandidaten: Hartmann, der am biochemischen Institut der Universität Würzburg tätig war, Overath vom Institut für Genetik der Universität Köln und Kirschner vom Biozentrum der Universität Basel; jeder dieser drei Bewerber war in der Vergangenheit für einige Jahre Mitarbeiter im Lynenschen Arbeitskreis gewesen, Hartmann von 1955 bis 1958 und nochmals von 1959 bis 1961, Overath von 1958 bis 1963, und Kirschner von 1957 bis 1963. Die Wahl der Berufungskommission fiel schließlich mit Guido Hartmann auf einen Vertreter der biophysikalischen Richtung des Faches.[31]

Im Sommer 1972 war das 68 Millionen DM teure neue Biochemiezentrum in Martinsried bezugsfertig. »*Der Umzug selbst fiel in die Sommer- und Urlaubszeit. Er gipfelte in jenem Nachmittag, da die Herren Seyffert und Greull* [32] *allein in den kahlen Hallen von Martinsried auf einem Berg von Kisten saßen (…). Mit Groll in der Stimme rief Lynen daraufhin jeden daheim an – ein nie dagewesenes Ereignis.*«[33] Als einziger der Abteilungsdirektoren nahm Lynen für seinen Raum statt der ihm angebotenen »›*hochmodernen*‹ *Vorstandszimmer-Einrichtung*« seine »*ihm vertrauten Eichenmöbel*«[34] mit in den Institutsneubau, der im März 1973 feierlich eingeweiht wurde.

»*Die Atmosphäre in dem neuen Martinsrieder Institut war ausgezeichnet, hilfsbereite und freundliche Mitarbeiter in allen Abteilungen, eine muster-*

Luftbild des neuen Instituts für Biochemie,
Martinsried (1973).

*haft unbürokratische Verwaltung. Lynen schien, als Direktor des Instituts,
mit Arbeit ausgelastet. Man sah ihn selten, zumal da er sich, wie zynische
Zungen behaupteten, mehr in der Luft als auf Erden aufhielt«*, berichtete
ein damaliger Mitarbeiter seines Arbeitskreises.[35]

Feodor und Eva Lynen
während der Kirschblüte in
Japan, 1964.

Viele Einladungen aus dem Ausland erreichten den Nobelpreisträger – u. a. besuchte er 1966 Kairo[36], 1968 reiste er für zwei Monate in die USA, um an verschiedenen amerikanischen Universitäten Gastvorträge zu halten[37]; 1972 besuchte er Harland Wood an der Universität in Cleveland / Ohio in den USA[38], im September 1973 folgte er einer Einladung der Japanischen Biochemischen Gesellschaft[39], und im Dezember 1973 reiste er erneut in die USA[40].

Die von Lynen immer wieder geäußerte Meinung, dass gute Naturwissenschaft durch »*harte, unerbittliche Arbeit im Laboratorium*« zustande komme, und »*nicht im geschäftigen und politischen Wissenschaftsbetrieb*«[41], hatte ihn bisher oft davon abgehalten, zeitraubende öffentliche Verpflichtungen zu übernehmen.[42]

Dies änderte sich in den Jahren nach dem Nobelpreis, und er brachte sich in leitender Funktion in einer immer größer werdenden Zahl nationaler und internationaler Fachgesellschaften ein: u. a. gehörte er ab 1965 dem Verwaltungsausschuss des Deutschen Museums in München an[43], der Gesellschaft Deutscher Chemiker ab 1968 als Vorstandsmitglied und von 1971 bis 1973 als deren Präsident, ab 1970 war er Mitglied des Goethe-Instituts zur Pflege Deutscher Spra-

Feodor Lynen mit Severo Ochoa in Lindau, 1972 (von links: Eva Lynen, AnneMarie Lynen, Severo Ochoa, Carmen Ochoa, Feodor Lynen).

che und Kultur im Ausland, ab 1971 bekleidete er das Amt des Auswärtigen – d. h. westdeutschen – Vizepräsidenten der Deutschen
Akademie der Naturforscher Leopoldina und von 1972 bis 1975 das
des Präsidenten der Internationalen Union für Reine und Angewandte Biophysik.[44]

Viele hohe Auszeichnungen wurden Lynen angetragen; nach
einem ersten Ehrendoktorat, das ihm die Universität Freiburg/Br.
bereits im Jahr 1960 verliehen hatte[45], folgten nun zwei weitere –
1967 verliehen von der Universität Seoul und 1968 von der Universität Miami –, 1967 zeichnete ihn die Universität Bogota mit einer
Ehrenprofessur aus.[46] 1965 ernannte ihn seine Heimatstadt Starnberg zu ihrem Ehrenbürger. Im selben Jahr erhielt er das Große Ver-
dienstkreuz mit Stern und Schulterband des Verdienstordens der
Bundesrepublik Deutschland[47], 1966 wurde ihm der französische
Titel eines ›Commandeur de l'Ordre National du Mérite‹[48] zugespro-
chen; im selben Jahr erhielt er den Bayerischen Verdienstorden[49].
1968 wurde er zum ›Commandeur de l'Ordre du Mérite Culturel‹ in
Monaco[50] ernannt. 1971 wurde Feodor Lynen – wie vor ihm bereits
im Jahr 1952 Adolf Windaus, Heinrich Wieland und Otto Warburg,
1958 Richard Kuhn und 1962 Adolf Butenandt – in den Orden ›Pour
le Mérite‹ gewählt. Diese Auszeichnung erfüllte ihn neben dem

Feodor Lynen, 1973.

Nobelpreis mit besonderem Stolz[51], denn die Zuwahl in den 1842 von König Friedrich Wilhelm IV. von Preußen gestifteten und 1952 auf Anregung des Bundespräsidenten Theodor Heuss wiederbelebten Orden für Wissenschaft und Künste gilt in Deutschland als eine der höchsten Ehrungen, die einem Künstler oder Wissenschaftler zuteil werden können.[52]

Die öffentliche Anerkennung seiner wissenschaftlichen Leistungen, die zahlreichen Orden und Auszeichnungen nahm Lynen mit Stolz und Selbstbewusstsein entgegen, denn er war, wie er selber »*gelegentlich und unter guten Freunden*«[53] anmerkte, überzeugt davon, sie zu verdienen.

Das über die Jahre stetig gestiegene allgemeine Interesse an biologischer und biochemischer Grundlagenforschung machte sich mittlerweile auch an deutlichen Zuwachsraten der Finanzaufwendungen von Seiten der chemischen Industrie für diesen Forschungszweig bemerkbar. Die nordamerikanischen Chemiebetriebe hatten ihre Ausgaben für die chemischen Forschungsbereiche in den Jahren 1961 bis 1967 um 26 % gesteigert, für die biologischen im gleichen Zeitraum dagegen um 133 %. »*Über diese Entwicklung, und sie wird in Deutschland wohl ähnlich gewesen sein, freue ich mich als Vertreter der Biochemie natürlich besonders. Mein Arbeitskreis hat davon auch viel profitiert*«, stellte Feodor Lynen im Jahr 1970 befriedigt fest.[54]

In seiner Forschungsgruppe im neuen Martinsrieder Institut setzte Feodor Lynen – »*dem Studium der Stoffwechselvorgänge treu*«[55] – die Arbeit an den eingeführten Themen fort.

Als 1965 während eines Hefe-Symposiums in Dublin Feodor Lynen über den von ihm untersuchten Multienzymkomplex der Fettsäurebiosynthese berichtete, beglückwünschte ihn der ebenfalls anwesende Otto Warburg zu seiner hervorragenden Arbeit[56], drückte aber seine Zweifel daran aus, dass die Enzymaktivitäten für alle sieben Zwischenschritte der Fettsäuresynthese in einem einzigen hochorganisierten Enzymkomplex vorliegen sollten. Warburg forderte Lynen deshalb dazu auf, als letzten Beweis für ein reines und einheitliches Protein die Fettsäuresynthase in kristalliner Form zu gewinnen.[57]

Lynen glaubte zunächst nicht an einen Erfolg solcher Bemühungen, denn »*auch wenn ich mich noch an meine frühen Experimente mit*

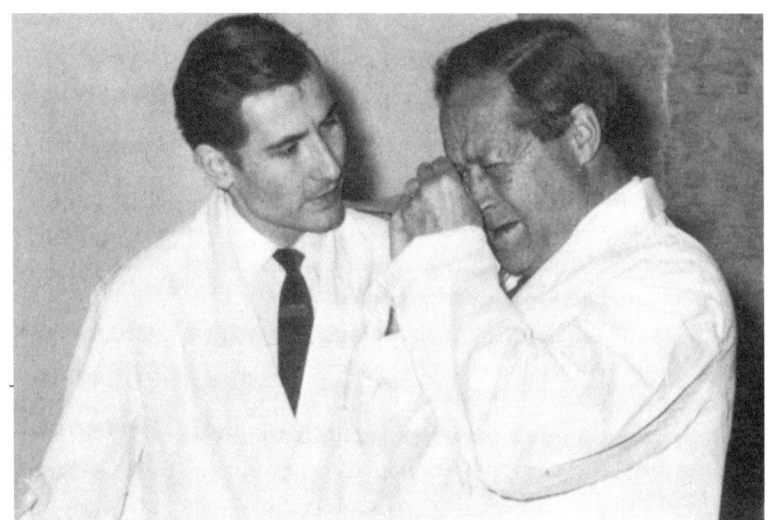

Dieter Oesterhelt und Feodor Lynen beim Betrachten von
Kristallen mit der Taschenlupe, 1968.

*Amanita Phalloides erinnerte, als ich nicht glauben konnte, eine so kom-
pliziert gebaute Struktur sei in der Lage zu kristallisieren, hielt ich es für
ziemlich weithergeholt, dass der Fettsäuresynthetase-Multienzymkomplex
kristallisieren würde«.*[58]

Nach langwierigen Experimenten konnte sein Mitarbeiter Dieter
Oesterhelt schließlich erste Erfolge vorweisen: »*Als ich ihm (Lynen)
ein Zentrifugenglas zeigte und sagte, es enthielte kristalline Synthetase,
antwortete er: ›nein‹ und holte dann seine Lupe aus der Tasche. Die Kristalle blieben für einige Wochen ein täglicher Grund für Nachfragen, aber
erst nach Monaten waren sie einmal so groß, daß er sie wirklich mit der
Lupe sehen konnte.*«[59]

Die Kristallisation eines Multienzymkomplexes im Münchner
Arbeitskreis war die erste ihrer Art. Besser reproduzierbar und
schneller durchführbar war das Verfahren erst nach weiteren zwei
Jahren, als es soweit ausgereift war, dass man es veröffentlichen
konnte.[60]

Inzwischen war es Lynen – in Analogie zu aus den Arbeitskreisen
Wakil und Vagelos gemeldeten Untersuchungsergebnissen zur Fettsäuresynthese in Bakterien – gelungen, auch für die Hefe-Fettsäuresynthase das 4-Phosphopantethein, ein Teilstück von CoenzymA[61],

als zentrale Wirkungsgruppe am Multienzymkomplex nachzuweisen.[62] Er postulierte daraufhin für die Fettsäurebiosynthese der Hefe einen Reaktionsablauf, nach dem »*die Sulfhydrylgruppe des Cysteamins nicht starr im Proteingerüst verankert vorliegt, sondern am freien Ende eines flexiblen Armes – des über eine Phosphatbrücke mit dem Protein verbundenen Pantetheins – über eine gewisse Beweglichkeit verfügt. Eine solche Beweglichkeit käme der Funktion der zentralen SH-Gruppe, die mit ihr verbundenen Acylreste zwischen verschiedenen Enzymen des Multienzymkomplexes herumzureichen, besonders entgegen.*«[63]

Die genaue chemische Beschaffenheit der ›Phosphatbrücke‹ zwischen Pantethein und der Hefe-Fettsäuresynthase blieb vorerst noch unklar. Experimente mit radioaktiv markierten Molekülen machten es aber wahrscheinlich, dass die Verbindung des ›flexiblen Armes‹ mit der Fettsäuresynthase über eine Verknüpfung mit einer Aminosäure des Proteins erfolgt.[64]

In den Arbeitskreisen um Vagelos und Wakil war in den von ihnen zur Untersuchung verwendeten Bakterien-Zubereitungen eine solche chemische Verknüpfung kurz zuvor entdeckt worden. Da der Bakterien-Multienzymkomplex nicht die Stabilität des in der Hefe und des im tierischen Organismus vorliegenden Komplexes besitzt und nach chemischer Behandlung leicht in seine Komponenten zerfällt, war es den US-Forschern möglich gewesen, diese Komponenten zu isolieren und einzeln zu untersuchen. Die Wissenschaftler kamen so zu dem Ergebnis, dass die ›zentrale‹ SH-Gruppe des bakteriellen Multienzymkomplexes einem separaten Protein angehört, und bestätigten damit eine bereits zuvor geäußerte Vermutung Lynens.

Vagelos hatte diesem Protein, das selbst keine enzymatische Aktivität besitzt, den Namen ›Acyl Carrier Protein‹ gegeben. 1967 gelang es im Lynenschen Arbeitskreis, ein Verfahren auszuarbeiten, mit dem auch aus dem Hefe-Multienzymkomplex – analog zum bakteriellen Enzymkomplex – ein ›Acyl Carrier Protein‹ angereichert werden konnte; damit war erstmals ein direkter Strukturvergleich zwischen den Multienzymkomplexen von Bakterien und Hefe möglich.[65]

Mit der chemischen Verknüpfung zwischen diesem ›Acyl Carrier-Protein‹ und dem Phosphopantethein »*gewinnt die ›zentrale‹ SH-Gruppe einen langen flexiblen Arm, der ihre Rotation erleichtert und die mit ihr fest verbundenen Carbonsäuren in engen Kontakt mit den aktiven Zentren der verschiedenen Enzyme zu bringen vermag, obwohl diese im Multienzym-Komplex räumlich ziemlich streng fixiert sein dürften*«,

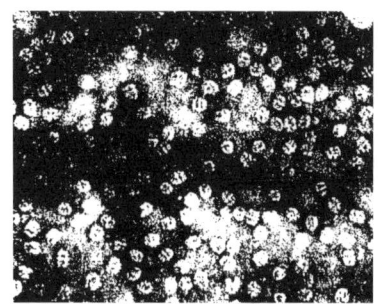

Fettsäuresynthase aus Hefe.

schrieb dazu Lynen.[66] Dem 4-Phosphopantethein fällt demnach die Rolle eines beweglichen Schwingarms zu, der eine Spannweite von etwa 20 Å[67] besitzt und die während der Fettsäuresynthese entstehenden Zwischenstufen – die Acylreste – als Thioester gebunden der Reihe nach den verschiedenen katalytischen Zentren des Enzymkomplexes zur Weiterverarbeitung zureicht.

Ein elektronenmikroskopisches Bild, das mithilfe von Phosphorwolframsäure als Kontrastmittel in München erstellt wurde, zeigt die Eiweißstrukturen des Multienzymkomplexes als hohle, ovale, von einem Äquatorialring umgebene Teilchen mit einem Längsdurchmesser von 0,000025 mm und einem Querdurchmesser von 0,000021 mm.[68] Zur Struktur dieser Teilchen schrieb Lynen: »*Leider lässt sich die regelmäßige elektronenmikroskopische Struktur vorerst noch nicht in bisher bekannte Strukturschemata einordnen.*«[69]

Genauere Einblicke in die räumliche Struktur der Fettsäuresynthase versprach man sich aus der Untersuchung definierter Bruchstücke des Enzymkomplexes. Allerdings musste Lynen feststellen, dass »*leider die Versuche, einheitliche Spaltprodukte der Fettsäuresynthetase (…) zu erhalten, bisher gescheitert* (sind), *da die Spaltstücke nur zum Teil einheitlich sind und außerdem rasch aggregieren*«[70], und sich deshalb weiteren Experimenten zur Aufklärung ihrer räumlichen Struktur vorerst entzogen.

Licht in dieses Dunkel kam erstmals durch die Verknüpfung der Beobachtungen aus eigenen enzymchemischen Experimenten und aus hefegenetischen Versuchen Eckhart Schweizers, eines ehemaligen langjährigen Lynen-Mitarbeiters. Schweizer arbeitete seit 1969 – mittlerweile unabhängig vom Münchner Arbeitskreis – mit nach Bestrahlung in ihrem Erbgut veränderten Hefekulturen. Nach dieser Behandlung waren einige der so erhaltenen mutierten Hefezellen nicht mehr dazu in der Lage, Fettsäuren zu produzieren. In den mit diesen Mutanten angelegten Hefekulturen war allerdings nicht die gesamte Fettsäuresynthese in ihrem Ablauf gestört, sondern nur einzelne ihrer Teilreaktionen. Die veränderten Hefezellen konnte man nun – entsprechend der jeweiligen ausgefallenen Teilaktivitäten – mit definiertem Ersatzsubstrat versorgen, um die Fettsäuresynthesekette aufrechtzuerhalten. Auf diese Weise war es nun endlich möglich, auch einzelne Schritte der Fettsäuresynthase-Reaktionskaskade detailliert zu verfolgen.

Die so erhaltenen Einblicke übertrugen die Forscher auf die inzwischen auf enzymchemischem Weg gewonnene Erkenntnis, dass der Multienzymkomplex kein einheitliches Riesenmolekül darstellt, sondern aus mehreren einzelnen Protein-Untereinheiten aufgebaut ist. Schweizers genetische Versuche machten eine erste Zuordnung von einigen der Reaktionsschritte zu einzelnen Abschnitten des Proteins im Synthase-Komplex möglich.

Die Frage, ob der Multienzymkomplex der Fettsäuresynthase in bestimmten Kompartimenten der Hefezelle lokalisiert sei, konnte 1971 im Lynenschen Arbeitskreis weitgehend geklärt werden: in den Versuchen zeigte sich keinerlei Bindung des Multienzymkomplexes an Strukturen der Hefezelle, so dass man davon ausgehen konnte, dass die Fettsäuresynthase »ein Enzym des Cytoplasmas« sein müsse.[71]

Der enge räumliche Zusammenschluss der am Komplex beteiligten Enzymkomponenten und die Bindung der entstehenden Zwischenprodukte am Enzymkomplex während des gesamten Syntheseprozesses ermöglichen es dabei, dass die Zwischenprodukte der Biosynthese sich vor ihrer jeweiligen Weiterverarbeitung durch die nächste Enzymkomponente nicht erst im umgebenden Milieu der Zelle verteilen müssen, bevor sie erneut weiterreagieren können – dies dann eventuell auch noch behindert durch konkurrierende Prozesse, die die gleichen Substrate benötigen; vielmehr liegt hier eine besondere Ausprägung einer Zellkompartimentierung, einer räumlichen Abtrennung von Stoffwechselprozessen vor; ein Modell, das sich im Verlauf der Evolution als offenbar günstig erwiesen hat und deshalb in der belebten Natur nicht nur auf die Fettsäuresynthese beschränkt blieb, wie sich bald herausstellte.

Frühere Arbeiten Lynens zur Untersuchung der Biosynthese von Polyacetaten, d. h. Naturstoffen, die formal aus mehreren Acetat (C_2)-

Einheiten aufgebaut sind, hatten ergeben, dass dabei – ebenso wie bei der Fettsäuresynthese – keine Zwischenprodukte der Biosynthese nachweisbar sind.

1961 hatte Lynen deshalb im Rahmen einer Untersuchung eines aus *Penicillium patulum* gewonnenen Polyacetats, der 6-Methyl-salicyl-säure, einer Vorstufe der antibiotisch wirksamen Substanz Patulin, postuliert, dass dieses ebenfalls an einem Multienzymkomplex gebildet werden müsse.[72] 1969 konnten Lynen und seine Mitarbeiter diese Annahme experimentell beweisen und die Untersuchung der Einzelheiten der Reaktionsmechanismen aufnehmen; auch diesmal griffen sie dafür, wie in der Vergangenheit mittlerweile mehrmals bewährt, auf einfach konstruierte Modellsubstanzen anstelle der kompliziert gebauten natürlichen Substrate zurück.[73] Die Versuchsergebnisse ließen – wiederum in Analogie zur Fettsäuresynthase – auch hier auf die Beteiligung zweier verschiedener Arten von SH-Gruppen am katalytischen Prozess schließen. Eine dieser SH-Gruppen erwies sich in weiterer Übereinstimmung mit der Fettsäuresynthase als Phosphopantethein-Rest eines ›Acyl Carrier Proteins‹.[74] Unterschiede zwischen den beiden Multienzymkomplexen zeigten sich in der Größe – der neu entdeckte Typ hatte ein niedrigeres Molekulargewicht als der an der Fettsäuresynthese beteiligte – und in der Enzymausstattung.

Der Multienzymkomplex der Fettsäuresynthese war in der belebten Natur also kein Einzelfall; vieles deutete daraufhin, dass es sich hierbei um ein weiterverbreitetes Muster handeln könnte.

Die schon in früheren Jahren während der Untersuchung der Fettsäurebiosynthese gestellte Frage, warum diese spezifisch auf der Stufe von C_{16} und C_{18}-Fettsäuren und nicht bereits vorher oder erst nachher abgebrochen wird, war bisher immer noch ungeklärt.

Wie frühere Arbeiten in Lynens Laboratorium ergeben hatten, konnte man dabei ausschließen, dass der Abbruch der Kettenverlängerung bei 16 oder 18 C-Atomen durch eine hohe Kettenlängenspezifität desjenigen Enzyms, das die neusynthetisierten Acylreste auf ein externes Coenzym A überträgt, verursacht ist; denn dieses Enzym, eine Transferase, war im Experiment dazu in der Lage gewesen, Acylreste mit allen Kettenlängen von sechs bis zu 18 C-Atomen zu übertragen.[75]

1969 untersuchte Lynen deshalb zunächst Fettsäuresynthese-Teilreaktionen mit Beteiligung der Transferase, weil diese ihm für die Lösung des Problems »*besonders attraktiv*«[76] erschienen.

Durch diese Teilreaktionen können die Fettsäuren als Endprodukte der Fettsäurebiosynthese der Hefe ihre Synthesestätte verlassen. Im Arbeitskreis wurde ein rechnerisches Modell des Syntheseabbruchs entwickelt, das die thermodynamischen Aspekte der beteiligten Reaktionen mit berücksichtigte. Als Ausgangspunkt dafür diente die Feststellung, dass jeder gesättigte Acylrest an der ›zentralen‹ SH-Gruppe des Multienzymkomplexes der Fettsäuresynthase zwei Möglichkeiten für seine Weiterreaktion besitzt: er kann entweder auf die ›periphere‹ SH-Gruppe des Enzymkomplexes übertragen werden und dort anschließend um eine weitere C_2-Einheit verlängert werden; oder aber der Acylrest wird mittels einer Transferase auf Coenzym A übertragen, wodurch es zum Abbruch der Fettsäureketten-Verlängerung kommt. Demnach entscheidet die Konkurrenz zwischen kondensierenden – d. h. kettenverlängernden – und transferierenden – d. h. auf Coenzym A übertragenden – Teilreaktionen darüber, ob die Fettsäurekette am Enzym verbleibt und dort weiter verlängert wird, oder aber als fertiges Endprodukt vom Enzymkomplex abgelöst wird.

Lynen und seine Mitarbeiter schlossen aus ihren Versuchen, dass ab einer Kettenlänge von 13 C-Atomen die Relation zwischen diesen beiden konkurrierenden Reaktionsverläufen mit jeder nun noch zusätzlich hinzugefügten C_2-Einheit um einen bestimmten Energiebetrag zuungunsten der kettenverlängernden Enzymreaktion verschoben werden müsse. Ausgehend von diesem Modell ließen sich für verschiedene Fettsäurekettenlängen die Wahrscheinlichkeiten für deren Bildung als Endprodukte der Reaktion berechnen. Nach umfassenden Versuchsreihen fanden die Wissenschaftler ihre Annahmen bald bestätigt.[77]

Neue Versuche mit radioaktiv markierten Molekülen zeigten, dass die langkettigen Fettsäuren und ihre CoA-Derivate hemmend auf das enzymatische Synthesegeschehen wirken. »*Eventuell besitzt diese Hemmung eine physiologische Bedeutung für die Regulation der Fettsäure-Biosynthese auf der Ebene der Fettsäuresynthetase durch einen negativen Rückkoppelungs-Mechanismus*«, mutmaßte Lynen in seinem Bericht über die Versuchsergebnisse.[78]

Ein anderes Enzym, das an der Fettsäuresynthese im lebenden Organismus beteiligt ist, und auf dessen Ebene man in den vergangenen Jahren im Lynenschen Arbeitskreis regulatorische Mechanismen untersucht hatte, war die Acetyl-CoA-Carboxylase. Dieses der Fettsäuresynthase vorgeschaltete Enzym sorgt durch seine biotinabhängige Carboxylierungsreaktion für die Umbildung von Acetyl-CoA (C_2) zu Malonyl-CoA (C_3), das im weiteren Verlauf der Fettsäuresynthese zur Kettenverlängerung der entstehenden Fettsäuren dient.

Lynen hatte experimentell bestätigt, dass dieser Reaktionsschritt einerseits durch den Einfluss von Citrat aktiviert und andererseits von langkettigen Acyl-CoA-Verbindungen gehemmt wird. Diese beiden regulatorischen Faktoren unterzog er nun weiteren Untersuchungen. Die Ergebnisse der Experimente unterstützten Jacques Monods Theorie der ›allosterischen Wirkung‹, der Änderung der räumlichen Gestalt eines Enzyms durch die Anlagerung einer Effektorsubstanz: »*In letzter Zeit gewinnt der von Monod et al. eingeführte Begriff der ›allosterischen Proteine‹ im Zusammenhang mit der Steuerung des Stoffwechsels zunehmend an Bedeutung. Wie unsere enzymkinetischen Untersuchungen nachwiesen, steigert der Aktivator Citrat nur die maximale Geschwindigkeit der Enzymreaktion und nicht die Affinität für die Substrate. (...) Obwohl sich allein aus enzymkinetischen Eigenschaften noch kein Schluß auf die räumlichen Verhältnisse an der Enzymoberfläche ziehen lässt, deuten diese Ergebnisse doch darauf hin, daß der Aktivator und der Inhibitor nicht direkt am aktiven Zentrum, sondern an anderen Haftstellen gebunden werden. (...) Diese Überlegungen führen zur Ansicht (...), daß auch die tierische Acetyl-CoA-Carboxylase zu den ›allosterischen Proteinen‹ gehört*«, teilte der Münchner Arbeitskreis über seine Versuchsergebnisse mit.[79] In der für ihn typischen Abneigung gegen noch unbewiesene Aussagen sicherte sich Lynen gegen zu weitreichende Spekulationen ab: »*Unsere Studien waren begrenzt auf die Eigenschaften der Enzyme in vitro und müssen in Bezug auf die physiologische Regulation der Fettsäuresynthese mit einiger Zurückhaltung interpretiert werden*«[80], betonte aber dennoch den Stellenwert seiner Experimente: »*Im Hinblick auf die experimentelle Beweiskraft sind wir zuversichtlich, dass die Kontrollmechanismen, die wir in vitro untersucht haben, von physiologischer Bedeutung sind*«.[81]

Bis in die frühen 1970er Jahre beschäftigte sich Feodor Lynen parallel zu der Arbeit an der Aufklärung der Biosynthese der Fettsäuren immer noch auch mit deren natürlichem Abbauprozess. Die Grundzüge dieser ›β-Oxidation der Fettsäuren‹ hatte er zwar bereits während der 1950er Jahre aufgeklärt, aber immer noch waren Lücken im Verständnis der enzymatischen Einzelschritte geblieben.

1967 unterzog Lynen in seinem Arbeitskreis das Schlüsselenzym des vierstufigen Fettsäurekettenabbaus, die Keto-Thiolase, einer genaueren Untersuchung. Es gelang ihm und seinen Mitarbeitern, dieses Enzym, das in jeder Durchlaufrunde der β-Oxidations-Reaktionsspirale für die Abspaltung eines Moleküls Acetyl-CoA von der aktivierten Fettsäurekette sorgt, aus Schweineherz[82] in reiner Form als kristallines Protein zu gewinnen. Versuche mit verschiedenen Reagenzien, die das Protein in seine Untereinheiten aufspalteten, und anschließende Molekulargewichtsbestimmungen bewiesen für die Thiolase eine tetramere Struktur.[83]

»Mit dem reinen Enzym wurde der von Lynen vorgeschlagene Reaktionsmechanismus in seinen Einzelheiten untersucht. Die Beobachtung, daß Jodessigsäure und Arsenoxyd Thiolase inaktivieren, hatte zur Annahme einer Sulfhydrylgruppe im aktiven Zentrum des Enzyms geführt, die am katalytischen Vorgang beteiligt sein soll.

Nach dieser Vorstellung wird die an CoA gebundene β-Ketosäure durch die SH-Gruppe des Enzyms gespalten unter Freisetzung von Acetyl-CoA und Bildung eines als Thioester vorliegenden Acyl-Enzyms (Anm.: mit dem nun um eine C_2-Einheit verkürzten Rest der Fettsäurekette). Die Acyl-S-Enzymverbindung überträgt dann in der Folgereaktion den Acylrest auf CoA, wobei die Sulfhydrylgruppe des Enzyms regeneriert wird. (…)

Ein derartiger Reaktionsablauf wurde durch den Nachweis einer Acyltransferase-Aktivität (…) wahrscheinlich gemacht. (…) Unsere Versuche mit dem reinen Enzym zeigen nun, daß Thiolase- und Acyltransferase-Aktivität tatsächlich demselben Protein zugehören«, berichteten Lynen und seine Mitarbeiter 1968.[84]

Erste Hinweise darauf, dass Thiolasezubereitungen stets auch eine ausgeprägte Acyltransferase-Aktivität besitzen, hatten bereits ältere Arbeiten ergeben. Mit den neuen Versuchen gelang Lynen nun der Nachweis, dass die Acyltransferasereaktion in einem direkten Zusammenhang mit der Thiolasereaktion steht, und dass die Übertragung des um zwei C-Atome verkürzten Acylrestes auf ein Coenzym A dabei den geschwindigkeitsbestimmenden Teilschritt innerhalb der zweistufigen Thiolase-Gesamtreaktion darstellt.[85]

Neben dem Auf- und Abbau der Fettsäuren hatte die Cholesterinbiosynthese im Lynenschen Arbeitskreis nun schon über viele Jahre hinweg zu den zentralen Themen gehört. Auch hier stand mittlerweile die Aufklärung biologischer Regulationsmechanismen im Mittelpunkt des Forschungsinteresses.

Im Münchner Laboratorium wurde dazu 1968 ein radiogaschromatographisches Verfahren entwickelt, mit dem man im Vergleich mit den bisher üblichen, sehr zeitraubenden Methoden die Aktivität des geschwindigkeitsbestimmenden Enzyms der Cholesterinbiosynthese, der 3-Hydroxy-3-methyl-glutaryl-CoA-Reduktase (HMG-CoA-Reduktase) in den Tierleberpräparaten messen konnte.[86]

Lynen und seine Mitarbeiter beobachteten, dass sowohl Hunger der Versuchstiere als auch die Verfütterung von Gallensäuren eine starke Erniedrigung des HMG-CoA-Reduktase-Spiegels auslösten. Innerhalb einer fünfstündigen Fastenzeit der Versuchstiere sank der HMG-CoA-Reduktase-Gehalt der Leberpräparate bereits auf ein Drittel des Ausgangswertes ab. Wie alle Bestandteile lebender Zellen befindet sich auch das Enzymprotein HMG-CoA-Reduktase in einem dauernden Umsatzprozess von Auf- und Abbau. In der Versuchsreihe ergab die Berechnung der Halbwertszeit – des Zeitraumes, in dem die Hälfte des Enzyms abgebaut und auch neu synthetisiert wird – für die HMG-CoA-Reduktase einen Wert von ungefähr drei Stunden.

Für die Wissenschaftler lag deshalb die Schlussfolgerung nahe, »daß dieses Enzym in einem sehr raschen Umsatz begriffen ist und daß die metabolische Regulation an seiner de-novo-Synthese eingreift«[87], d. h. dass die Kontrolle der Cholesterinbiosynthese demnach auf der Ebene der HMG-CoA-Reduktase durch eine Veränderung des Enzymspiegels ausgelöst wird, der immer wieder aufs Neue den jeweiligen Bedürfnissen des Organismus angepasst werden kann.

Eine andere während dieser Untersuchungen gemachte Beobachtung erschien den Wissenschaftlern in Lynens Arbeitskreis ebenfalls interessant: je nachdem, zu welcher Tageszeit die für die Untersuchungen verwendeten Ratten getötet worden waren, wiesen ihre Gewebeproben andere Messwerte für die Enzymaktivitäten der Cholesterinbiosynthese auf.[88] Die Aktivität zeigte einen Tages-Rhythmus mit den höchsten Werten um Mitternacht und den niedrigsten um Mittag. Die rhythmische Zu- und Abnahme der Reduktaseaktivität konnte auch bei Ratten, die über 24 Stunden gehungert hatten, festgestellt werden, wenn auch in geringerem Umfang. Weitere Experimente mit den Versuchstieren zeigten, dass »der Rhythmus der Reduktase nach Umkehr des Beleuchtungszyklus innerhalb einer Woche wieder seine gewohnte Phasenlage zu diesem Zeitgeber erreicht«[89]; der Wechsel zwischen Licht und Dunkelheit stellte also – wie bei vielen anderen zu diesem Zeitpunkt schon bekannten rhythmischen Stoffwechselprozessen auch – einen Taktgeber für den Tages-Rhythmus der HMG-CoA-Reduktase dar.

1972 konnte Lynen den Stand der Erkenntnisse zusammenfassen: es »lässt sich feststellen, daß aufgrund umfangreicher Untersuchungen die Rolle der HMG-CoA-Reduktase als Kontrollpunkt der Cholesterolsynthese im Säugetierorganismus gesichert ist. Die Kontrolle wird durch Veränderung des Enzymspiegels ausgelöst, woraus hervorgeht, daß die Synthese oder der Abbau dieses ›Schrittmacherenzyms‹ der Cholesterolsynthese innerhalb weiter Grenzen variiert werden kann. Sowohl die Experimente an Tieren, die nach Hunger oder nach Fütterung von Cholesterol oder Gallensäuren untersucht wurden, als auch die Versuche über den täglichen Rhythmus des Enzymgehaltes in der Leber machten es klar, daß Induktion oder Repression der Enzymsysteme die dominierende Rolle spielen. Weitere Versuche müssen nun klären, an welchem der Einzelschritte der Proteinsynthese die Kontrolle einsetzt.«[90]

Wie so häufig drückte Lynen dabei die Hoffnung auf einen eventuellen praktischen Nutzen dieser neuen Erkenntnisse aus: »Ob solche Untersuchungen dann auch zur Entwicklung von Arzneimitteln führen, welche spezifisch die Kontrollstellen der HMG-CoA-Reduktasesynthese beeinflussen, ist eine offene Frage. Sollte dies gelingen, dann wäre auch der Zeitpunkt gekommen, daß die Medizin Hypercholesterolämien auf rationaler Grundlage behandeln und damit einen der gefährlichen Risikofaktoren der Arteriosklerose ausschalten kann.«[91]

Anmerkungen

1 Feodor Lynen in einem Brief an Adolf Butenandt vom 11.4.1966 [LYNEN – BRIEF BUTENANDT (1966)]
2 Eine wichtige Rolle spielten hier beispielsweise Staatssekretär Hans Meinzolt und Ministerialrat Johannes von Elmenau.
3 So berichtete Adolf Butenandt, der bayerische Ministerpräsident Alfons Goppel habe ihm als Präsidenten der Max-Planck-Gesellschaft am Vorabend einer entscheidenden Minis-

terpräsidenten-Konferenz persönliche Gespräche mit den Teilnehmern ermöglicht. Dadurch habe Butenandt den Finanzierungsanteil der Länder in Höhe des Bedarfs sichern können. [BUTENANDT (1975), S. 246]
4 DEUTINGER (2001), S. 23 und S. 228 – 232
5 DEUTINGER (2001), S. 23
6 Alfons Goppel: 1905 – 1991, Bayerischer Ministerpräsident von 1962 bis 1978

7 Das 1882 gegründete Bauunternehmen Kunz gehörte wegen seines Patents der ›Kunz'schen Rüstung‹ (einer stählernen Querträgerzimmerung) nach dem Ersten Weltkrieg zu den führenden Tunnelbauern in Deutschland. Neben dem Untertagebau war die Baufirma international im Wasser-, Turm-, Hoch- und Straßenbau tätig. Unter ihrem Geschäftsführer Alfred Kunz III. (geb. 1907), mit dem und dessen Ehefrau Friederike, geb. Furtwängler, Feodor Lynen eng befreundet war, wurden u. a. Brücken an der Brenner-Autobahn, der 4 km lange Tunnel für die Zugspitzbahn, Schächte und Tunnel für die U-Bahn München, das Walchenseekraftwerk, der Olympiaturm München und die Rhönautobahn gebaut. [Todesanzeige Kunz; Bayerisches Wirtschaftsarchiv (2007); Pulsfort / Walz (1989), S. 249 f; Schuhbauer (1982); Mayer (2007)]. Daneben gehörte Feodor Lynen ab September 1968 dem Aufsichtsrat der Farbwerke Hoechst AG an. Das Bayerische Staatsministerium erteilte ihm dafür die Genehmigung unter der Voraussetzung, dass diese Tätigkeit weder die ordnungsgemäße Erfüllung seiner Lehr- und Forschungstätigkeit an der Universität noch andere dienstliche Interessen beeinträchtigen dürfe. [Nebentätigkeit (1954 – 1968), 23.9.1968]

8 Max-Planck-Gesellschaft (2007); Deutinger (2001), S. 41
Als neue Forschungsschwerpunkte wurden in den 1950er Jahren im Münchner Raum außer Feodor Lynens Institut für Zellchemie u. a. Max-Planck-Institute für Verhaltensphysiologie, Astrophysik, Kern- und Plasmaphysik eingerichtet; daneben wurden bereits vorhandene Forschungsbereiche wie z. B. die Virusforschung oder die physikalische Chemie weiter ausgebaut.

9 Deutinger (2001), S. 112 – 115 und S. 123 – 127; Butenandt (1975), S. 246

10 1961 konnte Butenandt mit dem Präsidialbüro in den Theatinerstock der Wittelsbacher Residenz einziehen. Für den Wiederaufbau des hierzu benötigten, im Krieg stark zerstörten Gebäudeteils, der früheren Wohnräume von König Ludwig II., stellte die Max-Planck-Gesellschaft dem Freistaat Bayern ein Darlehen zur Verfügung. Was eigentlich nur als vorübergehende Lösung gedacht gewesen war (der Nutzungsvertrag hatte eine Laufzeit von 7 Jahren), wurde dann aber dauerhaft, denn die Aufteilung der Generalverwaltung und des Präsidialbüros der Max-Planck-Gesellschaft zwischen Göttingen und München erwies sich als unpraktikabel. 1968 wurde schließlich – nach einem weiteren Ausbau der Residenz – die gesamte Generalverwaltung der Max-Planck-Gesellschaft nach München verlagert. [Butenandt (1975), S. 246]

11 Deutinger (2001), S. 126

12 Max-Planck-Gesellschaft (2007); Deutinger (2001), S. 44;
Das Wachstum war nicht nur auf die Max-Planck-Gesellschaft begrenzt, auch andere bundesdeutsche Forschungs- und Wissenschaftsorganisationen konnten in dieser Zeit stark expandieren.

13 Butenandts Räume waren ihm vom Freistaat nur auf begrenzte Zeit überlassen worden, Lynens Institut befand sich in einem Universitätsgebäude, und Graßmanns Institut für Eiweiß- und Lederforschung war zwar in einem Gebäude der Max-Planck-Gesellschaft untergebracht, dies aber auf Erbbaurechtsbasis auf dem Grund des Freistaats. Zusätzlicher aktueller Anlass der Verlagerungspläne war die Verpflichtung der Max-Planck-Gesellschaft von 1962 gegenüber dem Freistaat, innerhalb von fünf bis sieben Jahren das Institut für Eiweiß- und Lederforschung zugunsten der Universität zu räumen. [Personalakte – MPG (Januar 1967 – Dezember 1971), 10.3.1967]

14 Butenandt (1975), S. 246, und Karlson (1990), S. 253 f

15 Personalakte – MPG (Januar 1967 – Dezember 1971), 10.3.1967

16 Karlson (1990), S. 253 f, und Butenandt (1975), S. 246

17 Universität München (1945–1977), 28.2.1966; 25.4.1966

18 Das Angebot aus Miami enthielt gegenüber seinen bisherigen Bezügen eine leichte Verbesserung, die sich durch den damals sehr günstigen Umtauschkurs des US-Dollars noch erhöhte. [Personalakte – MPG (Januar 1965 – Juli 1966), 6.3.1966; Lynen – Brief Butenandt (1966)] Auf den Umstand der geteilten Bezüge hatte das Bayerische Staatsministerium nach der Verleihung des Nobelpreises an Feodor Lynen in einem Vermerk hingewiesen, denn die Berichterstattung der Presse hatte sich v. a. auf Lynens Funktion innerhalb der Max-Planck-Gesellschaft gerichtet und seine hauptberufliche Funktion als Universitätsprofessor weitgehend unberücksichtigt gelassen. [Universität München (1938–1975), 21.10.1964]

19 Lynen – Brief Butenandt (1966), 11.4.1966

20 Universität München (1945–1977), 12.5.1966

21 Universität München (1945–1977), 2.8.1966, sowie 21.7.1966

22 Im Januar 1967 gab Adolf Butenandt für die Max-Planck-Gesellschaft bei dem Münchner Künstler Eberhardt Luttner eine Bronzebüste Feodor Lynens in Auftrag, die im Juni desselben Jahres fertiggestellt wurde. [Personalakte – MPG (Januar 1967 – Dezember 1971), 10.1.1967; 20.6.1967] Butenandt schrieb dazu

an den Künstler: »(...) *gefällt mir Ihre Darstellung sehr, wenn man sich auch zunächst bei wechselnden Beleuchtungseffekten erst etwas in den Ausdruck des Gesichtes hineinsehen muß. Die vorherrschend heitere Note zeigt jedenfalls, dass Sie bei Ihrer Arbeit einen guten persönlichen Kontakt mit Herrn Prof. Lynen hatten, und dass die Sitzungen offenbar in einer gelösten Stimmung stattfanden.«* [Personalakte – MPG (Januar 1967 – Dezember 1971), 21.6.1967]. Ein Zweitabguss der Büste wurde Feodor Lynen 1971 zum 60. Geburtstag als Geschenk überreicht [Personalakte – MPG (Januar 1967 – Dezember 1971), 17.2.1971].

23 Personalakte – MPG (Januar 1967 – Dezember 1971), 10.3.1967; Butenandt (1975), S. 246

24 Zur Berufung auf die Direktorenstellen vorgesehen waren Dr. Gerhard Braunitzer, Prof. Heinz Dannenberg, Dr. Kurt Hannig, Prof. Peter Hans Hofschneider, Prof. Walter Hoppe, Prof. Klaus Kühn, Prof. Feodor Lynen, Prof. Gerhard Ruhenstroth-Bauer und Dr. Wolfram Zillig. Feodor Lynens neue Amtsbezeichnung im Martinsrieder Institut lautete ›Direktor der Abteilung Enzymchemie und Stoffwechsel‹. Butenandt und Graßmann wurden in der Planung für Martinsried nicht mehr berücksichtigt, da sie zum Zeitpunkt der Eröffnung des neuen Zentrums bereits emeritiert sein würden. [Personalakte – MPG (Januar 1967 – Dezember 1971), 10.3.1967; 23.3.1967]

25 Karlson (1990), S. 253 f

26 Hamprecht (1976), S. 275; Greull (1976), S. 370

27 Die Verbundenheit zwischen beiden Wissenschaftlern kommt auch darin zum Ausdruck, dass 1963 Lynen mit der ersten Otto-Warburg-Medaille geehrt wurde. Die Gesellschaft für Physiologische Chemie stiftete seit dem 80. Geburtstag ihres Ehrenmitgliedes Warburg diese Auszeichnung. [Jaenicke (1980), S. 413]. (Die 1947 unter dem Namen ›Gesellschaft für Physiologische Chemie‹ gegründete Vereinigung trägt seit 1966 den Namen ›Gesellschaft für Biologische Chemie‹ und seit 1996 den Namen ›Gesellschaft für Biochemie und Molekularbiologie‹ [GBM].)

28 Personalakte – MPG (Januar 1967 – Dezember 1971), 29.9.1970; Personalmappe, 1.3.1972, 1.3.1972 und 14.4.1972; Die ehemaligen Mitarbeiter Warburgs wurden nach Möglichkeit auf andere Max-Planck-Institute verteilt; auch Lynen erklärte sich bereit, zwei Personen aus diesem Kreis, den wissenschaftlichen Assistenten Krippahl und den Cheffahrer Eckardt, an sein Münchner Institut zu übernehmen. [Personalmappe, namentliche Personalübersicht 1.3.1972]

29 Personalakte – MPG (Februar – November 1972), 21.2.1972, 15.3.1972

30 Personalmappe, 12.7.1972

31 Die offizielle Berufung Hartmanns auf den Lehrstuhl fand am 1.10.1973 statt. [Personalmappe, 12.7.1972; handschriftliche Notiz 2. Lehrstuhl, undatiert; Briefentwurf 1976]

32 Reinhard Seyffert, Lynen-Mitarbeiter seit 1962 und Gerhard Greull, Lynen-Mitarbeiter von 1968 bis 1974

33 Schreckenbach (1976), S. 350. Günter Vogel, ebenfalls damaliger Lynen-Mitarbeiter, berichtete: »Dann kam der große Exodus nach Martinsried. Das neue Institut war allerdings noch längst nicht fertig, und wir vertrieben uns die Zeit mit Volleyball und Tischtennis.« [Vogel (1976), S. 369]

34 Greull (1976), S. 370

35 Schreckenbach (1976), S. 350

36 Die ägyptische Zeitung ›Al Akhbar‹ berichtete im März 1966 über Lynens Besuch: »Er vertritt die Pracht der Wissenschaft, die aufrichtige Ergebenheit des Wissenschaftlers und seine Heimatliebe.« [Al Akhbar (1966)]

37 vom 19.1.1968 bis zum 18.3.1968 [Beurlaubung (1968)]

38 Personalmappe, 1.3.1972

39 Matsuhashi S. (1976), S. 168

40 Reisepass (1973/1978), Einreisestempel der US-Behörde

41 Hartmann (1983), S. XIII (Vorwort, Bd.1)

42 Lynen zeigte sich aber wiederholt bereit zu einer gewünschten Stellungnahme oder helfend zu vermitteln zu aktuellen Fragen, die an ihn herangetragen wurden: so beispielsweise 1950, als er sich zu einer Denkschrift über die Hochschulausbildung der Gymnasiallehrer äußerte und konkrete Änderungsvorschläge zur Lehrerausbildung formulierte. [Lynen – Gymnasiallehrerausbildung (1950)] 1951 wandte sich Luis Trenker (1892 – 1990) in einem Brief an Feodor Lynen, um ihn um Mithilfe bei der »Bekämpfung der Rauchplage« [Trenker (1951), 23.11.1951, sowie 3.10.1951] in Bozen / Südtirol durch dort ansässige Chemiewerke zu bitten. Lynen übermittelte Trenkers Unterlagen an den »Fachmann in unserem Institut, Dr. Rudolf Hüttel«. [Trenker (1951), 23.11.1951] 1965 bat das Bundesjustizministerium im Auftrag des Generalsekretariats des Europäischen Ausschusses für Strafrechtsprobleme beim Europarat Feodor Lynen um eine Stellungnahme zur Frage »Passt die Todesstrafe in die Vorstellung, die Sie von unserer heutigen Gesellschaft haben? Wenn ja, inwiefern? Wie begründen Sie Ihre Haltung in dieser Frage?« Lynen antwortete darauf, dass in der Vergangenheit Deutschlands schon genug Unheil mit der Todesstrafe angerichtet worden sei. Es bestehe dabei immer die Gefahr eines Justizirrtums, der dann nicht mehr reparabel sei. Außerdem habe er mit Richtern in der Strafjustiz gesprochen, die sich überzeugt zeigten, dass Verbrecher sich ohnehin nicht davon schrecken ließen.

[Bundesjustizministerium (1965)].
Ebenfalls 1965 unterstützte Feodor Lynen seinen US-amerikanischen Kollegen Guy Stern an der Universität Cincinnati / Ohio darin, eine geplante Reduzierung des Sprachen-Pflichtunterrichtes, besonders im Fach Deutsch, zu verhindern. Stern teilte Lynen mit, dass dessen Aussage, gewisse Deutschkenntnisse seien auch für Naturwissenschaftler nötig, auf die amerikanischen Kollegen großen Eindruck gemacht habe. [Stern – Brief (1965)]

43 Lynen beteiligte sich im Deutschen Museum u. a. an der Umgestaltung der Abteilung ›Wissenschaftliche Chemie‹ und am Aufbau des neuen Abschnitts ›Biochemie‹. [Deutsches Museum (1965 – 1976), 26.2.1965, 31.5.1965, 9.5.1967, 21.6.1968, 1.7.1968]

44 Hartmann (1983), S. 5129; Daneben erreichten ihn Einladungen zu wissenschaftspolitischen Gesprächen, wie z. B. 1968, als das Auswärtige Amt ihn durch Egon Bahr (geb. 1922, von 1966 bis 1969 Botschafter, Ministerialdirigent und Leiter des Planungsstabes im Auswärtigen Amt, in den 1970er Jahren SPD-Bundesminister) zu einem Kolloquium mit Vertretern der Naturwissenschaften zum Thema ›Erfolgversprechende Sondergebiete der deutschen Forschung‹ bat. [Auswärtiges Amt (1968)]

45 Universität Freiburg (1960)

46 Hartmann (1983), S. 5126

47 gestiftet 1951 vom Bundespräsidenten Theodor Heuss; einziger Verdienstorden der Bundesrepublik

48 gestiftet 1963 von Charles de Gaulle; nach der Ehrenlegion zweithöchstes französisches Ehrenzeichen

49 seit 1957; höchster Verdienstorden des Freistaats Bayern

50 1952 gestiftet vom monegassischen Fürstenhaus

51 Bücher (1980), S. 245

52 Berater bei der Gründung des Ordens war Alexander von Humboldt. Die Zahl der Ordensmitglieder ist auf höchstens je 40 Deutsche und Ausländer beschränkt. [Orden pour le Mérite]

53 Krebs / Decker (1982), S. 302 (deutsche Übersetzung von H. W.); sowie Bücher (1980), S. 245

54 Lynen – Aktuelle Probleme (1970), S. 53

55 Feodor Lynen in Lynen – Forscher und Gelehrte (1966), S. 150

56 Lynen / Chan Et Al. (1967), S. 300

57 Krebs / Decker (1982), S. 285

58 Feodor Lynen in Lynen – Life, Luck and Logic (1969), S. 217

59 Oesterhelt (1976), S. 312

60 Lynen / Oesterhelt / Bauer (1969) Während der frühen Phase der Versuche bildeten sich erste Kristalle mit nur äußerst schwacher Enzymaktivität nach 15 Monaten in der Lösung. Später konnte durch veränderte Versuchsbedingungen die Kristallisationszeit bei voller Enzymaktivität der erhaltenen Kristalle auf zwei Tage verkürzt werden.

61 Das Coenzym A besteht aus den Teilstücken 3'-phosphoryliertes Adenosin, Diphosphat, Pantoinsäure, ß-Alanin und Cysteamin. Die drei Teilstücke Pantoinsäure, ß-Alanin und Cysteamin werden zusammengenommen als Pantethein bezeichnet.

62 Lynen / Schweizer Et Al. (1965), S. 61

63 Lynen / Schweizer Et Al. (1965), S. 62

64 Lynen / Wells Et Al. (1967), S. 489 Spaltungsexperimente mit Alkali ließen auf eine Verknüpfung über eine Veresterung zwischen der Phosphorsäuregruppe des 4-Phosphopantetheins und der OH-Gruppe der am Protein befindlichen Aminosäure Serin schließen.

65 Lynen / Willecke (1967)

66 Lynen – Synthesen (1966), S. 25

67 $1 \text{ Å} = 10^{-10}$ m

68 LYNEN / SCHWEIZER ET AL. (1965), S. 50

69 LYNEN – AUFBAU (1966), S. 237

70 LYNEN / PILZ ET AL. (1970), S. 61

71 LYNEN / PIRSON (1971), S. 804; Die Fettsäuresynthese findet im Cytosol, dem flüssigen Anteil des Cytoplasmas, statt.

72 LYNEN / TADA (1961)

73 LYNEN / SEYFFERT / DIMROTH (1969); LYNEN / DIMROTH / WALTER (1970)

74 LYNEN / DIMROTH ET AL. (1972)

75 LYNEN / SUMPER (1972), S. 381

76 LYNEN / SCHWEIZER ET AL. (1970), S. 473 (deutsche Übersetzung von H.W.)

77 LYNEN / SUMPER ET AL. (1969)

78 LYNEN / SCHWEIZER ET AL. (1970), S. 482 (deutsche Übersetzung von H.W.)

79 LYNEN / NUMA / RINGELMANN (1965), S. 254

80 Feodor Lynen in LYNEN MODULATION (1970), S. 41 (deutsche Übersetzung von H.W.)

81 Feodor Lynen in LYNEN MODULATION (1970), S. 45 (deutsche Übersetzung von H.W.)

82 Als sehr stoffwechselaktives Gewebe ist der Herzmuskel, ebenso wie Leber und Niere, reich an Enzymen des Fettsäureabbaus und deshalb als Versuchsmaterial hier gut geeignet.

83 LYNEN / GEHRING ET AL. (1967)

84 LYNEN / GEHRING ET AL. (1968), S. 265

85 LYNEN / GEHRING ET AL. (1968)

86 LYNEN / HAMPRECHT (1968)

87 LYNEN – CHOLESTEROL (1972), S. 385

88 LYNEN / BACK / HAMPRECHT (1969)

89 HAMPRECHT (1976), S. 275

90 LYNEN – CHOLESTEROL (1972), S. 386 f

91 LYNEN – CHOLESTEROL (1972), S. 387

Die letzten Jahre (1974 – 1979)

Lückenhafte Ausstattung im Biochemischen Universitätsinstitut · Angespannte Haushaltslage an den Deutschen Universitäten und Forschungseinrichtungen · Geschäftsführender Direktor des Instituts für Biochemie · Präsident der Alexander von Humboldt-Stiftung · Wissenschaftskooperation mit Japan · Reisen nach China · Wissenschaftskooperation mit China · Biotinabhängige carboxylierende Enzymreaktionen · Fettsäuresynthese · Struktur der Fettsäuresynthase · 65. Geburtstag · Ehrungen und Auszeichnungen · Ausscheiden aus dem Dienst · Tod · Trauerfeier

> »Ein Wissenschaftler, der meint, er könne darauf verzichten, die Welt anzuschauen, wird sehr bald schon in seiner Forschungsarbeit stagnieren und den Anschluss an die Entwicklung in seinem Wissenschaftszweig verlieren. Wissenschaft braucht den Vergleich von Forschungsergebnissen, den Dialog mit dem Forschungspartner, wo immer er auch an ähnlichen Problemen arbeiten mag. Wissenschaft ist deshalb per definitionem international.« [1]

Der Auszug von Feodor Lynens Max-Planck-Institut für Zellchemie hatte im Universitäts-Chemiegebäude an der Karlstraße zwar den gewünschten Raum für die geplanten Erweiterungen geschaffen, gleichzeitig aber auch große Lücken in der Ausstattung des dort verbliebenen biochemischen Universitätsinstituts hinterlassen:

»Wegen der weitaus großzügigeren Unterstützung durch die Max-Planck-Gesellschaft war nämlich im Laufe der Zeit die apparative Ausstattung des Gebäudes in der Karlstraße 23 für das wissenschaftliche Arbeiten nahezu ausschließlich aus Mitteln der Max-Planck-Gesellschaft beschafft worden. Auf diese Weise hat die Universität ohne eigene Aufwendungen erheblich für die Ausbildung ihrer Studenten profitieren können. Mit dem Auszug des von mir geleiteten Max-Planck-Instituts im Jahr 1972 wurde das Gebäude der Universität in der Karlstraße nahezu vollständig von jeder apparativen Einrichtung entblößt«, schilderte Lynen die Bedingungen an seinem Universitätsinstitut. [2]

Den Wert der nach Martinsried mitgenommenen Laborausstattung gab Lynen nach einer Inventarisierung mit 2.269.350 DM[3] an, und forderte dafür von der Universität einen entsprechenden Ersatz.

Das Ölembargo der OPEC-Länder im Herbst 1973 und die dadurch ausgelöste Wirtschaftskrise der Industrieländer hatten allerdings inzwischen auch an den deutschen Universitäten und Forschungseinrichtungen zu einer angespannten Haushaltslage geführt. Lynen musste seine Inventarforderungen stark kürzen: *»Von einer Ersatz-Ausstattung, die mir vom Kultusministerium zugesagt wurde, kann man jetzt kaum noch sprechen, sondern eher von einer NOT-Ausstattung. (…)*

Feodor Lynen. Heike Will
Copyright © 2011 WILEY-VCH Verlag GmbH & Co. KGaA, Weinheim
ISBN 978-3-527-32893-2

231

Es ist mir ein dringendes Anliegen, auch innerhalb der Universität wieder experimentell tätig zu werden«, beklagte er sich gegenüber dem Münchner Universitätskanzler.[4] Der Streit darüber schwelte noch weiter, als die Universität für die notwendigen Ersatzbeschaffungen schließlich 1976 die Summe von 440.000 DM zur Verfügung stellte.[5]

Auch die Max-Planck-Gesellschaft hatte ab der Mitte der 1970er Jahre mit stagnierenden Haushalten zu kämpfen; mit zusätzlichen Expansionsmöglichkeiten wie in den vergangenen Jahren konnte nun niemand mehr rechnen. Neue Forschungsgebiete konnten nur noch durch interne Umschichtungen und Schwerpunktverschiebungen angegangen werden.[6]

1974 wählte das Direktionskollegium des Martinsrieder Max-Planck-Instituts für Biochemie Feodor Lynen für die satzungsgemäße Amtszeit von drei Jahren zum Geschäftsführenden Direktor des Gesamtinstituts.[7]

Schon im darauffolgenden Jahr 1975 erklärte sich Lynen bereit, ein weiteres großes Amt zu übernehmen: Bundesaußenminister Hans-Dietrich Genscher[8] berief ihn zum Präsidenten der Alexander von Humboldt-Stiftung[9]; er folgte damit der Empfehlung des Stiftungsvorstandes für die Nachfolge des Physik-Nobelpreisträgers Werner Heisenberg, der seit 1953 diese Position eines ›deutschen Botschafters der Wissenschaft‹[10] innegehabt hatte.

Die Alexander von Humboldt-Stiftung war 1860, ein Jahr nach dem Tod ihres Namensgebers[11], in Berlin gegründet worden mit dem Ziel, Forschungsreisen deutscher Wissenschaftler in andere Länder zu unterstützen. Nachdem die Stiftung während der Inflationszeit ihre Kapitalbasis verloren hatte, wurde sie 1925 nochmals gegründet, nun mit der veränderten Zielsetzung, ausländische Wissenschaftler und Doktoranden während ihres Studiums in Deutschland zu fördern. Mit dem Zusammenbruch des Deutschen Reichs 1945 stellte die Stiftung ihre Tätigkeit ein. 1953 wurde sie, angeregt durch ehemalige Humboldt-Gastwissenschaftler, in Bonn / Bad Godesberg durch die Bundesrepublik Deutschland wiedererrichtet.[12]

Lynen hielt es für eine »*Pflicht des heutigen Wissenschaftlers, sich für Ämter dieser Art, die zur Förderung der Wissenschaft in einem internationalen Rahmen dienen, zur Verfügung zu stellen. Neben der wissenschaftlichen Arbeit hat ein Forscher meiner Meinung nach auch eine gesellschaftliche Verantwortung*«.[13] Die neue Zielsetzung der Alexander von Hum-

Feodor Lynen im intensiven Gespräch.

boldt-Stiftung – die Förderung internationaler Verbindungen unter etablierten Wissenschaftlern unabhängig von politischen Bedingungen und die Einbeziehung des wissenschaftlichen Nachwuchses in dieses Netzwerk unter dem Aspekt der Ausbildung einer wissenschaftlichen Elite[14] – entsprach ohnehin Lynens jahrzehntelang geübter Praxis: insgesamt 80 ausländische, darunter viele amerikanische und japanische Gastwissenschaftler nutzten die Möglichkeit, in seinem Arbeitskreis für eine kürzere oder längere Zeit mitzuarbeiten; viele dieser Gäste waren Forschungsstipendiaten der Alexander von Humboldt-Stiftung.[15]

Gegenüber Kritikern, die häufig beklagten, die Bundesrepublik sei bei diesem Austausch viel häufiger auf der Geber- als auf der Nehmerseite zu finden, gab Feodor Lynen einerseits zu bedenken, dass die deutschen Gastgeber ebenso wie die ausländischen Gäste von den Besuchen profitierten, denn der persönliche Kontakt bleibe oft über lange Jahre bestehen und ermögliche in der Folge auch neue Verbindungen zu den Heimatinstitutionen der ehemaligen Gäste, die dadurch zu »*Katalysatoren der internationalen wissenschaftlichen Zusammenarbeit*« würden.[16]

Andererseits nutzte er sein Amt als Präsident der Alexander von Humboldt-Stiftung, um bei ausländischen Kooperationspartnern diese bemängelte Gegenseitigkeit in der Zusammenarbeit einzufordern, wie z. B. mit den Deutschland traditionell eng verbundenen japanischen Wissenschaftlern.

Die Alexander von Humboldt-Stiftung hatte bereits zwischen 1925 und 1945 zahlreiche Stipendien an japanische Forscher vergeben und führte dies auch in den Jahren nach ihrer Neugründung fort – bis 1978 unterstütze sie mit einem finanziellen Aufwand von rund 40 Millionen DM fast 1000 japanische Gäste.[17]

Schon vor Lynens Amtsübernahme hatten Verhandlungsgespräche des Generalsekretärs der Alexander von Humboldt-Stiftung, Heinrich Pfeiffer, 1972 zu einer Zusage des japanischen Ministerpräsidenten Sato geführt, dass zukünftig die An- und Rückreisekosten der japanischen Wissenschaftler durch die Japan Society for the Promotion of Science getragen würden.[18]

Anlässlich einer Humboldt-Tagung für wissenschaftliche Zusammenarbeit und Austausch in Kyoto 1977 teilte die Stiftung, nun unter Lynens Präsidentschaft, ihren japanischen Kooperationspartnern ihr Unbehagen darüber mit, »*daß es sich bei diesem wissenschaftlichen Austausch wenngleich nicht ausschließlich, so doch in mehrfacher Hinsicht um eine Einbahnstraße handelt. Die Humboldt-Stiftung möchte die wissenschaftliche Kooperation in Zukunft in bescheidenem Maße ausweiten und wäre der japanischen Seite dankbar, wenn jährlich auch einige deutsche Wissenschaftler längerfristig an Zentren der japanischen Forschung arbeiten könnten.*«[19]

Unter den japanischen Tagungsteilnehmern befanden sich einige ehemalige Humboldt-Stipendiaten, die diese Kritik sofort aufnahmen und kurzfristig ein persönliches Gespräch zwischen Lynen und dem japanischen Ministerpräsidenten Sato vermittelten.

Sato war »*in der Tat der Meinung, daß ein wissenschaftlicher Austausch nicht auf einer Einbahnstraße erfolgen solle. Nun hat seit einigen Jahren die Japan Society for the Promotion of Science auch einige deutsche Wissenschaftler nach Japan eingeladen*«, berichtete Lynen später.[20]

Seine Bemühungen um den wissenschaftlichen Austausch zwischen Japan und Deutschland wurden schließlich auch von höchster Seite anerkannt: der Kaiser von Japan zeichnete ihn mit der 2. Klasse des Ordens der Aufgehenden Sonne, der höchsten japanischen Ehrung für Ausländer, aus.[21]

Die gefährlichste aller Weltanschauungen sei die Weltanschauung der Leute, welche die Welt niemals angeschaut hätten, zitierte Lynen ein Wort Alexander von Humboldts. Die, wie er meinte, »*geradezu verblüffende Aktualität*«[22] dieser Worte bestätigte ihn darin, auch weiterhin jede Gelegenheit zu nutzen, die Welt anzuschauen: u. a. reiste er 1974 nach England und in die USA, 1975 nach Hongkong, 1976 nach Israel und in die USA, 1977 nach Kanada, 1978 in die USA, 1979 nach Schweden zu einem Empfang beim König[23], nach England und Ungarn[24].

Besonders bemerkenswert sind zwei Reisen Feodor Lynens nach China in den Jahren 1974 und 1978; sie waren ein Startpunkt für den Ausbau der wissenschaftspolitischen Beziehungen zwischen der Volksrepublik China und der Bundesrepublik Deutschland.

Die vor dem Zweiten Weltkrieg noch bestehenden wissenschaftlichen Kontakte zu China[25] waren infolge der politischen Verhältnisse weitgehend abgebrochen. Nach dem Scheitern von Mao Zedongs[26] Politik des ›Großen Sprungs nach vorn‹ und einer dadurch ausgelösten schweren Hungersnot in China, die viele Millionen Menschen das Leben gekostet hatte, stürzten die während der ›Großen Proletarischen Kulturrevolution‹ einsetzenden innenpolitischen Machtkämpfe das Land seit 1966 in schwere Unruhen. Die Jahre bis zu Maos Tod 1976 waren von sprunghaften politischen Richtungswechseln geprägt. Einer der wenigen chinesischen Politiker, die sich in diesen Jahren behaupten konnten, war Tschou Enlai.[27]

Der langjährige Premierminister der Volksrepublik China – im Amt seit 1949 bis zu seinem Tod 1976 – hatte während der 1920er Jahre als Werkstudent in verschiedenen europäischen Ländern, darunter auch in Deutschland, gelebt.

In den 1970er Jahren setzte er sich für eine Öffnung seines Landes gegenüber dem Westen ein und empfing im Februar 1972 den US-amerikanischen Präsidenten Richard Nixon.[28] Auch die Beziehungen der Verbündeten der USA zu China begannen sich wieder zu entspannen.

Als Hans Leussink[29], Bundesminister a. D. für Bildung und Wissenschaft, mit einer deutschen Handelsdelegation 1973 die Volksrepublik China besuchte, informierte er sich dort gleichzeitig auch über Möglichkeiten für eine künftige wissenschaftliche Zusammenarbeit zwischen Forschern und Universitäten beider Länder. Das Ergebnis seiner Bemühungen war eine erste informelle Vereinbarung über einen Austausch von jährlich jeweils zehn deutschen und chinesischen Studenten.[30]

Feodor Lynen im Gespräch mit den Professoren Wang
Yinglai und Wang You in Shanghai, 1974.

Die chinesischen Universitäten, Technischen und Pädagogischen
Hochschulen hatten sich stark verändert; ihr Aufgabenfeld blieb auf
die Lehre beschränkt, während die Forschung getrennt davon an
staatlichen Forschungsinstituten und wissenschaftlichen Akademien
stattfinden sollte. Nach Maos Lehre durften die Studenten – vorzugsweise an naturwissenschaftlichen und technischen Fakultäten und
aus den Reihen der Arbeiter und Bauern dafür ausgewählt – nur
noch für eine verkürzte Dauer an den Hochschulen studieren, um
dann bald wieder in die Praxis der Produktion zurückzukehren.

Nach den langen Jahren des Stillstandes und der Erschwernisse
– beispielsweise sollten Akademiker durch ihren Einsatz bei niede-
ren Arbeiten umerzogen werden – drängten die chinesischen Wissenschaftler nun darauf, endlich ihre frühere Arbeit in der Grundlagenforschung fortsetzen zu können. Ein Schritt auf diesem Weg war
es, die ehemals guten Kontakte zu den deutschen Kollegen wieder-
aufzunehmen: einige der Professoren in Peking und Shanghai hatten
während der 1930er Jahre in Deutschland studiert oder promoviert,
wie z. B. Professor Wang You, der gemeinsam mit Feodor Lynen an
Heinrich Wielands Institut in München gearbeitet hatte.[31]

Feodor Lynen mit Prof. Shinji Ohmori nach seiner
Chinareise 1974 (Feodor Lynen in von dort mitgebrachter
Kleidung).

Im April 1974 lud die Chinesische Akademie der Wissenschaften
deshalb eine Abordnung der Max-Planck-Gesellschaft dazu ein, in
China einige naturwissenschaftliche Forschungseinrichtungen zu
besuchen. Teilnehmer der achtköpfigen deutschen Delegation waren
u. a. der Präsident der Max-Planck-Gesellschaft Reimar Lüst, Vizepräsident Wolfgang Gentner, Hans Leussink, der der Max-Planck-Gesellschaft als Senator angehörte, und Feodor Lynen.[32]

Die Auswirkungen der Kulturrevolution der 1960er Jahre auf Forschung und Lehre waren für die Max-Planck-Abordnung während
der Reise durch das Land immer wieder spürbar. Die besuchten
naturwissenschaftlichen Forschungsinstitute waren in schlechtem
Zustand; die technische Ausstattung befand sich im internationalen
Vergleich auf dem Stand der 1950er Jahre.

Obwohl die Menschen, denen die Abordnung unterwegs begegne-
ten, schwer und lang arbeiteten und, wie ein Delegationsmitglied
berichtete, trotz vieler anderer »*Obwohls*«, machten sie auf die deutschen Besucher einen äußerst »*harmonischen*« und »*heiteren*« Eindruck, auch waren sie gut genährt und gekleidet.[33]

Der Besuch in China endete erfolgreich: mit einem Abkommen zwischen dem Vizepräsidenten der Chinesischen Akademie der Wissenschaften Wu Youxun und dem Präsidenten der Max-Planck-Gesellschaft Reimar Lüst für eine gleichberechtigte wissenschaftliche Zusammenarbeit zum gegenseitigen Nutzen.

Bereits sieben Wochen später, im Juni 1974, stattete eine chinesische Delegation mehreren Max-Planck-Instituten in ganz Deutschland und dem Präsidialbüro der Max-Planck-Gesellschaft in München einen ersten Gegenbesuch ab.[34]

Mehr als 50 deutsche und ebenso viele chinesische Wissenschaftler nutzten während der folgenden drei Jahre die Möglichkeiten des Abkommens – die bereits bestehenden persönlichen Kontakte zwischen den Wissenschaftlern der älteren Generation wirkten sich dabei sehr hilfreich aus – und arbeiteten als Gastwissenschaftler in den Partner-Forschungsinstituten.[35]

Im Sommer 1978 reiste Feodor Lynen nochmals mit einer Abordnung nach China. Die Gruppe besuchte u. a. Peking, Shanghai, Hang-Chau und Kweilin.

Wie die deutschen Besucher während ihres Aufenthalts beobachten konnten, hatte sich am Zustand der chinesischen wissenschaftlichen Einrichtungen in dieser Zeit nach der ›Viererbande‹ – einer

Eva Lynen (ganz links) und Feodor Lynen (dritter von links) beim Empfang im Haus des Volkes, China, August 1978[36].

Gruppe führender Politiker der Kommunistischen Partei Chinas, darunter Mao Zedongs Witwe Jiang Qing, die mit extremen ideologischen Positionen Maos Nachfolge einzunehmen versuchten, bis sie schließlich inhaftiert wurden – immer noch nicht viel geändert.

Allerdings hatten sich in China mittlerweile gemäßigtere Strömungen durchsetzen können; die Nationale Volksversammlung hatte die Förderung von Wissenschaft und Technologie zu einer ihrer Schlüsselaufgaben erklärt und dabei auch den internationalen Charakter der Naturwissenschaften betont. Die Gäste aus Deutschland konnten unter den chinesischen Wissenschaftlern, die nun auch als ›Werktätige‹ anerkannt wurden und deren Arbeitsbedingungen sich durch diesen Umschwung erheblich verbesserten, viel Optimismus, die Versäumnisse der Vergangenheit aufzuholen, ausmachen.[37]

Das Abkommen zwischen der Max-Planck-Gesellschaft und der Chinesischen Akademie der Wissenschaften von 1974 wurde nun ratifiziert. Gleichzeitig wurde es durch einen neuen Schwerpunkt auf Langzeit-Austauschbesuchen in Qualität und Ausmaß erweitert und wurde damit zum umfangreichsten Abkommen, das die Chinesische Akademie der Wissenschaften mit einer ausländischen Forschungsorganisation überhaupt abschloss. Im Oktober desselben Jahres unterzeichneten schließlich auch Vertreter der beiden Regierungen ein wechselseitiges Abkommen über die künftige Zusammenarbeit.[38]

Zu Hause, in seinen Laboratorien an der Universität und im Max-Planck-Institut, beschäftigte sich Feodor Lynen weiterhin mit den zentralen Themen der vergangenen Jahre. Dazu gehörten beispielsweise die biotinabhängigen carboxylierenden Enzymreaktionen, u. a. die Acetyl-CoA-Carboxylase-Reaktion, die als Auftakt der Fettsäuresynthese unter CO_2-Anlagerung den C_2-Körper Acetyl-CoA in den C_3-Körper Malonyl-CoA umformt und geschwindigkeitsbestimmend für die gesamte Fettsäuresynthese ist.

Für die Gruppe der carboxylierenden Enzyme hatten in verschiedenen Arbeitskreisen Untersuchungen der letzten Jahre erkennen lassen, dass auch die an der Gesamtreaktion der Carboxylierung beteiligten Teilschritte – die Biotin-Carboxylierung und die Carboxylübertragung – innerhalb eines Multienzymkomplexes ablaufen.

Diese Proteinketten-Gebilde und die an ihnen ablaufenden Reaktionen untersuchte man nun in Lynens Laboratorium. Abhängig vom jeweils untersuchten Enzym und der dazu herangezogenen Spezies unterschieden sich die Multienzymkomplexe in ihrem strukturellen Aufbau.

Die Ergebnisse ließen den Schluss auf drei verschiedene Klassen von Biotin-Enzymen zu:

In der ersten Gruppe bilden die beteiligten Enzyme Biotin-Carboxylase und Carboxy-Transferase und – ähnlich wie im Fettsäuresynthase-Komplex – ein Carrier-Protein einen Multienzymkomplex mit drei unabhängigen Polypeptidkettenbereichen.

In der zweiten Gruppe befinden sich der Carrier-Protein-Bereich und die Biotin-Carboxylase gemeinsam auf einer und die Transferase auf einer anderen Proteinkette.

In der dritten Gruppe sind alle Teilfunktionen auf einer einzigen Proteinkette untergebracht.

Daraus Rückschlüsse auf genetische Abstammungslinien innerhalb dieser Enzymgruppe und auf Zusammenhänge ihrer Entwicklung im Laufe der Evolution zu ziehen, war für Lynen ein naheliegendes Thema.[39]

Ein anderer, ebenfalls seit langen Jahren eingeführter Forschungsbereich in seinem Arbeitskreis war die Fettsäuresynthese.

Noch immer waren chemische Details einzelner Schritte der Reaktionsmechanismen, die am Fettsäuresynthese-Multienzymkomplex zum stufenweisen Aufbau der Fettsäuren führen, unbekannt; so z. B. die Schlüsselreaktion der biologischen Fettsäuresynthese, nämlich die Kondensation der gesättigten Carbonsäuren mit Malonyl-CoA unter CO_2-Abspaltung, die zur Verlängerung der Fettsäurekette um jeweils eine C_2-Einheit führt.

Untersuchungen in Lynens Arbeitskreis, wiederum mit Hilfe von Modellsubstanzen durchgeführt, brachten neue Einblicke in den Mechanismus dieser Reaktion: die kettenverlängernde C-C-Verknüpfung zwischen der am Enzymkomplex verankerten bereits gebildeten, aber noch zu kurzen Fettsäure und dem hinzukommenden Malonyl-CoA verläuft – innerhalb einer konzertierten chemischen Reaktion – gekoppelt an die gleichzeitige Abspaltung der CO_2-Gruppe des Malonyl-CoA.[40]

Auch die Frage nach der chemischen und räumlichen Struktur der Fettsäuresynthase war bisher noch weitgehend unbeantwortet geblieben. Lynens frühere Annahme, der Multienzymkomplex sei eine Einheit, die »*aus vielen einzelnen Proteinen mit Enzymeigenschaften aufge-*

baut ist«[41], hatte sich nach neuen Experimenten – vor allem Eckhart Schweizers hefegenetische Experimente waren hier wegweisend – als falsch herausgestellt.

Deren Ergebnisse hatten gezeigt, dass es sich dabei vielmehr um einen Komplex handelt, »*der nur zwei Arten multifunktioneller Polypeptidketten mehrfach enthält, also Polypeptidketten, in denen jeweils mehrere Enzymaktivitäten auf derselben Polypeptidkette untergebracht sind.*«[42] Jede der beiden Polypeptidkettenarten – α und β genannt –, die unterschiedliche Molekülgewichte aufweisen, ist im vollständigen Enzymkomplex sechsfach vorhanden.[43]

Den α- und β-Polypeptidketten konnten inzwischen auch einzelne der sieben an der Fettsäuresynthese beteiligten Enzyme zugeordnet werden. Nach etlichen zunächst vergeblichen Versuchen[44] gelang es im Münchner Arbeitskreis schließlich, die beiden Polypeptidketten präparativ voneinander zu trennen.[45]

Erst dann konnten Lynen und seine Mitarbeiter den Proteinketten-Untereinheiten die einzelnen Teilreaktionen der Fettsäuresynthese zuordnen: gemeinsam auf der von Lynen mit β bezeichneten isolierten Untereinheit lokalisierten sie die Teilenzyme Acetyl-Transferase (AT), Enoyl-Reduktase (ER), Dehydratase (DH) und Malonyl-/Palmitoyl-Transferase (MPT)[46], während die Acyl-Carrier-Protein-Domäne (ACP) und die restlichen an der Fettsäuresynthese beteiligten Enzyme der α-Untereinheit zugeordnet werden konnten.

Im Tierversuch stellten die Münchner Forscher für weitere Experimente Antikörper der isolierten α- und β-Untereinheiten der Fettsäuresynthase her. Die α-Antikörper banden sich in den folgenden Versuchen vorzugsweise an die zentralen Teile des Fettsäuresynthase-Moleküls, während die β-Antikörper sich eher an die peripheren Gebiete anlagerten, was die räumliche Anordnung der Untereinheiten erkennen ließ.

Die elektronenmikroskopische Untersuchung des so erhaltenen Versuchsmaterials machte es den Wissenschaftlern erstmalig möglich, ein dreidimensionales Modell der Hefe-Fettsäuresynthase zu entwickeln[47]:

»*Wir gehen davon aus, dass der Komplex sich zusammensetzt aus sechs Protomeren, von denen jedes aus einer α- und einer β-Untereinheit besteht. Diese sechs Protomere sind so miteinander kombiniert, dass alle Polypeptide einer Art eine hexagonale Ebene ausbilden. (…) Das Ergebnis ist eine hexagonale Basisscheibe, die zentrale Wand des Komplexes, von*

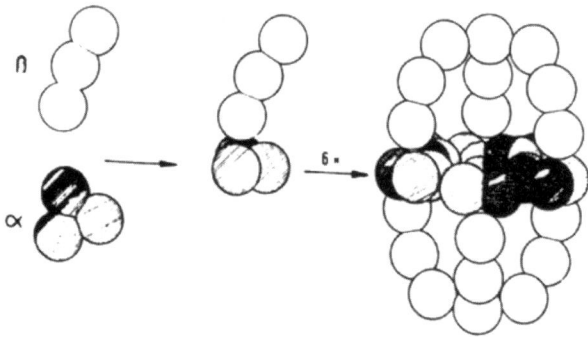

der aus drei Polypeptidketten des anderen Typs sich nach oben wölben und drei Untereinheiten sich nach unten wölben. (…)

Ausgehend von unseren elektronenmikroskopischen Untersuchungen mit spezifischen Antikörpern vermuten wir, dass die Zentralwand der Hefe-Fettsäuresynthase aus sechs α-Untereinheiten besteht, die den Komplex in zwei Hälften teilt; diese beiden Hälften wiederum bestehen jeweils aus drei β-Untereinheiten.«[48]

Lynen stellte klar, dass es sich bei diesem Modell nur um eine Annäherung an die tatsächliche räumliche Struktur des Enzymkomplexes handeln konnte: »Im Moment kann über die sterische Anordnung der sechs α β- Protomeren-Einheiten im intakten $\alpha_6\beta_6$-Hefe-Fettsäuresynthetase-Komplex nur spekuliert werden«.[49]

Für genauere Einblicke hoffte er auf zukünftige Entwicklungen: »Röntgenkristallographische Daten über die Tertiärstruktur der Fettsäuresynthetase-Untereinheiten sowie über ihre räumliche Anordnung im Hefekomplex könnten in absehbarer Zukunft verfügbar sein. Erst dann können die chemischen und räumlichen Details der verschiedenen Umformungen und Umlagerungen der Fettsäure-Zwischenprodukte am Multienzymkomplex mit Gewissheit abgeleitet werden.«[50]

Offene Fragen sah Lynen auch im Zusammenhang mit der Funktionsweise des Acyl Carrier Proteins: »Wie ist es möglich, die Substrate, die an dieses Protein (der α-Kette) gebunden sind, in Kontakt mit den an die β-Kette gebundenen Substraten zu bringen, wenn die Entfernung 10 nm beträgt? 4-Phosphopantethein, die prosthetische Gruppe des Acyl Carrier Proteins, hat nur eine Länge von ca. 2 nm. Daraus folgert, dass eine Rotation um die Phosphatbrücke nicht ausreicht. Folglich muss ein Teil des Proteins auch an diesem Transportvorgang beteiligt sein. Das wäre möglich, wenn das Acyl Carrier Protein am terminalen Ende der α-Poly-

peptidkette positioniert wäre. Dieses Konzept ist allerdings bis jetzt noch nicht bewiesen.«[51]

Im April 1976 beging Feodor Lynens seinen 65. Geburtstag, gemeinsam mit 300 Freunden und Schülern, die für ihn ein ›*Feodor Lynen-Symposium über die Biosynthese der Fettsäuren*‹ an der Universität München ausrichteten.[52] Ehemalige Mitarbeiter des Münchner Arbeitskreises stellten in kurzen Vorträgen ihre eigenen aktuellen Forschungsbereiche vor, die an die Arbeitsgebiete in Lynens Laboratorium anknüpften.

Zum ersten der drei gewählten Symposiumsthemen – Untersuchung der katalytischen Enzymaktivität durch Analyse der Quartärstruktur – referierten Harland Wood (USA), der an der Strukturanalyse eines Enzyms aus der Biotinfamilie arbeitete, und Hermann Eggerer (Regensburg), der sich mit Acetyl-CoA und Untereinheiten der Citrat-Lyase, eines Enzyms, das aus Citrat Acetyl-CoA abspaltet, befasste.

Feodor Lynen im
Alpbachtal, April 1976.

Zum zweiten Thema – Regulation der Fettsäuresynthese – sprachen Feodor Lynens Schwager Otto Wieland (München), dessen Forschungsgebiet Regulationsvorgänge durch Insulin im Fettgewebe waren, und Shosaku Numa (Japan), der sich mit der zellulären Regulation der Fettbildung befasste; Daniel Lane (USA) referierte über die Rolle der Acetyl-CoA-Carboxylase innerhalb der Regulation der Fettsäuresynthese, und Eckhart Schweizer (Erlangen) berichtete über seine Arbeit mit Fettsäuresynthase-defizienten Hefemutanten als Untersuchungsobjekt für Regulations-vorgänge.

Zum dritten Thema – der Untersuchung der Funktion von Lipiden in Membranen mit dem Ziel, die allgemeinen Muster des Fettsäuremetabolismus zu erkennen – berichtete Peter Overath (Tübingen) über seine Arbeit an Lipidphasenumwandlungen als Werkzeug zur Untersuchung von Struktur und Wechselwirkung von Membranen und die dafür entwickelte Zentrifugiermethodik.[53]

Im Schlussvortrag des Symposiums merkte Lynen dazu an: »*Es geht mir ein bißchen so wie meinem Lehrer Wieland, der ja viele Jahre seines Lebens der Ermittlung der Konstitution der Gallensäuren gewidmet hat. Da wir jetzt in derselben Situation in bezug auf die Multienzymkomplexe sind, ist es mir ein besonderes Vergnügen, daß jetzt in so vielen Laboratorien meiner ehemaligen Schüler über solche Multienzymkomplexe gearbeitet wird.*«[54]

81 der Lynen-Mitarbeiter und Gastwissenschaftler aus den zurückliegenden 30 Jahren überreichten ihm ein sehr persönliches Geschenk: ›*Die aktivierte Essigsäure und ihre Folgen*‹, eine Sammlung autobiographischer Aufsätze über ihre Zeit der Zusammenarbeit, die – über eine von den letzten Monaten des Zweiten Weltkriegs bis zur Gegenwart des Jahres 1976 reichende Zeitspanne – Erinnerungen an alltägliche und besondere Begebenheiten in Feodor Lynens Laboratorium schildern.[55]

Die Reihe der öffentlichen Ehrungen und Auszeichnungen für Feodor Lynen setzte sich in diesen Jahren weiter fort:

Ehrenprofessuren verliehen ihm 1976 die Université René Descartes in Paris, 1977 die Universidade Federal do Rio in Janeiro, 1978 die Universität Regensburg und 1979 die Medical University Pécs in Ungarn. Neben vielen weiteren Auszeichnungen wurde er 1976 zum Ehrenbürger von Texas und zum Ehrenadmiral der Texas Navy ernannt und erhielt das Ehrendiplom der Fédération de Sociétés

Européennes de Biochimie (FEBS). Im gleichen Jahr wurde er in den Vorstand des Deutschen Akademischen Austauschdienstes (DAAD) und in den Vorstandsrat des Deutschen Museums gewählt. 1978 ernannte ihn die Akademie der Medizinischen Wissenschaften der UdSSR zum Ausländischen Mitglied, und die Päpstliche Akademie der Wissenschaften nahm ihn in ihre Reihen auf.[56] Ebenfalls 1978 trug der Bürgermeister der Gemeinde Planegg im Einverständnis mit dem Bayerischen Kultusministerium Feodor Lynen an, das kurz vor dem Baubeginn stehende neue Planegger Gymnasium bereits zu Lebzeiten nach ihm zu benennen, obwohl sonst üblicherweise nur nach Verstorbenen benannt würde.[57] In Belangen von allgemeinem Interesse war Lynen weiterhin als Berater gefragt; beispielsweise bat ihn Willi Daume, der Präsident des Nationalen Olympischen Komitees, zu einem Symposium zum Thema ›*Wissenschaftlich offene Fragen zur pharmakologischen Leistungsbeeinflussung*‹, um Dopingversuche im Leistungssport zukünftig besser abwehren zu können.[58]

Am 6. April 1979 wurde Feodor Lynen 68 Jahre alt. »*Mit Ablauf des Monats April dieses Jahres werden Sie aus Ihrer aktiven Tätigkeit als*

Feodor Lynen mit seinen beiden jüngsten Kindern, den Zwillingen Eva-Maria und Heinrich, 1976 (an der Hauswand ein »Wirtshausschild« mit der Aufschrift

›Zum Lyndwurm‹, Geschenk der Kinder Feodor Lynens zum 60. Geburtstag der Mutter in Anspielung auf das stets gast-freundliche Haus).

Direktor der Abteilung Enzymchemie und Stoffwechsel am Max-Planck-Institut für Biochemie ausscheiden«, informierte ihn der Präsident der Max-Planck-Gesellschaft, Reimar Lüst.[59]

Um noch laufende wissenschaftliche Arbeiten zu Ende führen zu können, hatte Lynen darum gebeten, ihm am Max-Planck-Institut einen Emeritus-Arbeitsplatz zur Verfügung zu stellen. *»Ich möchte Ihnen heute der Ordnung halber mitteilen, daß der Verwaltungsrat (...) beschlossen hat, Ihnen dem Antrag entsprechend bis zum 30. April 1981 einen Emeritus-Arbeitsplatz am Max-Planck-Institut für Biochemie zu gewähren. Zur Erfüllung Ihrer Aufgaben werden Ihnen in dem vorgesehenen Zeitraum ein Arbeitszimmer, das Sie auch in Ihrer Eigenschaft als Vizepräsident der Max-Planck-Gesellschaft benötigen, eine Sekretärin, ein wissenschaftlicher Assistent und eine technische Assistentin sowie die erforderlichen Sachkosten zur Verfügung stehen«*, teilte ihm der Präsident mit.[60]

An der Universität hatte sich Feodor Lynen bereits im Februar, am Ende des Semesters, von seinen Studenten in einer letzten Vorlesung verabschiedet; seine Emeritierung war für den Oktober des Jahres vorgesehen.

Lynens Pläne für die Zeit nach der Emeritierung sahen vor, sich seinen Aufgaben in den zahlreichen Organisationen und wissen-

Feodor Lynen während seiner Abschiedsvorlesung im Hörsaal des Instituts für Biochemie der Universität München, 22. Februar 1979.

schaftlichen Gesellschaften, denen er weiterhin angehörte, zu widmen. Daneben trug er sich mit dem Gedanken, eine Geschichte der Biochemie zu schreiben.[61]

Zu Beginn des Jahres 1979 unterzog sich Feodor Lynen einem kleineren chirurgischen Eingriff, um eine Dupuytren-Beugekontraktur an der Hand korrigieren zu lassen. Eine vorausgegangene internistische Untersuchung hatte als Zufallsbefund einen Hinweis auf ein Aneurysma – eine Ausweitung der Gefäßwand – der Bauchaorta ergeben, das keine Symptome verursacht hatte und deshalb bisher unentdeckt geblieben war.[62]

Ein hinzugezogener Spezialist bestätigte den ersten Verdacht und empfahl, die Gefäßveränderung operativ behandeln zu lassen. Lynen willigte ein, da einer seiner älteren Brüder einige Jahre zuvor an den Folgen eines solchen Aneurysmas verstorben war.[63] Über das hohe Risiko der Operation war er sich im Klaren, denn noch am Tag vor dem Eingriff hinterlegte er sein Testament.[64]

Die Operation im Münchner Klinikum Großhadern am 25. Juni 1979 schien zunächst geglückt.[65] Nach einigen Tagen aber entwickelte sich ein Darmverschluss, alle Behandlungsversuche während der folgenden Wochen blieben erfolglos. Am Montag, 6. August 1979 um 10.15 Uhr starb Feodor Lynen.[66]

Grabstätte von Feodor und Eva Lynen in Rieden bei Starnberg[67].

Auf seinen Wunsch wurde er auf einem kleinen Friedhof auf einer Anhöhe bei Gut Rieden am Rand von Starnberg begraben. Die Beisetzungsfeier fand im engsten Kreis statt; dann erst gab die Familie seinen Tod der Öffentlichkeit bekannt.[68]

Die Universität München kam dem Wunsch vieler Freunde und Mitarbeiter Feodor Lynens nach einer akademischen Trauerfeier bereits vor dem sonst üblichen Ablauf eines Jahres nach. Am Vormittag des 29. Februar 1980 trafen sich im Herkulessaal der Münchner Residenz 1200 Gäste, um des Verstorbenen zu gedenken. Viele Würdenträger aus Wissenschaft und Politik waren gekommen, darunter auch Bundespräsident Karl Carstens und dessen Amtsvorgänger Walter Scheel, und Freunde aus der ganzen Welt.[69]

Am Nachmittag desselben Tages trafen sich die ehemaligen Mitarbeiter Lynens auf Wunsch seiner Frau Eva nochmals im kleineren Rahmen: »*Kein Ort eignet sich dafür wohl besser als Kloster Andechs*«.[70]

Anmerkungen

1 Feodor Lynen in seiner Ansprache anlässlich der Jahrestagung der Alexander von Humboldt-Stiftung am 8.6.1977 [LYNEN – REDEN AVH-STIFTUNG (1976/77)]

2 PERSONALMAPPE, Briefentwurf 1976

3 aufgeteilt in einen Teilbetrag von 1.824.970 DM an Lynens Lehrstuhl I und 444.380 DM für die gemeinsame Nutzung an seinem Lehrstuhl I und Guido Hartmanns neuem Lehrstuhl II [PERSONALMAPPE, 31.1.1974]

4 PERSONALMAPPE, 10.3.1976

5 PERSONALMAPPE, Briefentwurf 1976

6 MAX-PLANCK-GESELLSCHAFT (2007)

7 PERSONALAKTE – MPG (JANUAR 1973 – DEZEMBER 1977), 11.1.1974 Nach Ablauf der Amtszeit wurde im Oktober 1976 Klaus Kühn als Lynens Nachfolger gewählt. [PERSONALAKTE – MPG (JANUAR 1973 – DEZEMBER 1977), 15.10.1976]

8 Hans-Dietrich Genscher: geb. 1927, FDP-Politiker, von 1969 bis 1974 Bundesminister des Innern, von 1974 bis 1992 Bundesminister des Auswärtigen und Stellvertreter des Bundeskanzlers

9 PERSONALMAPPE, 4.11.1975; UNIVERSITÄT MÜNCHEN (1938 – 1975), 24.12.1975

10 Dem Präsidenten der Alexander von Humboldt-Stiftung wird zur Erleichterung seiner Reisetätigkeit ein Diplomatenpass ausgestellt.

11 Alexander von Humboldt: 1769 – 1859, Naturforscher und Geograph

12 HUMBOLDT-FOUNDATION (2009)

13 Feodor Lynen in LEHNERT (1999), S. 13

14 MARKL (1999), S. 19 f

15 LEHNERT (1999), S. 11

16 LYNEN – REDEN AVH-STIFTUNG (1976/77), 8.6.1977

17 HUMBOLDT – TAGUNGEN KYOTO, 20.4.1978, S. 7

18 HUMBOLDT – TAGUNGEN KYOTO, 20. bis 22.4.1977, S. 34; Die Einsparungen der Alexander von Humboldt-Stiftung durch diese Kostenübernahme betrugen ca. 450.000 DM pro Jahr. [PERSONALMAPPE, 19.7.1977]

19 Humboldt – Tagungen Kyoto, 20.
– 22.4.1977, S. 40

20 Humboldt – Tagungen Kyoto,
20.4.1978, S. 7

21 Der deutsche Bundespräsident Walter Scheel genehmigte Feodor Lynen im Januar 1978 die Annahme dieser Auszeichnung. [Staatskanzlei (1978)]

22 Lynen – Reden Avh-Stiftung (1976/77), 8.6.1977

23 Photographie im MPG-Archiv, III. Abt., Rep. 31

24 Reisepass (1973/1978) und Diplomatenpass (1978), Eintragungen der Einreisebehörden

25 z. B. an der Tongji-Universität Shanghai: 1907 durch den deutschen Arzt Erich Paulun (1862 – 1909) als ›Deutsche Medizinschule‹ gegründet. 1912 Gründung der ›Deutschen Ingenieurschule‹ durch Bernhard Berrens (1880 – 1927). Zusammenschluss der Medizinschule mit der Ingenieurschule zur ›Tongji Medizin- und Ingenieurschule‹. 1927 offizielle Registrierung als Nationale Tongji-Universität [http://de.tongji.edu.cn/de/uberblick–chronik.asp; 2008]. Viele chinesische Wissenschaftler verbrachten vor dem zweiten Weltkrieg Studien- oder Promotionszeit an deutschen Universitäten.

26 Mao Zedong: 1893 – 1976

27 Tschou Enlai (auch Zhou Enlai): 1898 – 1976

28 Richard Nixon: 1913 – 1994, US- Präsident 1969 – 1974

29 Hans Leussink: 1912 – 2008, deutscher Hochschullehrer und Politiker, von 1969 bis 1972 parteiloser Bundesminister für Bildung und Wissenschaft, Mitglied in Aufsichtsgremien zahlreicher Institute, Stiftungen und Verbände

30 Milestones (2007), S. 10

31 Milestones (2007), S. 13. Professor Wang You wurde auch Mentor des ersten abgehaltenen chinesisch-deutschen Biochemie-Symposions in Shanghai im Herbst 1979. [Milestones (2007), S. 16]

32 Konrad Zweigert, ebenfalls Delegationsmitglied, in seinem Reisebericht [Zweigert (1974), S. 1 f]

33 Zweigert (1974), S. 11 – 13

34 Feodor Lynen führte die rund 40 Gäste zum Kloster Andechs zu Käse, Brot und Bier [Hopfer (2007)]

35 Milestones (2007), S. 10 f

36 Die beiden weißen Behälter auf dem Fußboden sind Spucknäpfe.

37 Milestones (2007), S. 14, und Kippenhahn (1978), S. 2; Rudolf Kippenhahn, der während der Chinareise 1978 Tagebuch führte, berichtete kritisch über die während der Reise beobachteten alltäglichen Arbeitsbedingungen, die Bezahlung und die Wohnverhältnisse der chinesischen Bevölkerung [Kippenhahn (1978), S. 34]. Er berichtete auch über unterschiedliche kulturelle Gewohnheiten, wie beispielsweise, dass die Delegationsteilnehmer unabsichtlich bei einer Einladung ihren Gastgeber mit ihrem Aufbruch vor den Kopf gestoßen hätten; denn anders als in Deutschland üblich, bestimme in China der Gastgeber darüber, wann der Gast zu gehen habe [Kippenhahn (1978), S. 31]. Kippenhahn schilderte, dass Feodor Lynen seine chinesischen Gastgeber nach dem Procedere mit Wissenschaftlern aus Taiwan bei internationalen Kongressen gefragt habe. Man habe Lynen geantwortet, dass Festlandchinesen an Veranstaltungen, deren offizieller Organisator Taiwan sei oder zu denen Taiwan eine offizielle Delegation sende, nicht teilnähmen. Anders sei es dagegen bei Kongressveranstaltungen, in deren Verlauf Taiwanesen nur als Einzelpersonen erschienen [Kippenhahn (1978), S. 8]. Während der Rest der deutschen Delegation noch in China blieb, reisten Lynen und seine Frau Eva, die ihn während dieser Reise begleitete, weiter nach Japan. [Kippenhahn (1978), S. 48]

38 MILESTONES (2007), S. 14

39 LYNEN / SCHIELE / SPIESS (1975); LYNEN / OBERMAYER (1976)

40 LYNEN / ARNSTADT / SCHINDLBECK (1975)

41 Feodor Lynen in LYNEN – 25 JAHRE (1976), S. 5038

42 a. a. O.

43 In der molekularen Struktur der Fettsäuresynthese-Enzyme unterschiedlicher Organismen bestehen ausgeprägte Unterschiede. Es existieren mehrere Typen bzw. Untertypen der Fettsäuresynthase; z. B. besitzt – im Unterschied zur im Text oben beschriebenen hexameren Struktur der Hefe-Synthase – die Fettsäuresynthase der Säugetiere eine dimere Struktur.

44 LYNEN / HESS ET AL. (1975)

45 LYNEN / ENGESER / WIELAND (1977); LYNEN / WIELAND / STÜRZER (1977)

46 LYNEN / WIELAND ET AL. (1979) Weitere Untersuchungen ergaben, dass die Malonyl- und die Palmitoyl-Transferase in einer funktionellen Einheit vorliegen. [LYNEN / ENGESER ET AL. (1979)]

47 LYNEN / WIELAND ET AL. (1978); Abbildung des Modells S. 5796

48 LYNEN / WIELAND ET AL. (1978), S. 5796 (deutsche Übersetzung von H. W.)

49 LYNEN / SCHWEIZER (1978), S. 114 (deutsche Übersetzung von H. W.)

50 LYNEN / SCHWEIZER (1978), S. 116 (deutsche Übersetzung von H. W.)

51 LYNEN – STRUCTURE of FATTY ACID SYNTHETASE (1979), S. 441 (deutsche Übersetzung von H. W.). Auch noch 30 Jahre später bestanden die seinerzeit von Lynen geäußerten Zweifel, ob der ›Schwingarm‹ überhaupt lang genug sei, um die Zwischenprodukte an die jeweilig nächste Station weiterreichen zu können. Erst Untersuchungen aus der neuesten Zeit ergaben ein genaueres Bild: Die Hefe-Synthase besteht demnach aus zwei kuppelförmigen Reaktionsbereichen,

die aus sechs ß-Ketten gebildet werden, und aus einer äquatorähnlichen radförmigen Struktur aus sechs α-Ketten. Auf der ß-Kette der Hefe befinden sich die Enzymbereiche Acetyl-Transferase (AT), Malonyl- / Palmitoyl-Transferase (MPT), Dehydratase (DH) und Enoyl-Reduktase (ER). Die α-Kette enthält die Enzymbereiche Ketoacylsynthase (KS), Ketoacyl-Reductase (KR) und Phosphopantethein-Transferase. Die Katalysezentren der einzelnen Ketten sind durch eine Anzahl kurzer und langer Segmente in die Wände der Fettsäuresynthase eingelassen. Diese Zwischensegmente bilden ein komplexes Netzwerk, das den gesamten Komplex zusammenhält und die katalytischen Zentren auf die Innenseite der gewölbten Reaktionsräume ausrichtet. Die Substrate und Endprodukte der Fettsäuresynthese-Reaktionen gelangen durch passive Diffusion durch die Wandöffnungen in und aus den Reaktionsräumen des Enzymkomplexes. Die Öffnungen sind groß genug, um kleine Moleküle passieren zu lassen, und klein genug, um das Eindringen von Makromolekülen zu verhindern. Jeder der beiden Reaktionsräume enthält drei doppelt verankerte ACP-Bereiche. Die mobilen Acyl-Carrier-Proteine sind im Reaktionsraum diagonal durch zwei flexible Zwischenstücke befestigt – in bildhafter Umschreibung entsprechend einem Ball, der über zwei unterschiedlich lange Federn an separaten Ankerpunkten befestigt ist; die Längen der Federn in entspannter Form sind dabei größer als der Abstand zwischen den beiden Ankerpunkten. Jedes der Acyl-Carrier-Proteine ist N-terminal an der Raumwand und C-terminal an der Mitte des zentralen Rades verankert. [JENNI ET AL. (2006); JENNI ET AL. (2007); LEIB UND GUT ET AL. (2007); JOHANNSSON ET AL. (2008)]. Eine farbige dreidimensionale Abbildung des Fettsäuresynthase-Modells findet sich in: S.J. Kolodziej, P.A. Penczek, J.K. Stoops, J. Struct. Biol. 120, 158 (1997), bzw. in: Thomas Delong, Untersuchungen zur Reaktionsweise und physiologischen Funktion des Fettsäuresynthase-Komplexes in Saccharomyces cerevisiae, Erlangen 2006 (= Dissertation Naturwissenschaftliche Fakultäten der Universität Erlangen-Nürnberg 2006), S. 80 [http://www.opus.ub.uni-erlangen.de/opus/volltexte/2006/382/]

52 Unter den Gästen befand sich auch der 77jährige Fritz Lipmann, New York. Die BILD-Zeitung vom 25.3.1976 kündigte die Geburtstagsfeier an als die »*trockenste Geburtstagsparty des Jahres: 300 Wissenschaftler aus aller Welt feiern (…) – bei einem Vortrag über Fettsäure!*« [BILD (1976)]. Die Geburtstagsfeier, die vom Bundesverband der Pharmazeutischen Industrie und 23 weiteren chemischen Industriebetrieben unterstützt wurde, fand allerdings am Abend noch eine Fortsetzung in einer Dampferfahrt auf dem Starnberger See. [HARTMANN (1976)]

53 HARTMANN (1976) und FEODOR-LYNEN-SYMPOSIUM (1976)

54 LYNEN – 25 JAHRE (1976), S. 5039

55 HARTMANN – ESSIGSÄURE (1976). Das Buch wurde anschließend in der Frankfurter Allgemeinen Zeitung vom 19. Mai 1976, Nr. 107, S. 34 rezensiert.

56 BERICHTE MPG (1980), S. 50 ff

57 GYMNASIUM PLANEGG (1978); 1980, ein Jahr nach dem Tod Feodor Lynens, wurde der Schule vom Staatsministerium der Name Feodor-Lynen-Gymnasium verliehen, 1981 folgte die offizielle Einweihung des Gebäudes.

58 DAUME – BRIEFE (1979)

59 Reimar Lüst in einem Brief an Feodor Lynen vom 28.3.1979 [LÜST – BRIEF (1979)]

60 LÜST – BRIEF (1979); sowie PERSONALAKTE – MPG (JANUAR 1978 – JANUAR 1980)

61 HOPFER (2007)

62 Aneurysmen der Bauchaorta entstehen häufig aufgrund von Arteriosklerose; eine seltenere mögliche Ursache sind Entzündungen oder Missbildungen im Bereich der Blutgefäße. Aneurysmen bergen die lebensbedrohliche Gefahr eines plötzlichen Einrisses der Gefäßwand oder eines Platzens der Aussackung.

63 KREBS / DECKER (1982), S. 261

64 gemeinschaftliches Testament der Eheleute Feodor und Eva Lynen vom 24.6.1979 [PERSÖNLICHE DOKUMENTE]

65 Während dieser Krankenzeit wurde Feodor Lynen in Toronto in Abwesenheit zum Präsidenten der International Union of Biochemistry gewählt. [BERICHTE MPG (1980), S. 53]

66 DECKER (2006), S. 14; KREBS / DECKER (1982), S. 261; Sterbebescheinigung Feodor Lynen, Nr. 2059, vom 13.8.1979 [PERSÖNLICHE DOKUMENTE]

67 Feodor Lynens Ehefrau Eva starb am 15.5.2002. In der Mitte des Grabsteins das Wappen der Familie Lynen

68 Die Familie wünschte keine offizielle Ehrung durch die Stadt Starnberg; der Starnberger Bürgermeister und der Stadtrat legten deshalb nur einen Kranz nieder [STARNBERG – BEGRÄBNIS (1979)]. Die gedruckte Todesanzeige gestaltete die Familie sehr privat und schlicht; es wurden keinerlei akademische oder sonstige Titel und Auszeichnungen des Verstorbenen genannt. [TODESANZEIGE PRIVAT]

69 Die Besucher kamen aus China, Frankreich, Großbritannien, Holland, Israel, Italien, Japan, Jugoslawien, Österreich, Rumänien, Schweden, der Schweiz, Ungarn und den USA [GEDENKFEIER OFFIZIELL (1980), Ansprache von Reimar Lüst, S. 12 f], darunter auch der 80jährige Fritz Lipmann [HOPFER (2007)].

70 Guido Hartmann in seinem Einladungsschreiben, in GEDENKFEIER MITARBEITER (1980)

Schluss

Wenige Monate nach Feodor Lynens Tod richtete die Alexander von Humboldt-Stiftung ein nach ihm benanntes Forschungsstipendium ein. Ausgerichtet an der von Lynen geübten Praxis, an bestehende Verbindungen anzuknüpfen und so immer wieder neue wissenschaftliche Kontakte außerhalb Deutschlands zu suchen, finanziert das ›Feodor Lynen-Programm‹ begabten deutschen Nachwuchswissenschaftlern einen mehrjährigen bzw. mehrere kürzere Forschungsaufenthalte im Ausland. Gastgeber der deutschen Besucher sind ehemalige Humboldt-Stipendiaten oder -Preisträger. Um die Individualität und die Überschaubarkeit des Programms gewährleisten zu können, fördert das Feodor Lynen-Programm – ebenfalls ganz im Lynenschen Sinn – nicht mehr als 150 Stipendiaten pro Jahr. Einen Teil der Finanzaufwendungen, die das Bundesministerium für Bildung und Forschung dafür zur Verfügung stellt, übernehmen – in Anerkennung des von Lynen stets betonten Nutzens für beide Seiten eines wissenschaftlichen Austauschs – die ausländischen Gastgeber.[1]

Die Gesellschaft für Biochemie und Molekularbiologie (GBM) begründete zum Andenken an den Verstorbenen eine Ehrenvorlesung, die Feodor Lynen-Lecture.[2] Mit der Einladung, diesen zentralen Vortrag im Rahmen des alljährlich stattfindenden Mosbacher GBM-Kolloquiums zu halten, werden herausragende Wissenschaftler ausgezeichnet wie beispielsweise 1982 mit der ersten Vorlesung dieser Reihe Shosaku Numa, der während der 1950er und 1960er Jahre in Lynens Laboratorium mitgearbeitet hatte, oder 2009 Susumu Tonegawa, Nobelpreisträger für Physiologie oder Medizin des Jahres 1987.[3]

In den frühen 1930er Jahren, als Feodor Lynen sich der Biochemie zuwandte, war nicht abzusehen, welche Entwicklung das damals noch sehr junge Fachgebiet in den kommenden Jahrzehnten nehmen würde. Während seines Studiums an Heinrich Wielands

Feodor Lynen. Heike Will
Copyright © 2011 WILEY-VCH Verlag GmbH & Co. KGaA, Weinheim
ISBN 978-3-527-32893-2

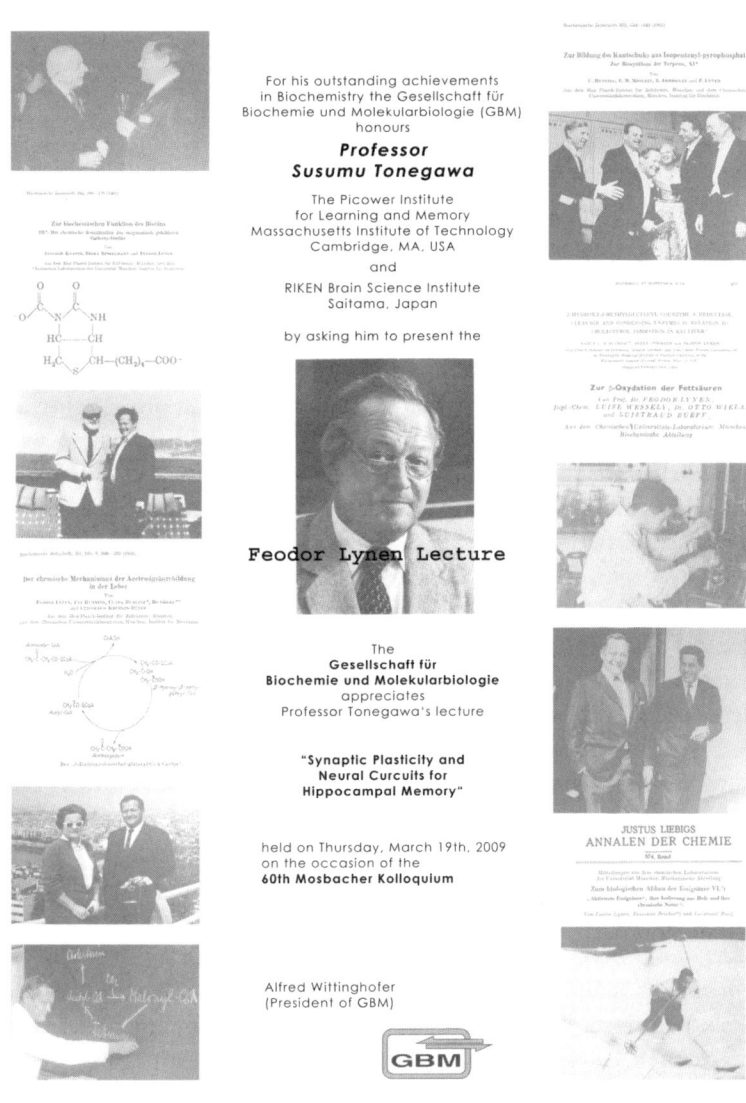

For his outstanding achievements in Biochemistry the Gesellschaft für Biochemie und Molekularbiologie (GBM) honours

Professor Susumu Tonegawa

The Picower Institute
for Learning and Memory
Massachusetts Institute of Technology
Cambridge, MA, USA
and
RIKEN Brain Science Institute
Saitama, Japan

by asking him to present the

Feodor Lynen Lecture

The
Gesellschaft für
Biochemie und Molekularbiologie
appreciates
Professor Tonegawa's lecture

"Synaptic Plasticity and
Neural Curcuits for
Hippocampal Memory"

held on Thursday, March 19th, 2009
on the occasion of the
60th Mosbacher Kolloquium

Alfred Wittinghofer
(President of GBM)

GBM

Urkunde der Feodor Lynen-Lecture.

Münchner Universitätsinstitut wurde Lynen zunächst vor allem von der in Deutschland sehr einflussreichen Naturstoffchemie geprägt. Als er dann den Weg in die Biochemie nahm, reihte er sich ein unter die Pioniere dieses neuen Forschungszweiges der Chemie, der noch längst nicht als eigenständige Disziplin anerkannt war.

Feodor Lynens frühe Strukturaufklärung der ›aktivierten Essigsäure‹ im Jahr 1951 schuf die Voraussetzung dafür, all diejenigen vielfältigen Stoffwechselvorgänge verstehen zu können, die unter Beteiligung des Coenzyms A ablaufen; seine Entdeckung der Thioesterbindung zwischen Coenzym A und Acetatrest machte es ihm und anderen Forschern möglich, die natürlichen Reaktionswege zu untersuchen, die von der Essigsäure zu den unterschiedlichsten Verbindungen führen, wie den Fettsäuren, den Steroiden, zu denen das Cholesterol und auch die Steroidhormone gehören, oder dem Naturkautschuk.

Eine ebenso wichtige Schlüsselposition im Stoffwechsel nimmt die von Lynen in ihrer Struktur aufgeklärte ›aktivierte Kohlensäure‹, das Carboxybiotin, ein, beispielsweise in der Gluconeogenese – dem Aufbau von Zuckerstoffen – oder der Fettsäuresynthese. Unser heutiges Wissen um die Funktionsweise der lebenswichtigen Vitamine Pantothensäure und Biotin beruht auf diesen Erkenntnissen.

Lynens Idee, in seinen Enzymexperimenten statt der kompliziert aufgebauten natürlichen Substrate einfache Modellsubstanzen einzusetzen, die auf wenige chemische Reaktionsgruppen reduziert und damit im Experiment besser zu beobachten waren, verschaffte ihm gegenüber seinen Konkurrenten, vor allem in den USA, den für seinen Erfolg entscheidenden Vorsprung.

1948 war Otto Warburg noch davon überzeugt gewesen, dass »*in einem noch so komplizierten Gemisch von Substanzen und prosthetischen Gruppen jede Fermentreaktion so ablaufen* (wird), *als ob alle in ihr nicht teilnehmenden Stoffe nicht vorhanden wären. So kann im Leben keine physiologische Fermentreaktion die andern stören.*«[4]

Erst nach langen Jahren mühsamer Laboratoriumsarbeit begannen Feodor Lynen und Biochemiker in aller Welt die vielfältigen Wechselbeziehungen der einzelnen Faktoren im Stoffwechselgeschehen und erste Regulationsmechanismen des lebenden Organismus zu erkennen; viele Metaboliten, obwohl selber nicht direkt an einer speziellen enzymkatalysierten Reaktion beteiligt, sind dennoch in der Lage, die Aktivität der beteiligten Enzyme erheblich zu beeinflussen – »*chemische Umsetzungen und Leben in allen seinen Formen* (...)«, so Lynen, »*sind so vielfältig und innig miteinander verzahnt, daß der physiologische Chemiker Franz Knoop den Tatbestand in den knappen und aussagekräftigen Satz zusammenfasste:* ‹Leben ist chemische Bewegung›.«[5]

Die Ära der frühen Jahre der Biochemie ist längst vorüber. Die zentralen Stoffwechselwege sind enträtselt, das inzwischen angesammelte Wissen nur noch innerhalb spezialisierter Teilgebiete zu übersehen. Lynen schätzte sich glücklich, zu einer Zeit zu seinem Fachgebiet gelangt zu sein, »*als man noch darauf hoffen konnte, sich persönlich das gesamte biochemische Wissen aneignen zu können. (…) Diese Zeiten sind vorbei, und der Haufen ist explosionsartig angewachsen.*«[6] Sein eigenes wissenschaftliches Werk ist dabei mittlerweile als »*namenloses Allgemeingut*«[7] in den Grundlagen des biochemischen Fachwissens aufgegangen.

Bereits zu Lynens Lebzeiten ist die Biochemie zu »*einem der unentbehrlichsten Verbündeten in der großen Allianz gegen Krankheit und vorzeitigen Tod*« geworden, der »*wichtige Erkenntnisse liefert, auf denen der Arzt, der Pharmakologe und schließlich auch die pharmazeutische Industrie aufbauen können.*«[8]

Dass die arteriosklerotischen Ablagerungen in erkrankten Blutgefäßen Cholesterolverbindungen enthalten, hatte man bereits im frühen 20. Jahrhundert entdeckt. Als Lynens Arbeiten gezeigt hatten, dass sich die Wege der von dem gemeinsamen Baustein Acetyl-CoA ausgehenden Fettsäure- und der Steroidsynthese bereits auf einer frühen Stufe auftrennen, war ein Ausgangspunkt gefunden für die spätere Entwicklung spezifischer Hemmstoffe des für die Cholesterinsynthese entscheidenden Enzyms, der HMG-CoA-Reduktase. Lynens Erkenntnisse auf dem Gebiet des Fettstoffwechsels und seine Untersuchungen zur Ketonkörperbildung lieferten neue Einblicke in die Zusammenhänge zwischen Fett- und Zuckerabbau und schufen damit auch Grundlagen für das Verständnis des Diabetes mellitus und die Entwicklung von Therapiemöglichkeiten für die weitverbreitete chronische Stoffwechselerkrankung.

Feodor Lynen war durch Heinrich Wielands wissenschaftliche Schule gegangen und hatte dessen selbstkritische und sorgfältige Arbeitsweise und die von ihm stets bewunderte Klarheit im Denken und Experimentieren kennengelernt. Der prägende Einfluss des berühmten Lehrers hatte seinen Schüler aber nicht dazu verführt, ihm in der Wahl seines Forschungsgebietes nachzufolgen – vielmehr hatte er bei ihm die Fähigkeiten erworben, selbst erfolgreich ein neues Feld zu bearbeiten. Die Neuorientierung Lynens und anderer Wissenschaftler seiner Generation, die sich der mit dynamischen Lebensprozessen befassten Biochemie zuwandten, war entscheidend für den außerordentlichen Fortschritt und Wissenszuwachs auf diesem Grenzgebiet von Chemie, Biologie und Physik.

Der Biochemiker Sir Hans Adolf Krebs, Nobelpreisträger des Jahres 1953, versuchte in seinen Lebenserinnerungen die Ursachen seines Erfolgs zu ergründen. Auch er war sich sicher, in Otto Warburg, in dessen Berliner Laboratorium er während der 1920er Jahre als Assistent gearbeitet hatte, ähnlich wie Lynen in Wieland einen hervorragenden Lehrer während einer kritischen Phase seiner persönlichen Entwicklung gefunden zu haben. Krebs zeigte sich überzeugt, dass der regelmäßige Umgang mit einem solchen ›Giganten der Wissenschaft‹ den Schüler vor Selbstüberschätzung bewahre und zu einer bescheideneren Sicht auf sich selbst führe, während er zugleich dauerhaft einem hohen Standard genügen müsse: »*Distinktion führt zu Distinktion, oder in anderen Worten, Distinktion entwickelt sich, wenn sie durch Distinktion genährt wird.*«[9]

Auf der Suche nach gemeinsamen Merkmalen der Lebenswege erfolgreicher Führungspersönlichkeiten machte der US-amerikanische Elitenforscher Howard Gardner[10] die Beobachtung, dass viele der von ihm Untersuchten während entscheidender Entwicklungsjahre – wie Lynen und wie später auch dessen Schüler durch ihn – sich durch Vorbilder inspiriert sehen. Lehrer und Schüler teilen dabei wichtige Eigenschaften; die produktive Zusammenarbeit ermöglicht ein Identifikationsverhältnis des Schülers zu seinem Lehrer, das Empfinden einer inneren Verbundenheit und die Erwartung des Schülers, zukünftig selber einen ähnlichen Platz wie das Vorbild einzunehmen.

Nach Gardner werden Führungspersönlichkeiten häufig durch eine ›multiple Intelligenz‹ zu ihren Leistungen befähigt – neben ihrer fachlichen Qualifikation verfügen sie über eine ausgeprägte sprachliche und personale Intelligenz, die sie zu wirkungsvollen Kommunikatoren ihres Anliegens werden lassen. Ihre besonderen Persönlichkeitsmerkmale erhöhen den Führungsstatus: Hingabe an ihre Aufgabe, charismatische Ausstrahlung und eine bemerkenswerte Mischung aus Durchschnittlichkeit und Außergewöhnlichem wirken häufig eindrucksvoll auf die Umgebenden; Eigenschaften, die sich auch bei Lynen unschwer finden lassen, ebenso wie ein gewisses Maß an Risikobereitschaft, das auch Lynen als unabdingbare Voraussetzung für den Erfolg sah – in wissenschaftlicher als auch in sportlicher Hinsicht –, und das von einem tiefen Vertrauen in die eigenen Fähigkeiten zeugt.[11]

Dass in manchen Situationen auch der Zufall zu seinem Erfolg beigetragen hat, war Feodor Lynen bewusst, aber auch »*der Zufall kann nur von dem genützt werden, der auf den Zufall vorbereitet ist. Der Geist muss auf zufällige Beobachtungen vorbereitet sein, nur dann kann aus dem Zufall eine Entdeckung erwachsen.*«[12]

Anmerkungen

1 GRENZENLOSE WISSENSCHAFT (1999), S. 15, S. 17; HUMBOLDT-STIFTUNG (1984), S. 218, S. 224; HUMBOLDT-FOUNDATION (2009); PFEIFFER (2007) Stipendiatenzahlen des Feodor Lynen-Programms aus den Jahren 1979 bis 2006 [HUMBOLDT-STIFTUNG – JAHRESBERICHT (2007)]: *nach Fachgebieten*: Geisteswissenschaften 463 Naturwissenschaften 2095 Ingenieurwissenschaften 157 Summe 2715 (pro Jahr etwa 100 Stipendiaten) *nach Erdteilen*: Asien 401 (davon Japan 356) Europa 418 (davon England 104 und Frankreich 102) Nordamerika 1722 (USA 1627, Kanada 95) Lateinamerika 36 Afrika 21 Australien / Neuseeland 117

2 Zu den Zielen der GBM, deren Vizepräsident Feodor Lynen von 1953 bis 1956 war, gehören die Förderung von Forschung und Lehre, die Umsetzung wissenschaftlicher Erkenntnisse in Biotechnologie und Medizin sowie deren Verbreitung in der Öffentlichkeit. Während der regelmäßig stattfindenden internationalen Tagungsveranstaltungen der Gesellschaft finden die Wissenschaftler die Gelegenheit zum Austausch über neueste Entwicklungen in den molekularen Bio-

wissenschaften mit führenden Vertretern ihres Fachgebiets. [GBM] Die mit der ›Feodor Lynen-Lecture‹ verliehene Urkunde (siehe folgende Abbildung) wurde von Prof. Bernd Hamprecht, Oscar Castillo Garcia und Björn-Olaf Seif mit Bildern aus dem Leben Feodor Lynens gestaltet [HAMPRECHT (2009)]: Abbildungen linke Reihe von oben: Feodor Lynen mit Otto Warburg, undatiert; Überschrift von LYNEN – BIOTIN III (1961); Lynen und Hemingway während der Schiffsreise von New York nach Europa 1959; Überschrift von LYNEN – ACETESSIGSÄUREBILDUNG (1958); Lynen und seine Frau Eva in Südamerika 1962; Lynen an der Tafel in seinem Büro kurz nach Bekanntgabe seines Nobelpreises. Abbildungen rechte Reihe von oben: Überschrift von LYNEN – POLYISOPRENOIDE XI (1961); die Nobelpreisträger 1964 üben den Hofknicks; Überschrift von BUCHER / OVERATH / LYNEN (1960); Überschrift von LYNEN – FETTSÄUREOXIDATION (1952); Lynen beim Titrieren, ca. 1940; Lynen und Monod, undatiert; Überschrift von LYNEN – ESSIGSÄUREABBAU VI (1951); Lynen beim Skifahren, ca. 1931. Abbildung Mitte: signierte Photographie Lynens, ca. 1975

3 Tonegawa erhielt den Nobelpreis für seine Entdeckung der genetischen

Grundlagen der Entstehung des Anti-
körper-Variationsreichtums.

4 Otto Warburg, zitiert nach LYNEN –
MODULATION (1970), S. 28

5 LYNEN – VERDIENSTORDEN (1970),
S. 3594

6 Feodor Lynen in LYNEN – LIFE, LUCK
AND LOGIC (1969), S. 217

7 Guido Hartmann in HARTMANN
(1983), Vorwort in Bd. 1 – 698

8 Feodor Lynen in LYNEN – ENTWICK-
LUNG (1979), S. 20

9 »Distinction breeds distinction, or in
other words, distinction develops if nur-
tured by distinction.« KREBS (1981),
S. 175 ff

10 Howard Gardner: geb. 1943 in Scran-
ton, Pennsylvania (USA), Professor
für Erziehungswissenschaften an der
Harvard Graduate School of Education, außerordentlicher Professor für
Psychologie an der Harvard University und außerordentlicher Professor
für Neurologie an der Boston University School of Medicine

11 GARDNER (1995), S. 66, S. 71 – 77,
S. 180. Noch in einem weiteren
Punkt decken sich Gardners Unter-
suchungsergebnisse mit Feodor
Lynens Lebensweg: auffällig viele
(60 %) der von ihm untersuchten
Führungspersönlichkeiten verloren
in jungen Jahren einen Elternteil, in
der Mehrzahl den Vater, und waren
dadurch schon frühzeitig zur Selb-
ständigkeit gezwungen. Gardner ver-
mutet, dass Kinder, die mit Vater und
Mutter aufwachsen, sich am vorge-
lebten Verhalten der Eltern ausrich-
ten können, während Halbwaisen
eigene, selbstverantwortliche Verhal-
tensmaxima entwickeln müssen.

12 Feodor Lynen in DEES DE STERIO
(1975), S. 141 f

Gesamtverzeichnis der verwendeten Literatur und Quellen

ADENAUER (1966): Konrad Adenauer, Erinnerungen 1953–1955, Stuttgart 1966

AL AKHBAR (1966):
- deutsche Übersetzung eines Zeitungsausschnittes aus ›Al Akhbar‹ vom 1.3.1966 und 8.3.1966 (MPG-Archiv, III. Abt., Rep. 31 B, Nr. 1/5)

AMTSGERICHT MÜNCHEN (1958):
- Mitteilung des Amtsgerichtes München, Grundbuchamt, an Feodor Lynen vom 5.3.1958 (MPG-Archiv, III. Abt., Rep. 31 A, Nr. 32-3)

ANILINFABRIK (1960):
- Brief an Feodor Lynen vom Vorstand der Badischen Anilin- & Soda-Fabrik, Ludwigshafen am Rhein vom 12.12.1960 (MPG-Archiv, III. Abt., Rep. 31 B, Nr. 68)

ASCM (2001): ASCM (Akademischer Skiclub München) – Jahresbericht 1995–2001, München 2001

AUSWÄRTIGES AMT (1968):
- Brief an Feodor Lynen von Botschafter Egon Bahr, Auswärtiges Amt vom 25.3.1968 (MPG-Archiv, III. Abt., Rep. 31 B, Nr. 116)

BALMER (1974): Heinz Balmer (Hrsg.), Aus dem Altersbriefwechsel der Biochemiker Markus Guggenheim und Heinrich Wieland, in: Gesnerus, Vierteljahrsschrift für Geschichte der Medizin und der Naturwissenschaften 31 (1974), Heft 3/4, S. 237–263

BAYERISCHES WIRTSCHAFTSARCHIV (2007): Bayerisches Wirtschaftsarchiv. Eine Gemeinschaftseinrichtung der bayerischen Industrie- und Handelskammern. F 055 – Alfred Kunz GmbH & Co. Hoch- und Tiefbauunternehmung, München, in: www.bwa.findbuch.net/home/, 2007

BAYER/LEVERKUSEN (1951–1958):
- Brief an Feodor Lynen von Otto Bayer vom 3.12.1951;
- Brief an Otto Bayer von Feodor Lynen vom 27.10.1952;
- Brief an Otto Bayer von Feodor Lynen vom 14.4.1954;
- Brief an Otto Bayer von Feodor Lynen vom 30.4.1955;
- Brief an Feodor Lynen von Otto Bayer vom 30.4.1955;
- Brief an Otto Bayer von Feodor Lynen vom 20.7.1955;
- Brief an Otto Bayer von Feodor Lynen vom 24.8.1955;
- Brief an Feodor Lynen von Otto Bayer vom 16.5.1956;
- Brief an Feodor Lynen von Otto Bayer vom 26.6.1956;
- Brief an Otto Bayer von Feodor Lynen vom 7.1.1958;
- Brief an Otto Bayer von Feodor Lynen vom 1.7.1958 (MPG-Archiv, III. Abt., Rep. 31 B, Nr. 43)

BEAUCAMP – MANUSKRIPT:
- Klaus Beaucamp, Manuskript eines unvollendet gebliebenen Buches über die Biochemie,

Feodor Lynen. Heike Will
Copyright © 2011 WILEY-VCH Verlag GmbH & Co. KGaA, Weinheim
ISBN 978-3-527-32893-2

dargestellt anhand ihres Repräsentanten Feodor Lynen, 1966; Brief an Klaus Beaucamp vom Bruckmann-Verlag München vom 21.6.1966 (MPG-Archiv, III. Abt., Rep. 31 B, Nr. 1/1)

BEAUVOIR (1976):
- Brief an Feodor Lynen von Simone de Beauvoir und Jean-Paul Sartre vom 31.1.1976 (MPG-Archiv, III. Abt., Rep. 31 B, Nr. 154)

BEHRENS (1998): Helmut Behrens, Wissenschaft in turbulenter Zeit. Erinnerungen eines Chemikers an die Technische Hochschule München 1933 – 1953. Mit einem Nachwort von Freddy Litten, München 1998

BEINERT ET AL. (1955): H. Beinert, D. E. Green, P. Hele, O. Hoffmann-Ostenhof, F. Lynen, S. Ochoa, G. Popják und R. Ruyssen, Nomenklatur der Enzyme des Fettsäurestoffwechsels, in: Österreichische Chemiker-Zeitung 23/24 (1955), S. 337–340

BERGHOFER – WEICHNER (1976): Mathilde Berghofer-Weichner, Ansprache anlässlich der Feier des 65. Geburtstages Feodor Lynens am 8.4.1976 im Max-Planck-Institut für Biochemie in Martinsried, in: Guido R. Hartmann (Hrsg.), Feodor Lynen. Sein Werk und seine Person, München 1983, S. 5007–5010

BERGSTRÖM/NOBEL PRIZE PRESENTATION SPEECH (1964): Sune K. Bergström, Mitglied des Nobelkomitees für Physiologie oder Medizin des Königlichen Karolinischen Institutes, Presentation Speech, in: www.Nobelprize.org, 2008

BERICHTE MPG (1980): Max-Planck-Gesellschaft, Berichte und Mitteilungen 2/1980

BERNDT (1976): Jürgen Berndt, Juni 1963-März 1965, in: Guido R. Hartmann (Hrsg.), Die aktivierte Essigsäure und ihre Folgen. Autobiographische Beiträge von Schülern und Freunden Feodor Lynens, Berlin, New York 1976, S.240–243

BERUFUNGEN (1946 – 1955):
- Brief an Feodor Lynen von Günther Rienäcker, Rektor der Universität Rostock vom 7.2.1946;
- Brief an die Erziehungsdirektion des Kantons Bern von Feodor Lynen vom 10.8.1952;
- Brief an Feodor Lynen vom Dekanat der Medizinischen Fakultät der Universität Marburg vom 6.10.1952;
- Brief an den Hessischen Minister für Erziehung und Volksbildung von Feodor Lynen vom 8.9.1955;
- Brief an den Dekan der Medizinischen Fakultät der Johann-Wolfgang-Goethe-Universität Frankfurt/M. von Feodor Lynen vom 8.9.1955 (MPG-Archiv, III. Abt., Rep. 31 A, Nr. 32-6)

BEURLAUBUNG (1952 – 1954):
- Brief an das Bayerische Staatsministerium für Unterricht und Kultus von Feodor Lynen vom 23.10.1952;
- Brief Nr. V 1411 an das Rektorat der Universität München vom Bayerischen Staatsministerium für Unterricht und Kultus vom 12.1.1953;
- Brief Nr. V 44 697 an das Rektorat der Universität München vom Bayerischen Staatsministerium für Unterricht und Kultus vom 26.6.1953;
- Brief Nr. V 13623 an das Rektorat der Universität München vom Bayerischen Staatsministerium für Unterricht und Kultus vom 23.2.1954 (MPG-Archiv, III. Abt., Rep. 31 B, Nr. 43)

BEURLAUBUNG (1968):
- Brief Nr. 1/5 – 5/151 584 an die Universität München vom Bayerischen Staatsministerium für Unterricht und Kultus vom 29.12.1967

(MPG-Archiv, III. Abt., Rep. 31 A, Nr. 32-4)

Bild (1976): Nobelpreisträger Feodor Lynen wird 65. Münchner Professor feiert mit 300 Wissenschaftlern Geburtstag, in: Bild-Zeitung vom 25.3.1976

Bleibeverhandlungen (1953 – 1966):
– Brief Nr. V 54036 an Feodor Lynen vom Bayerischen Staatsministerium für Unterricht und Kultus vom 16.7.1953;
– Brief Nr. V 61228 an das Rektorat der Universität München vom Bayerischen Staatsministerium für Unterricht und Kultus vom 13.8 1953;
– Brief an das Bayerische Staatsministerium für Unterricht und Kultus von Feodor Lynen vom 21.8.1955;
– Brief an das Bayerische Staatsministerium für Unterricht und Kultus von Feodor Lynen vom 17.10.1955;
– Brief an das Bayerische Staatsministerium für Unterricht und Kultus von Feodor Lynen vom 17.12.1955;
(MPG-Archiv, III. Abt., Rep. 31 A, Nr. 32-4)

Bloch (1980): Konrad Bloch, Feodor Lynen 6. April 1911 bis 6. August 1979, in: Naturwissenschaftliche Rundschau 6 (1980), S. 213–220

Boehringer (1952 – 1956):
– Brief an Feodor Lynen von Ernst Boehringer vom 24.9.1952;
– Brief an das Chemische Universitäts-Laboratorium / Feodor Lynen von Fa. C.H. Boehringer Sohn, Ingelheim vom 2.10.1952;
– Brief an Feodor Lynen von K. Zeile / Wissenschaftliche Abteilung Fa. C.H. Boehringer Sohn vom 15.9.1954;
– Brief an K. Zeile / Fa. C.H. Boehringer Sohn von Feodor Lynen vom 9.11.1954;
– Brief an K. Zeile / Fa. C.H.

Boehringer Sohn von Feodor Lynen vom 12.3.1955;
– Brief an Architekten Wachter / Fa. Boehringer von Feodor Lynen vom 3.6.1955;
– Brief an Feodor Lynen von K. Zeile / Fa. C.H. Boehringer Sohn vom 3.8.1955;
– Brief an K. Zeile / Fa. C.H. Boehringer Sohn von Feodor Lynen vom 18.8.1955;
– Brief an K. Zeile / Fa. C.H. Boehringer Sohn von Feodor Lynen vom 13.1.1956;
– Brief an Feodor Lynen von v. Sonnleithner / Fa. C.H. Boehringer Sohn vom 1.3.1956 mit handschriftlicher Notiz von Feodor Lynen vom 16.3.1956;
– Brief an die Naturwissenschaftliche Fakultät der Universität München (Absender nicht namentlich genannt) vom 25.6.1956
(MPG-Archiv, III. Abt., Rep. 31 B, Nr. 45)

Boehringer (1958 – 1960):
– Brief an Feodor Lynen von Ernst Boehringer vom 9.9.1958;
– Brief an Feodor Lynen von Ernst Boehringer vom 17.7.1959;
– Brief an Feodor Lynen von Ernst Boehringer vom 13.7.1960
(MPG-Archiv, III. Abt., Rep. 31 A, Nr. 4)

Boehringer (1963):
– Brief an Feodor Lynen von Ernst Boehringer vom 7.5.1963
(MPG-Archiv, III. Abt., Rep. 31 A, Nr. 33-1)

Boehringer (2006): Heinrich Wieland and Boehringer Ingelheim, in: www.boehringer-ingelheim.com, 2006

Bohlen-Halbach (1976): Berthold von Bohlen und Halbach, April 1944-März 1945, Forschung im Krieg, in: Guido R. Hartmann (Hrsg.), Die aktivierte Essigsäure und ihre Folgen. Autobiographische Beiträge von Schülern und Freunden Feodor Lynens, Berlin, New York 1976, S. 11 f

Bublitz (1976): Clark Bublitz, September 1955-August 1956, in: Guido R. Hartmann (Hrsg.), Die aktivierte Essigsäure und ihre Folgen. Autobiographische Beiträge von Schülern und Freunden Feodor Lynens, Berlin, New York 1976, S. 106–108

Bucher/Overath/Lynen (1959): Nancy Bucher, Peter Overath und Feodor Lynen, Enzymes controlling cholesterol biosynthesis in livers of fasting rats, in: Federation Proceedings 18, Abstract 73 (1959), S. 20

Bucher/Overath/Lynen (1960): Nancy Bucher, Peter Overath und Feodor Lynen, β-Hydroxy-β-methylglutaryl coenzyme A reductase, cleavage and condensing enzymes in relation to cholesterol formation in rat liver, in: Biochimica et Biophysica Acta 40 (1960), S. 491–501

Bücher (1980): Theodor Bücher, Felix Konrad Feodor Lynen, in: Bayerische Akademie der Wissenschaften Jahrbuch 1980, München 1980, S. 241–245

Bundesjustizministerium (1965):
– Brief an Feodor Lynen vom Bundesjustizministerium vom 4.2.1965;
– Brief an das Generalsekretariat des Europäischen Ausschusses für Strafrechtsprobleme beim Europarat in Straßburg von Feodor Lynen vom 6.2. 1965
(MPG-Archiv, III. Abt., Rep. 31 B, Nr. 97)

Butenandt (1966): Adolf Butenandt, in: W. Ernst Böhm (Hrsg.), Forscher und Gelehrte, Stuttgart 1966, S. 175

Butenandt (1975): Adolf Butenandt, Bayern und die Max-Planck-Gesellschaft, in: Ludwig Huber (Hrsg.), Bayern Deutschland Europa, Festschrift für Alfons Goppel, Passau 1975, S. 243–252

Büttner (2004): Johannes Büttner, Justus von Liebigs ›Chemische Physiologie‹: Schritte zu einer Chemie des Lebens, in: Mitteilungen der Gesellschaft Deutscher Chemiker, Fachgruppe Geschichte der Chemie, 17 (2004), S. 42–61

Chemiker im Gespräch (1977): Chemiker im Gespräch: Erinnerungen an Heinrich Wieland, in: Chemie in unserer Zeit 5, 1977, S. 143–149

Cohn – Brief (24.11.1959):
– Brief an Feodor Lynen von Josef Cohn vom 24.11.1959
(MPG-Archiv, III. Abt., Rep. 31 B, Nr. 70)

Cohn – Briefe (1959 – 1962):
– Brief an Feodor Lynen von Josef Cohn vom 21.12.1959;
– Aktennotiz Feodor Lynens zu einer Besprechung mit H. (vermutlich Ulrich Haberland) am 14.10.1960;
– Brief an Feodor Lynen von Josef Cohn vom 5.2.1961;
– Brief an Josef Cohn von Feodor Lynen vom 8.2.1961;
– Brief an Feodor Lynen von Josef Cohn vom 16.3.1961;
– Aktennotiz Feodor Lynens zu einem Anruf Josef Cohns vom 6.5.1961;
– Brief an Feodor Lynen von Josef Cohn vom 15.6.1961;
– Brief an Feodor Lynen von Josef Cohn vom 11.10.1961;
– Brief an Feodor Lynen von Josef Cohn vom 21.5.1962
(MPG-Archiv, III. Abt., Rep. 31 B, Nr. 76)

Cohn – Briefe (1968):
– Brief an Feodor Lynen von Josef Cohn vom 8.1.1968;
– Brief an Josef Cohn von Feodor Lynen vom 19.1.1968
(MPG-Archiv, III. Abt., Rep. 31 B, Nr. 116)

Conrads/Lohff (2006): Hinderk Conrads und Brigitte Lohff, Carl Neuberg – Biochemie, Politik und Geschichte. Lebenswege und Werk eines fast verdrängten Forschers, Stuttgart 2006

(= Geschichte und Philosophie der Medizin, Bd.4)

DAUME – BRIEFE (1979):
– Brief an Feodor Lynen von Willi Daume vom 30.4.1979;
– Brief an Willi Daume von Feodor Lynen vom 20.6.1979
(MPG-Archiv, III. Abt., Rep. 31 B, Nr. 166/5)

DECKER (1976): Karl Decker, 1952 – 1957 (1960), in: Guido R. Hartmann (Hrsg.), Die aktivierte Essigsäure und ihre Folgen. Autobiographische Beiträge von Schülern und Freunden Feodor Lynens, Berlin, New York 1976, S. 80–86

DECKER (1980): Karl Decker, Feodor Lynen, in: Naturwissenschaftliche Rundschau 6 (1980), S. 224–232

DECKER (2006): Karl Decker, Recollections by an old student of Feodor Lynen, Vortrag anlässlich des Lynen-Treffens in Andechs / Feldafing 16. – 17. 9. 2006, in: www.ifib-lsi.uni-tuebingen.de

DEES DE STERIO (1975): Alexander Dées de Sterio, Nobel führte sie zusammen. Begegnungen in Lindau, Stuttgart und Zürich 1975

DEICHMANN (2001): Ute Deichmann, Flüchten, Mitmachen, Vergessen. Chemiker und Biochemiker in der NS-Zeit, Weinheim 2001

DEICHMANN (2008): Ute Deichmann, Politik und Forschung: Heinrich Wieland und andere Chemiker in der NS-Zeit, in: Sibylle Wieland, Anne-Barb Hertkorn, Franziska Dunkel (Hrsgg.), Heinrich Wieland. Naturforscher, Nobelpreisträger und Willstätters Uhr, Weinheim 2008

DEUTINGER (2001): Stephan Deutinger, Vom Agrarland zum High-Tech-Staat. Zur Geschichte des Forschungsstandorts Bayern 1945 – 1980, München, Wien, Oldenburg 2001 (=Dissertation München 1998)

DEUTSCHES MUSEUM (1965 – 1976):
– Brief an Feodor Lynen vom Vor-

stand des Deutschen Museums München vom 26.2.1965;
– Brief an Feodor Lynen vom Vorstand des Deutschen Museums München vom 31.5.1965;
– Brief an Feodor Lynen vom Vorstand des Deutschen Museums München vom 9.5.1967;
– Brief an Feodor Lynen vom Vorstand des Deutschen Museums München vom 21.6.1968;
– Protokoll über die Kuratoriumssitzung am 1.7.1968 im Deutschen Museum München zum Aufbau der Abteilung Wissenschaftliche Chemie;
– Brief an Feodor Lynen vom Vorstand des Deutschen Museums München vom 20.5.1976
(MPG-Archiv, III. Abt., Rep. 31 B, Nr. 189)

DEUTSCHLAND – ISRAEL (2005): Bundesministerium für Bildung und Forschung (Hrsg.), Deutschland – Israel. Zusammenarbeit in Wissenschaft, Technik und Bildung, Bonn, Berlin 2005

DIENSTVERHÄLTNIS (1946):
– Brief Nr. I 25162 an Feodor Lynen vom Bayerischen Staatsministerium für Unterricht und Kultus vom 31. 5. 1946
(MPG-Archiv, III. Abt., Rep. 31 A, Nr. 32-4)

DIPLOMATENPASS (1978):
– Diplomatenpass Feodor Lynens, ausgestellt 1978
(MPG-Archiv, III. Abt., Rep. 31 A, Nr. 1)

DOMAGK (1976): Götz F. Domagk, Oktober 1957-September 1959, in: Guido R. Hartmann (Hrsg.), Die aktivierte Essigsäure und ihre Folgen. Autobiographische Beiträge von Schülern und Freunden Feodor Lynens, Berlin, New York 1976, S. 281 f

EGGERER (1976): Hermann Eggerer, 1954 – 1961, in: Guido R. Hartmann (Hrsg.), Die aktivierte Essigsäure und ihre Folgen. Autobiographische Beiträge von Schülern und Freunden

Feodor Lynens, Berlin, New York 1976, S. 205–212

EIGEN (1995): Manfred Eigen und Ernst Helmreich, Feodor Lynen 1911–1979, in: Die großen Deutschen unserer Epoche, Berlin 1995, S. 392–401

ERNENNUNG A. O. PROFESSOR (1946):
– Brief an Feodor Lynen vom Bayerischen Staatsministerium für Unterricht und Kultus / Staatsrat Wilhelm Emnet vom 25.10.1946;
– Brief an Staatsrat Wilhelm Emnet von Feodor Lynen vom 18.11.1946 (MPG-Archiv, III. Abt., Rep. 31 A, Nr. 32–4)

ERNENNUNG O. PROFESSOR (1956):
– Brief Nr. I 4686 an Feodor Lynen vom Rektor der Universität München vom 25.9.1956 (MPG-Archiv, III. Abt., Rep. 31 A, Nr. 32-4)

ERNENNUNGSURKUNDEN (1946–1956):
– Ernennungsurkunde für Feodor Lynen zum Außerordentlichen Professor in der Naturwissenschaftlichen Fakultät vom 21.12.1946;
– Ernennungsurkunde für Feodor Lynen zum Ordentlichen Professor vom 23.10.1953;
– Ernennungsurkunde zum Wissenschaftlichen Mitglied der Deutschen Forschungsanstalt für Psychiatrie vom 10.6.1954;
– Ernennungsurkunde zum Wissenschaftlichen Mitglied des Max-Planck-Instituts für Zellchemie vom 1.4.1956;
– Ernennung zum Direktor des Max-Planck-Instituts für Zellchemie vom 1.4.1956 (MPG-Archiv, III. Abt., Rep. 31 A, Nr. 2)

EULER (1964): Friedrich W. Euler, Der Nobelpreisträger für Medizin Prof. Feodor Lynen, in: Archiv für Sippenforschung 30, 1964, S. 537–540

FEODOR – LYNEN – SYMPOSIUM (1976): Programm des Feodor-Lynen-Symposiums über die Biosynthese der Fett-

säuren, veranstaltet von den Freunden und Schülern Feodor Lynens aus Anlaß seines 65. Geburtstages, München, 9. April 1976, in: Guido R. Hartmann (Hrsg.), Feodor Lynen. Sein Werk und seine Person, München 1983, S. 5016–5018

FEST (1973): Joachim Fest, Hitler. Eine Biographie, Berlin 1973 (Neuausgabe Hamburg 2006/2007)

FONDS CHEMIE: Website des Fonds der chemischen Industrie: http://fonds.vci.de (2008)

FRIEDRICH (2002): Jörg Friedrich, Der Brand. Deutschland im Bombenkrieg 1940–1945, Berlin 2002 (Neuausgabe Hamburg 2006/2007)

FRUTON (1990): Joseph S. Fruton, Contrasts in scientific style. Research groups in the chemical and biochemical sciences, Philadelphia 1990

FURTWÄNGLER (1966): Florian Furtwängler, Portrait eines Wissenschaftlers – Feodor Lynen, Filmbeitrag im Rahmen des Studienprogramms des Bayerischen Rundfunks (Laufzeit 30 Minuten), 1966

GARDNER (1995): Howard Gardner in Zusammenarbeit mit Emma Laskin, Die Zukunft der Vorbilder. Das Profil der innovativen Führungskraft, Stuttgart 1997 (amerikanische Originalausgabe New York 1995)

GBM: Website der Gesellschaft für Biochemie und Molekularbiologie: www.gbm-online.de, 2009

GEDENKFEIER MITARBEITER (1980): Einladung an die Mitarbeiter zum Gedenktreffen am 29.2.1980, in: Guido R. Hartmann (Hrsg.), Feodor Lynen. Sein Werk und seine Person. München 1983, S. 5117

GEDENKFEIER OFFIZIELL (1980):
– Programm der Akademischen Gedenkfeier für Feodor Lynen am 29.2.1980, in: Guido R. Hartmann (Hrsg.), Feodor Lynen. Sein Werk und seine Person. München 1983, S. 5074;

– Ansprachen während der Gedenkfeier, in: Max-Planck-Gesellschaft,
Berichte und Mitteilungen 2/
1980, S. 11–20

GENERALVERWALTUNG MPG (1954):
– Brief an die Generalverwaltung
der Max-Planck-Gesellschaft / Ernst
Telschow von Feodor Lynen vom
8.5.1954;
– Brief an Feodor Lynen von der
Generalverwaltung der Max-
Planck-Gesellschaft vom
29.5.1954;
– Vereinbarung zu § 6 des Anstel-
lungsvertrages zwischen der Max-
Planck-Gesellschaft zur Förderung
der Wissenschaften e. V. und
Herrn Professor Dr. Feodor Lynen
vom 1.8.1954;
(MPG-Archiv, III. Abt., Rep. 31 A,
Nr. 32-5)

GENTNER (1966): Wolfgang Gentner, in:
W. Ernst Böhm (Hrsg.), Forscher und
Gelehrte, Stuttgart 1966, S. 141 f

GLASER (2007): Hermann Glaser, Kleine
deutsche Kulturgeschichte von
1945 bis heute, Frankfurt / Main 2007

GRENZENLOSE WISSENSCHAFT (1999):
Grenzenlose Wissenschaft. Alexander
von Humboldt-Stiftung. Deutsche
Post-Docs im Ausland. 20 Jahre Feo-
dor Lynen-Programm, Bonn-Bad
Godesberg 1999

GREULL (1976): Gerhard Greull, August
1968-Dezember 1974 (September
1954-November 1957), in: Guido R.
Hartmann (Hrsg.), Die aktivierte
Essigsäure und ihre Folgen. Autobiographische Beiträge von Schülern
und Freunden Feodor Lynens, Berlin,
New York 1976, S. 370–373

GRUBER (1976): Wolfgang Gruber, Juni
1956-August 1959, in: Guido R. Hartmann (Hrsg.), Die aktivierte Essigsäure und ihre Folgen. Autobiographische Beiträge von Schülern und
Freunden Feodor Lynens, Berlin,
New York 1976, S. 114–117

GRÜTTNER (2004): Michael Grüttner,
Biographisches Lexikon zur nationalsozialistischen Wissenschaftspolitik,
Heidelberg 2004 (= Studien zur Wis-
senschafts- und Universitätsge-
schichte, Bd. 6)

GYMNASIUM PLANEGG (1978):
– Brief an Feodor Lynen von R. Nau-
mann vom 2.5.1978
(MPG-Archiv, III. Abt., Rep. 31 A,
Nr. 4-3)

HAHN – BRIEF (1953):
– Brief an Eva Lynen von Otto Hahn
vom 5.6.1953
(MPG-Archiv, III. Abt., Rep. 31 A,
Nr. 4)

HAHN – BRIEFE (1953/1954):
– Brief an Otto Hahn von Feodor
Lynen vom 17.10.1953;
– Brief an Feodor Lynen von Otto
Hahn vom 24.3.1954
(MPG-Archiv, III. Abt., Rep. 31 A,
Nr. 32-5)

HAHN – DENKSCHRIFT (1960):
– Brief an Bundeskanzler Konrad
Adenauer von Otto Hahn vom
8.2.1960;
– Otto Hahn, Vorschlag zur Förde-
rung einer wissenschaftlichen
Zusammenarbeit zwischen der
Max-Planck-Gesellschaft und dem
Weizmann-Institut in Rehovoth,
Göttingen 8.2.1960
(MPG-Archiv, III. Abt., Rep. 31 B,
Nr. 70)

HAMM-BRÜCHER (2004): Hildegard
Hamm-Brücher, Heinrich Wieland –
Ein aufrechter Dissident. Wissen-
schaft und Zivilcourage (Nach einem
Festvortrag am 27. Januar 2004 im
Großen Hörsaal des ehemaligen
Chemischen Instituts in München),
in: Chemie in unserer Zeit 37
(2004), S. 422–425

HAMPRECHT (1976): Bernd Hamprecht,
September 1964-Oktober 1970, in:
Guido R. Hartmann (Hrsg.), Die akti-
vierte Essigsäure und ihre Folgen.
Autobiographische Beiträge von
Schülern und Freunden Feodor
Lynens, Berlin, New York 1976,
S. 268–277

Hamprecht (2009): Prof. Bernd Hamprecht in einem persönlichen Gespräch mit der Autorin am 11.4.2009 in Waldbüttelbrunn

Hartmann (1976): G. Hartmann, Meeting report. Fatty acid Festschrift, in: Trends in Biochemical Sciences 1 (1976), 8, in: Guido R. Hartmann (Hrsg.), Feodor Lynen. Sein Werk und seine Person, München 1983, S. 5049

Hartmann – 1955–1958 (1976): Guido R. Hartmann, Mai 1955 – August 1958 und November 1959 – Dezember 1961, in: Guido R. Hartmann (Hrsg.), Die aktivierte Essigsäure und ihre Folgen. Autobiographische Beiträge von Schülern und Freunden Feodor Lynens, Berlin, New York 1976, S. 51–56

Hartmann (1983): Guido R. Hartmann (Hrsg.), Feodor Lynen. Sein Werk und seine Person, München 1983

Hartmann – Brief (1959):
– Brief an Feodor Lynen von Guido Hartmann vom 4.1.1959 (MPG-Archiv, III. Abt., Rep. 31 B, Nr. 70)

Hartmann – Essigsäure (1976): Guido R. Hartmann (Hrsg.), Die aktivierte Essigsäure und ihre Folgen. Autobiographische Beiträge von Schülern und Freunden Feodor Lynens; Feodor Lynen gewidmet von den Autoren aus Anlaß seines 65. Geburtstags, Berlin, New York 1976

Haunschild (1989): Hans-Hilger Haunschild, Vorwort, in: Dietmar K. Nickel, Es begann in Rehovot. Die Anfänge der wissenschaftlichen Zusammenarbeit zwischen Israel und der Bundesrepublik Deutschland (= Monographie der Zeitschrift ›Modell-Bericht aus Rehovot‹, Zürich), Zürich 1989, S. 3

Hemingway, Mary (1970):
– Brief an Feodor Lynen von Mary Hemingway vom 8.6.1970 (MPG-Archiv, III. Abt., Rep. 31 A, 33-6)

Henning (1976): Ulf Henning, September 1956-Juli1960, in: Guido R. Hartmann (Hrsg.), Die aktivierte Essigsäure und ihre Folgen. Autobiographische Beiträge von Schülern und Freunden Feodor Lynens, Berlin, New York 1976, S. 109–113

Hoek (1921): Henry Hoek, Wie lerne ich Schilaufen? München 1921

Holzer (1976): Helmut Holzer, September 1945-März 1953, in: Guido R. Hartmann (Hrsg.), Die aktivierte Essigsäure und ihre Folgen. Autobiographische Beiträge von Schülern und Freunden Feodor Lynens, Berlin, New York 1976, S.15–22

Hopfer (2007): Maria Hopfer, Sekretärin Feodor Lynens seit 1960, in einem Telefongespräch mit der Autorin am 27.11.2007

Humboldt – Foundation (2009): Website der Alexander von Humboldt-Stiftung: www.humboldt-foundation.de (2009)

Humboldt – Stiftung (1984): Alexander von Humboldt-Stiftung 1953–1983, Bonn 1984

Humboldt – Stiftung – Jahresbericht (2007): Vergebene Stipendien und Preise, in: Jahresbericht/Annual Report 2006 der Alexander von Humboldt-Stiftung, S. 131–136

Humboldt – Tagungen Kyoto:
– Alexander von Humboldt-Stiftung, Humboldt-Tagung für wissenschaftliche Zusammenarbeit und Austausch vom 20. – 22. 4.1977 in Kyoto;
– Begrüßungsrede Lynens anlässlich der Regionaltagung der Alexander von Humboldt-Stiftung in Kyoto am 20.4.1978 (MPG-Archiv, III. Abt., Rep. 31 A, Nr. 179)

Jaenicke (1976): Lothar Jaenicke, Zum Geleit, in: Guido R. Hartmann (Hrsg.), Die aktivierte Essigsäure und ihre Folgen. Autobiographische Beiträge von Schülern und Freunden Feodor Lynens, Berlin, New York 1976, S.1–5

JAENICKE (1980): Lothar Jaenicke, Der Forscher und die Neugier. Aus der Dankadresse zur Verleihung der Otto-Warburg-Medaille, in: Naturwissenschaftliche Rundschau 10 (1980), S. 413–417

JAENICKE (2007): Lothar Jaenicke, Profile der Biochemie, Stuttgart 2007

JAENICKE (2010): Lothar Jaenicke, Profile der Zellbiologie, Stuttgart 2010

JENNI ET AL. (2006): Simon Jenni, Marc Leibundgut, Timm Maier, Nenad Ban, Architecture of a fungal fatty acid synthase at 5 Å resolution, in: Science 311 (2006), S. 1263–1267

JENNI ET AL. (2007): Simon Jenni, Marc Leibundgut, Daniel Boehringer, Christian Frick, Bohdan Mikolásek, Nenad Ban, Structure of fungal fatty acid synthase and implications for iterative substrate shuttling, in: Science 316 (2007), S. 254–261

JOHANNSSON ET AL. (2008): Patrik Johansson, Birgit Wiltschi, Preeti Kumari, Brigitte Kessler, Clemens Vonrhein, Janet Vonck, Dieter Oesterhelt, Martin Grininger, Inhibition of the fungal fatty acid synthase type I multienzyme complex, in: Proceedings of the National Academy of Sciences of the United States of America, 105 (2008), S.12803–12808

JONES/LIPMANN/HILZ/LYNEN (1953): Mary Ellen Jones, Fritz Lipmann, Helmut Hilz und Feodor Lynen, On the enzymatic mechanism of coenzyme A acetylation with adenosine triphosphate and acetate, in: Journal of the American Chemical Society, 75 (1953), S. 3285–3286

KANT (2001): Horst Kant, »... der Menschheit den größten Nutzen geleistet ...«!? 100 Jahre Nobelpreis, eine kritische Würdigung aus historischer Perspektive, in: Physikalische Blätter 57 (2001) 11, S. 75–79

KARLSON (1990): Peter Karlson, Adolf Butenandt. Biochemiker. Hormonforscher. Wissenschaftspolitiker, Stuttgart 1990

KHUON (1991): Ernst von Khuon, Unser Mitschüler, der Nobelpreisträger, in: Luitpold-Gymnasium München, München 1991, S. 65 f

KINDERSCHWESTER – ZEUGNIS (1948):
– Zeugnis der Familie Lynen für die Kinderschwester Edeltraud Schulz vom 31.7.1948
(MPG-Archiv, III. Abt., Rep. 31 A, Nr. 32-3)

KIPPENHAHN (1978):
– Rudolf Kippenhahn, Chinesisches Tagebuch 1978
(MPG-Archiv, III. Abt., Rep. 31 A, Nr. 17)

KIRSCHNER (1976): Kasper Kirschner, Mai 1957-Januar 1963, in: Guido R. Hartmann (Hrsg.), Die aktivierte Essigsäure und ihre Folgen. Autobiographische Beiträge von Schülern und Freunden Feodor Lynens, Berlin, New York 1976, S. 224–227

KNAPPE (1976): Joachim Knappe, Mai 1954-April1960, in: Guido R. Hartmann (Hrsg.), Die aktivierte Essigsäure und ihre Folgen. Autobiographische Beiträge von Schülern und Freunden Feodor Lynens, Berlin, New York 1976, S. 127–135

KOHLSCHÜTTER (1928): V. Kohlschütter (Hrsg.), Smith-Habers Praktische Übungen zur Einführung in die Chemie, Karlsruhe 1928

KRAMPITZ (1976): Lester Krampitz, August 1955-July 1956 and January 1965-July 1965, in: Guido R. Hartmann (Hrsg.), Die aktivierte Essigsäure und ihre Folgen. Autobiographische Beiträge von Schülern und Freunden Feodor Lynens, Berlin, New York 1976, S. 37–41

KREBS (1981): Hans Krebs (in collaboration with Anne Martin), Reminiscences and reflections, Oxford 1981

KREBS/DECKER (1982): Hans Krebs und Karl Decker, Feodor Lynen, in: Biographical Memoirs of Fellows of the Royal Society 18 (1982), S. 261–317

LEHNERT (1999): Gertrud Lehnert, Feodor Lynen, in: Grenzenlose Wissenschaft. Alexander von Humboldt-Stiftung. Deutsche Post-Docs im Ausland. 20 Jahre Feodor Lynen-Programm, Bonn-Bad Godesberg 1999, S. 9–13

LEHNINGER (1945): Al Lehninger, The relationship of the adenosine polyphosphates to fatty acid oxidation in homogenized liver preparations, in: Journal of Biological Chemistry 157 (1945), S. 363–381

LEHRBEFUGNIS (1942):
– Brief Nr. 270 an Feodor Lynen vom Dekan der Naturwissenschaftlichen Fakultät der Universität München vom 5.5.1942;
– Brief Nr. 270 II an Feodor Lynen vom Dekan der Naturwissenschaftlichen Fakultät der Universität München vom 27.5.1942;
– Antwortschreiben Feodor Lynens vom 5.6.1942;
– Bescheid Nr. I, 5 L 120/42 Ms/ Me. des Direktors des Reichssippenamtes vom 12.8.1942;
– Mitteilung der Ernennung Feodor Lynens zum Dozenten vom 9.9.1942 durch den Reichsminister für Wissenschaft, Erziehung und Volksbildung
(MPG-Archiv, III. Abt., Rep.31 A, Nr. 2)

LEIBUNDGUT ET AL. (2007): Marc Leibundgut, Simon Jenni, Christian Frick, Nenad Ban, Structural basis for substrate delivery by acyl carrier protein in the yeast fatty acid synthase, in: Science 316 (2007), S. 288–290

LEMO (2008): Lebendiges virtuelles Museum Online der Stiftung Haus der Geschichte der Bundesrepublik Deutschland, in: www.dhm.de (2008)

LENGSFELD (1976): Hans Lengsfeld, März 1964-Juni 1968, in: Guido R. Hartmann (Hrsg.), Die aktivierte Essigsäure und ihre Folgen. Autobiographische Beiträge von Schülern und Freunden Feodor Lynens, Berlin, New York 1976, S. 249 f

LEOPOLDINA:
– Brief an alle Mitglieder der Akademie Leopoldina von Kurt Mothes

von Ende August 1961 (ohne genaues Datum);
– Brief an Feodor Lynen von Kurt Mothes vom 22.12.1961;
– Brief an Kurt Mothes von Feodor Lynen vom 4.1.1962
(MPG-Archiv, III. Abt., Rep.31 B, Nr. 81)

LEOPOLDINA – CARUSPREIS:
– Vermerk vom 20.9.1962 über Ehrung Feodor Lynens mit dem Carus-Preis am 22.9.1962 in Schweinfurt
(MPG-Archiv, II. Abt., Rep. 1A, Personalia F. Lynen, Januar 1962 – Dezember 1964, Nr. 7)

LEOPOLDINA – GESCHICHTE (2007): Deutsche Akademie der Naturforscher Leopoldina. Geschichte. Struktur. Aufgaben, Halle, 2007

LEZIUS (1976): Axel G. Lezius, September 1956 – August 1962, in: Guido R. Hartmann (Hrsg.), Die aktivierte Essigsäure und ihre Folgen. Autobiographische Beiträge von Schülern und Freunden Feodor Lynens, Berlin, New York 1976, S. 63–66

LINDAUER VORTRÄGE (1975): Die Lindauer Vorträge der Nobelpreisträger. Übersicht von 1951 bis 1975, in: Naturwissenschaftliche Rundschau 6 (1975), S. 190–194

LINDAU NOBEL: Website des Rates und der Stiftung der Nobelpreisträgertagungen in Lindau, in: www.lindau-nobel.de (2007)

LIPMANN (1976): Fritz Lipmann, April-May 1953, in: Guido R. Hartmann (Hrsg.), Die aktivierte Essigsäure und ihre Folgen. Autobiographische Beiträge von Schülern und Freunden Feodor Lynens, Berlin, New York 1976, S. 69–71

LIPMANN (1980): Fritz Lipmann, Feodor (Fitzi) Lynen 1911 – 1979, in: Naturwissenschaftliche Rundschau 6 (1980), S. 221–223

LIPMANN – BRIEFE:
– Brief an Feodor Lynen von Fritz Lipmann vom 9.5.1951;

– Brief an Feodor Lynen von Fritz Lipmann vom 8.6.1951;
– Brief an Fritz Lipmann von Feodor Lynen vom 18.6.1951;
– Brief an Feodor Lynen von Fritz Lipmann vom 24.7.1951;
– Brief an Fritz Lipmann von Feodor Lynen vom 26.10.1952;
– Brief an Fritz Lipmann von Feodor Lynen vom 25.8.1953;
– Brief an Fritz Lipmann von Feodor Lynen vom 3.4.1955
(MPG-Archiv, III. Abt., Rep. 31 B, Nr. 56)

LITTEN (1998): Freddy Litten, »Er half …, weil er sich als Mensch und Gegner des Nationalsozialismus dazu bewogen fühlte« – Rudolf Hüttel (9.7.1912–12.10.1993), in: Mitteilungen der Gesellschaft Deutscher Chemiker, Fachgruppe Geschichte der Chemie, 14 (1998), S. 78–109

LITTEN (2000): Freddy Litten, Mechanik und Antisemitismus. Wilhelm Müller (1880–1968), München 2000 (= Algorismus. Studien zur Geschichte der Mathematik und der Naturwissenschaften, Bd. 34)

LITTEN (2003): Freddy Litten, Die ›Verdienste‹ eines Rektors im Dritten Reich. Ansichten über den Geologen Leopold Kölbl in München, in: Internationale Zeitschrift für Geschichte und Ethik der Naturwissenschaften, Technik und Medizin 11(2003)1, S. 34–46

LMU – ARCHIV:
– UAM OC-Np-WS 1936/37, Votum informativum über die Dissertation Feodor Lynens und Quittung Nr. 13334 für die Promotionsgebühr vom 3.2.1937;
– Erklärung von Feodor Lynen vom 10.2.1941;
– UAM OC-VII-17, Niederschrift über die Habilitation Feodor Lynens vom 21.3.1941;
– OC-VII-17, Einladung zur öffentlichen Lehrprobe vom 6.6.1941;

– OC-X-4e, Nachfolge Otto Hönigschmid, Berufung von Feodor Lynen;
– UAM OC-X-4e, Brief an den Dekan der Naturwissenschaftlichen Fakultät der Universität München, Prof. K. Clusius, von Prof. F. G. Fischer vom 23.3.1946;
(Personalakt Feodor Lynen, Universitätsarchiv der Ludwig-Maximilians-Universität München)

LOCHER (2005): Wolfgang Locher, Erich Lexer, in: Werner Gerabek, Bernhard Haage, Gundolf Keil, Wolfgang Wegner (Hrsgg.), Enzyklopädie Medizingeschichte, Berlin 2005, S. 848

LÖFFLER / PETRIDES / HEINRICH (2007): Georg Löffler, Petro Petrides und Peter Heinrich, Biochemie & Pathobiochemie, Heidelberg 2007 (8. Aufl.)

LÜST – BRIEF (1979):
– Brief an Feodor Lynen von Reimar Lüst vom 28.3.1979
(MPG-Archiv, III. Abt., Rep. 31 A, Nr. 32-5)

LUITPOLD-GYMNASIUM (2007): Geschichte des Luitpold-Gymnasiums, in: www.luitpold-gymnasium.de, 2007

LYNEN – ACETESSIGSÄUREBILDUNG (1958): Feodor Lynen, Ulf Henning, Clark Bublitz, Bo Sörbo, Luistraud Kröplin-Rueff, Der chemische Mechanismus der Acetessigsäurebildung in der Leber, in: Biochemische Zeitschrift 330 (1958), S. 269–295

LYNEN – AKTUELLE PROBLEME (1970): Feodor Lynen, Aktuelle Probleme biochemischer Forschung, Vortrag anlässlich des 20-Jahrfeier des Fonds der Chemischen Industrie 1970, in: 20 Jahre Fonds Chemischer Industrie. Fonds der Chemischen Industrie, Verband der Chemischen Industrie, Frankfurt 1970, S. 31–53

LYNEN, ANNEMARIE (2007): Dr. AnneMarie Lynen (Tochter Feodor Lynens) in einem persönlichen Gespräch mit der Autorin am 19.11.2007 in München

LYNEN – ANSPRACHE (1976): Feodor Lynen, Ansprache anlässlich der Feier seines 65. Geburtstages am 8.4.1976 im Max-Planck-Institut für Biochemie in Martinsried, in: Guido R. Hartmann (Hrsg.), Feodor Lynen. Sein Werk und seine Person, München 1983, S. 5012–5015

LYNEN – AUFBAU (1966): Feodor Lynen, Aufbau der Fettsäuren in der Zelle (Niederschrift des Vortrags anlässlich der Nobelpreisträgertagung 1966 in Lindau i. Br.), in: Naturwissenschaftliche Rundschau 20 (1967) 6, S. 231–239

LYNEN – BANKETTREDE (1964): Feodor Lynen, Rede während des Nobel-Banketts in Stockholm, 10. Dezember 1964, in: www.Nobelprize.org, 2007

LYNEN – BIOTIN I (1961): Feodor Lynen, Joachim Knappe, Hans-Günther Schlegel, Zur biochemischen Funktion des Biotins. I. Die Beteiligung der β-Methyl-crotonyl-Carboxylase an der Bildung von β-Hydroxy-β-methyl-glutaryl-CoA aus β-Hydroxy-isovaleryl-CoA, in: Biochemische Zeitschrift 335 (1961), S. 101–122

LYNEN – BIOTIN II (1961): Feodor Lynen, Joachim Knappe, Ekkehard Lorch, Gerd Jütting, Erika Ringelmann, Jean-Paul Lachance, Zur biochemischen Funktion des Biotins. II. Reinigung und Wirkungsweise der β-Methyl-crotonyl-Carboxylase, in: Biochemische Zeitschrift 335 (1961), S. 123–167

LYNEN – BIOTIN III (1961): Feodor Lynen, Joachim Knappe, Erika Ringelmann, Zur biochemischen Funktion des Biotins. III. Die chemische Konstitution des enzymatisch gebildeten Carboxy-Biotins, in: Biochemische Zeitschrift 335 (1961), S. 168–176

LYNEN – BRIEF BUTENANDT (1966): Brief an Adolf Butenandt von Feodor Lynen vom 11.4.1966 (MPG-Archiv, III. Abt., Rep. 31 A, Nr. 32-5)

LYNEN – BRIEF ELSEVIER (1965): – Brief an W. Gaade, Elsevier Publishing Company, Amsterdam von Feodor Lynen vom 26.1.1965 (MPG-Archiv, III. Abt., Rep. 31 B, Nr. 4)

LYNEN – BRIEFE HARTMANN (1959): – Brief an Guido Hartmann / New York von Feodor Lynen vom 27.5.1959; – Brief an Guido Hartmann / New York von Feodor Lynen vom 27.7.1959 (MPG-Archiv, III. Abt., Rep. 31 B, Nr. 70)

LYNEN – BRIEF HILZ (1951): – Brief an Helmuth Hilz von Feodor Lynen vom 16.8.1951 (MPG-Archiv, III. Abt., Rep. 31 B, Nr. 52)

LYNEN – BRIEF HOTCHKISS (1960): – Brief an Rollin Hotchkiss / Rockefeller Institute, New York von Feodor Lynen vom 3.8.1960 (MPG-Archiv, III. Abt., Rep. 31 B, Nr. 70)

LYNEN – BRIEFE KREBS (1948): – Brief an Hans Adolf Krebs von Feodor Lynen vom 21.7.1948; – Brief an Hans Adolf Krebs von Feodor Lynen vom 25.11.1948 (MPG-Archiv, III. Abt., Rep. 31 B, Nr. 55)

LYNEN – BRIEF LIPMANN (1953): – handschriftlicher Entwurf eines Briefs an Fritz Lipmann von Feodor Lynen von 1953 (ohne genaues Datum) (MPG-Archiv, III. Abt., Rep. 31 A, Nr. 33-8)

LYNEN – BRIEF STADTMAN (1951): – Brief an Earl Stadtman von Feodor Lynen vom 3.9.1951 (MPG-Archiv, III. Abt., Rep. 31 B, Nr. 64)

LYNEN – BRIEF STENHAGEN (1965): – Brief an E. Stenhagen von Feodor Lynen vom 15.6.1965 (MPG-Archiv, III. Abt., Rep. 31 B, Nr. 104)

LYNEN – BRIEFE TH. WIELAND (1951/54): – Brief an Theodor Wieland von Feodor Lynen vom 28.2.1951;

– Brief an Theodor Wieland von Feodor Lynen vom 19.7.1954 (MPG-Archiv, III. Abt., Rep. 31 B, Nr. 67)

LYNEN – BRIEF VUTU (1953):
– Brief an Vutu (Heinrich Wieland) von Feodor Lynen vom 23.2.1953 (MPG-Archiv, III. Abt., Rep. 31 B, Nr. 5)

LYNEN – BRIEF WARBURG (1959):
– Brief an Otto Warburg von Feodor Lynen vom 15.1.1959 (MPG-Archiv, III. Abt., Rep. 31 B, Nr. 73)

LYNEN – CAROTINOIDE (1961): Feodor Lynen, E. Grob, Kasper Kirschner, Neues über die Biosynthese der Carotinoide, in: Chimia 15 (1961), S. 308–310

LYNEN – CHEMISCHE BAUPLÄNE (1965): Feodor Lynen, Über chemische Baupläne des Lebendigen (Vortrag, gehalten anlässlich des 493. Stiftungsfestes der Ludwig-Maximilians-Universität München, 26. Juni 1965), in: Münchener Universitätsreden, Neue Folge 40 (1966), S. 3–20

LYNEN – CHOLESTEROL (1972): Feodor Lynen, Cholesterol und Arteriosklerose (Vortrag, gehalten anlässlich der 22. Tagung der Nobelpreisträger in Lindau, Juni 1972), in: Naturwissenschaftliche Rundschau 25 (1972) 10, S. 382–387

LYNEN – COENZYM A (1957): Feodor Lynen, Coenzym A, ein Bindeglied zwischen energieliefernden und -verbrauchenden Reaktionen des Zellstoffwechsels, in: Klinische Wochenschrift 5 (1957), S. 213–222

LYNEN – CYTOHÄMIN (1963): Feodor Lynen, Marianne Grassl, Ursel Coy, Reinhard Seyffert, Die chemische Konstitution des Cytohämins, in: Biochemische Zeitschrift 338 (1963), S. 771–795

LYNEN – EINFLUSS DER FORSCHUNG (1973): Feodor Lynen, Der Einfluß der Forschung auf den Fortschritt der Arzneitherapie (Festvortrag, gehalten anlässlich der Hauptversammlung des Bundesverbandes der Pharmazeutischen Industrie, 25. Mai 1973 in Bonn), in: Die Pharmazeutische Industrie 35 (1973) 7, S. 413–417

LYNEN – ENTWICKLUNG (1979): Feodor Lynen, Die Entwicklung der Biochemie aus eigener Sicht (Vortrag, gehalten anlässlich der Gedenkfeier für Horst Hanson, Februar 1979), in: Nova Acta Leopoldina. Abhandlungen der Deutschen Akademie der Naturforscher Leopoldina, 55 (1982) Nr. 246, S. 9–20

LYNEN – ENZYMES AND COFACTORS (1961): Feodor Lynen, Enzymes and cofactors involved in fatty acid synthesis, in: Digestion, absorption intestinale et transport des glycérides chez les animaux supérieurs. Coll. Intern. du C. N. R. S. Marseille. Editions du C. N. R. S., Paris (1961), S. 71–93

LYNEN – ESSIGSÄUREABBAU (1951): Feodor Lynen und Ernestine Reichert, Zur chemischen Struktur der ›aktivierten Essigsäure‹, in: Angewandte Chemie 63 (1951), S. 47–48

LYNEN – ESSIGSÄUREABBAU I (1942): Feodor Lynen, Zum biologischen Abbau der Essigsäure. I. Über die ›Induktionszeit‹ bei verarmter Hefe, in: Liebigs Annalen der Chemie, 552 (1942), S. 270–306

LYNEN – ESSIGSÄUREABBAU II (1943): Feodor Lynen, Zum biologischen Abbau der Essigsäure. II. Die Wirkung von Malonsäure auf den Abbau der Essigsäure durch Hefe, in: Liebigs Annalen der Chemie, 554 (1943), S. 40–68

LYNEN – ESSIGSÄUREABBAU III (1947): Feodor Lynen, Zum biologischen Abbau der Essigsäure. III. Ein Versuch mit Deutero-Essigsäure, in: Liebigs Annalen der Chemie, 558 (1947), S. 47–53

LYNEN – ESSIGSÄUREABBAU IV (1948): Feodor Lynen und Frieda Lynen, Zum biologischen Abbau der Essig-

säure. IV. Die Bildung von Oxalsäure
durch Aspergillus niger, in: Liebigs
Annalen der Chemie, 560 (1948),
S. 149–162
LYNEN – ESSIGSÄUREABBAU V (1948):
Feodor Lynen und Helmut Scherer,
Zum biologischen Abbau der Essigsäure. V. Die Darstellung der Oxal-
bernsteinsäure und das Fermentsys-
tem ihrer Decarboxylierung, in: Lie-
bigs Annalen der Chemie, 560
(1948), S. 163–190
LYNEN – ESSIGSÄUREABBAU VI (1951):
Feodor Lynen, Ernestine Reichert
und Luistraud Rueff, Zum biologi-
schen Abbau der Essigsäure. VI.
›Aktivierte Essigsäure‹, ihre Isolie-
rung aus Hefe und ihre chemische
Natur, in: Liebigs Annalen der Che-
mie, 574 (1951), S. 1–32
LYNEN – EXPEDITIONS (1976): Feodor
Lynen, My expeditions into sulfur
biochemistry, in: A. Kornberg et al.
(Hrsgg.), Reflections on biochemi-
stry, Oxford 1976, S. 151–160
LYNEN, EVA (1965):
– Brief von Eva Lynen an die ›Gug-
gis‹ (Ehepaar Guggenheim) vom
6.1.1965
(MPG-Archiv, III. Abt., Rep. 31 A,
Nr. 32/2)
LYNEN, EVA:
– Aufzeichnungen Eva Lynens über
ihren Ehemann Feodor Lynen
(undatiert), in: Klaus Beaucamp,
Manuskript eines unvollendet
gebliebenen Buches über die Bio-
chemie, dargestellt anhand ihres
Repräsentanten Feodor Lynen,
1966, S.19–26 und S.56–60
(MPG-Archiv, III. Abt., Rep. 31 B,
Nr. 1/1)
LYNEN, EVA (II): Aufzeichnungen Eva
Lynens über ihren Ehemann Feodor
Lynen (nach Auskunft ihrer Töchter
Eva-Maria Lynen und Dr. AnneMarie
Lynen zusammengestellt in den frü-
hen 1980er Jahren, aufbauend auf
LYNEN, EVA), unveröffentlichtes
Manuskript

LYNEN, EVA-MARIA (2007): Eva-Maria
Lynen (Tochter Feodor Lynens) in
einem persönlichen Gespräch mit
der Autorin am 19.11.2007 in Mün-
chen
LYNEN – FATTY ACID CYCLE (1953): Feo-
dor Lynen, Functional group of coen-
zyme A and its metabolic relations,
especially in the fatty acid cycle, in:
Federations Proceedings 12, Nr. 3,
September (1953), S. 683–691
LYNEN – FETTSÄURECYCLUS (1955): Feo-
dor Lynen, Der Fettsäurecyclus, in:
Angewandte Chemie 17/18 (1955),
S. 463–470
LYNEN – FETTSÄUREN/BIOSYNTHESE I
(1962): Feodor Lynen, Götz Domagk,
Monika Goldmann, Ingrid Kessel,
Zur Biosynthese der Fettsäuren. I.
Nachweis von Malonyl-CoA als
Zwischenprodukt der Fettsäuresynthese in Hefeextrakten, in: Biochemische Zeitschrift 335 (1962),
S. 519–539
LYNEN – FETTSÄUREN/BIOSYNTHESE II
(1962): Feodor Lynen, Hermann
Eggerer, Zur Biosynthese der Fettsäuren. II. Synthese und Eigenschaften
von S-Malonyl-Coenzym A, in: Biochemische Zeitschrift 335 (1962),
S. 540–547
LYNEN – FETTSÄUREN/BIOSYNTHESE V
(1964): Feodor Lynen, Michio Matsuhashi, Sachiko Matsuhashi, Zur Biosynthese der Fettsäuren. V. Die Acetyl-CoA-Carboxylase aus Rattenleber
und ihre Aktivierung durch Citronensäure, in: Biochemische Zeitschrift 340 (1964), S. 263–289
LYNEN – FETTSÄUREOXIDATION (1952):
Feodor Lynen, Luise Wessely, Otto
Wieland, Luistraud Rueff, Zur β-Oxidation der Fettsäuren, in: Angewandte Chemie 64 (1952), S. 687
LYNEN – FORSCHER UND GELEHRTE
(1966): Feodor Lynen, in: W. Ernst
Böhm (Hrsg.), Forscher und
Gelehrte, Stuttgart 1966, S. 149 f
LYNEN – 25 JAHRE (1976): Feodor Lynen,
25 Jahre Acetyl-Coenzym A (Schluss-

vortrag, gehalten anlässlich des Feodor-Lynen-Symposiums über die Biosynthese der Fettsäuren, veranstaltet
von den Freunden und Schülern Feodor Lynens aus Anlass seines 65.
Geburtstages, 9. April 1976 in München), in: Guido R. Hartmann
(Hrsg.), Feodor Lynen. Sein Werk
und seine Person, München 1983,
S. 5019–5039

LYNEN, GERHARD:
–   Gerhard Lynen, Lebenslauf meines
    Vaters Carl Wilhelm Richard
    Lynen (undatiert)
    (MPG-Archiv, III. Abt., Rep. 31 A,
    Nr. 33–17)

LYNEN – GESPRÄCHSNOTIZ HAHN (1955):
–   Feodor Lynen, Unterredung mit
    Otto Hahn, 9.5.1955 (handschriftli-
    che Notiz)
    (MPG-Archiv, III. Abt., Rep. 31 B,
    Nr. 5)

LYNEN – GYMNASIALLEHRERAUSBILDUNG
(1950):
–   Feodor Lynen, Stellungnahme zur
    Denkschrift über die Hochschul-
    ausbildung der Lehrer an den
    Gymnasien vom 4.8.1950
    (MPG-Archiv, III. Abt., Rep. 31 B,
    Nr. 46)

LYNEN – HARVEY LECTURE (1953): Feodor
Lynen, Acetyl coenzyme A and the
›fatty acid cycle‹, in: The Harvey Lectures Series XLVIII, New York (1953),
S. 210–244

LYNEN – JAHRBUCH (1963): Feodor
Lynen, Max-Planck-Institut für Zellchemie in München, in: Jahrbuch
der Max-Planck-Gesellschaft 1961,
Teil II (1963), S. 810–815

LYNEN – JAPANBERICHT (1957):
–   Feodor Lynen, Bericht über meine
    Japanreise zwecks Teilnahme am
    internationalen Symposium über
    Enzymchemie 1957
    (MPG-Archiv, III. Abt., Rep. 31 A,
    Nr. 5)

LYNEN – LANDKREIS STARNBERG (1977):
    Landkreisbürger erzählen, wie es war
    – was sie sich wünschen, 75 Jahre

Landkreis Starnberg, 1977, in: Guido
R. Hartmann (Hrsg.), Feodor Lynen.
Sein Werk und seine Person, Mün-
chen 1983, S. 5057 f

LYNEN – LEBENSLAUF:
–   Feodor Lynen, Lebenslauf, unda-
    tiert
    (MPG-Archiv, III. Abt., Rep. 31 A,
    Nr. 32-1)

LYNEN – LIFE, LUCK AND LOGIC (1969):
Feodor Lynen, Life, luck and logic in
biochemical research, in: Perspectives in Biology and Medicine 12,
1969, S. 204–218

LYNEN – MARTINSRIED (1973): Feodor
Lynen, Das neue Max-Planck-Institut
für Biochemie in Martinsried und
seine wissenschaftliche Aufgabenstellung, in: Naturwissenschaftliche
Rundschau, 7 (1973), S. 277–283

LYNEN – MODULATION (1970): Feodor
Lynen, Modulation of enzyme activities by metabolites, in: Ciba Foundation Symposon on Control Processes
in Multicellular Organisms, London
1970, S. 28–47

LYNEN – MULTIENZYMSTRUKTUR (1962):
Feodor Lynen, Die Multienzym-
Struktur der Fettsäuresynthese, Vortrag, gehalten anlässlich des Symposiums ›Redoxfunktionen cytoplasma-
tischer Strukturen‹, gemeinsame
Tagung der Deutschen Gesellschaft
für Physiologische Chemie und der
Österreichischen Biochemischen
Gesellschaft, Wien 26.-29. September 1962, S. 121–143

LYNEN – NITROPRUSSID (1951): Feodor
Lynen, Quantitative Bestimmung von
Acyl-mercaptanen mittels der Nitroprussid-Reaktion, in: Liebigs Annalen
der Chemie, 574 (1951), S. 33–37

LYNEN – NOBELVORTRAG (1964): Feodor
Lynen, Der Weg von der ›aktivierten
Essigsäure‹ zu den Terpenen und
Fettsäuren, Nobel-Vortrag, gehalten
anlässlich der Verleihung des Nobel-
preises, 11. Dezember 1964, in:
Angewandte Chemie 21 (1965),
S. 929–944

Lynen – Notiz Reichert (1950):
– Notiz von Feodor Lynen über
   Ernestine Reichert vom 9.2.1950
   (MPG-Archiv, III. Abt., Rep. 31 B,
   Nr. 60)
Lynen – Phosphatbedarf I (1941): Feo-
dor Lynen, Über den aeroben Phos-
phatbedarf der Hefe. Ein Beitrag zur
Kenntnis der Pasteur'schen Reaktion,
in: Liebigs Annalen der Chemie, 546
(1941), S. 120 -141
Lynen – Phosphatbedarf II (1949):
Feodor Lynen und Helmut Holzer,
Über den aeroben Phosphatbedarf
der Hefe. II. Die Umsetzung von
Butylalkohol und Butyraldehyd, in:
Liebigs Annalen der Chemie, 563
(1949), S. 213–239
Lynen – Polyisoprenoide I (1957): Feo-
dor Lynen und Hermann Eggerer,
Zur Biosynthese der Polyisoprenoide.
I. Darstellung von β-Hydroxy-β-
methyl-glutaraldehydsäure, in: Lie-
bigs Annalen der Chemie 608
(1957), S. 71–81
Lynen – Polyisoprenoide II (1958):
Feodor Lynen, Marianne Graßl, Dar-
stellung von (-)-Mevalonsäure durch
bakterielle Racematspaltung. Zur Bio-
synthese der Terpene. II., in: Hoppe-
Seyler's Zeitschrift für Physiologische
Chemie, 313 (1958), S. 291–295
Lynen – Polyisoprenoide III (1958):
Feodor Lynen, Hermann Eggerer, Ulf
Henning, Ingrid Kessel, Farnesyl-
pyrophosphat und 3-Methyl-Δ^3-bute-
nyl-1-pyrophosphat, die biologischen
Vorstufen des Squalens. Zur Biosyn-
these der Terpene. III., in: Ange-
wandte Chemie 70 (1958),
S. 738–742
Lynen – Polyisoprenoide IV (1959):
Feodor Lynen, Bernhard Agranoff,
Hermann Eggerer, Ulf Henning, Iso-
pentenol pyrophosphate isomerase.
Biosynthesis of terpenes. IV., in:
Journal of the American Chemical
Society 81 (1959), S. 1254
Lynen – Polyisoprenoide V (1959):
Feodor Lynen, E.M. Möslein, Ulf

Henning, Biosynthesis of Terpenes.
V. Formation of 5-pyro-phosphomeva-
lonic acid by phosphomevalonic
kinase, in: Archives of Biochemistry
and Biophysics, 83 (1959), S. 259–267
Lynen – Polyisoprenoide VI (1959):
Feodor Lynen, Bernhard Agranoff,
Hermann Eggerer, Ulf Henning,
E.M. Möslein, γ-γ-Dimethyl-allyl-
pyrophosphat und Geranyl-pyrophos-
phat, biologische Vorstufen des Squa-
lens. Zur Biosynthese der Terpene.
VI., in: Angewandte Chemie 71
(1959), S. 657–663
Lynen – Polyisoprenoide VII (1960):
Feodor Lynen, Bernhard Agranoff,
Hermann Eggerer, Ulf Henning, Iso-
pentenyl pyrophosphate isomerase.
Biosynthesis of terpenes. VII., in:
Journal of Biological Chemistry 235
(1960), S. 326–332
Lynen – Polyisoprenoide VIII (1960):
Feodor Lynen, Hermann Eggerer,
Synthese von Δ^3-Isopentenyl-Pyro-
phosphat, Zur Biosynthese der Ter-
pene. VIII., in: Liebigs Annalen der
Chemie 630 (1960) S. 58–70
Lynen – Polyisoprenoide XI (1961):
Feodor Lynen, Ulf Henning, E.M.
Möslein, Barbarin Arreguin,
Zur Bildung des Kautschuks aus Iso-
pentenyl-pyrophosphat. Zur Biosyn-
these der Terpene. XI., in: Biochemi-
sche Zeitschrift 333 (1961),
S. 534–549
Lynen – Quinones (1961): Feodor
Lynen et al., Studies on the biosyn-
thesis of the terpenoid side chains of
quinones, in: Ciba Foundation Sym-
posium on Quinones in Electron
Transport, 1961, S. 244–259
Lynen – Reden AvH-Stiftung (1976/
77):
– Rede Feodor Lynens, gehalten
   anlässlich der Jahrestagung der
   Alexander von Humboldt-Stiftung
   am 8.6.1977
   (MPG-Archiv, III. Abt., Rep. 31 B,
   Nr. 178)
Lynen – Referat Biochemie (1955):

- Feodor Lynen, Referat über die Bedeutung der Biochemie, gehalten anlässlich einer akademischen Feier des Verbandes der Chemischen Industrie, 5.4.1955 in Bonn (Bayerisches Hauptstaatsarchiv, MK 69786)

Lynen – Reichsforschungsrat (1942):
- Brief an den Reichsforschungsrat / Berlin von Feodor Lynen vom 1.9.1942 (MPG-Archiv, III. Abt., Rep. 31 A, Nr. 32–11)

Lynen – Saturated Fatty Acids (1961): Feodor Lynen, Biosynthesis of saturated fatty acids, in: Federation Proceedings 20 (1961), S. 941–951

Lynen – Squalen (1970): Feodor Lynen, Heinrich Wasner, Die chemische Struktur der biosynthetischen Vorstufe des Squalens, in: FEBS Letters 12 (1970), S. 54–56

Lynen – Störung der Fettsäuresynthese I (1961): Feodor Lynen, Shosaku Numa, Michio Matsuhashi: Zur Störung der Fettsäuresynthese bei Hunger und Alloxan-Diabetes. I. Fettsäuresynthese in der Leber normaler und hungernder Ratten, in: Biochemische Zeitschrift 334 (1961), S. 203–217

Lynen – Structure (1972): Feodor Lynen, Structure and function of multienzyme complexes, in: J. Drenth, R. A. Obsterbaan, C. Veeger (Hrsgg.), Enzymes: Structure and Function, Proceedings oft the 8. FEBS-Meeting, Amsterdam 29 (1972), S. 177–200

Lynen – Structure of Fatty Acid Synthetase (1979): Feodor Lynen, On the structure of fatty acid synthetase of yeast (Plenarvorlesung, gehalten anlässlich des Special FEBS Meeting 1979 in Dubrovnik), in: European Journal of Biochemistry 112 (1980), S. 431–442

Lynen – Synthese der Fettsäuren (1957): Feodor Lynen, Werner Seubert, Gerhard Greull, Die Synthese der Fettsäuren mit gereinigten Enzymen des Fettsäurecyclus, in: Angewandte Chemie 11 (1957), S. 359–361

Lynen – Synthesen (1966): Feodor Lynen, Über chemische Synthesen in der Zelle (Festvortrag, gehalten am 26.1.1966 in Bochum), in: Schriftenreihe des Fonds der Chemischen Industrie 5 (1967), S. 3–29

Lynen – Taschenkalender (1953):
- Feodor Lynens Taschenkalender aus dem Jahr 1953 (handschriftliche Einträge und Reisenotizen) (MPG-Archiv, III. Abt., Rep. 31 A, Nr. 34)

Lynen – Taschenkalender (1957):
- Feodor Lynens Taschenkalender aus dem Jahr 1957 (handschriftliche Einträge und Reisenotizen) (MPG-Archiv, III. Abt., Rep. 31 A, Nr. 5)

Lynen – Telefonnotiz Telschow (1955):
- Feodor Lynen, handschriftliche Notiz über ein Telefonat mit Ernst Telschow am 5.5.1955 (MPG-Archiv, III. Abt., Rep. 31 B, Nr. 5)

Lynen – Verdienstorden (1970): Feodor Lynen, Biochemische Forschungen und Medizin (Ansprache, gehalten anlässlich der Verleihung des Bayerischen Verdienstordens im Plenarsaal des Bayerischen Landtages in München, 8. Juni 1979), in: Guido R. Hartmann (Hrsg.), Feodor Lynen. Sein Werk und seine Person. München 1983, S. 3593–3604

Lynen/Arnstadt/Schindlbeck (1975): Feodor Lynen, Klaus-Ingo Arnstadt, Gudrun Schindlbeck, Zum Mechanismus der Kondensationsreaktion der Fettsäurebiosynthese, in: European Journal of Biochemistry 55 (1975), S. 561–571

Lynen/Back/Hamprecht (1969): Feodor Lynen, Peter Back, Bernd Hamprecht, Regulation of cholesterol biosynthesis in rat liver – diurnal changes of activity and influence of bile

acids, in: Archives of Biochemistry
and Biophysics 133 (1969), S. 11 21
Lynen/Bortz (1963): Feodor Lynen und
Walter Bortz, The inhibition of acetyl
CoA carboxylase by long chain CoA
derivates, in: Biochemische Zeit-
schrift 337 (1963), S. 505–509
Lynen/Chan Et Al. (1967): Feodor
Lynen, William Chan, Alexander
Hagen, Ingrid Hopper-Kessel, Dieter
Oesterhelt, Eckhart Schweizer und
Klaus Willecke, The fatty acid synthe-
tase from yeast, in: Aspects of Yeast
Metabolism (A. K. Mills, ed.), Black-
well Scientific Publications, Oxford,
Edinburgh (1967), S. 271–302
Lynen/Decker (1957): Feodor Lynen
und Karl Decker, Das Coenzym A
und seine biologischen Funktionen,
in: Ergebnisse der Physiologie 49
(1957), S. 327–424
Lynen/Decker Et Al. (1955): Feodor
Lynen, Karl Decker, Otto Wieland,
Dankwart Reinwein, Zur Spezifität
der Enzyme des Fettsäurecyklus, IIe
Intern. Colloquium Biochemische
Probleme der Lipide, Gent (1955)
abstracts of papers, S. 20
Lynen/Decker Et Al. (1956): Feodor
Lynen, Karl Decker, Otto Wieland,
Dankwart Reinwein, Zur Spezifität
der Enzyme des Fettsäurecyklus, in:
Biochemical Problems of Lipids (G.
Popjak und E. Le Breton, eds.), But-
terworths Scientific Publication, Lon-
don (1956), S. 142–154
Lynen/Dimroth Et Al. (1972): Feodor
Lynen, Peter Dimroth, Gerhard
Greull, Reinhard Seyffert, 6-Methyl-
salicylic acid synthetase, in: Hoppe
Seyler's Zeitschrift für Physiologische
Chemie 353 (1972), S. 126
Lynen/Dimroth/Walter (1970): Feo-
dor Lynen, Peter Dimroth, Hilde Wal-
ter, Biosynthese von 6-Methylsalicyl-
säure, in: European Journal of Bio-
chemistry 13 (1970), S. 98–110
Lynen/Engeser/Wieland (1977): Feodor Lynen, Hansjörg Engeser, Felix
Wieland, Localization of three non-

thiol binding sites on polypeptide
chain ß of yeast fatty acid synthetase,
in: FEBS Letters 82, Nr. 1 (1977),
S. 139–142
Lynen/Engeser Et Al. (1979): Feodor
Lynen, Hansjörg Engeser, Karin
Hübner, Jutta Straub, Identity of
malonyl and palmitoyl transferase of
fatty acid synthetase from yeast, in:
European Journal of Biochemistry,
101 (1979), S. 413–422
Lynen/Gehring Et Al. (1967): Feodor
Lynen, Ulrich Gehring, Christl Riepertinger, Aufbau der Thiolase aus
Untereinheiten, in: Hoppe Seyler's
Zeitschrift für Physiologische Che-
mie 348 (1967), S. 1232
Lynen/Gehring Et Al. (1968): Feodor
Lynen, Ulrich Gehring, Christl Riepertinger, Reinigung und Kristallisation der Thiolase, Untersuchungen
zum Wirkungsmechanismus, in:
European Journal of Biochemistry 6
(1968), S. 264–280
Lynen/Hamprecht (1968): Feodor
Lynen, Bernd Hamprecht, Zur Regu-
lation der Cholesterinsynthese in Rat-
tenleber, in: Hoppe Seyler's Zeit-
schrift für Physiologische Chemie
349 (1968), S. 7
Lynen/Hamprecht/Nüssler (1969):
Feodor Lynen, Bernd Hamprecht, C.
Nüssler, Rhythmic changes of hydro-
xymethylglutaryl coenzyme A reduc-
tase activity in livers of fed and fasted
rats, in: FEBS Letters 4 (1969), Nr. 2,
S. 117–121
Lynen/Henning (1960): Feodor Lynen,
Ulf Henning, Über den biologischen
Weg zum Naturkautschuk, in: Ange-
wandte Chemie 72 (1960), S. 820–829
Lynen/Henning Et Al. (1958): Feodor
Lynen, Ulf Henning, Clark Bublitz,
Bo Sörbo und Luistraud Kröplin-
Rueff, Der chemische Mechanismus
der Acetessigsäurebildung in der
Leber, in: Biochemische Zeitschrift,
330 (1958), S. 269–295
Lynen/Henning Et Al. (1961): Feodor
Lynen, Ulf Henning, Otto Wieland,

Ingrid Neufeldt, Zur Störung der Fettsynthese beim Diabetes, in: Europäisches Symposium für medizinische Enzymologie in Mailand März 1960, Basel / New York 1961, S. 526–531

LYNEN / HESS ET AL. (1975): Feodor Lynen, Stefan Hess, G. Dannhauer, Cornelia Verfürth, Partial activities of yeast fatty acid synthetase after limited proteolysis, in: 10th Meeting of the Federation of European Biochemical Societies, Abstract 674, Paris 1975

LYNEN / KNAPPE ET AL. (1959): Feodor Lynen, Joachim Knappe, Eckehard Lorch, G. Jütting und Erika Ringelmann, Die biochemische Funktion des Biotins, in: Angewandte Chemie 15 / 16 (1959), S. 481–486

LYNEN / MATSUHASHI ET AL. (1962): Feodor Lynen, Michio Matsuhashi, Sachiko Matsuhashi, Shosaku Numa, Citrate-dependent carboxylation of acetyl-CoA in rat liver, in: Federation Proceedings 21 (1962), abstract, S. 288

LYNEN / NUMA ET AL. (1965): Feodor Lynen, Shosaku Numa, Walter Bortz: Regulation of fatty acid synthesis at the acetyl-CoA carboxylation step, in: Advances in Enzyme Regulation 3 (1965), S. 407–423

LYNEN / NUMA / RINGELMANN (1965): Feodor Lynen, Shosaku Numa, Erika Ringelmann, Zur Hemmung der Acetyl-CoA-Carboxylase durch Fettsäure-Coenzym A- Verbindungen, in: Biochemische Zeitschrift 343 (1965), S. 243–257

LYNEN / OBERMAYER (1976): Feodor Lynen, Michael Obermayer, Structure of biotin enzymes, in: Trends in Biochemical Sciences 1 (1976), S. 169–171

LYNEN / OCHOA (1953): Feodor Lynen und Severo Ochoa, Enzymes of fatty acid metabolism, in: Biochimica et Biophysica Acta 12 (1953), S. 299–314

LYNEN / OESTERHELT / BAUER (1969): Feodor Lynen, Dieter Oesterhelt, Heidi Bauer, Crystallization of a multienzyme complex: fatty acid synthetase from yeast, in: Proceedings of the National Academy of Sciences 63 (1969), Nr. 4, S. 1377 – 1382

LYNEN / PILZ ET AL. (1970): Feodor Lynen, I. Pilz, M. Herbst, O. Kratky, Dieter Oesterhelt, Röntgenkleinwinkel-Untersuchungen an der Fettsäuresynthetase aus Hefe, in: European Journal of Biochemistry 13 (1970), S. 55–64

LYNEN / PIRSON (1971): Feodor Lynen, Wolfgang Pirson, Zur Lokalisierung der Fettsäure-Synthetase in der Hefezelle, in: Hoppe-Seyler's Zeitschrift für Physiologische Chemie 352 (1971), S. 797–804

LYNEN / SCHIELE / SPIESS (1975): Feodor Lynen, Ulrich Schiele, Joachim Spieß, Structures of biotin enzymes, in: International Symposium on Enzymatic Mechanism in Biosynthesis and Cell Function. Homenaje al Professor Severo Ochoa, Barcelona-Madrid, 1975, S. 152–154

LYNEN / SCHWEIZER (1978): Feodor Lynen, Eckhart Schweizer, Multienzyme complexes. Molecular organization and functional interaction of active sites within the fatty acid synthetase multienzyme complex of yeast, in: G. Blauer, H. Sund (Hrsgg.), Transport by Proteins, Berlin, New York, 1978, S. 103–121

LYNEN / SCHWEIZER ET AL. (1965): Feodor Lynen, Eckhart Schweizer, Dieter Oesterhelt, William Chan, Christa Duba, Zum Mechanismus der Fettsäuresynthese, in: 16. Colloquium der Gesellschaft für Physiologische Chemie, Mosbach 1965, Berlin, Heidelberg, New York, S. 49–63

LYNEN / SCHWEIZER ET AL. (1970): Feodor Lynen, Eckhart Schweizer, Irmgard Lerch, Luistraud Kröplin-Rueff, Fatty acyl transferase characterization of the enzyme as part of the yeast fatty acid synthetase complex by the use of radioactively labeled coenzyme A, in:

European Journal of Biochemistry 15 (1970), S. 472–482

LYNEN/SEYFFERT/DIMROTH (1969): Feodor Lynen, Reinhard Seyffert, Peter Dimroth, Untersuchungen zur Multienzymstruktur der 6-Methyl-salicylsäure-Synthetase aus Penicillium patulum, in: Hoppe Seyler's Zeitschrift für Physiologische Chemie 350 (1969), S. 1161

LYNEN/SUMPER (1972): The multienzyme systems of fatty acid biosynthesis, in: Protein-Protein Interactions, 23. Colloquium der Gesellschaft für Biologische Chemie, 13.-15. April 1972 in Mosbach/Baden, Berlin, Heidelberg, S. 365–393

LYNEN/SUMPER ET AL. (1969): Feodor Lynen, Manfred Sumper, Dieter Oesterhelt, Christl Riepertinger, Die Synthese verschiedener Carbonsäuren durch den Multienzymkomplex der Fettsäuresynthese aus Hefe und die Erklärung ihrer Bildung, in: European Journal of Biochemistry 10 (1969), S. 377–387

LYNEN/TADA (1961): Feodor Lynen und Mariko Tada, Die biochemischen Grundlagen der ›Polyacetat-Regel‹, in: Angewandte Chemie 15 (1961), S. 513–519

LYNEN/WELLS ET AL. (1967): Feodor Lynen, William Wells, Joachim Schultz, Studies on the incorporation of 1-^{14}C-pantothenate into the fatty acid synthetase complex of baker's yeast, in: Biochemische Zeitschrift 346 (1967), S. 474–490

LYNEN/WESSELY ET AL. (1952): Feodor Lynen, Luise Wessely, Otto Wieland und Luistraud Rueff, Zur β-Oxidation der Fettsäuren, in: Angewandte Chemie 64 (1952), S. 687

LYNEN/WIELAND ET AL. (1978): Feodor Lynen, Felix Wieland, Elmar Siess, Lenie Renner, Cornelia Verfürth, Distribution of yeast fatty acid synthetase subunits: Three-dimensional model of the enzyme, in: Proceedings of the National Academy of Sciences USA 75 (1978) S. 5792–5796

LYNEN/WIELAND ET AL. (1979): Feodor Lynen, Felix Wieland, Leni Renner, Cornelia Verfürth, Studies on the multi-enzyme complex of yeast fattyacid synthetase, in: European Journal for Biochemistry 94 (1979), S. 189–197

LYNEN/WIELAND/REINWEIN (1956): Feodor Lynen, Otto Wieland, Dankwart Reinwein, Die Verteilung der Enzyme des Fettsäurecyclus im tierischen und menschlichen Organismus, in: Biochemical Problems of Lipids (G. Popjak und E. Le Breton, eds.), Butterworths Scientific Publication, London (1956), S. 155–161

LYNEN/WIELAND/STÜRZER (1977): Feodor Lynen, Felix Wieland, M. Stürzer, Separation of two multifunctional polypeptides from yeast fatty acid synthetase, in: 11th Meeting of the Federation of European Biochemistry Society, Abstract A5-1, Nr. 756, Kopenhagen 1977

LYNEN/WILLECKE (1967): Feodor Lynen, Klaus Willecke, Zur Struktur des Multienzymkomplexes der Fettsäurebiosynthese in Hefe: Isolierung eines ›acyl carrier protein‹ (ACP), in: Hoppe-Seyler's Zeitschrift für Physiologische Chemie 384 (1967), S. 1249

MACCO (1901): Hermann Friedrich Macco, Beiträge zur Genealogie rheinischer Adels- und Patrizierfamilien. Geschichte und Genealogie der Familien Peltzer, Aachen 1901 (Bd. III)

MACCO (1907): Hermann Friedrich Macco, Aachener Wappen und Genealogien. Ein Beitrag zur Wappenkunde und Genealogie Aachener, Limburgischer und Jülicher Familien, Aachen 1907 (Bd. I)

MACCO (1908): Hermann Friedrich Macco, Aachener Wappen und Genealogien. Ein Beitrag zur Wappenkunde und Genealogie Aachener, Limburgischer und Jülicher Familien, Aachen 1908 (Bd. II)

MARKL (1999): Hubert Markl, Ein
Glückwunsch, in: Grenzenlose Wis-
senschaft. Alexander von Humboldt-
Stiftung. Deutsche Post-Docs im
Ausland. 20 Jahre Feodor Lynen-Pro-
gramm, Bonn-Bad Godesberg 1999,
S. 19–23

MATSUHASHI M. (1976): Michio Matsuhashi, Oktober 1953-Dezember 1954
und Mai 1960-Mai 1962, in: Guido
R. Hartmann (Hrsg.), Die aktivierte
Essigsäure und ihre Folgen. Autobiographische Beiträge von Schülern
und Freunden Feodor Lynens, Berlin,
New York 1976, S.165–167

MATSUHASHI S. (1976): Sachiko Matsuhashi, 1961–1962, in: Guido R.
Hartmann (Hrsg.), Die aktivierte
Essigsäure und ihre Folgen. Autobiographische Beiträge von Schülern
und Freunden Feodor Lynens, Berlin,
New York 1976, S.168 f

MAX-PLANCK-GESELLSCHAFT (2007): 55
Jahre im Dienste der Gesellschaft.
Zur Entwicklung der Max-Planck-
Gesellschaft als Forschungsorganisa-
tion, in: www.mpg.de, 2007

MAYER (2007): Erwin Mayer (ehemaliger
Mitarbeiter der Firma Alfred Kunz)
in einem Telefongespräch mit der
Autorin am 3.5.2007

MILDENBERGER (1997): Jörg Mildenberger, Anton Trutmanns > Arzneibuch
<, Teil II: Wörterbuch, I-V, Würzburg
1997 (= Würzburger medizinhistori-
sche Forschungen, Bd. 56/1-5)

MILESTONES (2007): Milestones, Networ-
king for scientific excellence, Starting
a journey into the unknown
(1974–1984), in: www.china.mpg.de/
english/milestones/, 2007, S. 10-19

MILITARY GOVERNMENT (1946):
  – Fragebogen Military Government
    of Germany
  (MPG-Archiv, III. Abt., Rep.31 A,
  Nr. 1)

MINERVA (2008): Website der Minerva-
Stiftung GmbH, in: www. mpg.de
(2008)

MPG / UNIVERSITÄT (1955/1956):

  – Brief an das Bayerische Staatsmi-
    nisterium für Unterricht und Kul-
    tus (Johannes v. Elmenau) von
    Otto Hahn vom 28.6.1955;
  – Brief an die Generalverwaltung
    der Max-Planck-Gesellschaft (Ernst
    Telschow) von Feodor Lynen vom
    5.7.1955;
  – Brief an die Generalverwaltung
    der Max-Planck-Gesellschaft (Ernst
    Telschow) von Feodor Lynen vom
    5.9.1955;
  – Brief an Feodor Lynen vom Vorsit-
    zenden der biologisch-medizini-
    schen Sektion des Wissenschaftli-
    chen Rates der MPG (Boris Rajew-
    sky) vom 29.11.1955;
  – Brief an die Generalverwaltung
    der Max-Planck-Gesellschaft (Ernst
    Telschow) von Feodor Lynen vom
    18.12.1955;
  – Brief an Feodor Lynen von Otto
    Hahn vom 12.3.1956;
  – Brief an Feodor Lynen von Otto
    Hahn vom 2.6.1956
  (MPG-Archiv, III. Abt., Rep. 31 B,
  Nr. 5)

NACHMANSOHN (1988): David Nachmansohn, Die große Ära der Wissenschaft in Deutschland 1900 bis 1933.
Jüdische und nichtjüdische Pioniere
in der Atomphysik, Chemie und Biochemie, Stuttgart 1988

NEBENTÄTIGKEIT (1954–1968):
  – Brief (Abschrift von Abschrift) Nr.
    V 55993 an das Rektorat der Uni-
    versität München vom Bayeri-
    schen Staatministerium für Unter-
    richt und Kultus vom 31. 7.1954;
  – Brief Nr. V 100 948 an das Rekto-
    rat der Universität vom Bayeri-
    schen Staatministerium für Unter-
    richt und Kultus vom 5.1.1956;
  – Brief Nr. I/5 – 5/112 167 an die
    Universität München vom Bayeri-
    schen Staatministerium für
    Unterricht und Kultus vom 23. 9.
    1968
  (MPG-Archiv, III. Abt., Rep. 31 A,
  Nr. 32-4)

Neuberg – Briefe:
- Brief an Carl Neuberg von Feodor Lynen vom 17.5.1951;
- Brief von Carl Neuberg an Feodor Lynen vom 1.4.1954 (MPG-Archiv, III. Abt., Rep. 31 B, Nr. 58)
Nickel (1989): Dietmar K. Nickel, Es begann in Rehovot. Die Anfänge der wissenschaftlichen Zusammenarbeit zwischen Israel und der Bundesrepublik Deutschland (= Monographie der Zeitschrift ›Modell-Bericht aus Rehovot‹, Zürich), Zürich 1989
Nobelkomitee:
- Briefe an Feodor Lynen von der Königlichen Akademie der Wissenschaften, Nobelkomitee für Chemie vom 31.1.1955, 31.1.1962, 31.1.1967, 18.1.1971, 30.1.1972, 30.1.1973, 14.1.1974 (MPG-Archiv, III. Abt., Rep. 31 A, Nr. 32-8)
Nobelkomitee – Vorschlag (1977):
- Einladung an Feodor Lynen zur Einreichung eines Vorschlags für die Verleihung des Nobelpreises für Chemie 1978 (MPG-Archiv, III. Abt., Rep. 31 B, 251/1)
Nobelpost:
- Brief an Feodor Lynen von der Apostolic Carmel Fatima Convent High School (Margao / Indien) vom 21.10.1964;
- Brief an Feodor Lynen von Norman Martin (Quebec) vom 26.10.1964;
- Brief an N. Golembiowska (Lausanne / Schweiz) von Feodor Lynen vom 4.11.1964;
- Brief an Feodor Lynen von Mario Pedrinelli (Bergano) vom 5.11.1964;
- Brief an Feodor Lynen von Gianna Guiglielmi (Legnano) vom 29.12.1964;
- Brief an Feodor Lynen von Heinrich Rebscher (Fulda) vom 10.1.1965;

- Brief an Feodor Lynen von Karl Theodor Götz vom 11.1.1965;
- Brief an Heinrich Rebscher von Feodor Lynen vom 12.1.1965;
- Brief an Feodor Lynen von Ilse Pilz vom 16.1.1965;
- Brief an John de Denghy (Venezuela) von Feodor Lynen vom 26.5.1965;
- Brief an Feodor Lynen von M. W. Espy (USA) vom 5.7.1968 (MPG-Archiv, III. Abt., Rep. 31 B, Nr. 38)
Nobelpreisfeier München (1964): Nobelpreisfeier für F. Lynen, 19. Dezember 1964, in: Guido R. Hartmann (Hrsg.), Feodor Lynen. Sein Werk und seine Person. München 1983, S. 4915–4963
Nobelpreisträgertagung (1980): 30. Nobelpreisträgertagung in Lindau (Bodensee), in: Naturwissenschaftliche Rundschau 6 (1980), S. 233–244
Nobelprize.Org: Feodor Lynen. The Nobel Prize in physiology or medicine 1964. Biography, in: www.Nobelprize.org, 2007
Nordwig (1976): Arnold Nordwig, Juni 1962-Juni 1963, in: Guido R. Hartmann (Hrsg.), Die aktivierte Essigsäure und ihre Folgen. Autobiographische Beiträge von Schülern und Freunden Feodor Lynens, Berlin, New York 1976, S. 236–239
Numa (1976): Shosaku Numa, November 1958-Januar 1961 und Mai 1963-November 1967, in: Guido R. Hartmann (Hrsg.), Die aktivierte Essigsäure und ihre Folgen. Autobiographische Beiträge von Schülern und Freunden Feodor Lynens, Berlin, New York 1976, S. 155–164
Ochoa (1976): Severo Ochoa, Spring 1952, in: Guido R. Hartmann (Hrsg.), Die aktivierte Essigsäure und ihre Folgen. Autobiographische Beiträge von Schülern und Freunden Feodor Lynens, Berlin, New York 1976, S. 75–79

Oesterhelt (1976): Dieter Oesterhelt, Februar 1964-Juli 1969, Juli 1970-Oktober 1973, in: Guido R. Hartmann (Hrsg.), Die aktivierte Essigsäure und ihre Folgen. Autobiographische Beiträge von Schülern und Freunden Feodor Lynens, Berlin, New York 1976, S. 309–313

Oesterhelt (2007): Prof. Dieter Oesterhelt in einem persönlichen Gespräch mit der Autorin in München am 20.9.2007

Orden pour le Mérite: Website des Ordens Pour le mérite für Wissenschaften und Künste, in: www.ordenpourlemerite.de, 2007

Overath (1976): Peter Overath, Juni 1958-Januar 1963, in: Guido R. Hartmann (Hrsg.), Die aktivierte Essigsäure und ihre Folgen. Autobiographische Beiträge von Schülern und Freunden Feodor Lynens, Berlin, New York 1976, S. 182–190

Personalakte – MPG (Oktober – November 1953):
– Brief an Otto Hahn von Feodor Lynen vom 1.10.1953;
– Brief an Feodor Lynen von Otto Hahn vom 6.10.1953;
– Auszugsweise Abschrift aus den Vermerken betr. Besprechung des Präsidenten in Frankfurt vom 12.10.1953;
– Auszug aus Schreiben Ernst Telschow an Pfuhl vom 23.10.1953;
– Vermerk Ernst Telschows vom 9.11.1953;
– Auszugsweise Abschrift aus dem Schreiben von Otto Warburg vom 15.11.1953;
– Brief an Joachim Hämmerling von Adolf Butenandt vom 17.11.1953;
– Protokoll über die Kommissionssitzung ›Berufung Lynen an die Deutsche Forschungsanstalt f. Psychiatrie, Max-Planck-Institut München‹ im Luisenhof in Hannover am 21.11.1953;

– Beschluss der Biologisch-Medizinischen Sektion des Wissenschaftlichen Rats vom 21.11.1953;
– Brief an Joachim Hämmerling von Adolf Butenandt vom 27.11.1953;
– Vermerk Ernst Telschows über Telefonat mit Johannes v. Elmenau am 26.11.1953 vom 27.11.1953;
– Brief an Joachim Hämmerling von Boris Rajewsky vom 10.1.1954;
– Vermerk Ernst Telschows vom 15.1.1954 über Besprechungen mit Johannes v. Elmenau und Baron Stralenheim (zeitweise) am 9.1.1954 und 12.1.1954
(MPG-Archiv, II. Abt., Rep. 1A, Personalia F. Lynen, Oktober – November 1953, Nr. 3)

Personalakte – MPG (März – August 1954):
– Auszug aus der Niederschrift über die Sitzung des Senats am 29.1.1954;
– Auszug aus dem Entwurf des Protokolls der Stiftungsratsitzung am 26.2.1954;
– Auszug aus Vermerk vom 3.3.1954;
– Vermerk betr. Besprechung mit Professor Lynen in München am 29.3.1954 vom 12.4.1954;
– Brief an Seeliger von Feodor Lynen vom 10.5.1954;
– Auszug aus Schreiben (Feodor Lynen und Ernst Telschow) vom 18.5.1954;
– Brief an Feodor Lynen von Ernst Telschow vom 6.7.1954;
– Brief an Feodor Lynen von Ernst Telschow vom 27.7.1954;
– Darlehensvertrag zwischen MPG und Feodor Lynen vom 29.7.1954
(MPG-Archiv, II. Abt., Rep. 1A, Personalia F. Lynen, März – August 1954, Nr. 4)

Personalakte – MPG (Mai – Dezember 1955):
– Brief von Staatssekretär Hans Meinzolt, Bayerisches Staatsminis-

terium für Unterricht und Kultus, an Otto Hahn vom 26.5.1955;
- Vermerk Ernst Telschows betr. Anruf Feodor Lynens vom 26.5.1955;
- Brief an Hans Meinzolt, Bayerisches Staatsministerium für Unterricht und Kultus, von Ernst Telschow vom 6.6.1955;
- Brief an Otto Hahn von Feodor Lynen vom 21.6.1955;
- Brief an das Bayerische Staatsministerium für Unterricht und Kultus von Otto Hahn vom 27.6.1955;
- Brief an Boris Rajewsky von Feodor Lynen vom 17.12.1955 (MPG-Archiv, II. Abt., Rep. 1A, Personalia F. Lynen, Mai – Dezember 1955, Nr. 5)

PERSONALAKTE – MPG (Januar 1965 – Juli 1966):
- Beihilfeantrag Feodor Lynens vom 23.6.1965;
- Vermerk Roeskes betr. Besoldung von Feodor Lynen vom 6.3.1966 (MPG-Archiv, II. Abt., Rep. 1A, Personalia F. Lynen, Januar 1965 – Juli 1966, Nr. 8)

PERSONALAKTE – MPG (Januar 1967 – Dezember 1971):
- Notiz vom 10.1.1967;
- Auszug aus der Niederschrift über die Sitzung des Senats der MPG am 10.3.1967;
- Brief an Feodor Lynen von Adolf Butenandt vom 23.3.1967;
- Notiz vom 20.6.1967;
- Brief an Eberhardt Luttner von Adolf Butenandt vom 21.6.1967;
- Brief an Feodor Lynen von Adolf Butenandt vom 29.9.1970;
- Notiz Adolf Butenandts vom 17.2.1971 (MPG-Archiv, II. Abt., Rep. 1A, Personalia F. Lynen, Januar 1967 – Dezember 1971, Nr. 9)

PERSONALAKTE – MPG (Februar – November 1972):
- Brief an Adolf Butenandt von Reimar Lüst vom 21.2.1972;

- Auszug aus der Niederschrift über die Sitzung des Senats der MPG am 15.3.1972 (MPG-Archiv, II. Abt., Rep. 1A, Personalia F. Lynen, Februar – November 1972, Nr. 10)

PERSONALAKTE – MPG (Januar 1973 – Dezember 1977):
- Brief an Reimar Lüst von Feodor Lynen vom 11.1.1974;
- Brief an Reimar Lüst von Feodor Lynen vom 15.10.76 (MPG-Archiv, II. Abt., Rep. 1A, Personalia F. Lynen, Januar 1973 – Dezember 1977, Nr. 11)

PERSONALAKTE – MPG (Januar 1978 – Januar 1980):
- Auszug aus Ergebnisprotokoll der Sitzung des Verwaltungsrates in Berlin vom 15.3.1979 (MPG-Archiv, II. Abt., Rep. 1A, Personalia F. Lynen, Januar 1978 – Januar 1980, Nr. 12)

PERSONALMAPPE:
- Brief an Feodor Lynen von Roeske / Generalverwaltung der MPG vom 1.3.1972;
- Namentliche Personalübersicht des Max-Planck-Instituts für Zellphysiologie, Berlin, Stand: 1.3.1972;
- Vermerke Roeskes vom 1.3.1972 und 14.4.1972;
- Feodor Lynen, handschriftlicher Entwurf eines Briefes zur Auswahl der Bewerber für den Lehrstuhl Biochemie II vom 12.7.1972;
- Feodor Lynen, II. Lehrstuhl, handschriftliche Notiz, undatiert;
- Brief von Feodor Lynen an die Universität München vom 31.1.1974, mit Inventarliste;
- Brief an Feodor Lynen von Heinrich Pfeiffer / Alexander von Humboldt-Stiftung vom 4.11.1975;
- Feodor Lynen, handschriftlicher Entwurf eines Briefes an Ministerialrat Walther Kraft, Bayerisches Staatsministerium für Unterricht und Kultus, 1976 (ohne genaues Datum);

– Brief von Feodor Lynen an Franz Friedberger, Kanzler der Universität München vom 10.3.1976, mit Ausstattungsliste;
– Briefentwurf von Feodor Lynen an das Bayerisches Staatsministerium für Unterricht und Kultus, 1976 (ohne genaues Datum)
– Protokoll eines Gesprächs Feodor Lynens mit Staatssekretär Hermes am 19.7.1977 (Max-Planck-Institut für Biochemie, Martinsried)

Persönliche Daten Lynen:
– Persönliche Daten Feodor Lynens (ohne Autor, undatiert) (MPG-Archiv, III. Abt., Rep. 31 B, Nr. 4)

Persönliche Dokumente:
– Auszug aus dem Stammbuch Lynen – Wieland;
– Übersicht über Feodor Lynens Stellung in der MPG;
– gemeinschaftliches Testament der Eheleute Feodor und Eva Lynen vom 24.6.1979;
– Sterbebescheinigung Feodor Lynen, Nr. 2059, vom 13.8.1979 (MPG-Archiv, II. Abt., Rep. 1A, Personalia F. Lynen, Persönliche Dokumente, Nr. 1)

Persönliche Dokumente (Verträge):
– Beratervertrag Feodor Lynens mit Firma C. H. Boehringer Sohn, Ingelheim vom 15.9.1942 (MPG-Archiv, II. Abt., Rep. 1A, Personalia F. Lynen, Persönliche Dokumente -Verträge, Nr. 2)

Pfeiffer (2007): Dr. Heinrich Pfeiffer (Generalsekretär 1956 – 1995 und Geschäftsführendes Vorstandsmitglied 1964 – 1995 der Alexander von Humboldt-Stiftung) in einem persönlichen Gespräch mit der Autorin am 9.11.2007 in Bonn

Piccinini (1976): Francesco Piccinini, Oktober 1963-July 1964, in: Guido R. Hartmann (Hrsg.), Die aktivierte Essigsäure und ihre Folgen. Autobiographische Beiträge von Schülern

und Freunden Feodor Lynens, Berlin, New York 1976, S. 301–304

Praktikantenzeugnisse (1930 / 1933):
– Feodor Lynens Praktikumszeugnisse der Studienzeit (MPG-Archiv, III. Abt., Rep.31 A, Nr. 2)

Presseinformation Mpg (2004): Schrittmacher zur Überwindung einer gewaltigen Tragödie. 40 Jahre wissenschaftliche Zusammenarbeit zwischen Weizmann Institute of Science und Max-Planck-Gesellschaft / Festveranstaltung in Berlin, Presseinformation der Max-Planck-Gesellschaft FP 6 / 2004 (25) vom 1. März 2004, in: www.mpg.de, 2007

Prym – Firmengeschichte (2008): Prym Consumer. Historie. Seit Jahrhunderten im Geschäft, in: www.prym-consumer.com, 2008

Pulsfort/Walz (1989): M. Pulsfort, B. Walz, Tunnelbau, Unterirdisches Bauen, Grundbau, Bodenmechanik. Skript zur Vorlesung Wintersemester 1998/99 an der Bergischen Universität, Gesamthochschule Wuppertal, in: www.bauing.uni-wuppertal.de/geotech, 2007

Reinwein (1976): Dankwart Reinwein, November 1953-April 1956, in: Guido R. Hartmann (Hrsg.), Die aktivierte Essigsäure und ihre Folgen. Autobiographische Beiträge von Schülern und Freunden Feodor Lynens, Berlin, New York 1976, S.101–103

Reisekosten (1954 – 1958):
– Brief Nr. V 14911 an das Rektorat der Universität München vom Bayerischen Staatsministerium für Unterricht und Kultus vom 5.3.1954;
– Brief Nr. 604/463-09 E/23583/55 an Feodor Lynen vom Auswärtigen Amt vom 22.6.1955;
– Brief an das Auswärtige Amt von Feodor Lynen vom 15.6.1957
– Antwortschreiben vom 10. 7. 1957;
– Brief an das Auswärtige Amt von Feodor Lynen vom 30. 4.1958;

- Antwortschreiben vom 29.5.1958 (MPG-Archiv, III. Abt., Rep. 31 B, Nr. 43)
REISEN – Lynen:
- Diplomurkunden von Fluggesellschaften 1961, 1964 (MPG-Archiv, III. Abt., Rep. 31 A, Nr. 4)
REISEPASS (1973/1978):
- Reisepass Feodor Lynens, ausgestellt 1973, verlängert 1978 (MPG-Archiv, III. Abt., Rep. 31 A, Nr. 1)
REISEPLAN USA (1960):
- Reiseplan Amerika 1960 – Terminaufstellung (MPG-Archiv, III. Abt., Rep. 31 B, Nr. 68/1)
RITZ (2008): Christian Ritz, An den Grenzen der Spielräume. Heinrich Wieland und die ›halbjüdischen‹ Studenten am Chemischen Staatslabor der Universität München, in: Sibylle Wieland, Anne-Barb Hertkorn, Franziska Dunkel (Hrsgg.), Heinrich Wieland. Naturforscher, Nobelpreisträger und Willstätters Uhr, Weinheim 2008, S. 145–171
ROCKEFELLER FOUNDATION (1952/1953):
- Brief an Gerard R. Pomerat / Rockefeller Foundation New York von Feodor Lynen vom 5.11.1952;
- Brief an Feodor Lynen von Gerard R. Pomerat vom 19.11.1952;
- Brief (Anlage) an Feodor Lynen von der Rockefeller Foundation New York vom 19.11.1952;
- Brief an Gerard R. Pomerat von Feodor Lynen vom 17.12.1952;
- Brief an Robert Letort / Paris von Feodor Lynen vom 1.1.1953;
- The American Express Company, Inc, Kostenaufstellung für USA-Reise Feodor Lynens vom 20.1.1953;
- Brief an Gerard R. Pomerat von Feodor Lynen vom 3.3.1953;
- The American Express Company, Inc, Buchungs- und Zahlungsbestätigung für USA-Flug Eva Lynens vom 20.3.1953

(MPG-Archiv, III. Abt., Rep. 31 B, Nr. 61)
SCHACHINGER (1976): Liselotte Schachinger, Juli 1948-Januar 1950, in: Guido R. Hartmann (Hrsg.), Die aktivierte Essigsäure und ihre Folgen. Autobiographische Beiträge von Schülern und Freunden Feodor Lynens, Berlin, New York 1976, S. 23–28
SCHLEGEL (1976): Hans G. Schlegel, April-Oktober 1956, in: Guido R. Hartmann (Hrsg.), Die aktivierte Essigsäure und ihre Folgen. Autobiographische Beiträge von Schülern und Freunden Feodor Lynens, Berlin, New York 1976, S. 118–123
SCHLEICHER (1965): Kurt Schleicher, Die Weide. Geschichte eines Stolberger Kupferhofs und seiner Bewohner in dreieinhalb Jahrhunderten, Stolberg 1965 (= Beiträge zur Stolberger Geschichte und Heimatkunde 11, 1965)
SCHMITZ-BERNING (1998): Cornelia Schmitz-Berning, Vokabular des Nationalsozialismus, Berlin, New York 1998
SCHRECKENBACH (1976): Thomas Schreckenbach, Januar 1972-März 1975, in: Guido R. Hartmann (Hrsg.), Die aktivierte Essigsäure und ihre Folgen. Autobiographische Beiträge von Schülern und Freunden Feodor Lynens, Berlin, New York 1976, S. 349–351
SCHUHBAUER (1982): Albert Schuhbauer, Alfred Kunz GmbH & Co., München, 100 Jahre Baugeschichte aktiv mitgestaltet. 1882 / 1982, München 1982
SEUBERT (1976): Werner Seubert, Februar 1952-September 1957; Dezember 1959-Januar 1965, in: Guido R. Hartmann (Hrsg.), Die aktivierte Essigsäure und ihre Folgen. Autobiographische Beiträge von Schülern und Freunden Feodor Lynens, Berlin, New York 1976, S. 87–100

SEUBERT/LYNEN (1953): Werner Seubert und Feodor Lynen, Enzymes of the fatty acid cycle. II. Ethylene reductase, in: Journal of the American Chemical Society, 75 (1953), S. 2787

SEYFFERT (1976): Reinhard Seyffert, Oktober 1962-heute, in: Guido R. Hartmann (Hrsg.), Die aktivierte Essigsäure und ihre Folgen. Autobiographische Beiträge von Schülern und Freunden Feodor Lynens, Berlin, New York 1976, S. 251–257

SKANDINAVISKA BANKEN (1964):
– Brief an Feodor Lynen von Skandinaviska Banken vom 11.12.1964 (MPG-Archiv, III. Abt., Rep. 31 A, Nr. 32-9)

SNELL (1950): Esmond Snell et al., Chemical nature and synthesis of the Lactobacillus bulgaricus factor, Journal of the American Chemical Society, 72 (1950), S. 5349 – 5350

SPIEGEL/NOBELPREISTRÄGER JUGEND (2007): Wie wir wurden, was wir sind. Mit Kochsalz experimentieren, Funkgeräte basteln oder Frösche sezieren – Nobelpreisträger erzählen aus ihrer Jugend, in: Spiegel extra, Schule, Expedition in die Wissenschaft, 2007, S. 6 f

SPIEGEL/SCHLAUE SÄUFER (2008): Medizin – Schlaue Säufer, in: Der Spiegel 9 (2008), S. 141

SRERE (1976). Paul A. Srere, September 1955-September 1956, in: Guido R. Hartmann (Hrsg.), Die aktivierte Essigsäure und ihre Folgen. Autobiographische Beiträge von Schülern und Freunden Feodor Lynens, Berlin, New York 1976, S.104 f

STAATSKANZLEI (1978):
– Brief Nr. B II / 2 1130-3136-4 an Feodor Lynen von der Bayerischen Staatskanzlei vom 12.1.1978 (MPG-Archiv, III. Abt., Rep. 31 B, Nr. 162)

STAATSLABOR: Kurze Entwicklungsgeschichte des Chemischen Staatslabors in München (maschinengeschrieben, ohne Verfasser, undatiert), nach Wilhelm Prandtl: Die Geschichte des Chemischen Laboratoriums der Bayerischen Akademie der Wissenschaften München, Weinheim / Bergstraße 1952 (MPG-Archiv, III. Abt., Rep. 31 B, Nr. 57)

STADTMAN, E. (1976): Earl R. Stadtman, July 1955, October 1959-April 1960, in: Guido R. Hartmann (Hrsg.), Die aktivierte Essigsäure und ihre Folgen. Autobiographische Beiträge von Schülern und Freunden Feodor Lynens, Berlin, New York 1976, S. 177–181

STADTMAN, T. (1976): Thressa Stadtman, May-July 1955, October 1959-April 1960, in: Guido R. Hartmann (Hrsg.), Die aktivierte Essigsäure und ihre Folgen. Autobiographische Beiträge von Schülern und Freunden Feodor Lynens, Berlin, New York 1976, S. 199–202

STARNBERG – BEGRÄBNIS (1979):
– Kondolenzbrief an Eva Lynen von F. Dietrich, 2. Bürgermeister der Stadt Starnberg vom 8.8.1979 (MPG-Archiv, III. Abt., Rep. 31 B, Nr. 15)

STERN – BRIEF (1965):
– Brief an Feodor Lynen von Guy Stern vom 19.2.1965 (MPG-Archiv, III. Abt., Rep. 31 B, Nr. 104)

STERN/OCHOA/LYNEN (1952): J. R. Stern, Severo Ochoa und Feodor Lynen, Enzymatic synthesis of citric acid. V. Reaction of acetyl coenzyme A, in: J. Biol. Chem. 198 (1952), 313–321

STICHER (2004): Otto Sticher, Isoprenoide als Inhaltsstoffe, in: Rudolf Hänsel, Otto Sticher, Pharmakognosie, Phytopharmazie, Heidelberg 2004, S. 385–587

SUMPER (1971): Manfred Sumper, Zur Kenntnis eines bekannten, aber ungelösten Problems. Ansprache, gehalten anlässlich der Feier des 60. Geburtstages Feodor Lynens am 6.4.1971, in: Guido R. Hartmann

(Hrsg.), Feodor Lynen. Sein Werk
und seine Person, München 1983,
S. 4986–4990
TODESANZEIGE KUNZ: Todesanzeige der
Bauunternehmung Alfred Kunz für
Feodor Lynen, in: Süddeutsche Zei-
tung Nr. 183 vom 10.8.1979
TODESANZEIGE PRIVAT: Todesanzeige der
Familienangehörigen für Feodor
Lynen, in: Guido R. Hartmann
(Hrsg.), Feodor Lynen. Sein
Werk und seine Person. München
1983, S. 5063
TRENKER (1951):
– Brief an Feodor Lynen von Luis
  Trenker vom 3.11.1951;
– Brief an Luis Trenker von Feodor
  Lynen vom 23.11.1951;
– Luis Trenker, Die Rauchfahne der
  Industriezone über Bozen, in:
  Dolomiten, 3.10.1951
  (MPG-Archiv, III. Abt., Rep. 31 B,
  Nr. 64)
TSCHUNKE (1975): Lilli Tschunke, Leben
ist Chemie – Interview mit dem
Nobelpreisträger Professor Feodor
Lynen, in: UM-Interna. Berichte aus
der Forschung 1, Dez. 1975, S. 1–4
UNIVERSITÄT BERN (1953):
– Brief an Feodor Lynen von der
  Erziehungsdirektion des Kantons
  Bern vom 25.4.1953;
– Brief an die Erziehungsdirektion
  des Kantons Bern von Feodor
  Lynen vom 27.5.1953
  (MPG-Archiv, III. Abt., Rep. 31 B,
  Nr. 5)
UNIVERSITÄT FREIBURG (1960):
– Brief an Feodor Lynen von H. Ruf-
  fin, Dekan der Medizinischen
  Fakultät der Universität Freiburg
  vom 22.2.1960
  (MPG-Archiv, III. Abt., Rep. 31 A,
  Nr. 32–10)
UNIVERSITÄT HARVARD (1953/1954):
– Brief an den Rektor der Universi-
  tät München von Feodor Lynen
  vom 5.11.1953;
– Brief an E. Bright Wilson Jr. /
  Department of Chemistry, Har-

vard University, Cambridge, USA
von Feodor Lynen vom 6.11.1953;
– Brief an Vladimir Prelog / Zürich
  von Feodor Lynen vom 29.3.1954
  (MPG-Archiv, III. Abt., Rep. 31 B, Nr. 5)
UNIVERSITÄT HEIDELBERG (2001): Prof.
Felix Wieland mit Heinrich-Wieland-
Preis 2001 ausgezeichnet, Pressemel-
dung vom 10.12.2001, in: www.uni-
heidelberg.de, 2008
UNIVERSITÄT MÜNCHEN (1938–1975):
– Anzeige der Verheiratung vom
  10.2.1941;
– Gutachten der Dozentenschaft
  (Ernst Bergdolt) über Feodor
  Lynen vom 27.6.1941;
– Brief an den Rektor der Universi-
  tät München vom Leiter der
  Dozentenschaft, Ernst Bergdolt
  vom 9.8.1941;
– Brief Nr. V 53828 AV an das Baye-
  rische Staatsministerium für
  Unterricht und Kultus vom Rektor
  der Universität vom 17.10.1941;
– Aktenfeststellung zu Nr. V 57881
  AV vom 26.1.1942;
– Mitteilung des Kultusministers an
  den Rektor der Universität vom
  9.2.1942;
– Aktennotiz des Rektors der Uni-
  versität vom 26.2.1942;
– Brief an den Rektor der Universität München von Feodor Lynen
  vom 19.3.1942;
– Mitteilung des Rektors der Universität vom 22.9.1943;
– Mitteilung des Reichsministers für
  Wissenschaft, Erziehung und
  Volksbildung über Bewilligung
  von Diäten für Feodor Lynen
  10.11.1943;
– Vormerkungsbogen 6014 für Feodor Lynen vom 21.12.1946;
– Aktennotiz (Ruf nach Bern) vom
  16.6.1953;
– Brief Nr. V 30 679 an das Bayerische Staatsministerium der Finanzen vom Bayerischen Staatsministerium für Unterricht und Kultus
  vom 25.6.1953;

- Brief an das Bayerische Staatsministerium für Unterricht und Kultus von Feodor Lynen vom 2.4.1963;
- Vermerkung vom 21.10.1964;
- FAZ vom 24.12.1975 (BayHStA MK 54904, Personalakten Feodor Lynen des Bayerischen Staatsministeriums für Unterricht und Kultus)

UNIVERSITÄT MÜNCHEN (1945–1977):
- Brief an das Dekanat der Naturwissenschaftlichen Fakultät der Universität München von Heinrich Wieland vom 21.11.1945;
- Anmerkung Nr. 130 an den Rektor der Universität vom Prodekan, Klaus Clusius, vom 28.11.1945 auf obigem Brief;
- Brief Nr. V 33428 (Ministerialentschließung) an den Rektor der Universität München vom Bayerischen Staatsministerium für Unterricht und Kultus vom 29.12.1945;
- Brief Nr. 1086 an das Bayerische Staatsministerium für Unterricht und Kultus vom Dekan der Naturwissenschaftlichen Fakultät der Universität München, Klaus Clusius, vom 27.9.1946;
- Brief Nr. 1086 an das Bayerische Staatsministerium für Unterricht und Kultus vom Dekan der Naturwissenschaftlichen Fakultät der Universität München vom 5.11.1946;
- Brief an das Bayerische Staatsministerium für Unterricht und Kultus, Staatsrat Wilhelm Emnet, von Feodor Lynen vom 18.11.1946;
- Brief Nr. V 57646 an den Rektor der Universität München vom Staatsministerium für Unterricht und Kultus vom 21.12.1946;
- Brief an Feodor Lynen Öffentlichen Kläger bei der Spruchkammer Starnberg 32/2775 vom 7.10.1946 (Abschrift);
- Brief Nr. V 30854 an den Verwaltungsausschuss der Universität vom Bayerischen Staatsministerium für Unterricht und Kultus, Johannes v. Elmenau, vom 28.4.1953;
- Brief an das Rektorat der Universität München vom Dekan der Naturwissenschaftlichen Fakultät der Universität München, G. Menzer, vom 9.6.1953;
- Brief Nr. V 40258 an das Bayerische Staatsministerium der Finanzen vom Bayerischen Staatsministerium für Unterricht und Kultus, Johannes v. Elmenau, vom 18.6.1954;
- Brief Nr. V 47692 an den Verwaltungsausschuss der Universität München vom Bayerischen Staatsministerium für Unterricht und Kultus, Johannes v. Elmenau, vom 1.7.1954;
- Aktennotiz des Bayerischen Staatsministeriums für Unterricht und Kultus vom 23.4.1955;
- Aktennotiz vom 6.5.1955;
- Vormerkung vom 13.5.1955;
- Brief Nr. V 48261 an den Verwaltungsrat der Max-Planck-Gesellschaft, Ernst Telschow, vom Bayerischen Staatsministerium für Unterricht und Kultus, Johannes v. Elmenau, vom 22.6.1955;
- Brief Nr. V 13 644 an das Bayerische Staatsministerium der Finanzen vom Bayerischen Staatsministerium für Unterricht und Kultus vom 28.2.1966;
- Brief an das Dekanat der Naturwissenschaftlichen Fakultät der Uni München von Feodor Lynen vom 25.4.1966;
- Brief an den Staatsminister für Unterricht und Kultus, Ludwig Huber, von Feodor Lynen vom 12.5.1966;
- Brief Nr. I/5 – 5/72402 an Feodor Lynen vom Bayerischen Staatsministerium für Unterricht und Kultus vom 21.7.1966;

– Brief an das Bayerische Staatsministerium für Unterricht und Kultus von Feodor Lynen vom 2.8.1966 (BayHStA MK 69786, Akten des Bayerischen Staatsministeriums für Unterricht und Kultus, Universität München, 1945–1977)

UNIVERSITÄT ZÜRICH (1955):
– Brief an Feodor Lynen von der Eidgenössischen Technischen Hochschule Zürich vom 11.3.1955;
– Brief an Feodor Lynen von der Eidgenössischen Technischen Hochschule Zürich vom 24.5.1955 (MPG-Archiv, III. Abt., Rep. 31 B, Nr. 5)

VAUPEL (2008): Elisabeth Vaupel, Heinrich Wieland und die Firma C.H. Boehringer Sohn in Ingelheim/ Rhein: Eine Kooperation, die allen Beteiligten nützte, in: Sibylle Wieland, Anne-Barb Hertkorn, Franziska Dunkel (Hrsgg.), Heinrich Wieland. Naturforscher, Nobelpreisträger und Willstätters Uhr, Weinheim 2008, S. 115–144

VERBAND CHEMISCHE INDUSTRIE (1955):
– Brief an Feodor Lynen vom Verband der chemischen Industrie vom 1.3.1955;
– Brief an Feodor Lynen vom Verband der chemischen Industrie vom 15.4.1955 (MPG-Archiv, III. Abt., Rep. 31 B, Nr. 65)

VERBAND CHEMISCHE INDUSTRIE (1960):
– Brief an Feodor Lynen vom Verband der chemischen Industrie vom 7.4.1960 (MPG-Archiv, III. Abt., Rep. 31 B, Nr. 73)

VOGEL (1976): Günter Vogel, Dezember 1967 – Juli 1973, in: Guido R. Hartmann (Hrsg.), Die aktivierte Essigsäure und ihre Folgen. Autobiographische Beiträge von Schülern und Freunden Feodor Lynens, Berlin, New York 1976, S. 366–369

VORLÄNDER (1988): Herwart Vorländer, Die NSV. Darstellung und Dokumentation einer nationalsozialistischen Organisation, Boppard 1988 (= Schriften des Bundesarchivs, Bd. 35)

WAKIL (1970): Salih J. Wakil, Fatty acid metabolism, in: Salih J. Wakil (Hrsg.), Lipid metabolism, New York, London 1970, S. 1–48

WAWSZKIEWICZ (1976): Edward J. Wawszkiewicz, September 1961-October 1963, in: Guido R. Hartmann (Hrsg.), Die aktivierte Essigsäure und ihre Folgen. Autobiographische Beiträge von Schülern und Freunden Feodor Lynens, Berlin, New York 1976, S. 359–362

WERNER, PETRA (1988): Otto Warburg. Von der Zellphysiologie zur Krebsforschung, Berlin 1988

WIEDERAUFBAU – MITTEL (1946/1947):
– Brief Nr. V 41511 an die Vorstandschaft des Chemischen Laboratoriums, Feodor Lynen, vom Bayerischen Staatsministerium für Unterricht und Kultus vom 7.10.1946;
– Brief Nr. V 30343 an den Verwaltungsausschuss der Universität München vom Bayerischen Staatsministerium für Unterricht und Kultus vom 17.7.1947 (MPG-Archiv, III. Abt., Rep. 31 B, Nr. 43)

WIELAND – DATEN:
– Daten aus dem wissenschaftlichen Leben von Herrn Geheimrat Prof. Dr. Heinrich Wieland, Dezember 1957 (ohne Autor) (MPG-Archiv, III. Abt., Rep. 31 B, Nr. 4)

WIELAND, SIBYLLE (2008): Sibylle Wieland, Lebenslinien – Spurensuche, in: Sibylle Wieland, Anne-Barb Hertkorn, Franziska Dunkel (Hrsgg.), Heinrich Wieland. Naturforscher, Nobelpreisträger und Willstätters Uhr, Weinheim 2008, S. 173–245

WIELAND, THEODOR (1980): Theodor Wieland, Feodor Lynen, in: Max-

Planck-Gesellschaft, Berichte und Mitteilungen 3/80, Sonderheft, S. 10–14

Wieland, Theodor – Daten: Lebenslauf Theodor Wielands, in: www.anorg.chemie.uni-frankfurt.de (2008)

Witkop (2008): Bernhard Witkop, Principiis obsta: Erinnerungen an Heinrich Wieland, in: Sibylle Wieland, Anne-Barb Hertkorn, Franziska Dunkel (Hrsgg.), Heinrich Wieland. Naturforscher, Nobelpreisträger und Willstätters Uhr, Weinheim 2008

Wood (1976): Harland G. Wood, April 26, 1962-February 14, 1963, in: Guido R. Hartmann (Hrsg.), Die aktivierte Essigsäure und ihre Folgen. Autobiographische Beiträge von Schülern und Freunden Feodor Lynens, Berlin, New York 1976, S. 142–145

Wood (1979): Harland G. Wood, Obituary Feodor (Fitzi) Lynen, in: Trends in Biochemical Sciences, 12 (1979), S. 300–302

Zeugnisse Lynen (1918–1930):
– Volksschulzeugnisse Feodor Lynens der Schule am Winthir-Platz, München: Klasse II b, IV g, Austrittszeugnis;
– Oberrealschulzeugnisse Feodor Lynens der Luitpold-Kreisoberrealschule, München: Klasse 1 bis 8, Reifezeugnis (MPG-Archiv, III. Abt., Rep.31 A, Nr. 2)

Zweigert (1974):
– Konrad Zweigert, China 1974 – Erste Eindrücke eines Rechtsvergleichers (Vortrag, gehalten in Innsbruck am 7. Mai 1974) (MPG-Archiv, III. Abt., Rep. 31 A, Nr. 17)

Quellen

Archiv der Max-Planck-Gesellschaft Berlin

Al Akhbar (1966)
Amtsgericht München (1958)
Anilinfabrik (1960)
Auswärtiges Amt (1968)
Bayer/Leverkusen (1951–1958)
Beaucamp – Manuskript
Beauvoir (1976)
Berufungen (1946–1955)
Beurlaubung (1952–1954)
Beurlaubung (1968)
Bleibeverhandlungen (1953–1966)
Boehringer (1952–1956)
Boehringer (1958–1960)
Boehringer (1963)
Bundesjustizministerium (1965)
Cohn – Brief (24.11.1959)
Cohn – Briefe (1959–1962)
Cohn – Briefe (1968)
Daume – Briefe (1979)
Deutsches Museum (1965–1976)
Dienstverhältnis (1946)

Diplomatenpass (1978)
Ernennung A.O. Professor (1946)
Ernennung O. Professor (1956)
Ernennungsurkunden (1946–1956)
Generalverwaltung MpG (1954)
Gymnasium Planegg (1978)
Hahn – Brief (1953)
Hahn – Briefe (1953/1954)
Hahn – Denkschrift (1960)
Hartmann – Brief (1959)
Hemingway, Mary (1970)
Humboldt – Tagungen Kyoto
Kinderschwester – Zeugnis (1948)
Kippenhahn (1978)
Lehrbefugnis (1942)
Leopoldina
Leopoldina – Caruspreis
Lipmann – Briefe
Lüst – Brief (1979)
Lynen – Brief Butenandt (1966)
Lynen – Brief Elsevier (1965)

LYNEN – BRIEFE HARTMANN (1959)
LYNEN – BRIEF HILZ (1951)
LYNEN – BRIEF HOTCHKISS (1960)
LYNEN – BRIEFE KREBS (1948)
LYNEN – BRIEF LIPMANN (1953)
LYNEN – BRIEF STADTMAN (1951)
LYNEN – BRIEF STENHAGEN (1965)
LYNEN – BRIEFE TH. WIELAND (1951/54)
LYNEN – BRIEF VUTU (1953)
LYNEN – BRIEF WARBURG (1959)
LYNEN, EVA (1965)
LYNEN, EVA
LYNEN, GERHARD
LYNEN – GESPRÄCHSNOTIZ HAHN (1955)
LYNEN – GYMNASIALLEHRERAUSBILDUNG
(1950)
LYNEN – JAPANBERICHT (1957)
LYNEN – LEBENSLAUF
LYNEN – NOTIZ REICHERT (1950)
LYNEN – REDEN AVH-STIFTUNG (1976/77)
LYNEN – REICHSFORSCHUNGSRAT (1942)
LYNEN – TASCHENKALENDER (1953)
LYNEN – TASCHENKALENDER (1957)
LYNEN – TELEFONNOTIZ TELSCHOW (1955)
MILITARY GOVERNMENT (1946)
MPG/UNIVERSITÄT (1955/1956)
NEBENTÄTIGKEIT (1954 – 1968)
NEUBERG – BRIEFE
NOBELKOMITEE
NOBELKOMITEE – VORSCHLAG (1977)
NOBELPOST
PERSONALAKTE – MPG
(OKTOBER – NOVEMBER 1953)
PERSONALAKTE – MPG (MÄRZ – AUGUST 1954)
PERSONALAKTE – MPG (MAI – DEZEMBER 1955)

PERSONALAKTE – MPG (JANUAR 1965 –
JULI 1966)
PERSONALAKTE – MPG (JANUAR 1967 –
DEZEMBER 1971)
PERSONALAKTE – MPG
(FEBRUAR – NOVEMBER 1972)
PERSONALAKTE – MPG
(JANUAR 1973 – DEZEMBER 1977)
PERSONALAKTE – MPG (JANUAR 1978 –
JANUAR 1980)
PERSÖNLICHE DATEN LYNEN
PERSÖNLICHE DOKUMENTE
PERSÖNLICHE DOKUMENTE (VERTRÄGE)
PRAKTIKANTENZEUGNISSE (1930/1933)
REISEKOSTEN (1954 – 1958)
REISEN – LYNEN
REISEPASS (1973/1978)
REISEPLAN USA (1960)
ROCKEFELLER FOUNDATION (1952/1953)
SKANDINAVISKA BANKEN (1964)
STAATSKANZLEI (1978)
STAATSLABOR
STARNBERG – BEGRÄBNIS (1979)
STERN – BRIEF (1965)
TRENKER (1951)
UNIVERSITÄT BERN (1953)
UNIVERSITÄT FREIBURG (1960)
UNIVERSITÄT HARVARD (1953/1954)
UNIVERSITÄT ZÜRICH (1955)
VERBAND CHEMISCHE INDUSTRIE (1955)
VERBAND CHEMISCHE INDUSTRIE (1960)
WIEDERAUFBAU – MITTEL (1946/1947)
WIELAND – DATEN
ZEUGNISSE LYNEN (1918 – 1930)
ZWEIGERT (1974)

Archiv der Ludwig-Maximilians-Universität München

LMU-ARCHIV

Bayerischen Hauptstaatsarchiv München

LYNEN – REFERAT BIOCHEMIE (1955)
UNIVERSITÄT MÜNCHEN (1938 – 1975)
UNIVERSITÄT MÜNCHEN (1945 – 1977)

Max-Planck-Institut für Biochemie Martinsried

PERSONALMAPPE

Anhang

Anekdoten

»Zum ersten Mal begegnete ich ihm (Lynen) im Winter 1952 auf einer Skihütte. Er und Eva waren in der Dunkelheit aufgestiegen und saßen nun zwanglos unter uns vier jungen Spunden. Seine lebhaften Augen, die eine Braue hochgezogen, musterten skeptisch unsere Runde. Der Rotwein brachte uns bald in Stimmung, und Eva intonierte mittels Klampfe und in für uns unerreichbarer Stimmlage ›Denkst Du noch der schönen Maientage …‹
›Sing net so hoch, da können die doch net mithalten!‹ –
›Ich kann aber nicht tiefer, da hättest du die Zarah Leander heiraten müssen!‹
Tags darauf hängte er uns im Tiefschnee ab.«
Axel Lezius [LEZIUS (1976), S. 63]

»Wir waren jung und lebensfroh, und gelegentlich entzogen wir uns dem gestrengen Meister durch Flucht ins Gebirge. (…) Lynen brachte unserer alpinen Begeisterung viel Verständnis entgegen, aber er argwöhnte, daß unsere Fähigkeiten mit den sich steigernden Schwierigkeitsgraden nicht Schritt hielten.

Nach einer Wochenend-Kletterei auf die Schleierkante nahm er mich am Montag ins Gebet: ich sei unentschuldigt dem Dienst ferngeblieben und am Samstag werde bei ihm gearbeitet, ich würde ja auch von ihm bezahlt (monatl. DM 250.–). Im übrigen, so schloß er die väterliche Ermahnung, bäte er sich aus, keine Leichenrede auf verunglückte Mitarbeiter halten zu müssen.«
Axel Lezius [LEZIUS (1976), S. 65]

»So bereitwillig Lynen jedes saubere Experiment anerkannte, so mißtrauisch gebärdete er sich gegenüber Argumenten aus der Fachliteratur. Als wir einst das Labor mit einer Tafel ›metabolic pathways‹

Feodor Lynen. Heike Will
Copyright © 2011 WILEY-VCH Verlag GmbH & Co. KGaA, Weinheim
ISBN 978-3-527-32893-2

dekorierten, nahmen wir seinen Kommentar vorweg: ›Na, was daran wohl alles nicht stimmt!‹

Wenige Minuten später stand er zigarrenbewehrt im Türrahmen – prompte wortwörtliche Reaktion.«

Axel Lezius [LEZIUS (1976), S. 65]

»War nach langer Nach(t)sitzung das Symposion der Freunde endlich ausgeklungen, fand es mancher selbst unter den Jüngeren schwer, dem Morgen standhaft entgegenzublicken. Nicht er; er stand am frühen Morgen wieder im Labor oder hielt seine Vorlesung. Kein Wunder, daß mancher schwach wurde wie der, der am frühen Morgen räsonierte und ausrief: ›That is a hell of a way to live! ‹. Aber die Antwort auf die Frage ›Do you know a better one?‹ blieb er schuldig.«

Manfred Eigen [EIGEN (1995), S. 399]

»Als der berühmte Verhaltensforscher Konrad Lorenz 1973 den Nobelpreis für Medizin errang, kam ich beim Empfang in der Stockholmer Botschaft mit ihm auf Lynen zu sprechen. Da lachte Lorenz: ›Von dem habe ich auch eine Geschichte. Wir standen da als Mitglieder der Bayerischen Akademie der Wissenschaften in Dreierreihen vor der Tür, bereit, zu unserer Jahressitzung feierlich in den Saal einzuziehen, im Professoren-Talar und mit Halsorden, Lynen in der zweiten Reihe hinter mir. Da ist doch der Lausbub in ihm durchgekommen. Er hat mir mit langausgestrecktem Bein einen ›Spitz‹ ins verlängerte Kreuz gegeben. Ohne mich umdrehen zu müssen, wusste ich sofort, daß nur er es gewesen sein konnte.‹ «

Ernst von Khuon [KHUON (1991)]

»Ebenso wie mit den Experimenten selbst nahm Lynen es auch mit Aufbau und Stil ihrer schriftlichen Darstellung sehr genau. Ein Diplomand, dessen Opus keinen Gefallen fand, berichtete von der Empfehlung: ›Ehe Sie die Arbeit nochmals verfassen, lesen Sie erst einmal einige Kapitel Goethe‹.«

Karl Decker [DECKER (1976), S. 82]

»Bei aller Achtung für ein weitgespanntes wissenschaftliches Interesse sah der Chef die Beschäftigung mit nicht unmittelbar zur experimentellen Arbeit gehörenden Fragen ungern und zwang zur

Beschränkung, insbesondere zur Einhaltung des eingeschlagenen Weges. Seine Belehrung, er suche den Reifendruck seines VW nicht im Gedächtnis zu behalten, denn das sei Sache des Tankwarts, zeugt von der Beherzigung Goethescher Lebensweisheit auch in der Wissenschaft.«

Hans G. Schlegel [SCHLEGEL (1976), S. 137]

»In Vorlesungen und Seminaren gab er sich wohltuend ungezwungen, was ihm den respektvoll gemeinten Slogan ›veni, vidi, vici, der Fitzi ist ein Stritzi‹ eintrug.«

Hermann Eggerer [EGGERER (1976), S. 205]

»Nach einer ganztägigen Wanderung durch den Wilden Kaiser wurde die Heimfahrt nach München zum Baden in einem kleinen Voralpensee unterbrochen. Nachdem wir nahezu eine Stunde Wasserball gespielt hatten, begannen wir uns aus dem Wasser zu verziehen. Lynen wollte jedoch noch nicht aufhören: ›Was, seid's ihr schon müd?‹ Daraufhin stiegen wir erneut ins Wasser und spielten weiter. Erst im Schutz eines losbrechenden Gewitters konnten wir mit Anstand ans Land klettern. Nur Lynen badete unter Blitz und Donner weiter. Das Institut stand bereits angezogen in den Umkleidekabinen, als auch er sich schließlich unter die Brause begab, die – ein aufragendes eisernes Wasserleitungsrohr – der beste Blitzableiter weit und breit war.«

Hans Lengsfeld [LENGSFELD (1976), S. 250]

Lynen: »Dummheit frisst, Intelligenz säuft«. Pfeiffer: »Genie tut beides.«
    Lynen zitierte dies gerne.[1]

Heinrich Pfeiffer [PFEIFFER (2007)]

»Es war in jener Zeit ein schöner Brauch, daß einmal im Winter alle Mitarbeiter in die Berge fuhren. (…) 1962 ging es auf die Resterhöhe in der Nähe von Kitzbühel. (…)
    Lynen fuhr hervorragend – an einer schmalen Schußstrecke jedoch machte ihm seine alte Beinverletzung offensichtlich Schwierigkeiten und er stürzte. Er stürzte beim erstenmal, er stürzte beim zweitenmal – er stürzte jedes Mal. Jeder andere hätte nach den ersten

Fehlschlägen an dieser Stelle das Tempo beim nächsten Mal gedrosselt, um sturzfrei durchzukommen. Nicht so Lynen. Er hatte sich das Ziel gesetzt, die Stelle in voller Fahrt zu meistern. Dazu mußten eben immer weitere Versuche unternommen werden.«

Alexander Hagen [Hagen (1976), S. 291]

Befragt zu den Tierversuchen an Meerschweinchen mit Giftstoffen während seiner Dissertation:»Das hat mich natürlich recht irritiert, denn die Meerschweinchen sind ja nette Viecher. Wir hatten eine eigene Zucht, (…) die dann einfach umzubringen, das war mir doch ziemlich widerwärtig. (…) Ich hab' es dann auf Mäuse umgestellt, was wesentlich weniger belastend war. (…) Eine Maus ist was Anonymeres, da hat man weniger Hemmungen«.

Klaus Beaucamp [Beaucamp – Manuskript, S. 27]

»A visiting scientist, happily full of Oktoberfest beer and gemütlichkeit, clapped Feodor and me on the back simultaneously, knocking our heads together like two boiled eggs. Next morning Feodor had a magnificent black eye, but I was unscathed. It seemed so embarrassingly unfeminine!«

Nancy Bucher [Bucher (1976), S. 263]

»We filled several tables at the Augustiner Garten. After several rounds of beer and schnapps, we discovered that our waitress, Mary, and Professor Lynen were conversing on a ›du‹ relationship. He had scolded her for not filling his schnapps glass to the double mark. When the next round of schnapps arrived, Lynen began to pay, but Tolbert (Anm.: Gastwissenschaftler aus den USA) insisted on paying. Lynen then said, ›No. I will pay‹; Tolbert repeating, ›No, let me pay‹. Finally, exasperated, Mary turned aside to Lynen and said, so that Tolbert could not hear, ›Krützitürki noch mal loss den Ami zohln!‹.«

William W. Wells [Wells (1976), S. 322]

»Wöchentliche Besuche Lynens fallen meist kurz aus und sind manchmal niederschmetternd: ›Wenn Sie hier wie ein technischer Assistent arbeiten, kann ich Sie nicht gebrauchen‹. Man bleibt also abends noch etwas länger.«

Peter Overath [Overath (1976), S. 184]

»Lynen wusste vorlaute Kollegen auf Tagungen – wenn sie ihm zu viel schwadronierten – mit der Frage zu schockieren: ›Wie heißen Sie eigentlich?‹ Und wenn diese verblüfft ihren Namen nannten: ›Und welche Entdeckung ist mit Ihrem Namen verknüpft?‹«

Manfred Eigen [EIGEN (1995), S. 398]

Anmerkungen

1 Eine Studie der Universität Glasgow mit 8100 Probanden ergab, dass, je klüger Kinder mit 10 Jahren sind, sie umso mehr als Erwachsene dem Alkohol zuneigen. [SPIEGEL / SCHLAUE SÄUFER (2008)]

Themen und Anzahl der Veröffentlichungen Feodor Lynens

	Giftstoffe des Knollenblätterpilzes	Energiestoffwechsel und seine Regulation	Coenzym A, aktivierte Essigsäure und Acyl-CoA-Verbindungen	Oxidation von Fettsäuren	Aktives Isopren und Biosynthese der Terpene	Biosynthese des Cysteins	Biotin, Carboxybiotin und Carboxylierungen	Biosynthese des Cholesterols und ihre Regulation	Fettsäuresynthese	Vitamin B12-Coenzym und Gruppenverschiebungen	Biosynthese der Acetogenine	Cytohämin	Bakterielle Oxidation des Vitamins B6	Herkunft der Endgruppen des Tetracyclins
1937	1													
1938														
1939	2													
1940	1	1												
1941	2													
1942	2													
1943	1													
1944	1													
1945														
1946														
1947	1													
1948	3													
1949	3													
1950	3													
1951	1	3												
1952	1	2	1											
1953		1	5											
1954		1	2											
1955	1		7											
1956	3		2											
1957		3	2	1	2									

Feodor Lynen. Heike Will
Copyright © 2011 WILEY-VCH Verlag GmbH & Co. KGaA, Weinheim
ISBN 978-3-527-32893-2

	Giftstoffe des Knollenblätterpilzes	Energiestoffwechsel und seine Regulation	Coenzym A, aktivierte Essigsäure und Acyl-CoA-Verbindungen	Oxidation von Fettsäuren	Aktives Isopren und Biosynthese der Terpene	Biosynthese des Cysteins	Biotin, Carboxybiotin und Carboxylierungen	Biosynthese des Cholesterols und ihre Regulation	Fettsäuresynthese	Vitamin B_{12}-Coenzym und Gruppenverschiebungen	Biosynthese der Acetogenine	Cytohämin	Bakterielle Oxidation des Vitamins B_6	Herkunft der Endgruppen des Tetracyclins
1958	2	2		6		1	2							
1959	1	2	2	7		2	2	1						
1960			2	6		2	1	2	3					
1961			1	6				8	3	1	1			
1962			1				1	1	4	2				
1963	1							5	10	2		2		
1964	1		1					3	12	4	1			1
1965[1]								4	2					
1966						3	2	2	5	1		1		
1967						2	1	4	11					
1968						2	1	1	2	4		1		
1969						1	1	2	10	1				
1970	1					1	3	3	13	1				
1971									3	5				1
1972							1	2	11	1				
1973[2]									3					
1974			1					2	1	3	2			1
1975								2	1	3	4			
1976								2		3	1			
1977										8	1			
1978			1							5	3			
1979								2		6	1			
(1980)								2			2			
(1981)			1				1							
(1982)														
(1983)			1											

1 Jahr nach der Verleihung des Nobelpreises
2 Umzug in das neugebaute Institut für Biochemie in Martinsried

Kurzportraits der wissenschaftlichen Mitarbeiter und Gastwissenschaftler in Feodor Lynens Laboratorium

Bernd Hamprecht

Die Angaben beruhen auf persönlichen Auskünften der genannten Personen oder ihrer Angehörigen, Freunde und Kollegen sowie auf öffentlich zugänglichen Informationen. Die Angaben sind häufig unvollständig, da die Quellen des Öfteren nicht über alle erwünschten Informationen verfügten. Bei ca. 30 ehemaligen Mitarbeitern gelang es nicht, Informationen zu eruieren. Diese Namen fehlen in nachstehender Liste, insbesondere dann, wenn sie in den Jahren nach Verlassen des Lynenschen Labors keine Spuren mehr in der wissenschaftlichen Literatur hinterlassen haben. Einige häufig vorkommende Begriffe wurden als Abkürzungen oder Akronyme verwendet. Diese sind: apl. Professor, außerplanmäßiger Professor; B.A. oder A.B., Bachelor of Arts; B.Sc., Bachelor of Science; DFG, Deutsche Forschungsgemeinschaft; FEBS, Federation of the European Biochemical Societies; GBCh, Gesellschaft für Biologische Chemie; GDCh, Gesellschaft Deutscher Chemiker; geb., geboren; gest., gestorben; MPG, Max-Planck-Gesellschaft; MPI, Max-Planck-Institut; M.Sc., Master of Science; NIH, National Institutes of Health; Ph.D., Philosophical Doctor (entspricht Dr. rer. nat.); Postdoc, Postdoctoral Fellow; TU, Technische Universität.

Agranoff, Bernard William: Seine mehrjährige Arbeit im Labor für Neurochemie des Nationalen Instituts für Neurologische Erkrankungen und Blindheit am Nationalen Gesundheitsinstitut in Bethesda, Maryland, USA, unterbrach er mit einer Sabbatzeit (1958 bis 1959) in Feodor Lynens Laboratorium. Danach arbeitete er als Professor für Biochemie im Neurowissenschaftlichen Labor des Mental Health Institute und des Departments für Biologische Chemie an der Universität von Michigan in Ann Arbor, Michigan, USA. Inzwischen ist er emeritiert.

Forschungsschwerpunkte: Neurochemie (Regulation des Inositollipid-Stoffwechsels, biochemische Grundlagen der Neuroplastizität)

Apitz-Castro, Rafael (geb. 1939 in Caracas, Venezuela): Studierte von 1956–1962 Medizin an der venezolanischen Zentraluniversität in Caracas und wurde dort 1962 mit einem biochemischen Thema promoviert. Ermöglicht durch ein Stipendium des Instituto Venezolano de Investigaciones Cientificas (IVIC, Caracas), arbeitete er zwischen 1965 und 1967 als Wissenschaftlicher Assistent in Feodor Lynens Laboratorium. Danach kehrte er nach Caracas an das IVIC zurück und durchlief dort alle Karrierestationen bis zum Investigador Titular (Full Professor; 1981–1982), lediglich unterbrochen durch zwei Sabbatical-Aufenthalte als Research Associate und als Visiting Professor an der Indiana University in Bloomington (1969/1970) bzw. der University of Delaware (Newark, Delaware; 1981/1982). Seit 1992 ist er Emeritusprofessor am IVIC (unter Beibehaltung der Mitarbeiter und Labors bis 1995). Seit 1995 ist er Senior Investigator am Synapse BV/Cardiovascular Research

Institute der Universität Maastricht, Niederlande. Im Jahre 1989 erhielt er den Wissenschaftspreis der venezolanischen Stiftung Lorenzo Mendoza Fleury und war Fellow der John Simon Guggenheim-Stiftung. *Forschungsschwerpunkte*: Blutgerinnung, Thrombose.

Arnstadt, Klaus-Ingo (geb. 1942 in Erfurt): Chemie-Studium an den Universitäten Freiburg und Heidelberg (1962–1968). Nach der Diplomarbeit (Deutsches Krebsforschungszentrum und Universität Heidelberg) dissertierte er bei Feodor Lynen (1968–1973). Es folgten Assistentenjahre bei Lynen am MPI für Biochemie in Martinsried (1973), an der Universität Heidelberg (1974–1977) und an der Technischen Universität München (1977–1983), sowie Arbeit als freiberuflicher Wissenschaftler und ehrenamtlicher Leiter der Forschungsgruppe Fertilität an der Rinderbesamungsanstalt Herbertingen/Württemberg (1984–1986). Seit 1986 ist er Geschäftsführer einer eigenen Firma (biochemische Hormontests für landwirtschaftliche Anwendungen).

Arreguin, Barbarín: Nach seiner Dissertation bei James Bonner am California Institute of Technology in Pasadena und einem kurzen Aufenthalt in Mexico City verbrachte er eine fünfmonatige Sabbatzeit (1958/1959) in Feodor Lynens Laboratorium. Universitätsprofessor am Institut für Chemie der nationalen autonomen Universität von Mexiko in Mexiko Stadt, Mexiko. *Arbeitsgebiet*: Kautschukbiosynthese.

Auer, Reinhart (geb. 1935 in Starnberg): Nach dem Medizinstudium an den Universitäten Graz und München (1952–1958) promovierte er am Institut für Physikalische Therapie und Röntgenologie der Universität München (1958), praktizierte dann ein Jahr lang als Arzt in Trenton, New Jersey, USA, anschließend war er ein Jahr lang Medizinalas-sistent an verschiedenen Münchner Kliniken, bevor er als DFG-Stipendiat zwei Jahre lang bei Lynen arbeitete (1961–1963). Dann ließ er sich an der Universität Tübingen bei Bock zum Facharzt für Innere Medizin (1963–1967) und an der Universität München in Radiologie (1967–1969) ausbilden. Seit 1969 ist er niedergelassener Internist in Starnberg. Nach einer entsprechenden Ausbildung (1980) arbeitet er seitdem als Psychotherapeut und Psychoanalytiker.

Ayling, June E. (geb. in England): June studierte Biochemie an der University of California in Berkeley und promovierte dann dort im Department of Biochemistry bei Esmond E. Snell (1964–1967). Sie arbeitete von 1967–1969 als Postdoc in Feodor Lynens Laboratorium in München, danach als Assistant Professor im Department of Biological Chemistry der University of California in Los Angeles (1969–1976), als Associate Professor im Department of Pharmacology, University of Texas Health Science Center in San Antonio (1976–1981) sowie im Department of Pharmacology des College of Medicine an der South Alabama University, Mobile, Alabama, USA. Sie organisierte den 10th International Congress on Chemistry and Biology of Pteridines and Folates (1993 in Orange Beach, Alabama, USA). *Forschungsschwerpunkte*: Chemie, Biochemie und klinische Anwendungen des Vitamins Folsäure und von Tetrahydrobiopterin.

Baker, Nome (USA): Nach einer Gastprofessur in Feodor Lynens Laboratorium von 1968 bis 1969 wechselte er an das Liver Research Laboratory, Veterans Administration Wadsworth Medical Center, Los Angeles, California. Weitere Stationen waren eine Universitätsprofessur an der University of California, Berkeley, USA, und die Leitung des ehrenamtlichen naturwissenschaftlichen Schulprojektes (»The Gnomus Project«) am

Interactive Multisensory Learning Institute (IMSLI) in Santa Rosa, California, USA.
Forschungsschwerpunkte: Atherosklerose, Diabetes.

Bayer, Hans: Studierte Chemie an der Universität München und arbeitete zwischen 1948 und 1950 als Diplomand und Doktorand in Feodor Lynens Laboratorium.

Beaucamp, Gerta (geb. 1931 in Rathenow, Brandenburg): Studierte von 1950 bis 1956 Chemie an der Universität München, bevor sie 1956 als Diplomandin bei Feodor Lynen und anschließend bis 1958 bei Werle in den Biochemischen Laboratorien der Chirurgischen Klinik der Universität München arbeitete.

Beaucamp, Klaus (geb. 1927 in München): Er studierte von 1948 bis 1955 Chemie an der Universität München, bevor er zwischen 1955 und 1958 als Diplomand und Doktorand in Feodor Lynens Laboratorium arbeitete. Unterbrochen durch eine Postdoc-Zeit am Instituto Venezolano de Investigaciones Cientificas (IVIC) in Caracas (1961–1962) war er in den Jahren 1960 bis 1964 Wissenschaftlicher Assistent bei Helmut Holzer in Freiburg. Anschließend wirkte er bis 1992 als Hauptabteilungsleiter der Biochemischen und als Direktor der Molekularbiologischen Abteilung bei der Boehringer Mannheim GmbH (seit 1998 Roche Diagnostics) in Tutzing und Penzberg. Viele Jahre war er als Schriftführer der GBCh tätig.

Behal, Vladislav (geb. 1934 in Bohdalov, Tschechoslowakei, heute Tschechische Republik): Nach dem Studium der Chemie und der Fermentationstechnologie am Institut für Chemische Technologie in Prag (1953–1958) arbeitete er drei Jahre lang in der pharmazeutischen Industrie. Von 1962 bis zu seiner Pensionierung 2002 war er Laborleiter in der Abteilung für die Biogenese von Naturstoffen am Institut für Mikrobiologie der tschechoslowakischen Akademie der Wissenschaften (ab 1993: der Akademie der Wissenschaften der Tschechischen Republik). In dieser Zeit lagen seine Promotion (Ph.D. 1968) und sein zweijähriger Aufenthalt als Postdoc bei Lynen (1969–1970).
Arbeitsgebiet: Tetracyclin-Biosynthese.

Bergmeyer, Jürgen (geb. 1949 in Bonn, gest. 2010 bei Bern): Nach dem Studium der Chemie an den Universitäten München und Freiburg (1968-1974) arbeitete er von 1974 bis 1978 als Diplomand und Doktorand in Feodor Lynens Laboratorium. Er war im Management bei Boehringer Mannheim GmbH tätig und anschließend selbständiger Management-Berater. Die ›Methods of Enzymatic Analysis‹.wurden von ihm herausgegeben.

Berndt, Jürgen (geb. 1931 in Lübeck): Er arbeitete als Wissenschaftlicher Mitarbeiter in Feodor Lynens Laboratorium von Mitte 1963 bis Ende 1965. Im Jahr 1969 schloss er die Habilitation am Radiologischen Institut der Universität Freiburg ab. Ab 1971 war er Abteilungsleiter im Institut für Biochemie der Gesellschaft für Strahlen- und Umweltforschung (heute Helmholtz-Zentrum), München, und apl. Professor an der TU München.
Forschungsschwerpunkte: Kautschuk-Biosynthese im Latex; Lipid- und Kohlenhydratstoffwechsel in ganzkörperbestrahlten Säugetieren; Veränderungen des Lipidstoffwechsels durch Umweltchemikalien, Umweltbiochemie.

Bortz, Walter (geb. 1930 in Philadelphia, Pennsylvania): Er studierte Medizin an der University of Pennsylvania School of Medicine in Philadelphia (Dissertation 1955) In den Jahren 1955–1959 leistete er je zwei Jahre Dienst in der Armee und als Assistenzarzt für Innere Medizin (in New Orleans und San Francisco). Als Postdoc arbeitete er zwei Jahre lang (1960–1962) mit einem Stipendium der University of California in Berkeley und dann zwischen 1962 und 1963 als Stipendiat der Pew Foundation ein Jahr lang in Feodor Lynens Laboratorium. Anschließend wirkte er bis 1972 am Lankenau Hospital, Philadelphia. Seither ist er Clinical Associate Professor für Medizin an der Stanford University School of Medicine, Stanford, Californien. In den Jahren 1972 bis 2000 war er auch an der Palo Alto Medical Foundation in Kalifornien beschäftigt. Nach Beendigung der aktiven Patientenbetreuung im Jahre 2000 verfasste er öffentliche Gesundheitsprogramme (»Fit for learning«) und schrieb 6 Bücher, darunter »Next Medicine« und »Roadmap to 100«. Diese Gesundheitsprogramme lebt er selbst. So nimmt er seit 40 Jahren aktiv am Boston-Marathon teil. Auch seinen 80. Geburtstag feierte der Emeritus durch Mitrennen bei diesem Marathon. *Forschungsschwerpunkte*: Atherosklerose, Cholesterolstoffwechsel, Alterung.

Brandt, Michael (geb. 1949 in Marktoberdorf/Allgäu): Nach dem Chemiestudium an der Universität München (1970–1975) fertigte er bis 1980 in Feodor Lynens Abteilung am MPI für Biochemie in Martinsried Diplomarbeit und Doktorarbeit an. Von 1980-1982 arbeitete er als Postdoc auf dem Gebiet der Allergologie am Scripps Immunology Institute in La Jolla, Kalifornien. Seit 1982 ist er bei Boehringer Mannheim (seit 1998 Roche Diagnostics GmbH) in Tutzing und Penzberg tätig.

Bruckdorfer, Karl Richard (geb. 1942 in Llangollen, North Wales, Vereinigtes Königreich): Nach dem Studium der Biochemie (1960–1964) und der Dissertation (1964–1967) an der Universität Liverpool arbeitete er je ein Jahr als Postdoc in Laurens van Deenens Laboratorium in Utrecht/Niederlande (1967/1968) und in Feodor Lynens Laboratorium (1968/1969; mit Stipendien des British Science Research Council und der NATO). Nach Rückkehr aus München war er Research Fellow

(1969–1972) am Queen Elizabeth College London (heute King's College), dann Lecturer (Assistent Professor; 1973–1979), Senior Lecturer (Associate Professor; 1979–1991) und Reader (Privatdozent; 1991–1995) an der Royal Free Hospital School of Medicine in London. Von 1995 bis 2007 wirkte er dort und am University College London als Universitätsprofessor für Biochemie und Molekularbiologie. Seit 2008 ist er Emeritus Professor des University College London. *Forschungsschwerpunkte*: Cholesterol und Zellmembranen, Metabolismus und atherogene Eigenschaften von Nahrungskohlenhydraten und -fetten, Biochemie von Gefäßkrankheiten.

Bublitz, Clark (geb. 1927 in Merrill, Wisconsin, USA): Er studierte Biochemie an der University of Chicago (1949-1955), wo er 1955 bei Eugene P. Kennedy im Department of Biochemistry promovierte. Dann forschte er, finanziert durch die American Cancer Society, ein Jahr lang als Postdoc in Feodor Lynens Laboratorium (1955/1956). Nach Rückkehr in die USA arbeitete er bei Albert Lehninger im Department of Physiological Chemistry an der Johns Hopkins University Medical School in Baltimore, Maryland (1956–1959), und ein Jahr im Department of Pharmacology der University of St. Louis Medical School (1959/1960). Im Jahr 1960 wechselte er an das Department of Biochemistry der University of Colorado School of Medicine (ab Anfang der Achtzigerjahre University of Colorado Health Science Center, Department of Biochemistry, Biophysics and Genetics), Denver, Colorado, USA, wo er bis 1994 tätig war. *Arbeitsgebiete*: Mitochondriale Phosphatidsynthese, Mechanimus der Acetessigsäurebildung in der Leber, Kohlenhydrat- und Aminosäure-Stoffwechsel, insbesondere Ascorbinsäure-Synthese in Rattenleber, Phenylalaninhydroxylase, Regulation der Catecholamin-Biosynthese; cyclische Nucleotidphosphodiesterasen, Metabolismus von Glucose-6-Phosphat.

Bucher, Nancy L. R.: Sie studierte Biologie und verbrachte 1958 eine Sabbatzeit zunächst bei George Popják in London und anschließend bei Feodor Lynen in München (2 Monate). Sie arbeitete im Huntington Memorial Laboratory der Harvard University und des Massachusetts General Hospital, später im Department of Pathology and Laboratory Medicine, Boston University School of Medicine, Boston, USA. Heute ist sie emeritierte Universitätsprofessorin. Ihr zu Ehren hat ihre Fakultät die Nancy L. R. Bucher Professorship geschaffen.
Arbeitsgebiete: Zellfreie Cholesterolsynthese, Leberregeneration.

Buckel, Wolfgang (geb. 1940 in München): Er studierte von 1959 bis 1965 Chemie an der Universität München und arbeitete in Feodor Lynens Laboratorium bei Hermann Eggerer als Diplomand und Doktorand (1965-1968), danach als Assistent (1968-1970). Es folgten eine einjährige Postdoc-Zeit bei H. A. Barker an der University of California in Berkeley (1970/1971) und die Habilitation für das Fach Biochemie an der Universität Regensburg (1975) sowie Leitung einer Arbeitsgruppe im Fachbereich Biologie und vorklinische Medizin. Von 1987 bis 2008 war er Universitätsprofessor für Mikrobiologie an der Universität Marburg. Seit 2008 ist er bis 2014 »Max Planck Fellow" des MPIs für Terrestrische Mikrobiologie, Marburg.
Forschungsschwerpunkt: Mechanismen spezieller bakterieller Enzyme.

Chae, Jung-Bog (geb. 1936 in Kumbwa Kangwondo, Korea): Das Chemiestudium an der Staatlichen Universität Seoul (1955–1959, B.Sc.) und an der Universität München (1959–1961) schloss er mit der Dissertation in Organischer Chemie zwischen 1962 und 1965 unter Anleitung von Rolf Huisgen in München ab. Von 1967 bis wahrscheinlich 1968 Aufenthalt in Feodor Lynens Labor in München. Danach Rückkehr nach Korea.

Chan, William Wan-Chiu (geb. 1938 in Hongkong): Er studierte von 1957 bis 1964 Naturwissenschaften mit Schwerpunkt Organische Chemie an der Cambridge University in England. Dort promovierte er 1964 im Laboratorium des Nobelpreisträgers Lord Alexander R. Todd. Gefördert durch ein CIBA Fellowship arbeitete er danach ein Jahr lang bis 1965 als Gastwissenschaftler in Feodor Lynens Laboratorium. Daran schloss sich eine weitere Postdoc-Zeit (1965–1967) bei B. L. Horecker am Molecular Biology Department des Albert Einstein College of Medicine in New York an. In der Folge wirkte er als Assistent Professor (1967–1972), Associate Professor (1972–1975) und Full Professor (1975–2001) für Biochemie im Department for Biochemistry and Biomedical Sciences der McMaster University in Hamilton, Ontario, Kanada. Seit 2001 ist er dort Emeritus Professor. 1960 erhielt er den First Class Honour Degree der Cambridge University, 1975 den Ayerst Award der Kanadischen Biochemischen Gesellschaft für die beste Forschung eines Wissenschaftlers unter 40 Jahren.
Forschungsschwerpunkte: Theoretische Biochemie, Ursprung des Lebens.

Deal, William C. (geb. 1936 in Lake Providence, Louisiana, USA): Er studierte Chemie am Louisiana College in Pineville (B.Sc. 1958), promovierte 1962 in Physikalischer Chemie an der University of Illinois in Urbana und verbrachte 1962 und 1963 Postdoc-Zeit in Woods Hole, Massachusetts. Im Department of Biochemistry der Michigan State University in East Lansing durchlief er die Stationen Assistant Professor (1962–1966), Associate Professor (1966–1971) und Professor (1971–1998). Seit 1998 ist er Emeritus Professor. In Feodor Lynens Laboratorium verbrachte er 1969/1970 ein Sabbatical als Visiting Professor.
Arbeitsgebiet: Regulation der Zellproliferation bei der Immunabwehr.

Decker, Karl (geb. 1925 in München): Er studierte 1943 und 1947–1950 Chemie an der Universität München und arbeitete zunächst als Diplomand (1950–1951), anschließend als Doktorand (1952–1955) und dann als Wissenschaftlicher Assistent (bis zu seiner Habilitation 1960) in Feodor Lynens Laboratorium. Ab 1960 war er Dozent und Wissenschaftlicher Rat, seit 1968 bis zu seiner Emeritierung 1993 Ordentlicher Professor am Institut für Biochemie der Universität Freiburg. Im Jahre 1967 weilte er als »Visiting Professor« an der Michigan State University in East Lansing. Er hat viele Ehrenämter inne gehabt; so war er Dekan der Medizinischen Fakultät (1970–1971) und Prorektor (1972–1977) seiner Universität, bei der DFG Vorsitzender des Fachausschusses Theoretische Medizin (1972–1976), Senator (1976–1980) und Mitglied des Hauptausschusses (1976–1982) bei der GBCh, Mitglied des Vorstandes (1975–1981) und Präsident (1977–1979) bei der FEBS Chairman des Publication Committees (1990–1996), Präsident und Chairman des FEBS Executive Committees (1986–1988),.bei der Deutschen Akademie Leopoldina Obmann und Senator (1991–1996). Ferner gehörte er den wissenschaftlichen Beiräten vieler wissenschaftlicher Organisationen, Institutionen und Stiftungen an.

Forschungsschwerpunkte: Cholesterinsynthese, Metabolismus von Nicotin, enzymatische Aktivierung von Acetat, Aminonucleosid-Nephrose, klinische und experimentelle Hepatologie, Macrophagen-Biochemie.

Dick, Tuiskon (1927–2008): Er arbeitete als Stipendiat der Alexander von Humboldt-Stiftung und seiner eigenen Universität zwischen 1964 und 1965 in Feodor Lynens Laboratorium. Als Universitätsprofessor für Biochemie arbeitete er am Instituto de Biociencias und Departamento de Bioquímica e Centro de Ecologia an der Universidade Federal do Rio

Grande do Sul in Porto Alegre, Brasilien. Ferner wirkte er von 1990 bis 1992 als Rektor seiner Universität.

Forschungsschwerpunkte: Enzymkinetik, biochemische Indikatoren für Umweltverschmutzung, Ökotoxikologie.

Dillmann, Alfred (geb. 1928 in München, gest. 2005 in München): Nach dem Studium der Chemie an der Universität München (bis 1955) arbeitete er von 1954 bis 1958 als Diplomand und Doktorand in Feodor Lynens Laboratorium. Ab 1958 leitete er bis zu seiner Pensionierung 1993 die Redaktion von »Hoppe-Seyler's Zeitschrift für Physiologische Chemie«, erst in München, dann in Martinsried.

Dimroth, Peter (geb. 1940 in Göttingen): Das 1959 in Marburg und Freiburg begonnene Chemiestudium setzte er nach dem Vordiplom 1963 in München fort und beendete es 1965. Zwischen 1965 und 1969 arbeitete er als Diplomand und Doktorand in Feodor Lynens Laboratorium. Von 1969 bis 1971 war er Postdoc an der New York University und der Johns Hopkins University, Baltimore, Maryland, USA. Danach arbeitete er bis 1979 als Wissenschaftlicher Assistent am Institut für Physiologische Chemie der Universität Regensburg, anschließend bis 1990 als Professor für Physiologische Chemie an der TU München. Von 1990 bis zu seiner Emeritierung 2006 war er Ordentlicher Professor für Mikrobiologie an der Eidgenössischen Technischen Hochschule in Zürich, Schweiz.

Forschunsschwerpunkte: Struktur, Mechanismus und Physiologie Energietransformierender Enzyme in biologischen Membranen.

Domagk, Götz (geb. 1926 in Münster, gest. 2002 in Münster): Er studierte ab 1945 Medizin in Göttingen (Dissertation 1951) und ab 1951 zusätzlich Chemie an der Universität Göttingen und der TH Braunschweig (Diplom 1956). Nach

einem kurzen Aufenthalt bei Otto Warburg am MPI für Zellphysiologie in Ber-
lin (1956) ging er als Stipendiat des Stif-
terverbandes für die Deutsche Wissenschaft und eines Memorial Fund for
Cancer Research für eine 18-monatige
Postdoc-Zeit zu Bernhard Horecker an
das National Institute of Arthritis and
Metabolic Diseases, NIH, Bethesda,
Maryland, USA. Eine weitere, zweijäh-
rige Postdoc-Zeit absolvierte er als Wis-
senschaftlicher Assistent in Feodor
Lynens MPI für Zellchemie (1957–1959).
Zurückgekehrt nach Göttingen, an das
Physiologisch-chemische Institut der
Universität, habilitierte er sich dort 1964
für Physiologische Chemie, ging 1965/
1966 erneut für 11 Monate zu Horecker
(Institute of Molecular Biology, Albert
Einstein College of Medicine, New York)
und arbeitete fortan weiter am Göttinger
Institut als Universitätsprofessor und
Leiter der Abteilung »Enzymchemie«
(1969–1991, Pensionierung).

Forschungsschwerpunkte: Funktion von
Malonyl-CoA bei der Fettsäure-Biosynthese in Hefe; Enzymologie der Biosynthese und des Abbaus von Desoxyzu-
ckern; Struktur-Aktivität-Beziehungen
bei Enzymen des Zuckerstoffwechsels.

Eggerer, Hermann (geb. 1927 in München, gest. 2006 in München): Nach
dem kriegsbedingt langen Chemiestudium an der Universität München
(1947–1954) arbeitete er als Diplomand und Doktorand in Feodor Lynens
Laboratorium (1954–1961). Anschließend absolvierte er eine Postdoc-Zeit bei
Earl Stadtman am NIH. Der Habilitation
an Lynens Institut Mitte der Sechzigerjahre folgte 1969 die Annahme einer
Universitätsprofessur für Biochemie an
der Universität Regensburg und 1977
einer für Physiologische Chemie an der
TU München.

Forschungsschwerpunkt: Stereochemie
enzymatisch katalysierter Reaktionen.

Elhardt, Martin (geb. 1943 in Blaubeu-
ren): Nach dem Chemiestudium an der

Universität München (1962–1968)
arbeitete von 1968 bis 1973 als Diplomand und Doktorand in Feodor Lynens
Laboratorium. Von 1979 bis 2009 leitete
er die Chemieschule Dr. Erwin Elhardt,
München.

Engeser, Hans (geb. 1950 in Pforzheim):
Er studierte Chemie an den Universitäten Heidelberg (1968–1971) und München (1971–1975). In Feodor Lynens
Laboratorium in Martinsried fertigte er
sowohl Diplomarbeit (1974/1975) als
auch Doktorarbeit (1975–1978) an.
Danach arbeitete er als Postdoc zunächst
17 Monate lang im Laboratorium des
Nobelpreisträgers Gerald Edelmann
(1978/1979), danach bis 1982 im Prote-
inchemie-Laboratorium an dem von
Nobelpreisträger James Watson geleiteten Cold Spring Harbor Laboratory, Lau-
rel Hollow, N. Y.

Ewald, Christa (geb. 1946 in München
als Christa Nüssler, gest. 2010 in Nauheim): Nach einer Ausbildung zur che-
misch-technischen Assistentin in München arbeitete sie von 1968 bis 1973 bei
Feodor Lynen, belegt durch 5 Publikatio-
nen. Von 1973 bis 1976 studierte sie
dann Chemie und Biologie für das Lehr-
fach an der Universität Gießen. Danach
war sie bis zu ihrer vorzeitigen Pensionierung aus gesundheitlichen Gründen
(2009) als Lehrerin am Gymnasium in
Heusenstamm, Hessen, tätig.

Foerster, Ernst-Christoph: Studierte an
der Universität München Chemie
(1971–1976) und Humanmedizin
(1974–1979). Von 1976 bis 1979 arbeitete er dann als Diplomand und Doktorand und von 1978 bis 1979 als Wissenschaftlicher Assistent in Feodor Lynens
Laboratorium. Dann wechselte er an die
Universität Düsseldorf, wo er weiter als
Wissenschaftlicher Assistent tätig war
(Institut für Physiologische Chemie,
1980–1981) und 1982 an der Frauenklinik eine medizinische Doktorarbeit
anfertigte. Anschließend war er Assis-

tenzarzt an der Universität Zürich im Universitätshospital (Department für Innere Medizin der Medizinischen Poliklinik, 1983–1986) und im röntgendiagnostischen Zentralinstitut (1986). Zeiten als Assistenzarzt an der Universität Erlangen-Nürnberg (1986–1991; als Facharzt für Innere Medizin 1990, Habilitation 1991) folgen. An der Universität Münster wurde er Oberarzt an der Medizinischen Klinik und Poliklinik B (1991), dann Hochschuldozent (1992), apl. Professor (1997) und Leitender Oberarzt (1993–1999). Sodann avancierte er zum Direktor der Medizinischen Kliniken II am Klinikum Krefeld und begann an der privaten Darmklinik in Vlotho-Exter zu arbeiten (1999–2001). Seit 2002 ist er Arzt in eigener Schwerpunktpraxis für Gastroenterologie. 1990 erhielt er den Ludwig-Demling-Forschungspreis.

Arbeitsschwerpunkte: Fluoreszenzendoskopie, Bildphotocytometrie an Kolonlavagen, Polymerasekettenreaktion an Magenbiopsaten.

Friedrich, Josef (geb. 1945 in Waldshut): Er studierte Chemie und Biologie an der Universität Freiburg (1968–1973) und dissertierte anschließend bei Feodor Lynen (1974–1977).

Gehring, Ulrich (geb. 1935 in Stuttgart): Er studierte von 1953 bis 1959 Pharmazie, Chemie und Medizin an der Universität Erlangen (Pharmazie-Staatsexamen 1959). Das Chemiestudium setzte er an der Universität München fort und arbeitete dann als Diplomand und Doktorand in Feodor Lynens Laboratorium (1959–1964). Die anschließende Arbeit bei Lynen als Wissenschaftlicher Assistent (1964–1968) unterbrach er 1966/1967 für eine halbjährige Tätigkeit als Gastwissenschaftler im molekularbiologischen Laboratorium des Medical Research Council in Cambridge, England. Sodann folgten weitere Postdoc-Zeiten an der University of California, Berkeley, in den Departments of Cell Physiology (Assistant Biochemist and

Lecturer in Cell Physiology, 1968–1970) und Biochemistry and Biophysics (Assistant Research Biochemist II-IV, 1970–1974). Von 1974 bis zu seiner Pensionierung 2000 wirkte er als Professor für Biochemie an der Universität Heidelberg.

Forschungsschwerpunkte: Biochemie und Genetik von Steroidhormonrezeptoren, Regulation von Transkription und Proteinfaltung durch Isoformen eines Cochaperons, Phospholipasen.

Glaser, Thomas (geb. 1950 in München): Er studierte Chemie an der Universität München (1970–1975), bevor er als Diplomand und Doktorand in Feodor Lynens Laboratorium in Martinsried arbeitete (1975–1979). Danach war er drei Jahre lang Assistent im Physiologisch-chemischen Institut der Universität Würzburg (1979–1982). Von 1982 bis 1995 arbeitete er in den zum Bayer-Konzern gehörenden Troponwerken Köln als Laborgruppenleiter in der präklinischen ZNS-Forschung (1982–1988), als Leiter der Abteilung Biochemische Pharmakologie in der neurobiologischen Forschung (1989–1994) und als Laborgruppenleiter in der ZNS-Forschung (1994–1995). Seit 1995 wirkte er in der Bayer Vital GmbH in Leverkusen als Projektleiter Medizin ZNS im Bereich Pharma Medizin, als Außenstellenleiter im medizinisch-wissenschaftlichen Bereich (seit 2005) und seit 2007 als medizinischer Projektleiter Medizin, Neurologie, Immunologie und Ophthalmologie.

Arbeitsschwerpunkte: Psychopharmakologie, Klinische Forschung Psychiatrie und Neurologie, Medizinisches Marketing.

Gosselin, Luc : Er verbrachte zwischen 1962 und 1963 ein einjähriges Sabbatical in Feodor Lynens Laboratorium. Er arbeitete als Associate Professor im Laboratorium für Medizinische Chemie und in der Lipidforschungseinheit der Universität Liège, Belgien

Graßl, Marianne (geb. 1930 in München): Nach dem Chemiestudium an der

Universität München arbeitete sie von 1954 bis 1957 als Diplomandin und Doktorandin und 1957 sowie von 1960 bis 1963 als Wissenschaftliche Assistentin in Feodor Lynens Laboratorium. Postdoc war sie für ein Jahr an der Universität Bristol und für 15 Monate an der Brandeis University in Waltham, Massachusetts, USA. Von 1963 bis 1990 (Pensionierung) war sie Leiterin des Kontroll-Labors der Boehringer Mannheim GmbH (seit 1998 Roche Diagnostics) in Tutzing und Penzberg.

Greull, Gerhard: Er arbeitete in Feodor Lynens Laboratorien, zunächst im Institut für Biochemie der Universität (1951–1957) als Chemielaborantenlehrling und Laborant, dann als Doktorand (1968–1974), danach als Wissenschaftlicher Assistent und schließlich – im MPI für Biochemie in Martinsried – als Akademischer Direktor. In diese Aufenthalte bei Lynen eingeschoben hatte er von 1960–1964 sein Chemiestudium (B. A.) an der Western Reserve University in Cleveland, Ohio, USA, und an der University of Michigan in Ann Arbor (1966–1968; M.Sc.).

Gruber, Wolfgang: Er studierte Chemie an den Universitäten München und Frankfurt am Main. Seine Diplomarbeit absolvierte er 1955/1956 bei Theodor Wieland an der Universität Frankfurt, seine Dissertation fertigte er von 1956 bis 1959 bei Feodor Lynen in München an. Danach kehrte er als Arbeitsgruppenleiter zu Wieland nach Franfurt zurück (1959–1963). Von 1963 bis zu seiner Pensionierung 1997 gehörte er der Boehringer Mannheim GmbH (ab 1998 Roche Diagnostics) in Tutzing und Penzberg an. In dieser Zeit leitete er u. a. die Forschung und fungierte als Vizepräsident für internationale Zusammenarbeit (vor allem mit der WHO) bei der Boehringer Mannheim Corporation in Indianapolis, Indiana, USA (1988–1990). Die Zusammenarbeit zwischen seiner Firma und der WHO vertiefte er von 1992 bis 1997 über Büros in Genf und Kopenhagen.

Hagen, Alexander (geb. 1937 in Berlin): Nach dem Chemiestudium an der Universität München arbeitete er zwischen 1960 und 1964 als Diplomand und Doktorand in Feodor Lynens Laboratorium. Von 1964 bis 1992 (Pensionierung) war er im Forschungszentrum der Boehringer Mannheim GmbH in Tutzing und Mannheim beschäftigt.

Hamprecht, Bernd (geb. 1939 in Bad Godesberg): Nach Ausbildung zum Chemotechniker am Chemischen Institut Dr. Flad in Stuttgart (1954–1956) arbeitete er zweieinhalb Jahre in der Materialforschung bei den Farbwerken Hoechst A. G. in Frankfurt-Hoechst (1956–1958), holte dann – zeitweilig unterstützt durch die Walter-Kolb-Stiftung der Stadt Frankfurt zur Förderung des Zweiten Bildungsweges – das Abitur (1960) nach. Nach einjährigem Wehrdienst studierte er Chemie an der TH Stuttgart (1961–1963) und der Universität München (1963–1965). Von 1964 bis 1970 arbeitete er als Diplomand, Doktorand (Promotion 1968) und Wissenschaftlicher Assistent in Feodor Lynens Laboratorium. Nach einem von der MPG finanzierten Aufenthalt bei dem Nobellaureaten Marshall Nirenberg (1970–1972) am National Heart and Lung Institute des NIH in Bethesda, Maryland, USA, leitete er von 1973 bis 1978 eine Nachwuchsgruppe in Feodor Lynens Abteilung am MPI für Biochemie in Martinsried. Von 1978 bis 1985 hatte er einen Lehrstuhl für Physiologische Chemie an der Universität Würzburg inne und von 1985 bis zu seiner Emeritierung 2008 einen Lehrstuhl für Biochemie an der Universität Tübingen. 1974 erhielt er den Karl-Duisberg-Preis der Gesellschaft Deutscher Naturforscher und Ärzte. Seit Mitte der Siebzigerjahre ist er gewähltes Mitglied der European Molecular Biology Organization (EMBO). Er war Program Chairman des International Congress of Neurochemistry in Cancun, Venezuela (1987), war Secretary (1985–1999) und Präsident der International Society for Neurochemistry (1999–2001) und fungierte als Mitglied und (in einem Fall auch als Vorsitzender) der wissenschaftlichen Beiräte zahlreicher wissenschaftlicher Institute in Deutschland.

Forschungsschwerpunkte: Neurobiochemie der Signaltransduktion und des Energiestoffwechsels.

Hartmann, Guido R. (geboren 1929 in Bonn, gestorben 1992 in München): Er schloss ein Chemiestudium mit der Promotion an der Universität München (1949–1955) ab. Nach der Promotion in Physikalischer Chemie arbeitete er als wissenschaftlicher Mitarbeiter in Feodor Lynens Laboratorium zwischen 1955 und 1958, sowie zwischen 1960 und 1962. Im Jahre 1962 habilitierte er sich für Biochemie an der Universität Würzburg, war dann 1966 Universitätsdozent an der Universität Würzburg. Von 1966 bis 1973 war er Professor für Biochemie in der Fakultät für Chemie und Pharmazie der Universität Würzburg und von 1973 bis 1992 Professor für Biochemie in der Fakultät für Chemie und Pharmazie der Universität München.

Forschungsschwerpunkte: Biochemie von RNA-Polymerasen, Initiation der Gentranskription, Wirkungsmechanismen des Antibioticums Rifampicin und Nucleinsäure-intercalierender Antibiotica.

Henning, Ulf (geb. 1929 in Leipzig, gest. 2000 in Tübingen): Er studierte Humanmedizin in Würzburg und Erlangen (1950–1956). Dann arbeitete er als wissenschaftlicher Mitarbeiter in Feodor Lynens Laboratorium (1956–1960). Anschließend war er als Fulbright-Stipendiat und Postdoc bei Charles Yanofsky im Department of Biological Sciences der Stanford University in Stanford, Kalifornien, USA (1960–1962). Von 1963–1964 war er als Leiter einer eigenen Arbeitsgruppe erneut im Lynenschen Laboratorium, bevor er als Abteilungsleiter an das Institut für Genetik

der Universität Köln berufen wurde. Ab 1966 wirkte er bis zu seiner Emeritierung als Direktor am MPI für Biologie in Tübingen.

Forschungsschwerpunkte: Biosynthese von Cholesterin und Kautschuk, Kolinearität von Gensequenz und kodiertem Protein; Multienzymkomplexe, Struktur und Biosynthese der äußeren Membran des Darmbakteriums Escherichia coli, Wechselwirkung von bakteriellen Viren mit ihren Rezeptoren auf der Bakterienoberfläche.

Hess, Stefan (geb. 1942 in Lübeck): Nach kaufmännischer Lehre und Tätigkeit studierte er Chemie an der Universität München (1965–1971). Dann fertigte er von 1971 bis 1977 Diplomarbeit und Doktorarbeit bei Feodor Lynen in München (bis 1972) und Martinsried (ab 1973) an. Bei der Boehringer Mannheim GmbH war er Technical Director der Firma in Montreal, Canada (1977–1979), anschließend bekleidete er verschiedene Positionen in Mannheim im Bereich Marketing and Sales Diagnostics and Pharmaceuticals (1980–1993). In Santiago de Chile (1993–2002) war er General Manager von Boehringer Mannheim bzw. Roche Diagnostics Chile (ab 1997); in Mannheim Senior Vice President (2002– 2005).

Arbeitsgebiete: Im Wesentlichen Marketing and Sales von in vitro Diagnostika und Pharmaka.

Heumann, Rolf (geb. 1947 in Landsberg/Lech): Nach dem Studium der Mikrobiologie an der TU München (1969–1974) arbeitete er als Diplomand (1973/1974), Doktorand (1974–1978) und Wissenschaftlicher Assistent (1978–1979) in Feodor Lynens Laboratorium in Martinsried. Von 1979 bis 1991 forschte er als Wissenschaftlicher Assistent bei Hans Thoenen am theoretischen Teil des MPIs für Psychiatrie in Martinsried. Seit 1991 ist er als Inhaber des Lehrstuhles II Professor für Biochemie/Molekulare Neurobiochemie in der

Fakultät für Chemie und Biochemie der Ruhr-Universität Bochum. Er organisierte die Herbsttagung 1991 der GBM in Bochum.

Forschungsschwerpunkte: Herstellung polyploider Gliomzellen und cholinerg/adrenerger Hybridzell-Linien, Mechanismen der Regeneration im Peripheren Nervensystem, Mechanismen des neuronalen Überlebens und der intrazellulären Signalübertragung in neuralen Zellen, ras-Proteine, adulte Neurogenese, Mechanismen der Parkinsonschen Krankheit.

Hilz, Helmut (geb. 1924 in Landau, Pfalz): Er studierte Chemie an den Universitäten Freiburg (1947–1949) und München (1949–1951) und arbeitete dann als Diplomand (Diplom 1951), Doktorand (Promotion 1953) und wissenschaftlicher Mitarbeiter in Feodor Lynens Laboratorium zwischen 1951 und 1953 sowie zwischen 1955 und 1957. Dazwischen lag ein Postdoc-Aufenthalt an der Harvard University (1953–1954) bei dem Nobelpreisträger Fritz Lipmann. Es folgten Assistenz, Hauptassistenz, Habilitation (1959), apl. Professur und Abteilungsleitung (1967) und schließlich Übernahme eines Lehrstuhles für Physiologische Chemie (1969) an der Universität Hamburg in Hamburg-Eppendorf. Er ist seit 1990 Emeritus. Er hat mehrere Wissenschaftspreise erhalten: DFG-Preis 1959, Konjetzny-Preis 1962, Domagk-Preis und Martini-Preis 1964.

Arbeitsgebiete: Acetat-Aktivierung, Mechanismus der Acetylierung von Coenzym A, Sulfat-Aktivierung, Sulfatstoffwechsel, Alterung und zelluläre Enzymausstattung, ADP-Ribosylierung von Proteinen.

Himes, Richard (geb. 1935 in Philadelphia, Pennsylvania, USA): Er studierte Chemie an der University of Pennsylvania in Philadelphia (1953–1956), dann Biochemie im Department of Biochemistry der University of California in Berkeley (1956–1961; Ph.D.). Danach war er

als NIH »Postdoctoral fellow« in Feodor Lynens Laboratorium (1961–1963). Im Department of Biochemistry der University of Kansas in Lawrence durchlief er die Berufsstationen Assistant Professor (1963–1967), Associate Professor (1967–1971), Professor (1971–1978), Chairman des Departments (1978–1984), Acting Chairman (1984, 1989–1990, 1998–1999), Professor Emeritus (2000). Er erhielt einen NIH Research Career Award, einen Higuchi Research Achievement Award, und war Fellow der American Association for the Advancement of Science.

Forschungsgebiete: Enzymologie der Synthese von Tetrahydrofolat, β-Methylcrotonyl-CoA-Carboxylase; Metabolismus von Acetacet durch Achromobacter; Enzymologie und Ferredoxine thermophiler Clostridien; Struktur-Funktionsbeziehungen bei Proteinen; Mechanismen enzymatisch-katalysierter Reaktionen; Selbstzusammenbau von Proteinen; Cytoskelett-Strukturen sowie Struktur, Bildung und Funktion von Microtubuli.

Holtermüller, Karl-Hans (geb. 1940 in Saarbrücken): Von 1959 bis 1965 studierte er Humanmedizin an den Universitäten München und Genf (medizinisches Staatsexamen und Dissertation 1965 in München). Von 1965 bis 1967 war er Medizinalassistent in den Kliniken der beiden Münchner Universitäten. Er arbeitete als Stipendiat der DFG zwischen 1967 und 1969 in Feodor Lynens Laboratorium. Anschließend wirkte er bis 1973 als wissenschaftlicher Mitarbeiter und Assistenzarzt an der Mayo Clinic in Rochester, Minnesota, USA. In diesen Funktionen arbeitete er sodann auch zwei Jahre lang an der I. Medizinischen Klinik der Universität Mainz (1973–1975), wo er sich 1975 für Innere Medizin habilitierte und zum Oberarzt ernannt wurde. Im folgenden Jahr wurde er dort apl. Professor an der Universität Mainz (1976–2005). Nach einer Gastprofessur für Innere Medizin 1982 an der University of Dallas in Irving,

Texas, war er von 1983 bis zu seiner Pensionierung 2005 Chefarzt der medizinischen Klinik I am Markus-Krankenhaus in Frankfurt am Main. Unter seiner Herausgeberschaft sind drei wissenschaftliche Lehrbücher auf dem Gebiet der Gastroenterologie entstanden. Er arbeitete als Mitglied der Arzneimittelkommission der Deutschen Ärzteschaft sowie für die Landesärztekammer Hessen als Vorsitzender der Prüfungskommission Innere Medizin und als Mitglied der Gutachter- und Schlichtungsstelle für ärztliche Behandlungen. Für sein Wirken als Arzt und Hochschullehrer erfuhr er eine Reihe in- und ausländischer Ehrungen.

Forschungsschwerpunkte: Untersuchungen zur Regulation der Sekretion von Magensäure und Pankreasenzymen beim Menschen, Pathophysiologie und Therapie der Ulkuskrankheit, Untersuchungen zur Früherkennung des Dickdarmkarzinoms.

Holzer, Helmut (geb. 1921, gest. 1997 in Freiburg): Nach dem Chemiestudium an der Universität München arbeitete er als Diplomand, Doktorand und Wissenschaftlicher Assistent in Feodor Lynens Laboratorium (1945–1953; in diesem Jahr Habilitation für das Fach Biochemie). Er war Professor für Biochemie an den Universitäten Hamburg und Freiburg, Ehrenmitglied der Japanischen Biochemischen Gesellschaft (seit 1975) und Präsident der GBCh (1971–1973).

Forschungsschwerpunkte: Regulation der Glycolyse, Hydroxyethylthiaminpyrophosphat, Stoffwechsel von Tumorzellen; Enzymregulation durch reversible kovalente Modifikation und limitierte Proteolyse.

Huber, Bernhard (geb. 1927 in München): Studierte einige Semester Jura, dann Chemie an der Universität München (Diplom 1956). Anschließend war er bis 1962 bei Lynen. Im selben Jahr wurde er Patentanwaltskandidat, 1965 legte er die Patentanwaltsprüfung ab.

Huber war der erste Biochemiker in Deutschland, der Patentanwalt wurde. Seit 2005 befindet er sich im Ruhestand.

Huber, Hans-Joachim (geb. 1945 in Augsburg): Nach dem Biologiestudium an der Universität München (1966–1971) arbeitete er von 1969 bis 1974 als Diplomand und Doktorand und von 1974 bis 1975 als Wissenschaftlicher Assistent in Feodor Lynens Laboratorien in München und Martinsried. Dann folgte ein Jahr Postdoc-Zeit als Ausbildungsstipendiat der Deutschen Forschungsgemeinschaft (DFG) im Prairie Laboratory des National Research Council in Saskatoon, Saskatchewan, Kanada (1975–1976). Zurück in München leitete er am botanischen Institut der Universität eine DFG-geförderte eigene Arbeitsgruppe. Ab 1979 arbeitete er bis zu seiner Pensionierung (2005) bei der Klinge Pharma GmbH München als Laborleiter in Forschung und Entwicklung, ab 1982 als Leiter einer Abteilung für Pharmakokinetik, Biopharmazie, Biometrie, Informations-Technologie und elektronischen Datenservice.

Jauch, Rolf (geb. 1938 in Aulendorf): Er studierte Chemie an der Universität München von 1958 bis 1966. Von 1965 bis 1968 fertigte er Diplom- und Doktorarbeit in Feodor Lynens Labor an und arbeitete dann dort noch ein knappes Jahr als Wissenschaftlicher Assistent. Von 1969 an wirkte er in der Pharmazeutischen Industrie, zunächst bei Dr. Karl Thomae in Biberach (bis 1977) und dann bei Hoffmann-La Roche in Basel (1977–1996, Pensionierung).

Arbeitsgebiete: Aufklärung der Struktur von Pharmaka-Metaboliten, Pharmakokinetik von Arzneistoffen und deren Metaboliten.

Johnston, Robert B.: Verbrachte zwischen 1961 und 1962 eine Sabbatzeit in Feodor Lynens Laboratorium. Er war Professor in der Fakultät für Chemie an der Universität von Nebraska, Lincoln, USA.

Juetting, Gerd (geb. 1930 in Gleschendorf, Schleswig-Holstein): Er studierte Humanmedizin an der Universität München (1951–1957) und promovierte am Physiologisch-chemischen Institut dieser Universität (1957). Eingeschoben zwischen zwei halbjährige Medizinalassistentenzeiten an der 1. Medizinischen Klinik der Universität Hamburg (1957/1958) und der chirurgischen Abteilung des Krankenhauses München-Schwabing (1959/1960) arbeitete er anderthalb Jahre bei Lynen (1957/1958). Dann war er zwei Jahre lang Stipendiat der DFG und Wissenschaftlicher Assistent an der 1. Frauenklinik der Universität München.(1960–1968). In diese Zeit fielen die Anerkennung zum Facharzt und der Beginn der Leitung der Hebammenschule (beides 1966), sowie die Habilitation und die Ernennung zum Oberarzt (beides 1968). Von 1968 bis 1973 war er an der Klinik für Geburtshilfe und Frauenheilkunde der TH Aachen tätig und wurde zum Wissenschaftlichen Rat und apl. Professor ernannt (1971). Von da an wirkte er als Chefarzt und Leitender Chefarzt (ab 1991) in der geburtshilflich-gynäkologischen Abteilung des Krankenhauses Eutin, Kreis Ostholstein (1973–1996, Ruhestand). Im Jahre 1980 wurde er zum apl. Professor der Medizinischen Hochschule Lübeck ernannt. Einen Wissenschaftspreis der Deutschen Gesellschaft für Endokrinologie erhielt er 1969.

Arbeitsgebiete: Hormonelle Enzyminduktion im Myometrium, Untersuchungen zur Hormonkonzentration im Serum nach Einnahme diverser Ovulationshemmer.

Kellerman, Geoffrey M. (geb. 1928 in Sydney, Australien): Er studierte zuerst Medizin und dann Biochemie (1943–1950). Danach war er »Postdoc« im Department of Biochemistry der University of Sydney und ein Jahr lang Stipendiat der Rockefeller Stiftung (1956/1957) im Department of Medicine des College of Physicians and Surgeons der Columbia University in New York City. Von 1958 bis 1965 arbeitete er als Assistant Professor und von 1966 bis 1967 als Associate Professor im Department of Biochemistry der Universität Sydney; in dieser Zeit verbrachte er ein halbjähriges Sabbatical in Feodor Lynens Laboratorium (1961/1962) Er war anschließend Associate Professor für Biochemie an der Monash University in Clayton, Victoria (1967–1975) und dann (1976–1993) Professor für medizinische Biochemie in der Fakultät für Medizin der University of Newcastle, New South Wales, Australien. Seinen Titel als Doktor der Medizin (M.D.) erhielt er erst 1998 von der University of Newcastle als Anerkennung für seine Forschungsleistungen der vorangegangenen ca. 20 Jahre. Seit seiner Emeritierung (1993) übt er eine Tätigkeit als Visiting Medical Officer im Hunter Area Pathology Service in Newcastle, South Wales, aus.

Kindel, Paul (geb. 1934 in Milwaukee, Wisconsin, USA.): Er studierte von 1952 bis 1956 Chemie an der University of Wisconsin in Madison, USA (B.Sc. 1956) und von 1956 bis 1961 Biochemie an der Cornell University in Ithaca, New York (Promotion 1961). Als NIH Postdoctoral Fellow arbeitete er anschließend 21 Monate lang in Feodor Lynens Laboratorium (1961–1963). Am Department of Biochemistry (heute: Department of Biochemistry and Molecular Biology) der Michigan State University in East Lansing hatte er nacheinander folgende Positionen inne: Assistant Professor (1963–1970), Associate Professor (1970–1976), Professor (1976–2000), Professor Emeritus (seit 2000).

Forschungsgebiete: Struktur der Pflanzen-Zellwände, insbesondere pectische Polysaccharide; am Aufbau dieser Strukturen beteiligte Enzyme; Biosynthese verzweigtkettiger Zucker; molekulare

Grundlage der Winterhärte von Getreidearten.

Kirschner, Kasper (geb. 1933 in Tandjong Morawa, Sumatra, Indonesien): Nach dem von der Studienstiftung des Deutschen Volkes finanzierten Chemiestudium an der Universität München (1952–1957) arbeitete er zwischen 1957 und 1961 als Diplomand und Doktorand und von 1961 bis 1963 als Wissenschaftlicher Assistent in Feodor Lynens Laboratorium. Dann war er Assistent (1963–1968) und Wissenschaftlicher Rat (1968–1969) bei dem Nobellaureaten Manfred Eigen am Max-Plack-Institut für Biophysikalische Chemie in Göttingen. Die *venia legendi* für Biochemie der Universität Göttingen erhielt er 1969. Von 1969 bis 1971 forschte er als Gastprofessor im Department of Biochemistry der School of Medicine an der Stanford University in Stanford, Kalifornien, USA. Ab 1971 war er bis zu seiner Emeritierung (1999) Ordinarius für Biochemie am Biozentrum der Universität Basel.

Forschungsschwerpunkte: Terpen- und Fettsäurebiosynthese, Studium rascher Vorgänge bei Konformationsumwandlungen von.enzymen (insbesondere Tryptophansynthase) und thermostabilen Proteinen.

Knappe, Joachim (geb. 1929 in München, gest. 2003 in Heidelberg): Nach dem 1947 begonnenen Studium der Chemie an der Universität München arbeitete als Diplomand und Doktorand in Feodor Lynens Laboratorium (1954–1960). Ab 1960 war er Habilitand, ab 1964 Dozent und ab 1969 Universitätsprofessor für Biochemie in Heidelberg. Im Jahre seiner Emeritierung (1997) erhielt er den erstmals vergebenen Eduard Buchner Prize (»for persevering and successful research«) der GBM, anlässlich des auf der Herbsttagung der GBM in Tübingen gefeierten 50jährigen Jubiläums der GBM.

Forschungsschwerpunkte: Wirkungsweise, Biosynthese und Stoffwechsel des Vitamins Biotin; Eisen-Schwefel-Proteine; anaerobe Energieproduktion im Modellbakterium E. coli: insbesondere Enzymologie und Struktur der von ihm als Enzymradikal identifizierten Pyruvat-Formiat-Lyase.

Kormeier, Ruth (geb. 1932 in Diepolz; später verheiratete Ruth Knorr): Nach einer Chemotechniker-Ausbildung in Isny studierte sie Chemie an der Universität München (1955–1962) und fertigte ihre Diplomarbeit bei Feodor Lynen an (1961–1962). Später $1^1/_2$ Jahre Aufenthalt in Pasadena, Kalifornien.

Krampitz, Lester Orville (geb. 1909 in Maple Lake, Minnesota, USA; gest. 1997 in Cleveland, Ohio): Er studierte Biologie und Chemie am Macalester College in St. Paul, Minnesota (1927–1931; B.A.), war dann 8 Jahre lang Gymnasiallehrer, bevor er von 1938 bis 1942 bei Werkman an der Iowa State Universityin Ames, Iowa, promovierte (Ph.D. in Bacteriology). Dann verbrachte er ein Jahr als Postdoc am Rockefeller Institute in New York (1942–1943), kehrte nach Iowa zurück und wurde Assistant Professor in Werkman's Department of Bacteriology (1943–1946), dann Associate Professor im Biochemie-Department der Medical School an der Western Reserve University in Cleveland, Ohio (1946–1948), und schließlich Professor und Direktor des neu gegründeten Departments für Mikrobiologie (1948–1978; Emeritierung). Er verbrachte 1955 bis 1956 (Fulbright Fellowship) und 1965 Sabbatzeiten von 12 bzw. 7 Monaten in Feodor Lynens Laboratorium. Er war Ehrendoktor des Macalester College (1958), Mitglied der NIH Study Sections für Biochemie und Bakteriologie, Mitglied der National Academy of Sciences (seit 1978).

Forschungsschwerpunkte: Mikrobieller Stoffwechsel, insbesondere von Pyruvat und Acetat, Existenz des Citratcyclus in Bakterien, Wirkungsweise von Vitamin B_1.

Kresse, Georg-Burkhard (geb. 1946 in Berlin): Nach dem Studium der Chemie an der Universität München (1968–1972) arbeitete er als Diplomand und Doktorand (1972–1976) sowie als Wissenschaftlicher Assistent (1976–1982) bei Lynen (nach Feodor Lynens Tod 1979 bei Guido Hartmann) am Institut für Biochemie der Universität München. Im Jahre 1982 wechselte er zur Boehringer Mannheim GmbH (ab 1998 Roche Diagnostics), wo er nacheinander folgende Positionen inne hatte: Gruppenleiter Forschung Biochemie, Abteilung Enzyme (1982–1985; während dieser Periode habilitierte er sich 1983 für Biochemie an der Universität München und wurde 1984 Privatdozent), Abteilungsleiter Enzyme, Forschung Biochemie (1985–1986), Hauptabteilungsleiter Biochemie, Forschung Biotechnologie (1986–1992; in dieser Phase wurde er 1990 apl. Professor), Hauptabteilungsleiter Biochemistry, R&D Biotechnology, Therapeutics Division (1992–1995), Leiter Biotechnology Management, Therapeutics Division (1995–1997), Leiter Experimental R&D Biotechnology, Therapeutics Division (1997–1998), Head of Biology, Pharma Research Penzberg (1998–2002), Head of Protein Discovery &Head of Communication and Support Pharma Research Penzberg (2002–2006), Vice President Biologicals R&D Strategy and Communication, Pharma Research Penzberg (2006–2010) tätig war. In den Jahren 2003 bis 2009 hatte er 4 Ehrenämter inne, darunter in EuropaBio in Brüssel und im Verband der Chemischen Industrie.

Kröplin-Rueff, Luistraud: Arbeitete zwischen 1950 und 1958 als Chemisch-technische Assistentin in Feodor Lynens Laboratorium.

Kürzinger, Konrad (geb. 1948 in Wolnzach, Oberbayern): Von 1968 bis 1974 studierte er Chemie an der Universität München. Anschließend fertigte er Diplom- und Doktorarbeit in Feodor

Lynens Abteilung am MPI für Biochemie in Martinsried an (1974–1978). Er arbeitete dort noch ein weiteres Jahr als Wissenschaftlicher Assistent, bevor er für zwei Jahre (1979–1981) als Postdoc bei Timothy Springer an der Harvard Medical School in Boston forschte. Seit 1982 ist er bei Boehringer Mannheim/Roche Diagnostics tätig, zunächst in Tutzing, dann in Penzberg, bis 1986 als Gruppenleiter, dann als Abteilungsleiter der Forschung und Entwicklung Proteinchemie.

Kuhn, Nicholas J.: von der Universität Oxford kommend ging er nach einem Postdoc-Jahr (1962/1963) bei Lynen wider nach Oxford zurück. Dann arbeitete er am Graduate Department of Biochemistry der Brandeis University in Waltham, Massachusetts, USA, und dem Agricultural Research Council Institute of Animal Physiology in Babraham, Cambridge, England. Ab 1969 war er Professor für Biochemie an der School of Biochemistry/School of Biosciences der University of Birmingham, Großbritannien. *Forschungsschwerpunkte*: Biochemie der Milchdrüse, Triglycerid- und Lactose-Synthese, Hormonelle Regulation der Lactogenese; bakterielle Mangan-Ionen-abhängige Enzyme.

Lane, M. Daniel (geb. 1930 in Chicago, Illinois, USA): Den B.Sc. (1951) und den M.Sc. (1953) erhielt er von der Iowa State University in Ames, Iowa. Dann studierte er Nutritional Biochemistry an der University of Illinois in Urbana-Champaign, Ilinois (1953–1956; Ph.D.). In Virginia (Virginia Polytechnic Institute and State University in Blacksburg) wurde er Associate Professor (1956) und Professor (1963). In dieser Zeit verbrachte er als Senior Postdoctoral Fellow der National Science Foundation ein einjähriges Sabbatical (1962–1963) in Feodor Lynens Laboratorium. Anschließend wechselte er als Professor für Biochemie nacheinander ins Biochemistry Department der New York University School of Medicine (1964–1967) und ins Department for Physiological Chemistry (1984 umbenannt in Department for Biological Chemistry; 1968–2008) der Johns Hopkins University School of Medicine, Baltimore, Maryland, USA. Dort war er von 1978–1997 Abteilungsdirektor. Er ist Mitglied der American Academy of Arts and Science (seit 1982), der National Academy of Sciences (seit 1987), ist seit 1996 Fellow der American Society for Nutritional Sciences, erhielt zahlreiche weitere Auszeichnungen, wie den William C. Rose Award der American Society for Biochemistry and Molecular Biology (1981) und die Ehrendoktorwürde der Iowa State University.

Forschungsschwerpunkte: Carboxylasen, Struktur und Regulation von Insulinrezeptoren, Regulation der Differenzierung von Fettzellen, hypothalamische Regulation der Nahrungsaufnahme und des Körpergewichtes.

Lengsfeld, Hans (geb. 1937 in Gleiwitz, Oberschlesien, heute Gliwice, Polen): Nach dem Studium der Chemie an den Universitäten Bonn (bis zum Vordiplom) und München (1961–1963) arbeitete er als Diplomand und Doktorand zwischen 1963 und 1968 in Feodor Lynens Laboratorium. Von 1968 bis zu seiner Pensionierung 2002 war er bei Hoffmann-La Roche, Basel (Schweiz) tätig.

Lezius, Axel (1931 in Mainz): Nach dem Chemiestudium an den Universitäten München, Basel und München (1951–1957) fertigte er Diplom- und Doktorarbeit bei Feodor Lynen an (1956–1959). Anschließend war er Postdoc bei Lynen (DFG-finanzierter Wissenschaftlicher Assistent 1960–1962), bei H. A. Barker im Department of Biochemistry an der University of California) Berkeley (1962–1964), und bei F. Cramer am MPI für Experimentelle Medizin in Göttingen (1964–1977). Er habilitierte sich 1971 für Biochemie an der Universität Göttingen. Von 1977 bis zu seiner Pensionierung 1997 war er Professor am

Institut für Biochemie der Universität Münster.

Arbeitsgebiete: Biologische Reduktion von Sulfit, Biotin-Biosynthese, Vitamin B_{12}-Coenzyme, enzymatische DNS-Synthese, basenanaloge Nucleotide, RNA-Polymerasen und DNS-abhängige ATPasen, Klonierung und Modifikation eines Fettsäure-Bindungsproteins aus Rinderherz.

Lipmann, Fritz Albert (geb. 1899 in Königsberg, Ostpreußen, heute Kaliningrad, Russische Föderation, gest. 1986 in Poughkeepsie, New York, USA): Das 1917 in Königsberg begonnene und 1918 durch Einberufung zum Armeedienst unterbrochene Medizinstudium setzte er an den Universitäten München (1919) und Berlin fort und beendete es 1920 in Königsberg. Seine medizinische Dissertation fertigte er 1924 in Berlin bei Peter Rona an. Dann studierte er drei Jahre lang Chemie bei Hans Meerwein in Königsberg und schloss eine chemische Doktorarbeit bei Otto Meyerhof am Kaiser-Wilhelm-Institut für Biologie in Berlin-Dahlem an (1926–1927). Er zog mit Meyerhof um an das Kaiser-Wilhelm-Institut für Medizinische Forschung in Heidelberg, kehrte 1930 an das Berliner Institut zurück und von dort für zwei Jahre als Stipendiat an das Rockefeller Institut in New York. Im Jahr 1953 arbeitete er für einen Monat in Feodor Lynens Laboratorium. Von 1932 bis 1939 arbeitete er in Kopenhagen am Biologischen Institut der Carlsberg-Stiftung, wechselte dann als Research Associate an das Department of Biochemistry der Cornell Medical School in New York City und 1941 in das Department of Surgery des Massachusetts General Hospital in Boston. Dort wurde er in der Folge im Biochemischen Forschungslabor Leiter einer eigenen Arbeitsgruppe. Im Jahre 1949 nahm er eine Professur für Biologische Chemie an der Harvard Medical School an, 1957 zog er an das Rockefeller-Institut in New York City um. Er war Mitglied der Faraday Society, der Dänischen Königlichen Akademie der Wissenschaften, der Royal Society of England. Ihm wurden viele Ehrendoktorate verliehen. Im Jahre 1953 wurde ihm der Nobelpreis für Physiologie oder Medizin verliehen.

Forschungsschwerpunkte: Einfluss von Fluorid auf die Glycolyse, Phosphoproteine, Prinzip der energiereichen Bindung, Energiestoffwechsel und Bedeutung von Vitamin B1 für die Pyruvat-Oxidation; Entdeckung des Coenzyms A und des Vitamins Pantothensäure als dessen Bestandteil; aktives Sulfat; zur Kettenverlängerung in der Proteinbiosynthese, Peptidantibiotica (Gramicidin S) synthetisierende Multienzymsysteme.

Lochmüller, Hans: Nach dem Medizinstudium arbeitete er einige Zeit (bis 1963) in Feodor Lynens Laboratorium und später bis ca. 1966/67 als Stipendiat der DFG bei Harland G. Wood (siehe dort) im Department für Biochemie an der Western Reserve University School of Medicine in Cleveland, Ohio, USA. Danach wirkte er als Arzt an der Frauenklinik der Universität München.

Lorch, Eckehard (geb. 1931 in München): Nach dem Chemiestudium an der Universität München (1951–1955) arbeitete er als Diplomand (1957–1958), Doktorand (1958–1960) und Wissenschaftlicher Assistent (1960–1961) in Feodor Lynens Laboratorium. Seine Postdoc-Zeit verbrachte er bei I. L. Chaikoff an der University of California in Berkeley (1960–1961). Von 1962 bis 1991 (Ruhestand ab 1992) arbeitete er bei Hoffmann-La Roche, in Basel als wissenschaftlicher Mitarbeiter, Prokurist (ab 1971) und Vizedirektor (ab 1977).
Forschungsschwerpunkt: Pharmakologische Therapie des Diabetes mellitus.

Lust, George (geb. 1938 in Dessau, 1949 Emigration nach den USA): An der University of Massachusetts in Amherst studierte er Chemie (1956–1960) und an der Cornell University in Ithaca, New York, promovierte er in Biochemie (1964). Nach zwei Jahren Armeedienst arbeitete er ein Jahr lang in Feodor Lynens Laboratorium (1966/1967), kehrte für ein weiteres Jahr in die Armee zurück und wurde 1968 Professor für Physiologische Chemie am College of Veterinary Medicine der Cornell University. Seit 2010 ist er Professor Emeritus.
Arbeitsgebiet: Pathogenese, Molekularbiologie und Genomic der Hüftdysplasie und Osteoarthritis von Hunden.

Lynen, Annemarie (geb. 1941 in München): Sie studierte Chemie an der Universität München (1960–1966), fertigte 1968 ihre Diplomarbeit bei Feodor Lynen an, arbeitete als wissenschaftliche Mitarbeiterin im Hormonlabor der 1. Medizinischen Klinik der Universität München (1968–1971) und bei H. Holzer am Biochemischen Institut der Universität Freiburg (1971–1973). Danach arbeitete sie bei der Forschergruppe Diabetes am Schwabinger Krankenhaus in München (1974–1982). Von 1982 bis zu ihrer Pensionierung (2001) war sie in der Wissenschaftlichen Informationsvermittlung für die Biologisch-Medizinische Sektion der MPG in Martinsried tätig.

Matschinsky, Franz M. (geb. 1931 in Breslau, Schlesien; heute Wroclaw, Polen): Er studierte Medizin an den Universitäten Freiburg (1953–1955) und München (1955–1959) und promovierte in Otto Wielands Laboratorium in München (1956–1959). Während des Studiums verbrachte er als Stipendiat der Studienstiftung des Deutschen Volkes etwa ein Jahr unter Feodor Lynens persönlicher Anleitung am MPI für Zellchemie in der Kraepelinstraße in München (1955/1956). Nach der Promotion, sowie zwei Jahren als Postdoc in Wielands Laboratorium und einjähriger Medizinalassistentenzeit am Marienhospital in Hagen/Westfalen setzte er seine Ausbildung fort bei Oliver H. Lowry im Department of Pharmacology an der Washington University School of Medi-

cine in St. Louis, Missouri, USA,
(1963–1965). An dieser Universität war
er dann Assistant- (1965–1968), Associ-
ate- (1968–1972) und Full Professor für
Pharmakologie (1972–1978), bevor er an
der University of Pennsylvania als Direktor des Diabetes-Zentrums und Professor für Biochemie und Biophysik ange-
stellt wurde (1978-heute). Während dieser Zeit war er auch Ordinarius für
diese Fächer an der Medizinischen
Fakultät (1984–1993). Von der Amerikanischen Diabetes-Gesellschaft erhielt er
1995 die Banting Medal.

Forschungsschwerpunkte: Insulinsekre-
tion und Diabetes Mellitus, Glucokinase
und allosterische Aktivatoren des
Enzyms, Therapie von Typ II Diabetes.

Matsuhashi, Michio (geb. in Japan): Er
studierte Chemie an der Universität
Tokyo (1950–1953) und promovierte an
der Universität Osaka (1960). Unterstützt durch ein Stipendium des Deutschen Akademischen Austauschdienstes
(DAAD) arbeitete er während seiner
Doktorarbeit in Feodor Lynens Laboratorium über Phosphatstoffwechsel
(1953–1954). Als Postdoc kehrte er nach
München zurück und forschte bei Lynen
auf einer von der MPG finanzierten
Stelle über Acetyl-CoA-Carboxylase
(1960–1962). Dann wechselte er zu Jack
Strominger , zunächst als Postdoc im
Department of Pharmacology der
Washington University School of Medicine in St. Louis, Missouri, wo er über
Lipopolysaccharide in Gram-negativen
Bakterien forschte (1862–1963);
anschließend als Project Associate
(1964–1965) und Instructor
(1965–1966) im Department of Pharma-
cology der University of Wisconsin
Medical School in Madison, wo er über
Biosynthese des Peptidoglycans der bak-
teriellen Zellwände und die Wirkungs-
weise des Penicillins arbeitete. Nach
Japan zurückgekehrt (1966), arbeitete er
als Assistant Professor (1966–1968) und
Ordentlicher Professor (1968–1991) am
Institut für Angewandte Mikrobiologie

der Universität Tokio über enzymatische
Aktivität von Penicillin-Bindungsprotei-
nen bei Wachstum und Teilung von Bakterien. Nach seiner Emeritierung (1991)
wechselte er als Professor für Mikrobiologie in das Department für Biologische
Wissenschaften und Technologie der
Tokai Universität in Numazu, Shizuoka-
Ken, wo er akustische Kommunikation
zwischen Bakterien fand und den Mechanismus erforschte (bis 2001). Dann gründete er zur weiteren Erforschung dieser
Kommunikation das Fuji Biosonics Laboratorium der Tokai Biophonon GmbH in
Fujinomiya, Shizuoka-Ken.

Arbeitsgebiete: Bakterienzellwand-Bio-
synthese, Wirkungsweise von Penicillin,
akustische Kommunikation bei Bakterien.

Matsuhashi, Sachiko (geb. 1933 in
Japan): Sie studierte Chemie (B.Sc. 1957)
und Biochemie (M.Sc. 1959) an der Universität von Osaka in Japan und promovierte auch dort (1962). Unterstützt
durch ein japanisches Stipendium verbrachte sie das letzte Jahr ihrer Doktorandenzeit (1961–1962) mit der Arbeit
über Acetyl-Coenzym A-Carboxylase bei
Feodor Lynen in München. Anschließend ging sie als Postdoc in die USA,
um bei Jack Strominger in den Departments of Pharmacology der Washington
University School of Medicine in St.
Louis, Missouri (1962–1964) und der
University of Wisconsin Medical School
in Madison, Wisconsin (1964–1967)
über die Biosynthese von 3,6-Didesoxy-
hexosen zu arbeiten. Sie kehrte 1967
nach Japan zurück. Am Institut für
Medizinische Wissenschaften der Universität von Tokio identifizierte sie Gene
des RNA-Phagen Qβ (1967-1972), am
Mitsubishi-Kasei-Institute of Life Sciences in Tokio begab sie sich mit dem Studium der Haut von Hühnern auf das
Gebiet der Entwicklungsbiologie
(1972–1979). Bis zu ihrer Emeritierung
im Jahre 1999 arbeitete sie ab 1979 im
Department of Biochemistry der Saga
Medical School in Saga an einem von
ihr entdeckten Tumorsuppressor-Gen.

Seither setzte sie ihre Arbeit dort fort, allerdings in der Division of Hepatology and Metabolism des Departments of Internal Medicine.

Forschungsschwerpunkte: Genexpression, Apoptose, Tumorsuppressor-Gene, epidermale Wachstumsfaktoren.

Meußdoerffer, Franz (geb. 1918 in Nürnberg; gest. 2004 in Kulmbach): Er begann mit dem Chemiestudium an der Universität München zwischen den Einsätzen als Soldat im 2. Weltkrieg, beendete das Studium mit dem Diplom 1950. Er arbeitete 1950 als Diplomand in Feodor Lynens Laboratorium, während er bereits Geschäftsführer der Mönchshof-Brauerei in Kulmbach war (1945–1984). Ferner war er Präsident (1974–1980) und Vizepräsident (1960–1974, 1980–1986) der Industrie- und Handelskammer von Oberfranken in Bayreuth. Diese Engagements und Ehrenämter (z. B. als Handelsrichter, Kirchenvorstand) hatten eine Reihe von Auszeichnungen zur Folge: Große Ehrenmedaille der Industrie- und Handelskammer, Bayerische Staatsmedaille für besondere Verdienste um die Wirtschaft, Bundesverdienstkreuz 1. Klasse, Bayerischer Verdienstorden.

Mosbach, Klaus (geb. 1932 in Leipzig): Nach einem Dolmetscher-Examen in London arbeitete er in der pharmazeutischen Industrie in Malmö, bevor er an der Universität Lund, Schweden, Chemie und Biologie studierte (1953–1956, M.Sc.). Anschließend promovierte er in Lund (1956–1960). Ein Waksman-Merck Fellowship ermöglichte ihm einen anderthalbjährigen Postdoc-Aufenthalt am Institut für Mikrobiologie der Rutgers University in New Brunswick, New Jersey, USA (1960–1962). Nach seiner Rückkehr habilitierte er sich in Lund (1964), wurde Associate Professor und Full Professor und Leiter des von ihm gegründeten Departments of Pure and Applied Biochemistry (seit 1970). Er arbeitete 1967 ein halbes Jahr als Dozentenstipendiat der Humboldtstiftung in

Feodor Lynens Laboratorium. Im Jahre 1982 wurde er Mitbegründer des Departments für Biotechnologie an der ETH Zürich, Schweiz, wo er ebenso Visiting Professor ist wie am Center of Molecular Imprinting der Universität Lund. Er hatte Visiting and Guest Professorships inne in Israel, USA, Japan, Belgien und Großbritannien, ist seit 1981 Mitglied der European Molecular Biology Organization (EMBO), seit 1982 Ehrenmitglied der American Society for Biochemistry and Molecular Biology, erhielt 1983 die Arrhenius-Medaille, 1985 den Preis für Enzyme Engineering der Engineering Foundation in New York und den Preis der International Organization on Affinity Chromatography and Biorecognition und 1990 die Goldmedaille der Royal Swedish Academy of Engineering Sciences.

Arbeitsgebiete: Sekundärmetabolismus in Flechten; Immobilisierung von Biomolekülen und Zellen; Affinitätschromatographie, insbesondere mit Coenzymen als stationären Liganden; Biosensoren; Molekulare Prägung.

Müller, Emilia (geb. 1951 in Schwandorf): Nach der Ausbildung in der Chemieschule Dr. Elhardt in München arbeitete sie als Chemotechnikerin zwischen 1971 und 1972 in Feodor Lynens Laboratorium am MPI für Zellchemie in München und von 1973 bis 1975 am Institut für Biochemie der Universität Regensburg. Während einer Familienpause (1975–1988) wirkte sie auch als Hauswirtschaftsmeisterin und Sprecherin der Elternschule in Regensburg. Von 1988 bis 1999 arbeitete sie dann wieder in ihrem Beruf an zwei Instituten der Universität Regensburg und schaffte den Einstieg in die Politik. So wurde sie u. a. Mitglied des Europäischen Parlaments (1999–2003), Staatssekretärin im Bayerischen Staatsministerium für Umwelt, Gesundheit und Verbraucherschutz (2003–2005), sowie Bayerische Staatsministerin für Bundes- und Europaangelegenheiten (2005–2007, seit 2008).

Murphy, George J.P. (geb. 1945 in Dumfries, Schottland, gest. 2002 in Norwich, England): Von 1964 bis 1967 (B.Sc.) studierte er Biochemie an der Birmingham University in England und promovierte dort von 1968 bis 1971. Ein NATO Royal Society-Stipendium ermöglichte ihm dann den Aufenthalt in Feodor Lynens Laboratorien in München und Martinsried (1972–1975). Von 1975 bis 1991 arbeitete er als Research Scientist am Institut für Pflanzenzüchtung in Cambridge, England. Anschließend (1991–2002) war er – als Senior Research Scientist – Gruppenleiter der Genom-Sequenzierung und -Analyse am Biotechnology and Biological Sciences Research Council (BBSRC) John Innes Centre in Norwich, England. *Arbeitsgebiete*: Mechanismus der Aktivierung von Pflanzen-Genen durch Gibberellin, Sequenzierung von Pflanzen-Genomen, Pflanzen-Genomik.

Murphy, Gillian (geb. 1946 in Cardiff, Wales): Sie studierte Biochemie an der Universität Birmingham, England (1964–1967, B.Sc.) und promovierte dort von 1968 bis 1971. Ein NATO Royal Society-Stipendium ermöglichte ihr dann den Aufenthalt in Feodor Lynens Laboratorien in München und Martinsried (1972–1975). Anschließend wirkte sie als Postdoctoral Research Fellow und stellvertretende Leiterin des Departments für Zellphysiologie am Strangeway Research Laboratory in Cambridge, England. Nach einem Jahr als Visiting Professor am Laboratory of Radiobiology and Environmental Health an der University of California at San Francisco (1983) kehrte sie an ihr Institut zurück und war dort von 1989 bis 1997 Senior Research Fellow und Leiterin des Departments für Zell- und Molekularbiologie. Von 1995 bis 2002 arbeitete sie als Professorin für Zellbiologie an der School of Biological Sciences der University of East Anglia in Norwich. Seit 2002 ist sie als Professorin für Krebszellbiologie Stellvertretende Leiterin des Departments für Onkologie der

Cambridge University und des Cancer Research United Kingdom/Cambridge Research Institute. Im Jahre 2005 wurde sie zum Fellow of the Academy of Medical Sciences gewählt. *Arbeitsgebiet*: Bedeutung von Proteasen für Krebs und Arthritis.

Netter, Karl Joachim (geb. 1929 in Kiel): Nach dem Studium der Medizin in Kiel, Freiburg und Hamburg (1947 bis 1953; Promotion 1953) arbeitete er als Medizinalassistent an der Medizinischen Universitätsklinik Kiel und im Atlantic City Hospital in Atlantic City, New Jersey, USA (1953–1954). Anschließend forschte er als Stipendiat der DFG in Feodor Lynens Laboratorium (1954–1957), bevor er Wissenschaftlicher Assistent (1957–1966) am Pharmakologischen Institut der Universität Hamburg (Habilitation 1963) wurde; zwischenzeitlich war er Gastwissenschaftler bei B.B. Brodie im Laboratory of Chemical Pharmacology am NIH in Bethesda, Maryland, USA (1959–1960). Dann erklomm er die drei Sprossen der Professorenleiter: Professor für Chemische Pharmakologie (1967) und Professor für Toxikologie (1970) an der Universität Mainz, Ordentlicher Professor für Pharmakologie und Toxikologie an der Universität Marburg (1976; emeritiert seit 1997). Während dieser Professuren war er mehrfach zu Forschungsaufenthalten von einem bis mehreren Monaten Dauer in England, Südafrika und den USA. *Forschungsschwerpunkte*: Mikrosomale Monooxygenasen, perinataler Arzneistoffmetabolismus, Nahrungsmittelsicherheit.

Nordwig, Arnold (geb. 1931 in Krappitz, Kreis Oppeln/Oberschlesien, heute Polen): Er studierte von 1952 bis 1956 Chemie an der Universität München. Seine Diplomarbeit fertigte er im anorganisch-chemischen Institut dieser Universität (bis 1960) an. Eingeschoben in seine anschließenden Tätigkeiten am selben Institut als Wissenschaftler

Assistent und Forschungsgruppenleiter (1960–1972) arbeitete er von 1962 bis 1963 ein Jahr lang als DFG-Stipendiat in Feodor Lynens Laboratorium. Im neugegründeten MPI für Biochemie in Martinsried gründete und leitete er von 1972 bis 1992 die Arbeitsgruppe Wissenschaftliche Information zwecks Literatur-Informationsvermittlung für die gesamte Biologisch-Medizinische Sektion der MPG. In dieser Zeit richtete er die Zentralbibliothek der MPIs für Biochemie und für Neurobiologie ein und leitete sie.

Numa, Shosaku (geb. 1929, gest. 1992 in Kyoto, Japan): Nach dem Studium der Medizin an der Universität Kyoto, Japan, arbeitete er von 1956 bis 1958 als Fulbright-Stipendiat bei Oncley an der Harvard Medical School, Boston, anschließend in Feodor Lynens Laboratorium, zwischen 1958 und 1961 als Humboldt-Stipendiat sowie von 1963 bis 1967 als selbständig arbeitender Wissenschaftlicher Assistent. Ab 1967 war er Universitätsprofessor für Medizinische Chemie in Kyoto.

Forschungsschwerpunkte: Regelmechanismen der Fettsäuresynthese, Molekularbiologie von Neurohormonen, Neurotransmitterrezeptoren und Ionenkanälen.

Obermayer, Michael (geb. 1948, deutscher und schwedischer Staatsbürger): Er studierte in Stockholm an der Universität Mathematik, Musiktheorie und Komposition (1967–1968, B.A.) und an der Königlichen Technischen Hochschule Civil Engineering und Chemie(1969–1973; M.Sc.), bevor er bei Feodor Lynen in Martinsried seine Doktorarbeit anfertigte (1973–1976). Anschließend war er einige Monate Forschungsassistent bei Hoffmann-LaRoche in Basel, bevor er am Institut Europeén d'Administration des Affaires (INSEAD) in Fontainebleau, Frankreich, nach einjähriger Ausbildung den Master of Business Administration erwarb (1977). Von 1977 bis zu seiner Pensionierung 2004

hatte er bei McKinsey & Company Inc. eine Reihe von Positionen inne, vorwiegend in Skandinavien, aber auch in Großbritannien, Frankreich und Italien. Er leitete McKinsey in Schweden und Norwegen (1986–1989) und war Senior Partner und Direktor in Schweden (1991–2000). Dann leitete er McKinsey Eastern Europe (1992–2000) und gründete die Firmenbüros in Moskau, St. Petersburg, Prag, Warschau und Budapest. Anschließend wirkte er als Gründer und Dekan des McKinsey Global Learning Institute (2000–2004). Zu INSEAD zurückgekehrt, war er Managing Director and Dean des Global Leadership Fellows Programme (2005–2007) und Adjunct Professor (seit 2006). Von 2005 bis 2007 war er Managing Director des Weltwirtschaftsforums (WEF) in Davos mit Büro in Genf. Er spricht 8 Sprachen und lebte mit seiner Familie in 6 europäischen Ländern.

Arbeitsschwerpunkt: Teambildung; Aus- und Fortbildungsprogramme für Manager.

Ochoa, Severo (geb. 1905 in Luarca, Asturien, Spanien, gest. 1993 in Madrid): Er studierte Medizin an der Universität Madrid (1923–1929). Nach der Promotion arbeitete er bei dem Nobelpreisträger Otto Meyerhof an den Kaiser-Wilhelm-Instituten für Biologie in Berlin-Dahlem und für Medizinische Forschung in Heidelberg (1929–1931). Dann war er Dozent für Physiologie, ab 1934 als Assistant Professor auch für Biochemie, an der Universität Madrid (1931–1935), unterbrochen durch einen zweijährigen Aufenthalt am National Institute for Medical Research in London. Dann ging er für ein Jahr als Gastwissenschaftler zu Meyerhof nach Heidelberg zurück (1936/1937), war anschließend in England 6 Monate lang am Marine Biological Laboratory in Plymouth und drei Jahre lang bei R. A. Peters an der Universität Oxford (1938–1941). Dann arbeitete er als Instructor und Research Associate im Department of Pharmacology der

Washington University School of Medicine in St. Louis, Missouri, USA, bei den späteren Nobellaureaten Carl und Gerti Cori (1941–1942). Im Jahre 1942 wurde er Research Associate in Medicine an der New York University School of Medicine, wurde dort 1945 Assistant Professor für Biochemie, 1946 Professor für Pharmakologie und 1954 Professor für Biochemie und Chairman des Departments of Biochemistry. Im Frühjahr 1952 verbrachte er eine Sabbatzeit von einigen Wochen in Feodor Lynens Laboratorium. Die Amerikanische Staatsbürgerschaft wurde ihm 1956 verliehen, die spanische behielt er bei. An das Roche Institute for Molecular Biology in Nutley, New Jersey, wechselte er 1974. Im Jahr 1985 kehrte er nach Spanien zurück und arbeitete als Berater in der spanischen Wissenschaftspolitik. Im Jahre 1959 wurde er mit dem Nobelpreis für Physiologie oder Medizin ausgezeichnet, 1979 mit der U.S. National Medal of Science. Das 1975 eröffnete Centro de Biología Molecular Severo Ochoa in Madrid wurde nach ihm benannt und er war dessen Ehrendirektor (1975–1993). Er war Gründungsmitglied und zweiter Präsident (1961–1967) der International Union of Biochemistry (IUB). Der Asteroid 117435 Severochoa wurde 2005 nach ihm benannt.

Forschungsschwerpunkte: Vitamin B_1 und Cocarboxylase, CO_2-Fixierung und Enzyme des Citratcyclus, Polynucleotidphosphorylase und Genetischer Code, Proteinbiosynthese und Initiationsfaktoren.

Oesterhelt, Dieter (geb. 1940 in München): Er studierte Chemie an der Universität München (1959–1965) und arbeitete dann in Feodor Lynens Laboratorien als Diplomand und Doktorand (1965–1967), als Wissenschaftlicher Assistent (1967–1969) sowie als Akademischer Rat und Oberrat (Universität München, 1970–1973). Von 1969 bis 1970 verbrachte er ein Jahr als Postdoc im Cardiovascular Research Institute der University of California in San Fran-

cisco. Er war Leiter einer Arbeitsgruppe im Friedrich-Miescher-Laboratorium der Max-Planck-Gesellschaft war er von 1973 bis 1975, Ordentlicher Professor am Institut für Biochemie der Universität Würzburg von 1975 bis 1979 und wissenschaftliches Mitglied der MPG, Direktor am MPI für Biochemie in Martinsried sowie Honorarprofessor und Mitglied der Fakultät für Chemie und Pharmazie der Universität München ist er seit 1979. Von den zahlreichen Ehrenämtern und Auszeichnungen seien erwähnt: Präsident der GBCh (1987–1988), Mitglied des Vorstandes der GDCh, Mitglied des Präsidialwahlausschusses der DFG, Mitbegründer (1983) des Martinsrieder Institutes für Proteinsequenzdaten und des Innovations- und Gründerzentrums Biotechnologie Martinsried-Freising (2004), FEBS Anniversary Prize (1974), Feldbergpreis (1982), Liebig-Gedenkmünze der GDCh (1983), Otto-Warburg-Medaille der GBCh (1991), Bundesverdienstkreuze am Bande (1992) und 1. Klasse (2004), Mendel-Medaille der Deutschen Akademie der Naturforscher und Ärzte (1993), Otto-Hahn-Preis für Chemie und Physik (1998), Werner-von-Siemens-Ring (1999), Paul-Karrer-Medaille (2002).

Forschungsschwerpunkte: Biochemie, Bioenergetik und Molekularbiologie von Photorezeptoren, Membranen und Enzymen, Signaltransduktionsnetzwerke in Haloarchaea, Systembiologie halophiler Archaeen.

Ohmori, Shinji (geb. 1934 in Soja City, Präfektur Okayama, Japan): Er studierte Chemie an der Naturwissenschaftlichen Fakultät der Okayama Universität (1954–1958), wurde Doktor der Naturwissenschaften an der Universität Kyushu in Hakozaki, Higashi-ku, Fukuoka (1965) und Doktor der Medizin an der Universität Okayama (1975). In der biochemischen Abteilung der Medizinischen Fakultät der Okayama Universität war er Wissenschaftlicher Assistent (1958–1961) und Assistant Professor

(1961–1970), in der biochemischen Abteilung der Pharmazeutischen Fakultät Associate Professor (1970–1977) und Professor (1977–1998). Anschließend arbeitete er als Präsident des Tsuyama National College of Technology (1998–2003). Wissenschaftlicher Mitarbeiter in Feodor Lynens Laboratorien war er als Stipendiat der Alexander von Humboldt-Stiftung 20 Monate lang (1966–1968) in München sowie als Stipendiat der MPG 13 Monate lang (1974–1975) in Martinsried. Vom Kaiser hat er 2010 den Orden der Professoren verliehen bekommen.

Forschungsschwerpunkte: Entdeckung neuer Aminosäuren in der Natur (er fand 30 neue); Biochemie der D-Milchsäure in Tier und Pflanze.

Olbrich, Alexander (geb. 1950 in Neuburg an der Donau): Nach dem Chemiestudium an der Universität München (1969–1975) arbeitete er als Diplomand und Doktorand in Feodor Lynens Laboratorium (1975–1979). Anschließend forschte er 20 Monate lang (1979–1981) bei Shosaku Numa im Department für Medizinische Chemie an der Medizinischen Fakultät der Universität Kyoto, Japan. Im Jahre 1981 trat er in den Auswärtigen Dienst der Bundesrepublik Deutschland ein, arbeitete im Pressereferat der Botschaft in Tokyo (1983–1987), im Referat Wissenschaft und Hochschulen im Auswärtigen Amt in Bonn (1987–1990), im Wirtschaftsreferat der Botschaft in Athen (1990–1992), war Ständiger Vertreter des Leiters der Botschaft in Reykjavik (1992–1997), dann stellvertretender Leiter des Referats Friedliche Nutzung der Kernenergie im Auswärtigen Amt in Bonn und Berlin (1997–2001), anschließend in Den Haag Ständiger Vertreter der Bundesrepublik Deutschland bei der Organisation für das Verbot chemischer Waffen (2001–2005; ab 2002 im Rang eines Botschafters), in der Folge Leiter des Referats Chemie- und Biowaffenübereinkommen im Auswärtigen Amt in Berlin

(2005–2009). Seit 2009 ist er Generalkonsul im Generalkonsulat Osaka-Kobe.

Ontko, Joseph (geb. 1932 in Syracuse, New York, USA): Er studierte Chemie an der Syracuse University (1949–1953; B.Sc.) und Biochemie an der University of Wisconsin in Madison (1953–1957; Ph.D.). Nach zweijährigem Wehrdienst in der US Airforce war er von 1959 bis 1967 Assistant Professor an der University of Tennessee Medical School in Memphis. Ein Fellowship der American Heart Association ermöglichte ihm dann je einjährige Aufenthalte an der University of Bristol in England (1966–1967) und in Feodor Lynens Laboratorium in München (1967–1968). An der University of Oklahoma Medical Research Foundation in Oklahoma City war er Associate Professor und Full Professor (1968–1991), bevor er bis zu seiner Emeritierung eine Professur an der Louisiana State University Medical School in Baton Rouge inne hatte (1991–1997). Er erhielt einen Career Development Award der NIH des US Public Health Service und war Mitglied zweier NIH Study Sections (Alcohol Research Review Committee, Metabolism Study Section).

Forschungsgebiete: Ketogenese, subzelluläre Lokalisation der beteiligten Enzyme, Ketosen, Stoffwechsel von Chylomicronen, Regulation des Abbaus langkettiger Fettsäuren, hepatische Sekretion von Lipoproteinen, ernährungsphysiologische Untersuchungen des Lipidstoffwechsels

Orme, Thomas (geb. 1941 in Washington, D. C., USA): Er studierte Biochemische Wissenschaften am Harvard College (1960–1964, A. B.) und Medizinische Mikrobiologie an der University of Southern California in Los Angeles (1964–1968; Ph.D.). Von 1968 bis 1971 arbeitete er, unterstützt durch ein Stipendium der American Cancer Society, als Postdoc in Lynens Laboratorium in München. Dann erhielt er am National Cancer Institute, einem Teilinstitut der

NIH, eine lebenslange Stellung als Mikrobiologe/Toxikologe (Senior Staff Fellow), die er von 1971 bis 1981 inne hatte. Anschließend war er Produktionsleiter am New York Blood Center in New York. Dort wurde er Miterfinder eines patentierten Verfahrens zur Inaktivierung von Viren, das die Sicherheit von Blutprodukten erhöht. Derzeit (2011) ist er Präsident der eigenen Grandale Farm LLC, die sich mit Landwirtschaft und Consulting befasst.

Overath, Peter (geb. 1935 in Düsseldorf): Er studierte Chemie an der Universität München (1953–1959) und arbeitete danach als Diplomand (1957/1958), Doktorand (1958–1961) und Wissenschaftlicher Assistent (1960–1963) in Feodor Lynens Laboratorium. Anschließend war er, unterstützt durch ein Foreign Scientist Research Fellowship des US Public Health Service, als Postdoc im Department of Biochemistry and Biophysics der University of California in Davis (1963–1964). Ein DFG-Stipendium ermöglichte ihm dann den Forschungsaufenthalt am Pflanzenphysiologischen Institut der Universität Göttingen (1964–1966). Sodann wurde er Wissenschaftlicher Assistent am Institut für Genetik der Universität Köln (1966–1971), wo er sich 1969 für Biochemische Genetik habilitierte und eine eigene Forschungsgruppe leitete (1971–1973). Von 1973 bis zu seiner Emeritierung 2003 war er wissenschaftliches Mitglied und Direktor am MPI für Biologie in Tübingen. Im Jahre 1974 wurde er Honorarprofessor an der Universität Köln und Privatdozent an der Universität Tübingen.

Forschungsschwerpunkte: Lipidstruktur und Membranfunktion; Mechanismus des sekundären aktiven Transports; Struktur, Funktion und immunologische Bedeutung der Oberfläche afrikanischer Trypanosomen (Erreger der Schlafkrankheit) und von Leishmanien (Erreger der Leishmaniose).

Piccinini, Francesco (geb. 1927 in Mantua, Italien): Er schloss sein Medizinstudium an der Universität Mailand 1950 ab, sein Chemiestudium an der Universität Pavia 1954 und seine Dissertation auf pharmakologischem Gebiet in Mailand 1963. Dann ermöglichte ihm ein NATO-Stipendium, in Feodor Lynens Laboratorium in München als Postdoc unter Anleitung von E. Schweizer zu arbeiten (1963/1964). Anschließend forschte und lehrte er als Assistant Professor im Department für Pharmakologie in Mailand (1965–1970) und als Full Professor für Pharmakologie an den Universitäten Pavia (1970–1981) und Mailand (1981–2000; Emeritierung). Kommissionen für Feststellung der Wirksamkeit und Toxizität von Arzneistoffen gehörte er auf nationaler (Rom; 1975–1977) und regionaler (Lombardei; 1975–1982) Ebene an.

Arbeitsgebiete: Einfluss von Wirkstoffen auf Calciumtransport und Stoffwechsel im Herzen unter normalen und pathologischen Bedingungen, bei besonderer Berücksichtigung der Beteiligung freier Radikale, Herztoxizität von Anthracyclin-Krebstherapeutika.

Pirson, Wolfgang (geb. 1942 in Berlin): Er studierte Chemie an den Universitäten Göttingen und München (1961–1966), arbeitete dann als Diplomand und Doktorand (1966–1970) und als Wissenschaftlicher Assistent (1970–1971) in Feodor Lynens Laboratorium. Es folgten $1^1/_2$ Jahre Postdoc-Tätigkeit bei den Professoren George Popják und June Ayling an der University of California in Los Angeles. Anschließend arbeitete er von 1972 bis zu seiner Pensionierung 2002 als Gruppenleiter und Prokurist in der Pharmaforschung bei Hoffmann-La Roche, Basel.

Forschungsschwerpunkte: Diabetes und Obesitas, Onkologie und Dermatologie, Antibiotica.

Rauenbusch, Erich: Zwischen 1955 und 1957 war er wissenschaftlicher Mitarbeiter in Feodor Lynens Laboratorium. Anschließend arbeitete er in der Verfahrensentwicklung Biochemie der Bayer AG in Wuppertal.

Reeves, Henry (geb. 1933 in Camden, New Jersey, USA): Er studierte Biochemie und Virologie an der Vanderbilt University in Nashville,Tennesee (1955–1959) und promovierte dort 1959. Die anschließende Postdoc-Zeit verbrachte er im Department of Bacteriology am Walter Reed Army Institute of Research in Washington DC, und als NIH Career Development Awardee am Albert Einstein Medical Center in Philadelphia, Pennsylvania. Finanziert durch die National Science Foundation unterbrach er die Arbeit in Philadelphia und arbeitete ein Jahr lang als Gastwissenschaftler in Feodor Lynens Laboratorium (1965/1966). Von 1969 bis zu seiner Emeritierung 1993 war er Universitätsprofessor für Mikrobiologie an der Arizona State University in Tempe. Während dieser Zeit fungierte er auch als Vizepräsident für Forschung an seiner Universität (1985–1991) und als Division Director of Cellular and Molecular Biology der National Science Foundation.(1981–1983).
Arbeitsgebiete: Mikrobielle Physiologie und Biochemie, insbesondere Enzymologie.

Regen, David M. (geb. 1934 in Nashville, Tennessee, USA): Nach dem Studium der Physiologie an der Vanderbilt University in Nashville (1958–1961) forschte er eineinhalb Jahre als vom Howard Hughes Medical Institute finanzierter Postdoc in Feodor Lynens Laboratorium (1963–1964). Danach arbeitete er im Department of Physiology (später Department of Molecular Physiology and Biophysics) der Vanderbilt University School of Medicine in Nashville (1964–1995). Seit der Pensionierung (1995) patentierte er einige Erfindungen und führt Musik auf, die er komponiert und arrangiert hat.

Arbeitsgebiete: Cholesterolsynthese und -stoffwechsel in der Leber, Ketosäure- und Glucosetransport in Erythrocyten, Thymocyten und Gehirn, Proteinsynthese in Leber, Herzmechanik.

Rehn, Kurt (geb. 1937 in Biberach/Riss, gest. 2006 in Recife, Pernambuco, Brasilien): Nach dem Studium der Chemie an der Universität München (1957–1962) arbeitete er von 1962 bis 1965 als Diplomand und Doktorand in Feodor Lynens Laboratorium. Es folgten Assistenzzeiten bei Lynen (bis 1966) und am MPI für Biologie in Tübingen. Später wirkte er als Universitätsprofessor an der Pontificia Universidad Católica, Quito (Ecuador) und am Departamento de Bioquímica do Centro de Ciencias Biologicas da Universidade de Pernambuco, Recife (Brasilien).
Arbeitsgebiete: Enzymologie, Struktur bakterieller Zellhüllen, Mureinmodellierung, Lipoproteine in Limulus, Evolution von Arthropoden.

Reinwein, Dankwart (gest. 1999): Nach dem Medizinstudium war er wissenschaftlicher Mitarbeiter in Feodor Lynens Laboratorium (1953–1956), später Universitätsprofessor für Klinische Endokrinologie an der Medizinischen Klinik und Poliklinik Essen.
Forschungsschwerpunkt: Störungen der Thyroxin-Synthese.

Reiser, Georg (geb. 1948 in München): Nach dem Physikstudium an den Universitäten München und Lausanne (1967–1973) fertigte er seine Diplomarbeit am Institut für Medizinische Optik der Universität München an (1972/1973). Anschließend arbeitete als Doktorand (1974–1977) und wissenschaftlicher Mitarbeiter (1977–1979) in Feodor Lynens Laboratorium in Martinsried. Seine Postdoc-Zeit verbrachte er zunächst am Physiologisch-chemischen Institut der Universität Würzburg (1979–1982) und dann bei Ricardo Miledi im Department of Biophysics des University College London (1982–1984).

Dann wechselte er an das Physiologisch-chemische Institut der Universität Tübingen (1975) und habilitierte sich für Physiologie (1987) und Physiologische Chemie und Biochemie (1992). Seit 1993 ist er Professor am und Direktor des Instituts für Neurobiochemie der Medizinischen Fakultät der Otto-von-Guericke Universität Magdeburg. Er ist langjähriger Sprecher eines DFG-Graduiertenkollegs und seit vielen Jahren Leiter der Forschungskommission seiner Fakultät.

Forschungsschwerpunkte: Neurotransmitter-vermittelte Signaltransduktion, molekulare Mechanismen der Neuroprotektion, Bedeutung der protease-aktivierten Rezeptoren im Gehirn, purinerge Rezeptoren vom Typ P2Y, Mechanismen der Fettsäuretoxizität in Gehirnzellen (genetische Erkrankungen, wie Refsum Disease oder Adrenoleukodystrophie), Lipid-abhängige Transkriptionsfaktoren bei Schädigungsprozessen im Gehirn, Mitochondrien als Zielstrukturen für neuroprotektive Ansätze.

Rétey, Janos (geb. 1934 in Szeged, Ungarn): Nach dem Chemiestudium an der ETH Zürich (1957–1960) fertigte er dort seine Diplomarbeit (1960) und seine Doktorarbeit (1963) an. Dann arbeitete er, finanziert durch ein Stipendium der chemischen Industrie, knapp zwei Jahre lang als Postdoc in Feodor Lynens Laboratorium (1963–1965). Anschließend forschte er als Oberassistent an der ETH Zürich (1965–1972), bevor er auf den Lehrstuhl für Biochemie an der TU Karlsruhe berufen wurde. Im Jahre 1970 wurde er mit dem Alfred Werner-Preis der Schweizerischen Chemischen Gesellschaft ausgezeichnet.

Forschungsschwerpunkte: Mechanismus und Stereospezifität von Enzymreaktionen, Coenzym-B12-abhängige Enzyme, HMG-CoA-Reduktase, Ammoniak-Lyasen, Molybdän-Enzyme, enzymatische Radikal-Reaktionen, Pflanzenenzymologie.

Rimroth, Wolfgang (geb. 1937 in Bad Säckingen): Nach Ausbildung als Chemielaborant und Chemotechniker studierte er Chemie (1965–1973) mit einer Ausnahmegenehmigung der Universität München. Seine Diplomarbeit fertigte er bei Feodor Lynen an (1971–1973). Dann arbeitete er als Laborleiter zunächst an der TU München-Weihenstephan in Freising und anschließend bei einem privaten Lebensmitteluntersuchungslabor in Nürnberg. Seit 1992 befindet er sich im Ruhestand.

Rominger, Karl Ludwig (geb. 1937 in Öttingen/Bayern): Nach dem Chemiestudium an den Universitäten Tübingen und München (1956–1961) arbeitete er von 1961 bis 1965 als Diplomand und Doktorand und bis 1967 als Wissenschaftlicher Assistent in Feodor Lynens Laboratorium. Von 1967 bis 2000 wirkte er in der Arzneistoffentwicklung bei der Boehringer Ingelheim Pharma GmbH.

Forschungsschwerpunkt: Radioimmunologische Untersuchungen.

Schachinger, Liselotte (geb. 1920 in München, gest. 1999 in München): Sie studierte Medizin und Chemie (Diplom 1944, Dr. rer. nat. 1945) an der Universität München. Anschließend arbeitete sie an der Universität München als Wissenschaftliche Assistentin im Physiologisch-chemischen Institut der Medizinischen Fakultät (1945/1946), am Institut für Lebensmitteltechnologie (1946–1948, 1950–1951) und in Feodor Lynens Laboratorium (1948–1950). Von 1951 bis 1952 war sie am Oakridge National Laboratory in Tennessee, USA. Nach Europa zurückgekehrt, gehörte sie zunächst dem Physiologisch-chemischen Institut der Universität Mainz an und dann der Universität Zürich (1952–1954). In den Jahren 1955 und 1956 war sie erneut in den USA (Philadelphia). Ab 1957 bis zu ihrer Pensionierung um das Jahr 1985 wirkte sie als Leiterin des Biochemischen Labors in der Abteilung für Strahlenbiologie und Biophysik des Instituts für Biologie in der Gesellschaft für Strahlen- und Umweltforschung in Neuherberg bei München.

Schiele, Ulrich (geb. 1940 in Rathenow, Mark Brandenburg): Nach dem Chemiestudium an der Universität München (1960–1966) arbeitete er als Diplomand und Doktorand (1967–1973) und anschließend bis 1974 als Wissenschaftlicher Assistent in Feodor Lynens Laboratorium. Sodann war er zweieinhalb Jahre lang Postdoc in Japan bei Shosaku Numa am Institute of Medical Chemistry der Kyoto University Faculty of Medicine (1974–1977). Von 1979 bis zu seiner Pensionierung war er Forschungsleiter bei Hormon-Chemie München GmbH/Chemie Linz A.G./Nycomed Arzneimittel GmbH in München.

Forschungsschwerpunkt: Entwicklung von weltweit angewandten, mit einem Innovationspreis ausgezeichneten Fibrinogen-Thrombin-beschichteten Kollagenscheiben zur Abdichtung chirurgisch entstandener Sickerblutungen.

Schindlbeck, Winfried (geb. 1945 in Berg-Allmannshausen bei Starnberg): Er studierte von 1965 bis 1969 Chemie an der Universität München und arbeitete von 1970 bis 1973 als Diplomand und Doktorand in Feodor Lynens Laboratorium in München, anschließend ein Jahr als Wissenschaftlicher Assistent im Lynenschen Labor am MPI für Biochemie in Martinsried. Von 1974 bis 1989 wirkte er am Lehrstuhl für Immissionsforschung und Forstpflanzenzüchtung der Forstlichen Forschungsanstalt der Universität München. Anschließend absolvierte er drei Jahre Umschulung auf Datenverarbeitung und 5 Jahre Arbeit als Operator bei der Kreissparkasse Starnberg. Seit 1997 ist er pensioniert.

Schlegel, Hans Günter (geb. 1924 in Leipzig): Er arbeitete 1956 als Forschungsassistent in Feodor Lynens Laboratorium und später als Lehrstuhlinhaber für Mikrobiologie in Göttingen.

Forschungsschwerpunkte: Isolierung und Etablierung neuer Stämme von Knallgasbakterien, Schwefelpurpurbakterien, hydrogenotrophe Bakterien.

Schloßmann, Klaus Ottfried Walter (geb. 1922 in Kiel, gest. 1988 in Wuppertal): Nach Reichsarbeitsdienst, Kriegsdienst, Gefangenschaft und nachgeholtem Abitur studierte er von 1948 bis 1954 Chemie an der Universität Kiel. Nach der Diplomarbeit in Kiel arbeitete er, finanziert durch Prof. J. Brüggemann (Institut für Physiologie und Ernährung der Tiere der Universität München) gewährte DFG-Mittel, von 1954 bis 1957 als Doktorand in Feodor Lynens Laboratorium. Von 1957 bis zu seiner Pensionierung 1987 arbeitete er als Biochemiker und Leitender Angestellter in der Pharmaforschung am Institut für Pharmakologie der Bayer AG in Wuppertal-Elberfeld.

Forschungsschwerpunkte: Stoffwechselerkrankungen, Herz-, Kreislauf-, Hochdruck- und Koronarforschung; beteiligt an der Entwicklung des Blutdrucksenkers Adalat (Nifedipin).

Schmitt, Thomas Carl (geb. 1949 in München): Er studierte von 1970 bis 1976 Chemie an der Universität München und arbeitete von 1976 bis 1980 als Diplomand und Doktorand in Feodor Lynens Laboratorium. Seine berufliche Laufbahn setzte er fort als als Produktmanager bzw. Leitender Produktmanager bei den Firmen Hormon-Chemie München (1981–1983) und ESPE Dental AG (heute 3 M ESPE; 1983–1985) sowie als Divisionmanager bei Diagnostics Pasteur (gehört zu Sanofi; 1985–1987). Von 1987 bis 1997 betrieb er seine eigene Marketing-Firma. Seit 2000 ist er Leiter einer Investment-Firma.

Schnackerz, Klaus (geb. 1934 in Köln): Er studierte Chemie an der TH Darmstadt (1954–1957) sowie den Universitäten München (1958–1962) und Köln (1962–1965). Seine Diplomarbeit fertigte er an Feodor Lynens Institut unter Anleitung von L. Jaenicke an (1960–1962). Dort begann er auch mit der Dissertationsarbeit, die er nach Umzug Jaenickes an die Universität Köln dort 1965 abschloss. Seine Postdoc-Zeit verbrachte er am Department of Biochemistry der University of California in Riverside (1966–1970). Zwischen 1970 und 1999 durchlief er am Physiologisch-chemischen Institut der Universität Würzburg alle Stationen vom Wissenschaftlichen Assistenten bis zum Akademischen Direktor, habilitierte sich und wurde 1980 Privatdozent, 1986 apl. Professor für Biochemie (Pensionierung 1999). Viele Forschungsaufenthalte bzw. Visiting Professorships in den letzten drei Jahrzehnten an Instituten in den USA und in Europa belegen seine internationalen Forschungskooperationen.

Forschungsschwerpunkte: Phosphoglucose-Isomerase, Pyridoxalphosphatabhängige Enzyme, ^{31}P-Magnetische Kernresonanz (NMR)-Spektroskopie, Strukturen und Mechanismen von Enzymen des Pyrimidinabbaus, Analyse der Raumstruktur synthetischer Peptide mittels ^{1}H-NMR-Spektroskopie.

Schreckenbach, Thomas (geb. 1946 in Hamburg): Er studierte Chemie an der Universität München, dann arbeitete er als Diplomand und Doktorand in Feodor Lynens Laboratorium (1972–1975), als Wissenschaftlicher Assistent am Institut für Biochemie der Universität Würzburg (1975–1979) und als Leiter einer Arbeitsgruppe am MPI für Biochemie in Martinsried (1980–1986). 1983 habilitierte er sich für Biochemie an der Universität München. Bei der Firma E. Merck, Darmstadt, wurde er ab 1986 Leiter der Biochemischen Forschung, Leiter der Zentralforschung Chemie, Leiter der Sparte Pigmente, Mitglied der Geschäftsleitung (ab 1991; seit 2006 im Ruhestand). Seit 1992 ist

er apl. Professor für Biochemie an der TU Darmstadt. Er ist seit 2000 Ehrendoktor der Universität Southampton in England. Ferner war er vielfaches Mitglied von Vorständen wissenschaftlicher Gesellschaften (GDCh, GBM) und industrieller Verbände (Verband der Chemischen Industrie, DECHEMA) sowie Mitglied wissenschaflicher Beiräte von Forschungsinstituten und industriellen Firmen.

Schuegraf, Auguste (geb. 1924 in München; verheiratet mit G. Hartmann): Sie studierte von 1946 bis 1949 Pharmazie an der Universität München und promovierte in diesem Fach 1953. Von 1955 bis 1957 arbeitete sie als Boehringer-Stipendiatin in Feodor Lynens Laboratorium, bevor sie für zwei Jahre (1957–1959) zu Sarah Ratner nach New York ging.

Schultz, Joachim (geb. 1941 in Neumarkt/Oberpfalz): An der Universität Erlangen studierte er Pharmazie (1962–1965), bevor er als Doktorand in Feodor Lynens Laboratorium arbeitete (1965–1968). Anschließend forschte er 15 Monate lang als Postdoc bei Klaus Mosbach am Chemiezentrum der Universität Lund in Schweden (1969–1970) und zwei Jahre als DFG-Stipendiat bei John W. Daly am National Institute of Arthritis and Metabolic Diseases der NIH in Bethesda, Maryland, USA (1970–1972). Nach einer Zeit als Assistent am Institut für Toxikologie in der Medizinischen Fakultät der Universität Tübingen (1972–1976) und nach der Habilitation wurde er auf eine Professur für Pharmazeutische Chemie in der Fakultät für Chemie und Pharmazie der Universität Tübingen berufen. Seit 2006 ist er pensioniert. Er erhielt den Anna Monika Award für Antidepressivaforschung, den Felix-Wankel-Tierschutz-Forschungspreis und einen Minerva-Award für einen Sabbatical-Aufenthalt in Israel.

Forschungsschwerpunkte: Flechtenenzyme, Signaltransduktion, Kristallstruktur, Antidepressiva, Biochemie von Pantoffeltierchen, Adenylat- und Guanylatcyclasen; Hören, Sehen, Riechen, rekombinante Proteine, Adenylatcyclasen in Bakterien.

Schweizer, Eckhart (geb. 1936 in Stuttgart): Nach dem Chemiestudium in Tübingen (1955–1959) und München (1959–1961) arbeitete als Diplomand und Doktorand (1961–1963) und als Wissenschaftlicher Assistent bis 1966 in Feodor Lynens Laboratorium. Nach einer Postdoc-Zeit bei H. O. Halvorson am Molecular Biology Laboratory der University of Wisconsin in Madison, USA, arbeitete er am Institut für Biochemie der Universität Würzburg als Wissenschaftlicher Assistent und Dozent (1970-1974; Habilitation 1971). Von 1974 bis zu seiner Emeritierung 2004 war er Inhaber eines Lehrstuhles für Biochemie an der Naturwissenschaftlichen Fakultät der Universität Erlangen-Nürnberg, wobei er auch zeitweilig die Ämter eines Dekans und eines Senators inne hatte. Er erhielt den Akademiepreis der Göttinger Akademie der Wissenschaften, den Karl Winnacker-Preis und den Heinrich Wieland-Preis.

Forschungsschwerpunkte: Genetik der rRNA-Biosynthese in Hefe, Mitochondrien-Biogenese in Hefe, Enzymologie, Genetik und Regulation von Multienzymkomplexen der Fettsäure- und Polypeptidsynthese in Hefe.

Seubert, Werner (geb. 1928 in München, gest. 1975 in Göttingen): Nach dem Chemiestudium an der Universität München arbeitete als Diplomand, Doktorand und Wissenschaftlicher Assistent in Feodor Lynens Laboratorium (1952–1962), unterbrochen durch einen zweijährigen Postdoc-Aufenthalt (1955–1957) bei Earl Stadtman am National Heart Institute, NIH, in Bethesda, Maryland, USA. An der Universität Frankfurt am Main baute er eine enzymologische Arbeitsgruppe auf, habilitierte sich (1962) und wurde Wissen-

schaftlicher Rat (1967). Von 1967 bis 1975 war er Inhaber des Lehrstuhls am Physiologisch-Chemischen Institut der Universität Göttingen. Im Jahr 1969 erhielt er den Heinrich-Wieland-Preis, 1970 wurde er Mitglied der Göttinger Akademie der Wissenschaften.

Forschungsschwerpunkte: Regulation des Auf- und Abbaus von Fetten und Kohlenhydraten durch Metabolite und Hormone; Kettenverlängerung von Fettsäuren.

Seyffert, Reinhard (geb. 1937 in Sondershausen, gest. 1979 in Martinsried): Nach dem Studium der Chemie an der FU Berlin und an der Universität München (1956–1962) arbeitete er von 1962 bis 1966 als Diplomand und Doktorand und anschließend bis 1979 als Wissenschaftlicher Assistent in Feodor Lynens Laboratorien an der Universität München und am. MPI für Biochemie in Martinsried.

Forschungsschwerpunkte: Aufklärung der Struktur der Isoprenoidseitenkette des Cytohämins, Bestimmung von Teilaktivitäten der 6-Methylsalicylsäuresynthase.

Siedel, Joachim (geb. 1948 in München): Nach dem Chemiestudium an den Universitäten Frankfurt am Main und München (1966–1973) arbeitete er als Diplomand (Diplom 1973), Doktorand (1973–1975) und Wissenschaftlicher Assistent (15 Monate 1975/1976) in Feodor Lynens Laboratorien in München und Martinsried. Danach forschte er 18 Monate lang (1976–1978) als Fogarty Postdoctoral Fellow bei Earl R. Stadtman) im Laboratory of Bochemistry an dem NIH in Bethesda, Maryland, USA. Dem anschließenden zweimonatigen Forschungsaufenthalt in Lynens Laboratorium folgte der Eintritt in das Werk Tutzing der Boehringer Mannheim GmbH (seit 1998 Roche Diagnostics). Dort avancierte er vom Gruppenleiter in der Diagnostica Testentwicklung klinische Chemie 1984 zum Abteilungsleiter, arbeitet aber weiter in der Diagnostica-

Entwicklung, seit 2008 als Expatriat bei der Roche Diagnostics AG, Rotkreutz, Schweiz.

Arbeitsgebiete: Auffindung von komplett spaltenden Cholesterinesterasen; Entdeckung der Existenz zweier dianostisch relevanter Enzyme des Creatinin-Stoffwechsels, einer Carbamoylsarcosin-Amidohydrolase und einer ATP-abhängigen N-Methylhydantoinase; Entwicklung eines empfindlichen Tests zum universellen Nachweis bakterieller oder pilzlicher DNA-Kontaminationen für die Sepsis-Diagnostik.

Sjöstrand, Fridiof (geb. 1912 in Schweden): Er studierte Medizin (Doktor der Medizin 1941) und Biochemie (Doktor der Naturwissenschaften 1945) am Karolinska-Institut in Stockholm. Von 1933 bis 1959 arbeitete er am Karolinska-Institut für Anatomie und von 1959 bis zu seiner Emeritierung 1982 im Department of Biology der University of California in Los Angeles. Ein Sabbatical verbrachte er 1973 in Feodor Lynens Labor am MPI für Biochemie in Martinsried. Er erfuhr vielfache Ehrungen: So erhielt er den Schwedischen Decorated North Star Orden, den Jubilee Award der Schwedischen Medizinischen Gesellschaft (1959), die Anders Retzius Goldmedaille (1967), den Paul Ehrlich-Ludwig Darmstätter-Preis (1971) und wurde Ehrenmitglied von vier wissenschaftlichen Gesellschaften in England, USA, Japan und Skandinavien. Ferner erhielt er die Ehrendoktorwürde der Universität Siena und der North-Eastern Hill University in Shillong, Indien.

Arbeitsgebiet: Entwicklung der Elektronenmikroskopie seit ihren Anfängen mit spezieller Berücksichtigung von Mitochondrien und Retina.

Snell, Esmond E. (geb. 1914 in Salt Lake City, Utah, USA, gest. 2003 in Boulder, Colorado): Er studierte Chemie an der Brigham Young University in Provo, Utah (B.A. 1935) und Biochemie an der University of Wisconsin in Madison (Ph.D. 1938.). Seine Postdoc-Zeit verbrachte er am Department of Chemistry der University of Texas in Austin (1939) und wurde dort Assistant Professor (1941) und Associate Professor of Chemistry (1943). Im Jahre 1945 wurde er als Associate Professor an die University of Wisconsin zurückberufen und kurz darauf zum Professor of Biochemistry (1947–1951) befördert. Dann arbeitete er als Professor of Chemistry an der University of Texas in Austin (1951–1956) und als Professor of Biochemistry an der University of California in Berkeley (1956–1976), wo er auch als Chairman des Departments of Biochemistry (1956–1962) wirkte. Schließlich kehrte er 1976 nach Austin zurück, als Professor für Mikrobiologie und Chemie (ab 1980 Ashbel Smith Professor of Chemistry) und als Chairman des Departments of Microbiology (1976–1980). Emeritiert wurde er 1990. Er erhielt viele Auszeichnungen, darunter den Eli Lilly Award in Bacteriology and Immunology der Society of American Bacteriologists (1945), den Mead-Johnson Vitamin B Complex Award (1946) und den Osborne-Mendel Award (1951) des American Institute of Nutrition, den Kenneth A. Spencer Award der American Chemical Society (1974), den William C. Rose Award der American Society of Biological Chemists (1985). Er wurde zum Mitglied der National Academy of Sciences(1955) und der American Academy of Arts and Sciences (1962) gewählt; er wurde Ehrendoktor der University of Wisconsin (1982); er war Präsident der American Society of Biological Chemists und Vorsitzender des U.S. National Committee for the International Union of Biochemistry (1963–1965).

Forschungsschwerpunkte: Entwicklung von Bestimmungsmethoden für viele Vitamine unsd Wachstumsfaktoren, Funktion von Vitamin B_6 und davon abhängigen Enzymen; Pyruvyl-Enzyme.

Southwell-Keely, Peter T.: Zwischen 1970 und 1971 war er wissenschaftlicher Mitarbeiter in Feodor Lynens Laboratorium. Er arbeitet(e) am Chemischen Institut der Universität Sydney, Australien. *Forschungsschwerpunkt*: Biosynthese von Vitamin E.

Spieß, Joachim (geb. 1940 in Lüdenscheid): Von 1961 bis 1968 studierte er Medizin und von 1968 bis 1972 Chemie an der Universität München. Dort erlangte er die medizinische Dissertation (1964-967) bei E. Meyer am Physiologisch-chemischen Institut, die biochemische Dissertation bei F. Lynen in der Zeit von 1973–1976. Am Salk-Institut in San Diego, Kalifornien arbeitete er nacheinander als Postdoc bei Wylie Vale (1976–1977), Research Associate, Assistant Research Professor, Associate Research Professor (1978–1987) und Adjunct Professor (seit 1990; seit 2010 auch – unterstützt durch die MPG – am Sanford-Burnham Medical Research Institute in La Jolla). Von 1987 bis 2005 war er Direktor der Abteilung Molekulare Endokrinologie am MPI für Experimentelle Medizin in Göttingen (1987–2005). An der John A. Burns School of Medicine der University of Hawaii war er Program Director eines NIH-geförderten Projekts und – mit Unterstützung der MPG – Professor für Psychiatrie (2004–2009).
Arbeitsgebiete: Untereinheitsstruktur von Acetyl-CoA-Carboxylase; Biosynthese hypothalamischer hypophysotroper Peptide in Zellkulturen; Primärstruktur von Corticotropin Releasing Factor (CRF); Charakterisierung weiterer hypophysotroper Peptidhormone; Charakterisierung des CRF-Bindungsortes eines CRF-Bindungsproteins; Synthese von CRF-Analoga; Studium des Einflusses von CRF auf die Gedächtniskonsolidierung; CRF-Genknockout-Mäuse als Depressionsmodell.

Srere, Paul A. (geb. 1925 im US-Staat Iowa, gest. 1999 in Dallas, Texas): Nach dem Biochemie-Studium promovierte er bei I. L. Chaikoff im Department of Chemistry der Division of Physiology an der Medical School der University of California in Berkeley. Sodann arbeitete als Postdoc bei Fritz Lipmann im Department of Biological Chemistry der Harvard Medical School in Boston (1951), Massachusetts, bei Ephraim Racker am Public Health Research Institute der Stadt New York und ein Jahr lang (1955–1956) bei Feodor Lynen in München. Anschließend hatte er Positionen inne als Professor an der University of Michigan Medical School in Ann Arbor, am Lawrence Livermore Laboratory in Livermore, Kalifornien, und von 1966 bis 1999 als Universitätsprofessor am Veterans Administration Medical Center und der University of Texas Southwestern Medical School in Dallas.
Forschungsschwerpunkte: Pentosephosphatcyclus, Citratbiosynthese, Analyse von Stoffwechselregulationen, Funktion und Organisation von Enzymen in Zellen.

Stadtman, Earl Reece (geb. 1919 in Carrizozo, New Mexico, USA; gest. 2008 in Derwood, Maryland): Er studierte Bodenwissenschaft an der University of California in Berkeley (1940–1942; B.Sc.). Aufgrund kriegsbedingter Unterbrechung konnte er seine Ausbildung erst 1945 dort fortsetzen und promovierte 1949 im Department of Biochemistry. Als Postdoc arbeitete er dann, unterstützt durch ein Stipendium der Atomic Energy Commission, in Fritz Lipmanns Laboratorium am Massachusetts General Hospital (1949–1950). Dann wechselte er an das National Heart Institute an den NIH in Bethesda, Maryland, wo er 1962 Leiter des Laboratoriums für Biochemie wurde. Im Jahre 1955 verbrachte er ein einmonatiges und 1959/1960 ein halbjähriges Sabbatical in Feodor Lynens Laboratorium.
Forschungsschwerpunkte: Vitamin B12; Fettsäuremetabolismus; zyklische Kaskade-Systeme in der Stoffwechselregulation; Proteinoxidation und –abbau, Alterung.

Stadtman, Thressa C. (geb. 1920 als Thressa Campbell im Norden des Staates New York, USA, ab 1943 Thressa Stadtman): Sie studierte Mikrobiologie an der Cornell University (B.Sc. 1940) sowie Bakteriologie und Ernährung (M.Sc.1943). Danach fertigte sie kriegsbedingt ihre Dissertation im Department of Biochemistry der University of California in Berkeley erst von 1945 bis 1949 an. Dann trat sie 1949 als Wissenschaftliche Assistentin in Christian Anfinsens Laboratorium an der Harvard Medical School in Boston ein und zog 1950 mit seinem Laboratorium in das Labor für Zellphysiologie des National Heart Institute um, das Teil des NIH in Bethesda, Maryland, ist. Sie verbrachte ein dreimonatiges (1955) und ein halbjähriges (1959–1960). Sabbatical in Feodor Lynens Laboratorium, finanziert von der Helen Hay Whitney Foundation bzw. der Rockefeller Foundation. Seit 1962 arbeitete sie im Laboratory of Biochemistry des National Heart, Lung and Blood Institute, das Teil des NIH in Bethesda, Maryland ist. Sie ist dort seit 1974 Leiterin der Section on Intermediary Metabolism and Bioenergetics.

Forschungsschwerpunkte: Methanbiosynthese, Biochemie der Selenproteine.

Stiles, Martin (geb. 1927 in Huntington, West Virginia, USA): Er studierte Chemie an der Ohio State University in Columbus (B.Sc. 1950) und promovierte, unterstützt durch ein NSF Predoctoral Fellowship, an der Harvard University in Cambridge, Massachusetts,(1954). Von 1955 bis 1978 war er Professor im Department of Chemistry an der University of Michigan in Ann Arbor. In dieser Zeit verbrachte er, finanziert durch Guggenheim und Sloan Fellowships 10 Monate in Feodor Lynens Laboratorium (1962/1963). Seit 1978 ist er Adjunct Professor im Department of Chemistry an der University of Kentucky in Lexington. Er wurde 1955 Assistant Editor des Journal of Organic Chemistry, war Editor des Journal of the American Chemical Society (1969–1975) und Berater des NIH und der chemischen Industrie.

Forschungsschwerpunkte: Chemie reaktiver Zwischenprodukte wie Benzyn.

Suckling, Keith E.: Er arbeitete zwischen 1971 und 1972 als Postdoc in Feodor Lynens Laboratorium, danach am Institut für Biochemie der Universität Edinburgh und ab ca. Mitte der Achtzigerjahre im Department of Vascular Biology; SmithKline and French in The Frythe, Welwyn Hertfordshire (später SmithKlineBeecham, in Harlow, Essex; noch später GlaxoSmithKlinePharmaceuticals, Harlow, Essex, Großbritannien).

Arbeitsgebiete: Hydrophobe Wechselwirkungen zwischen Cholesterolseitenkette und Lecithin, Suche nach antiatherosklerotischen Pharmaca

Sumper, Manfred (geb. 1942 in München): Er studierte von 1962 bis 1967 Chemie an der Universität München. Anschließend arbeitete er bis 1970 als Diplomand und Doktorand – und dann bis 1972 als Wissenschaftlicher Assistent – in Feodor Lynens Laboratorium. Seine Postdoc-Zeit verbrachte er als Wissenschaftlicher Assistent bei dem Nobelpreisträger Manfred Eigen am MPI für Biophysikalische Chemie in Göttingen (1972–1975) und am Institut für Biochemie der Universität Würzburg (1975–1978; Habilitation 1975). Von 1978 bis 2008 hatte er einen Lehrstuhl für Biochemie an der Universität Regensburg inne. An Auszeichnungen erhielt er den Hauptpreis der Bayerischen Akademie der Wissenschaft (1974), hatte den Vorsitz im Fachgutachterausschuss der DFG (1988) und die Mitgliedschaft im Heisenberg-Auswahlausschuss der DFG (1995–1998), ist Mitglied in der Bayerischen Akademie der Wissenschaften (seit 1999) und der Deutschen Akademie der Naturforscher Leopoldina (seit 2000).

Forschungsgebiete: Kettenabbruch in der Fettsäurebiosynthese, Rekonstitution des Multienzymkomplexes Fettsäuresynthase, RNA-de novo-Synthese durch die Replicase des Bakterieophagen Qβ, Biogenese der Purpurmembran und der Glycoproteine der Archaea Halobacterium halobium, Pheromonsystem und Embryonalentwicklung der Kugelalge Volvox, Silikat-Biomineralisation und Musterbildung in Kieselalgen.

Traber, Jörg (geb. 1946 in Stuttgart): Er studierte von 1968 bis 1973 Chemie an der Universität München und arbeitete danach als Diplomand und Doktorand (1973–1976) sowie als Wissenschaftlicher Assistent (1976–1977) in Feodor Lynens Abteilung am MPI für Biochemie in Martinsried. Anschließend arbeitete er in drei Industriepositionen: ein Jahr als Leiter der Abteilung Zellbiologie der Philip Morris Research Laboratories in Köln (1977/1978); 17 Jahre als Leiter des Institutes für Neurobiologie und des Bereiches Forschung der Troponwerke Köln, Aufbau einer multidisziplinären Forschungseinheit als Teil der Bayer Pharma-Forschung (1978–1995); Leiter der Forschung im Geschäftsbereich Zentralnervensystem im Bayer Pharma-Forschungszentrum Bayer HealthCare, Wuppertal, verantwortlich für die internationale Forschungskoordination, strategische Forschungsplanung, Technologie- und Portfoliomanagement, interne und externe Forschungsbudgets (1995–2005, Ruhestand). Seit 1984 hatte er einen Lehrauftrag am Pharmakologischen Institut der Universität Gießen, habilitierte sich dort 1992 für Pharmakologie, wurde 1993 Privatdozent und 2002 Honorarprofessor.

Forschungsschwerpunkte: Psychiatrische und neurologische Erkrankungen, Demenz.

van Calker, Dietrich (geb. 1948 in Münster, Westfalen): Nach dem Chemiestudium in Freiburg (1967–1973) fertigte er seine Doktorarbeit in Feodor Lynens Abteilung am MPI für Biochemie in Martinsried an (1974–1978) und arbeitete bis 1979 weiter als Forschungssti-

pendiat. Parallel dazu begann er mit dem Studium der Humanmedizin an der Universität München (1978–1983) und promovierte dort an der Psychiatrischen Klinik auch in Medizin (1984–1985). Als Assistenzarzt wirkte er an dieser Klinik (1984–1986, 1988–1991) und an der Neurologischen Klinik der TU München (1987). Im Jahre 1993 wurde er an der Psychiatrischen Klinik der Universität München Arzt für Psychiatrie und Psychotherapie und habilitierte sich in diesem Fach. Seit 1991 ist er Oberarzt und seit 2000 apl. Professor an der Psychiatrischen Klinik der Universität Freiburg. 1988 erhielt er den Wissenschaftspreis der Deutschen Gesellschaft für Psychiatrie und Nervenheilkunde. Seit 2006 ist er Vice Chairman, seit 2008 Chairman des Fellowship and Awards Committee des Collegium Internationale Neuropsychopharmacologicum.

Arbeitsgebiete: Optimierung von Psychopharmakotherapie affektiver Störungen, Wechselwirkung von Psychotherapie und Psychopharmakotherapie bei affektiven Störungen; Genexpressionsmuster bei bipolaren Störungen, biologische Wirkungsmechanismen von Stimmungsstabilisierern, Neurobiologie von Adenosinrezeptoren.

Villanueva, Victor Raul: Arbeitete von Anfang der Sechzigerjahre bis ca. 1981 im Institute de Chimie des Substances Naturelles am Centre National de la Recherche Scientifique in Gif-sur-Yvette, Ende der Sechziger Jahre unterbrochen durch einen circa einjährigen, der Enzymologie gewidmeten Aufenthalt an Feodor Lynens Institut.

Vogel, Günter (geb. 1942 in Schöngarten/Breslau, heute Wroclav, Polen): Nach dem Chemiestudium an der Universität München (1965–1968) arbeitete er als Diplomand und Doktorand (1967–1971) und als Wissenschaftlicher Assistent (1969–1973) in Feodor Lynens Laboratorium. Dann verbrachte er Postdoc-Zeiten an den MPIs für Biologie in Tübingen (bei P. Overath; 1973–1980; Habilitation für Mikrobiologie an der Universität Tübingen 1980) und für Biochemie in Martinsried (Nachwuchsgruppe in der Abteilung von D. Oesterhelt; 1980–1982). Von 1982 bis 2008 (Ruhestand) war er Professor für Biochemie an der Bergischen Universität Wuppertal.

Forschungsschwerpunkte: Phosphoinositid-/Inositolphosphatstoffwechsel, Zelldifferenzierung, Cytoskelett und Endocytose.

von Bohlen und Halbach, Berthold (geb. 1913, gest. 1987): Er war zwischen 1944 und 1945 Diplomand in Feodor Lynens Laboratorium. Danach arbeitete er in der Leitung der Firma Krupp und in seiner eigenen Unternehmensgruppe.

von Danckelman (ab 1968 Poensgen), Jutta (geb. 1939 in Berlin): Sie studierte von 1958 bis 1962 Chemie an der Universität München und fertigte dann von 1962 bis 1966 Diplomarbeit und Doktorarbeit bei Feodor Lynen an. Als Wissenschaftliche Assistentin arbeitete sie zunächst weiter bei Lynen, ab 1967 am MPI für Immunologie in Freiburg und ab 1968 an der Universität des Saarlandes in Homburg/Saar. Von 1984 bis 1988 war sie in der Forschung bei der Chemie Grünenthal in Aachen tätig.

von Stetten, Ekkehard (geb. 1940 in Freising, gest. 2002 in Penzberg): Als Abschluss des Chemiestudiums an der Universität München (1960–1975) fertigte er seine Diplomarbeit bei Feodor Lynen an. Er arbeitete danach weiter bis 1975 als Wissenschaftlicher Assistent am Biochemischen Institut der Universität München. Im Jahr 1976 wechselte er in die Qualitätskontrolle der Firma Boehringer Mannheim/Roche Diagnostics in Penzberg.

Wakabayashi, Kazuhiko: Er war wissenschaftlicher Mitarbeiter in Feodor Lynens Laboratorium von 1964 bis 1965. Danach war er Professor für Biochemie an der Fakultät für Medizin der Universität Tokyo (Japan).

Arbeitsgebiet: Omega-Oxidation von Fettsäuren.

Wasner, Heinrich (geb. 1940 in München): Nach dem Studium der Chemie an der Universität München (1960–1967) arbeitete er als Diplomand (1966), Doktorand (1967–1971) und Wissenschaftlicher Assistent (1968–1972) bei Feodor Lynen. Danach war er postdoc bei dem Nobellaureaten Earl Sutherland in Nashville und Miami (27 Monate; 1972–1974), Wissenschaftlicher Assistent am Physiologisch-chemischen Institut der Universität Würzburg (1974–1979) und Wissenschaftlicher Angestellter in der Abteilung für Klinische Biochemie und Pathochemie des Diabetesforschungsinstituts (heute Deutsches Diabetes-Zentrum) der Universität Düsseldorf (1979–2005). Anschließend arbeitete er als Visiting Scientist einige Jahre im Department of Medicinal Chemistry and Pharmacognosy am College of Pharmacy der University of Illinois at Chicago (2004–2009; seit 2005 ist er im Ruhestand). *Arbeitsgebiet:* cAMP-Antagonisten, Strukturaufklärung und Totalsynthese von cyclischem Prostaglandylinositolphosphat.

Wawszkiewicz, Edward J.: Als undergraduate studierte er an der Harvard University in Boston. Seine Dissertation fertigte er bei H. A. Barker im Department of Biochemistry der University of California in Berkeley an. Unterstützt durch ein Stipendium des US Public Health Service arbeitete er zwei Jahre lang (1961–1963) als Postdoc in Feodor Lynens Laboratorium. Danach forschte er in der Division of Biological and Medical Research des Argonne National Laboratory in Argonne, Illinois, bevor er 1966 Assistant Professor am Institute for Biomedical Research der American Medical Association. Education and

Research Foundation in Chicago, Ilinois wurde. Nach der Schließung des Institutes (1970) arbeitete er als Professor für Mikrobiologie im Department of Microbiology der University of Illinois at the Medical Center in Chicago (USA).

Arbeitsgebiete: Biosynthese von Antibiotika (Erythromycin), biologische Eisenionen-Chelatoren (Siderophorine, Paciforin).

Weithmann, Klaus Ulrich (geb. 1945 in Hard/Österreich): Nach dem Chemiestudium an der Universität München (1964–1969) arbeitete er von 1970 bis 1975 als Diplomand und Doktorand bei Feodor Lynen. Von 1975 bis zur Pensionierung (2010) arbeitete er als Projektleiter bei der Hoechst AG (seit 1999 Aventis, ab 2004 Sanofi-Aventis) in Frankfurt am Main-Hoechst.

Forschungsschwerpunkte: Strukturidentifizierung neuer Arzneimittel bis zur Klinischen Phase I, Matrix-Metalloproteasen, Rheuma, Arthrosen.

Wells, William W. (geb. 1927 in Traverse City Michigan, USA): Er studierte Zoologie (B.Sc. 1949) und Biochemie (M.Sc. 1951) an der University of Michigan in Ann Arbor. Dann arbeitete er als Research Associate bei der Upjohn Company in Kalamazoo, Missouri (1951–1952), als Teaching Assistant an der University of Wisconsin in Madison (1952–1955), als Instructor (1955–1957), Assistant Professor (1957–1960) und Associate Professor (1960–1965) im Department of Biochemistry der University of Pittsburgh. Dem anschließenden Aufenthalt als Gastprofessor in Feodor Lynens Laboratorium (1965–1966) folgte die Übernahme einer Universitätsprofessur für Biochemie an der Michigan State University in East Lansing (1966–1997). Diese lange Zeit in Michigan wurde unterbrochen durch mehrmonatige Gastaufenthalte an der City University of New York (1971) und im Department of Cell Biology am Baylor College of Medicine in Houston, Texas (1978).

Forschungsschwerpunkte: Sterolmetabolismus bei der Atherosklerose, Energieverhältnisse bei angeborenen Stoffwechselkrankheiten, myo-Inositol-Stoffwechsel bei Wachstum und Entwicklung, Neurochemie, Regulation lysosomaler Aktivität, metabolische Regulation von Mikrotubuli, Kohlenhydratstoffwechsel von Säugern, Fettleber und Phosphaditylinositol-Stoffwechsel, Thioltransferasen, Regeneration der Vitamine C und E und Mitwirkung von Vitamin C an der Insulinausschüttung.

West, Charles A.: Vom Department of Chemistry der UCLA (USA) kommend, verbrachte er ein neunmonatiges, von der John Simon Guggenheim Foundation finanziertes Sabbatical in Feodor Lynens Laboratorium (1961/1962) und kehrte in dieses später in Department of Chemistry and Biochemistry umbenannte Department zurück, wo er bis zu seiner Emeritierung als Professor tätig war. Er war Guggenheim Fellow, NIH Fellow und NSF Faculty Science Fellow.

Forschungsschwerpunkte: Pflanzenbiochemie, Resistenz gegen Pflanzenkrankheiten, Biosynthese von Diterpenen und anderen isoprenoiden Sekundärmetaboliten (Gibberelline und Phytoalexine), Regulation von Abwehrgenen durch Elicitoren.

Wieland, Felix (geb. 1948 in München): Nach dem Chemiestudium an der Universität München (1967–1973) arbeitete er von 1974 bis 1978 als Diplomand und Doktorand in Feodor Lynens Laboratorium am MPI für Biochemie in Martinsried. Von 1978–1984 war als Akademischer Rat und nach der Habilitation Privatdozent (1984–1986) am Institut für Biochemie der Universität Regensburg. Es folgten zwei Jahre als Visiting Professor bei James E. Rothman im Department of Biochemistry der Stanford University, Stanford, California, USA (1986–1988). Seit 1988 hat er einen Lehrstuhl für Biochemie an der Universität Heidelberg inne, ist also aktiver

Hochschullehrer. Er war dort Direktor des Biochemie-Zentrums (1998–2003) und leitete zwei Sonderforschungsbereiche. Von 2005–2006 war er Präsident der GBM. Felix Wieland ist Managing Editor der FEBS-Letter. *Forschungsschwerpunkte*: Vesikelbildung, Molekularimmunologie.

Wieland, Otto (geb. 1920 in Starnberg, gest. 1998 in München): An der Universität München studierte er Medizin, promovierte dort 1946 und ließ sich zum Facharzt für Innere Medizin ausbilden. Anfang der Fünfzigerjahre arbeitete er bei Feodor Lynen. Danach habilitierte er sich, wurde Privatdozent, apl. Professor für Innere Medizin und Facharzt für Laboratoriumsmedizin an der Universität München, bevor er Chefarzt für Klinische Chemie und Leiter der Forschergruppe Diabetes der DFG und des Diabetesforschungsinstitutes am Schwabinger Krankenhaus in München wurde. Er erhielt die Langerhans-Medaille (1998), den Feldberg-Preis (1973), war Präsident der GBCh (1969–1971) und Mitglied der Deutschen Akademie der Naturforscher Leopoldina.

Willecke, Klaus (geb. 1940 in Berlin): Er studierte Chemie an den Universitäten Kiel und München (1960–1964) und arbeitete dann als Diplomand und Doktorand in Feodor Lynens Laboratorium (1964–1968). Während seiner Postdoc-Zeit lernte er bei Arthur Pardee an der Princeton University (1968–1971), als Gruppenleiter am Institut für Genetik der Universität Köln (1971–1976; Habilitation für Genetik 1976) und bei Frank H. Ruddle an der Yale University (1973–1974). Von 1973 bis 1986 war er Professor am Institut für Genetik der Universität Essen, unterbrochen durch achtmonatige Arbeit als Visiting Scientist bei Robert Schimke an der Stanford University (1982/1983). Von 1986 bis 2008 wirkte er als Universitätsprofessor für Genetik und Direktor des Instituts für Genetik der Universität Bonn. In diese

Zeit fielen zwei Aufenthalte als Gastwissenschaftler bei B. Sutor an der Universität München (3 Monate, 1993) und bei R. Jaenisch am Whitehead Institute (MIT, Cambridge, Massachusetts; 6 Monate 1993/1994). Seit Herbst 2008 ist er Senior Professor für Genetik in Bonn.

Forschungsschwerpunkte: Molekulare Genetik und Zellbiologie interzellulärer Gap-Junction-Kanäle

Winnewisser, Wolfram (geb. 1942 in Heidelberg, gest. 2005 in München): Er studierte Chemie an den Universitäten Heidelberg und München und fertigte Diplomarbeit und Dissertation (ca. 1981) in Feodor Lynens Laboratorium an. Danach arbeitete er am Institut für Immunologie der Universität Ulm und im Biochemischen Labor der Brauereiwissenschaften in Weihenstephan bei München.

Wood, Harland Goff (geb. 1907 in Delavan, Minnesota, USA, gest. 1991 in Cleveland, Ohio, USA): Er studierte Chemie am Macalester College in Minnesota. Während seiner Dissertation bei Werkman an der Iowa State University in Ames (1931–1935) entdeckte er, dass auch nichtphotosynthetisierende Organismen (Propionibakterien) CO_2 fixieren können. Als Postdoc arbeitete er an der University of Wisconsin in Madison und wurde dann Professor an der Iowa State University. Ab 1946 war er Professor und Direktor im Department für Biochemie an der Western Reserve University (heute Case Western Reserve University) in Cleveland, Ohio. In Feodor Lynens Laboratorium verbrachte er eine zehnmonatige Sabbatzeit (1962/1963). Er war Mitglied der Scientific Advisory Boards der Präsidenten Johnson und Nixon, der National Academy of Sciences der USA, der American Academy of Arts and Sciences, erhielt den Waksman Award in Microbiology der National Academy of Sciences und den Rosenstiel Medical Award der Brandeis University.

Arbeitsgebiete: Fixierung von CO_2 in heterotrophen Organismen; Transcarboxylierung; bakterielle Bildung von Acetat aus CO_2 oder CO.

Wunderwald, Peter (geb. 1939 in Rostock, gest. 1986 in Haunshofen, Oberbayern): Nach dem Studium von Chemie, Biologie und Geographie für das Lehramt (1957–1959) und dem Chemiestudium an der Universität München (1957–1964) arbeitete er als Diplomand und Doktorand unter Anleitung von Hermann Eggerer in Feodor Lynens Laboratorium in München (1965–1969) und als Wissenschaftlicher Assistent im Fachbereich Chemie und Vorklinische Medizin an der Universität Regensburg (1969–1970). Ab 1970 war er zunächst in der enzymatischen Analyse tätig und leitete dann ab 1977 die molekularbiologische Analytik im Biochemica-Forschungszentrum der Boehringer-Mannheim GmbH in Tutzing.

Forschungsschwerpunkte: Stereochemie enzymatisch katalysierter Reaktionen, Antithrombin.

Yalpani, Mohamed (geb. 1939 in Teheran, Iran): Nach dem Studium der Chemie an der University of Washington in Seattle, USA, promovierte er 1965 an der University of British Columbia in Vancouver, Canada. Dann arbeitete er als Postdoc an der University of Sussex (1965–1966) und bei Feodor Lynen in München (jeweils 3 Monate 1966 und 1967, finanziert von der University of Sussex bzw. durch Mittel, die F. Lynen bereitstellte). Im Jahre 1967 wurde er Assistant Professor, 1975 Full Professor am Department of Chemistry of Ariamehr University of Technology in Teheran (Iran). Zwei Jahre später wurde er Leiter des Chemie-Departments der

Reza-Shah University of Advanced Studies in Teheran. Von 1979 bis 1992 arbeitete er am MPI für Kohleforschung in Mülheim/Ruhr. Dann kehrte er in den Iran zurück, um die Firma Farzin Chemicals Company zu gründen, bei der er bis heute arbeitet und die bis heute Chemikalien für die lokale Detergens-Industrie herstellt. 1976 wurde er Mitglied der National Academy of Science of Iran, 2002 des National Research and Technology Council of Iran.

Arbeitsgebiete: Industrielle Chemie von Naturstoffen, von heterocyclischen und anderen organischen Verbindungen, von Festkörpermaterialien.

Ziegenhorn, Joachim (geb. 1940 in Gotha): Er studierte Maschinenbau an der TH München (1960) und Chemie an der Universität München (1961–1967), bevor er bei Feodor Lynen Diplom- und Doktorarbeit anfertigte (1967–1970) und als Wissenschaftlicher Assistent arbeitete (bis 1972). Von 1972 bis 2004 (Pensionierung) war er bei Boehringer Mannheim/Roche Diagnostics GmbH in Tutzing, Mannheim und Penzberg tätig, zuletzt als Hauptabteilungsleiter und Vice President.

Arbeitsgebiete: Forschung und Entwicklung von Diagnostica, insbesondere Arbeiten zu den Grundlagen der enzymatischen und Immunologischen Analyse sowie deren Automation, zur Entwicklung von Methoden und Reagenzien für die Diagnose von Diabetes, Herzinfarkt, Lipidstoffwechsel-Erkrankungen, Erkrankungen bestimmter Organe; Forschung und Entwicklung von Quality Engineering; Quality Management, Regulatory Affairs and Compliance Diagnostics. Seit 1980 organisiert er die Annual Meetings of the European Lipoprotein Club.

Lynens Nobelpreiswürdige Beiträge zur Aufklärung der Wege des Fettsäure- und Cholesterol-Stoffwechsels

Bernd Hamprecht

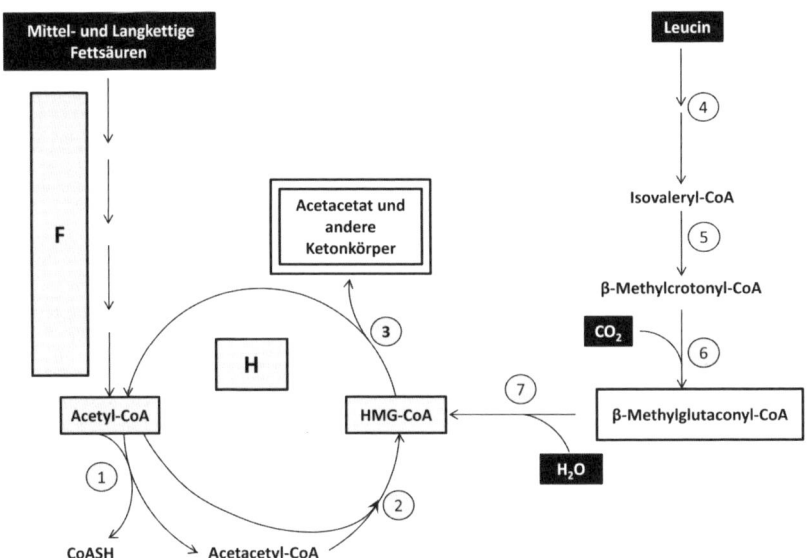

Abb. A: Zentrale Rolle des von Lynen entdeckten HMG-CoA-Cyclus in der Biogenese von Ketonkörpern aus Fettsäuren und aus der Aminosäure Leucin.
Die Namen der Ausgangsstoffe sind schwarz unterlegt. Die Namen der für diese Biogenese zentral wichtigen Substanzen Acetyl-CoA und HMG-CoA werden durch grauen Hintergrund hervorgehoben. Der Name des aus dem HMG-CoA-Cyclus hervorgehenden Endproduktes Acetacetat ist durch doppelte Umrandung hervorgehoben; aus diesem Metaboliten entstehen die beiden anderen, hier nicht genannten Ketonkörper. Rechteckig umrandet sind die Abkürzungen der Stoffwechselwege: F steht für Fettsäureabbau, H für HMG-CoA-Cyclus. Die Zahlen in den Kreisen bezeichnen die beteiligten Enzyme. 1: ß-Keto-Thiolase; 2: »condensing enzyme« (HMG-CoA-Synthase); 3: »cleavage enzyme« (HMG-CoA Lyase); 4, 5: die drei ersten Enzyme des Leucinabbau-Weges, die von Lynen nicht untersucht wurden; 6: β-Methylcrotonyl-CoA-Carboxylase; 7, Methylglutaconase (Methylglutaconyl-CoA-Hydratase). Die grau unterlegten Buchstaben in den Rechtecken und Zahlen in den Kreisen bezeichnen von Lynen bearbeitete Stoffwechselwege und Enzyme.

Feodor Lynen. Heike Will
Copyright © 2011 WILEY-VCH Verlag GmbH & Co. KGaA, Weinheim
ISBN 978-3-527-32893-2

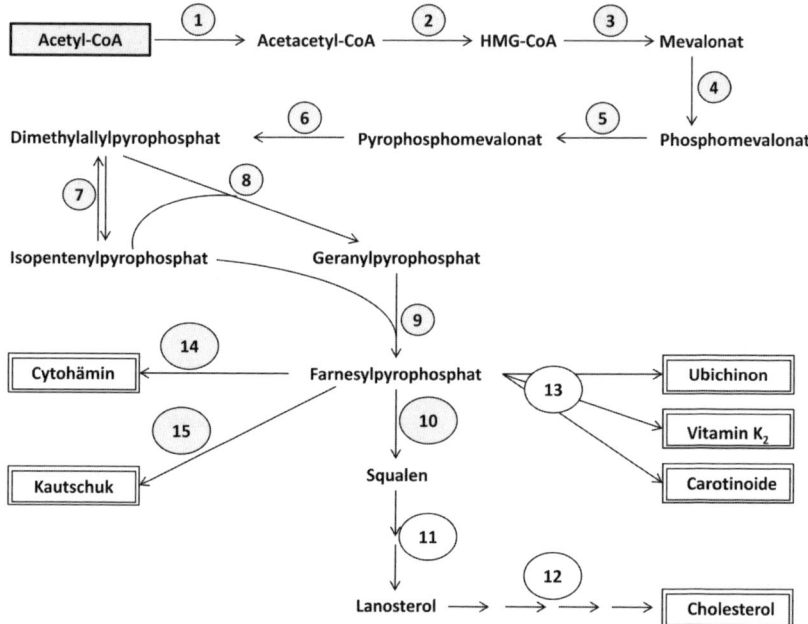

Abb. B: **Verlauf der von Acetyl-CoA** (Name grau unterlegt) **ausgehenden Biosynthesen von Isoprenoiden** (Hier: Cholesterol, Carotinoide, Vitamin K₂, Ubichinon, Cytohämin, Kautschuk; die Namen dieser Syntheseendprodukte sind doppelt umrahmt). DieZahlen in den Kreisen geben die Namen der Enzyme an, welche die jeweiligen Reaktionsschritte katalysieren. Die grau unterlegten Zahlen identifizieren Enzyme oder Reaktionsschritte, über die Lynen gearbeitet hat. 1: β-Ketothiolase, Thiolase; 2: HMG-CoA-Synthase; 3: HMG-CoA-Reductase; 4: Mevalonat-Kinase; 5: Phosphomevalonat-Kinase; 6: Pyrophospho-

mevalonat-Decarboxylase; 7: Isopentenyl-pyrophosphat-Isomerase; 8: Geranylpyrophosphat-Synthase; 9: Farnesylpyrophosphat-Synthase ; 10: Squalen-Synthase; 11: Squalen-Epoxidase und Lanosterol-Synthase; 12: mehrere Enzyme, welche die Umwandlung von Lanosterol in Cholesterol katalysieren; 13: steht für die Enzyme, welche die Reaktionen auf den Synthesewegen katalysieren, die zu den Carotinoiden , zu Vitamin K2 und zu Ubichinon führen; 14: steht für die Enzyme, welche die Biosynthese von Cytohämin (Häm a) katalysieren; 15: Kautschuk-synthetisierende Prenyltransferase.

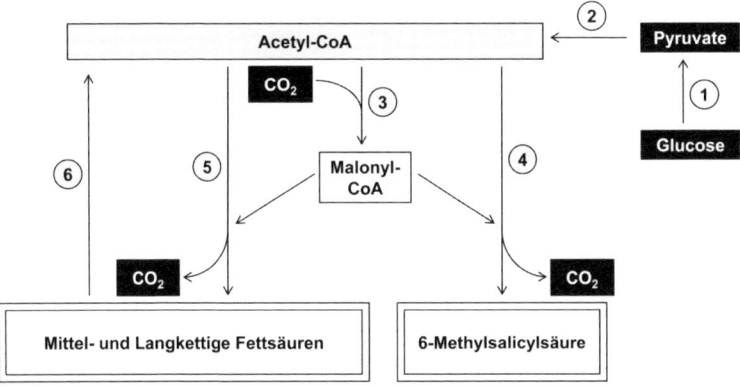

Abb. C: Biosynthese und Abbau der Fettsäuren.

Aus Glucose oder Pyruvat entstandenes Acetyl-CoA ist der universelle Lieferant von C2-Bausteinen (Acetyl-Resten) für die Biosynthese der mittel- und langkettigen Fettsäuren sowie der 6-Methylsalicylsäure. Solche Fettsäuren können unter anderen Stoffwechselbedingungen auch wieder zu Acetyl-Resten abgebaut werden. Diese Acetylreste treten dann wieder an Coenzym A gebunden auf, nämlich als Bestandteil des Acetyl-CoA. Die Biosynthesen der Fettsäuren und der 6-Methylsalicylsäure starten zwar mit Acetyl-CoA, die Verlängerung geschieht aber mit carboxyliertem Acetyl-CoA, dem Malonyl-CoA. Bei der Synthese der aus 16 C-Atomen bestehenden langkettigen Fettsäure Palmitinsäure werden also 1 Acetyl-CoA als Starter und 7 Malonyl-CoA verwendet. Da letztere ebenfalls aus Acetyl-CoA entstanden sind, werden somit im Endeffekt 8 Moleküle Acetyl-CoA verbraucht. Dieses Malonyl-CoA wird – unter Aufnahme von CO_2 – auch wieder aus Acetyl-CoA gebildet. Bei den Schritten der Kettenverlängerung um 2 C-Atome während der Synthese der Fettsäuren und der 6-Methylsalicylsäure wird das zuvor gebundene CO_2 wieder freigesetzt. Dieses für die Synthesen unerlässliche Ausgangsmaterial wird folglich immer wieder in den Prozess zurück-geführt. Es wird nicht verbraucht, da es nicht in die Endprodukte eingebaut wird. Die Namen der Ausgangsmaterialien der Synthesen sind schwarz unterlegt, der Name des C2-Lieferanten Acetyl-CoA ist grau unterlegt, um die zentrale Bedeutung der Substanz (Aktivierte Essigsäure) hervorzuheben. Die Namen der Syntheseprodukte sind doppelt umrandet. Die in Kreisen stehenden Zahlen an den Reaktionspfeilen stehen für Namen von Enzymen oder ganzer Stoffwechselwege, deren Abläufe durch mehrere Enzyme ermöglicht werden. 1: Stoffwechselweg Glycolyse (Gärung); 2: Multienzymkomplex Pyruvatdehydrogenase; 3: Acetyl-CoA-Carboxylase; 4: der Multienzymkomplex 6-Methylsalicylsäure-Synthase, der einen ganzen Stoffwechselweg ermöglicht; 5: der Multienzymkomplex Fettsäure-Synthase, der ebenfalls einen ganzen Stoffwechselweg ablaufen lässt; 6: die 4 Enzyme des Stoffwechselweges Fettsäureabbau, die so oft in Aktion treten, bis die ganze Fettsäure in C2-Einheiten des Acetyl-CoA zerlegt ist, bei Palmitinsäure werden also in einer Spirale von 7 Zyklen wieder 8 Moleküle Acetyl-CoA gebildet, wie schon zur Synthese verwendet.

Bei den von Lynen bearbeiteten Enzymen und Stoffwechselwegen sind die Zahlen in den Kreisen mit grauer Schattierung unterlegt.

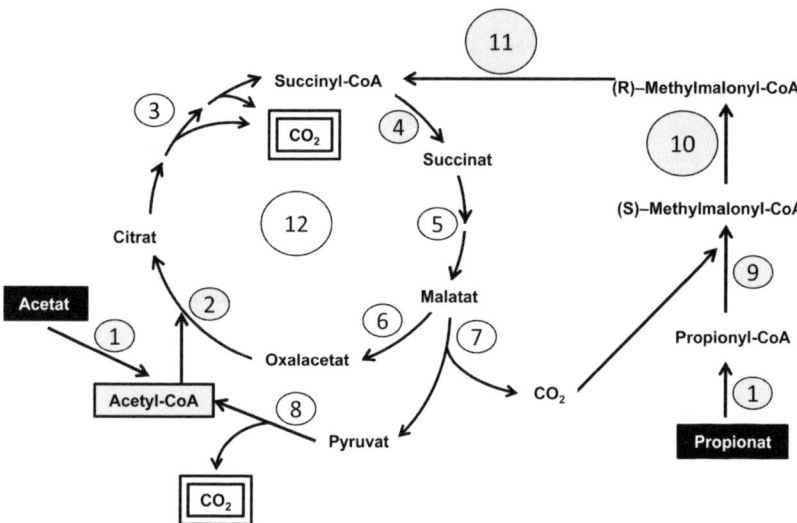

Abb. D: Zentrale Stellung des Acetyl-CoA im Zusammenhang zwischen Essigsäure- (Acetat-) und Propionsäure (Propionat-) Stoffwechsel.
Die dem Organismus angebotenen Ausgangssubstanzen Essigsäure und Propionsäure liegen unter physiologischen Bedingungen ionisiert als Acetat bzw. Propionat vor (Namen auf schwarzem Hintergrund). Diese Substanzen werden oxidativ vollständig in das Stoffwechselendprodukt CO_2 umgewandelt (Formeln doppelt umrandet): Acetat im Citratcyclus, Propionat durch die Verknüpfung von Propionsäure-Stoffwechselweg, einem Teil des Citratcyclus, Pyruvat-Stoffwechsel und wiederum einem Teil des Citratcyclus. Die zentrale Stellung des Acetyl-CoA in diesem Geschehen ist durch Grauhinterlegung des Namens der Verbindung hervorgehoben.. Die Zahlen in den Kreisen stehen für Enzyme und Stoffwechselwege. 1: Acetat- und Propionat aktivierendes Enzym (auch Acetat-Thiokinase oder Acetyl-CoA-Synthetase genannt); 2: Citratsynthase (auch condensing enzyme genannt), ein Enzym des Citratcyclus; 3: drei Enzyme des Citratcyclus, von denen zwei solche Reaktionen katalysieren, bei denen je 1 Molekül CO_2 gebildet wird; 4: Succinyl-CoA-Synthetase, ein Citratcyclusenzym; 5: zwei von Enzymen des Citratcyclus katalysierte Reaktionsschritte; 6: das Citratcyclusenzym Malat-Dehydrogenase; 7: Malatenzym, das Malat oxidativ zu Pyruvat decarboxyliert; 8: der Multienzymkomplex Pyruvat-Dehydrogenase, der Pyruvat oxidativ in Aceyl-CoA und CO_2 überführt; 9: Propionyl-CoA-Carboxylase, ein das Vitamin Biotin kovalent gebunden enthaltendes Enzym; 10: Methylmalonyl-CoA-Racemase; 11: (R)-Methylmalonyl-CoA-Mutase, ein Cobalamin (Vitamin B_{12}) als Cofactor enthaltendes Enzym; die Enzyme 9–11 sind die charakteristischen Enzyme des Propionsäure-Stoffwechsels; 12: Citratcyclus.
Die Nummern der von Lynen bearbeiteten Enzyme sind grau hinterlegt.

Stichwortregister

Feodor Lynen. Heike Will
Copyright © 2011 WILEY-VCH Verlag GmbH & Co. KGaA, Weinheim
ISBN 978-3-527-32893-2